LE LIVRE

DE

MONTREUIL-AUX-PÊCHES

THÉORIE ET PRATIQUE

DE LA CULTURE DE SES ARBRES

PAR

HIPPOLYTE LANGLOIS

AVEC LA COLLABORATION DES PRINCIPAUX ARBORICULTEURS DU PAYS

PARIS

LIBRAIRIE FIRMIN-DIDOT ET Cie

56, RUE JACOB, 56

1876

LE LIVRE

DE

MONTREUIL-AUX-PÊCHES

Paris. — Typographie de Firmin-Didot frères, fils et Cie, rue Jacob, 56.

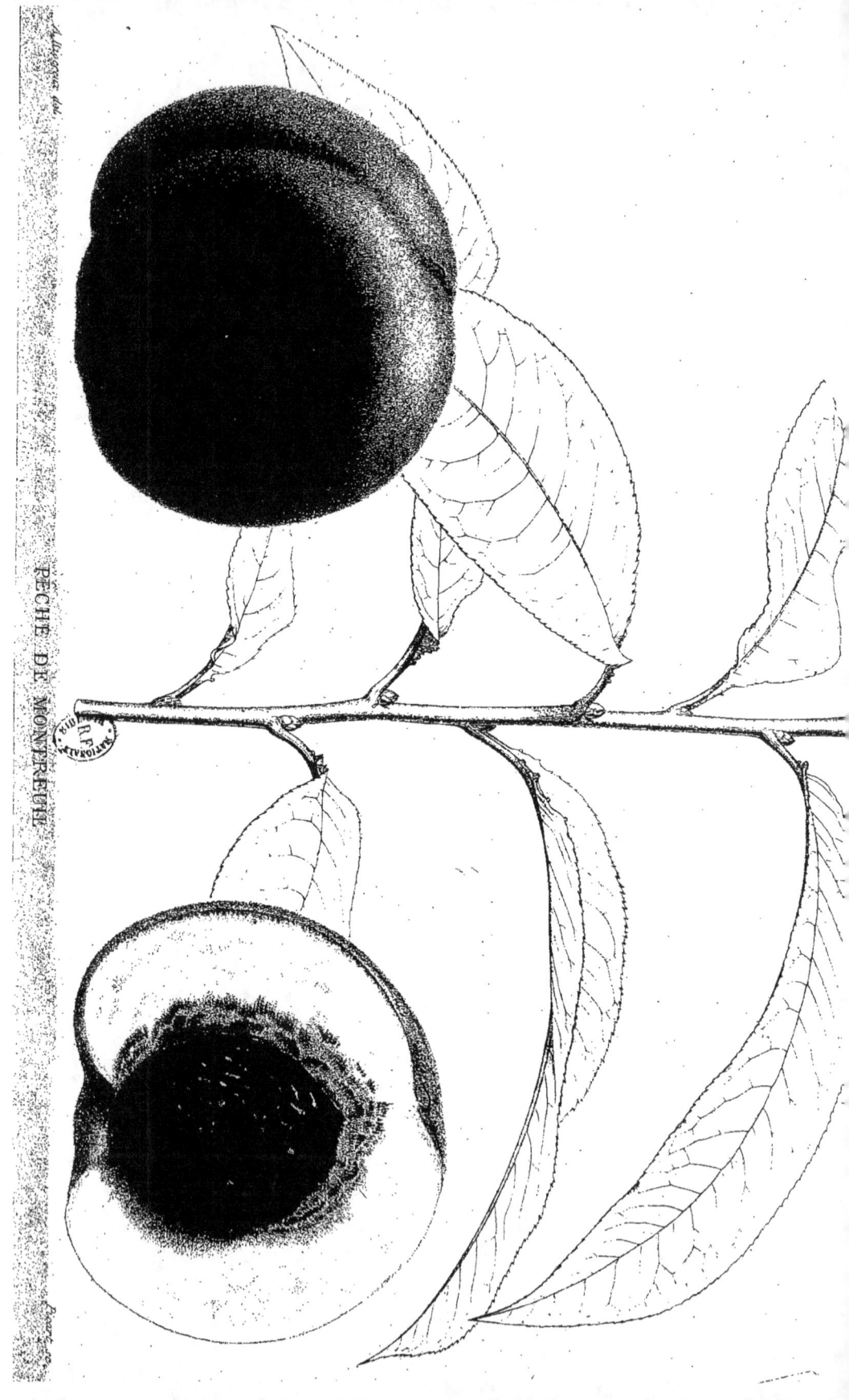

PÊCHE DE MONTREUIL

LE LIVRE

DE

MONTREUIL-AUX-PÊCHES

THÉORIE ET PRATIQUE

DE LA CULTURE DE SES ARBRES

PAR

HIPPOLYTE LANGLOIS

AVEC LA COLLABORATION DES PRINCIPAUX ARBORICULTEURS DU PAYS

PARIS

LIBRAIRIE FIRMIN-DIDOT FRÈRES, FILS ET Cie

56, RUE JACOB, 56

—

1875

Tous droits réservés.

QU'EST-CE QUE CE LIVRE?

Ceci est le livre de Montreuil-aux-Pêches, le manuel de sa pratique, l'évangile de son arboriculture.

Depuis deux siècles et demi, les jardiniers de Montreuil, qu'on a toujours appelés du nom générique de cultivateurs, n'ont pas cessé d'appliquer leurs facultés d'observation à l'amélioration progressive de la pratique arboricole. Leurs pêches ont acquis une réputation européenne, et leurs arbres une splendeur de formes inconnue ailleurs.

Ce travail patient, au pied de leurs murs et dans les côtières, a dû forcément s'accomplir au détriment de la science théorique, et les jeunes gens d'aujourd'hui, mis de bonne heure et sans peine au courant d'une pratique séculaire, ont senti le désir bien légitime de joindre à cette pratique toute faite la théorie qui couronne le savoir-faire et révèle le secret des phénomènes de la végétation.

L'horticulteur n'est complet, lui surtout, qu'à cette condition : produire et se rendre compte. Virgile, en parlant de lui, disait il y a deux mille ans :

Heureux qui des effets peut connaître les causes !

La première idée de ce livre nous a été suggérée par le désir de parfaire l'instruction des travailleurs, amateurs ou jardiniers, en mettant la science à la portée des intelligences les moins préparées à la recevoir. Les grands praticiens de Montreuil ont commencé l'œuvre en publiant le résultat de leurs travaux. Mozart, Félix Malot, Alexis Lepère et Félix Picot ont écrit ou dicté des manuels spéciaux, pleins d'observations utiles, mais nuls quant à la science végétale. On dirait même qu'ils n'ont pas voulu savoir qu'il existe au-dessus de toute pratique arboricole des principes qui l'éclairent et la complètent.

Quoi qu'il en soit, Montreuil leur doit, pour une grande part, ses fruits incomparables, ses arbres qu'on lui envie et sa grande réputation.

C'est dire, en un mot, que nous mêlons volontiers nos hommages à la reconnaissance du pays pour leurs travaux. Dieu nous garde de rabaisser leur œuvre, que nous venons, au contraire, agrandir et compléter. La meilleure preuve de notre estime pour eux, c'est que nous élevons nos théories sur leur pratique comparée, et que généralement on ne bâtit que sur un fondement solide.

Assurément la science végétale, anatomie, physiologie et pathologie, n'est pas nouvelle ; nous ne prétendons pas même en étendre ici les limites. Une tâche plus modeste et non moins utile a sollicité nos efforts : celle de vulgariser cette belle science, de la rendre abordable aux travailleurs, de la débarrasser de ses nuages et de lui faire parler la langue de tout le monde, sans pourtant en diminuer la puissance ni l'intérêt. Si le résultat répond à nos intentions, nous voulons qu'avec l'aide de ce livre seul, sans le secours d'aucun maître, on apprenne ce qu'il n'est plus permis aujourd'hui d'ignorer dans le mécanisme de la végétation.

C'est à cette théorie simplement et brièvement exposée que nous consacrons notre première partie.

La deuxième comprendra la culture pratique du pêcher à Montreuil-aux-Pêches. Sur ce point encore, il ne s'agit ni de système personnel à faire prévaloir, ni d'idées nouvelles à préconiser aux dépens de n'importe qui. Nous exposons les méthodes consacrées avec leurs diverses variantes et les procédés de chacun.

C'est donc le *Livre de tous nos cultivateurs* que nous écrivons, et les personnes étrangères au pays peuvent être certaines d'avoir le dernier mot de ce qui se fait chez nous. La culture du pêcher, dans nos jardins, a été poussée à ce point de perfection qu'on peut la prendre telle qu'elle est.

Nous tenons à le dire hautement, c'est avec la collaboration de tous les praticiens intelligents du pays que nous avons écrit cette deuxième partie, relative à la pratique arboricole et la plus importante de ce livre.

Le temps n'est plus aux mystères, et les meilleurs esprits

de Montreuil, sachant que leur sol est pour beaucoup dans leur succès et que la divulgation d'une belle culture, jusqu'à présent localisée, est pour ainsi dire un devoir national, se sont prêtés de la meilleure grâce du monde à cette collaboration.

La troisième partie traite du pommier, du poirier, du cerisier et du prunier. Nous nous permettons d'appeler l'attention du lecteur sur cette étude, en laquelle nous avons pour adversaires jurés la routine par en bas, et, par en haut, des systèmes intolérants qu'il serait pernicieux d'appliquer de confiance.

Une fois nos arbres connus dans leurs organes et dans leurs produits incomparables, on arrive logiquement à la pathologie, c'est-à-dire à la description des maladies auxquelles sont sujets nos arbres fruitiers, et aux moyens qu'il convient d'adopter pour les combattre.

C'est notre quatrième partie.

Enfin, dans la cinquième, on traite des différentes natures de terrain, les unes propices d'elles-mêmes à la culture des arbres fruitiers ; les autres, rebelles à cette culture ou facilement amendables.

De là aux engrais, il n'y a qu'un pas, et nous le franchissons pour étudier les questions de fumure, science toute récente qu'on ne saurait trop vulgariser.

Voilà notre livre.

A l'intelligent bataillon des jeunes travailleurs de Montreuil, à ces recrues initiées dès l'enfance à la grande pratique et chargées de porter haut et ferme le glorieux drapeau des pères, notre œuvre d'ami et de compatriote apporte le complément indispensable d'une instruction théorique et solide.

Pour ce qui est des étrangers à la localité, elle constitue le Manuel complet d'une culture sans rivale au monde. Au siècle dernier, les amateurs du jardinage, qu'on appelait des *curieux,* se risquaient dans les chemins effondrés amenant de Paris à Montreuil et rôdaient vainement autour de nos enclos fermés pour tâcher de surprendre les mystères de cette culture. Les curieux d'aujourd'hui, plus heureux que ceux-là, n'auront pas même à se déranger.

Le présent livre ira leur porter nos secrets chez eux, propriétaires ou jardiniers.

Quand on aura lu ces pages avec attention, nous avons la confiance qu'on nous rendra le témoignage de n'avoir épargné ni les recherches, ni les soins, ni l'intention de bien faire, ni même le luxe typographique le plus complet. Car, pour dernier cachet, nous avons confié l'exécution de cet ouvrage à la maison Firmin-Didot, qui est à l'imprimerie ce que Montreuil est aux pêches, une coutumière de chefs-d'œuvre.

Il existe au territoire de notre vaste commune, à quelques enjambées des remparts de Paris, une rigole naguère à ciel ouvert, aujourd'hui souterraine, appelée le *Ru des orgueilleux.* C'étaient, en ce temps-là, des coassements perpétuels tout le long de son parcours. Une voûte a récemment éteint ces voix de grenouilles.

Des voix semblables, venues de l'orgueil en révolte,

eussent pu coasser autour de ce livre, s'il eût été personnel ; mais la collaboration collective des plus habiles praticiens du pays étouffera certainement les récriminations intéressées.

Et maintenant, c'est avec un sentiment de reconnaissance profonde et de légitime fierté que nous renvoyons à ces collaborateurs amis ce qu'il peut y avoir de mérite dans cet ouvrage spécial.

Et tout en reconnaissant qu'il eût été possible de faire mieux, nous avons néanmoins élevé pieusement ce monument filial à la gloire de Montreuil-aux-Pêches.

LE LIVRE
DE
MONTREUIL-AUX-PÊCHES.

LA LÉGENDE DES PÊCHES.

Avant d'aborder un sujet aussi considérable que celui dont on connaît le cadre maintenant, il convient de réunir en une gerbe serrée tout ce que la légende et l'histoire nous ont transmis de détails sur l'introduction de la culture arboricole à Montreuil, et d'attacher ce bouquet au frontispice de ce livre tout de science et de pratique.

La pêche qui descend au grand marché parisien pour faire remonter chez nous la fortune, un million, par exemple, en cette année 1874, mérite bien cet honneur.

Donnons d'abord sur le pays une courte notice qui le fera connaître.

Montreuil touche aux remparts de Paris à l'ouest et va s'allongeant à l'est jusqu'au fort de Rosny. Il s'enfonce au midi dans Vincennes et touche au nord au territoire de Romainville. C'est une des plus vastes communes de la banlieue parisienne. D'après le dernier recensement, la population monte au chiffre de 12,232 âmes, en augmentation de trois mille sur le recensement précédent.

Avant dix ans, nous serons à vingt-cinq mille.

On y accède de Paris au moyen d'omnibus spéciaux qui partent de la rue Saint-Paul, et par le chemin de fer de Vincennes.

Au moyen âge, on appelait *Monstier,* et par corruption *Moustier,* un monastère, maison retirée, solitaire, où priaient des moines. Du grec *monos,* seul.

Le nom de Montreuil actuel, au douzième siècle et depuis, a changé son latin bien des fois, sans pourtant s'écarter sensiblement de son origine. On a dit *Monsteriolum, Monsterolium, Morsterolum, Monterolum, Musteriolum, Musterolum, Mosteroliun,* petit monastère, habitation d'un seul moine ou de quelques moines seulement. En français, on disait : *Mousterol, Monsterul, Monstereul* et *Montreul.*

Le nom de *Montereau,* son ancien château seigneurial, a la même signification.

L'histoire locale n'a jamais trouvé la moindre trace d'un monastère existant aux anciens jours sur le territoire de Montreuil. Il est donc probable qu'un solitaire, y demeurant dans une petite retraite, a fait dans l'origine donner ce nom au pays.

La maison qu'habite aujourd'hui M. Émile Savart, dans la rue Pépin, paraît bien avoir été jadis une maison de religieuses, comme l'indique la *Ruelle-aux-Sœurs,* qui part de ce point pour aller rejoindre la rue de Rosny ; mais rien ne prouve absolument que ce couvent de femmes, dont il ne reste qu'un souvenir, ait eu une origine assez ancienne pour faire appeler *Monastère* l'embryon de village qui fut depuis Montreuil.

L'abbé Lebeuf, savant antiquaire, chanoine de l'église d'Auxerre, auteur d'un vaste ouvrage sur le diocèse de Paris, imprimé en 1754, a donné sur Montreuil les seuls détails dont on a dû se contenter. L'Annuaire de Sceaux résume comme suit ces courts documents :

« Dès le règne de Philippe Ier, en 1062, Montreuil était un village considérable, et le chapitre de Notre-Dame y avait de grandes propriétés, que Foulques, évêque de Paris, augmenta encore par une donation, en 1103.

« Les rois de France avaient un domaine à Montreuil; on voit en effet Louis le Gros établir les religieux de Saint-Victor de Paris, en 1113, et leur donner sur ce domaine le labourage de deux charrues. Ces religieux étaient seigneurs de Montreuil et y avaient droit de justice.

« L'abbaye de Saint-Martin de Paris et l'abbaye de Livry avaient aussi quelques pièces de vigne à Montreuil. Les vignes de l'abbaye de Livry étaient au lieu dit Talemoy, aujourd'hui Tillemont.

« Les chevaliers du Temple étaient propriétaires de cinq arpents de terre à Montreuil; ils s'en disaient seigneurs et y avaient droit de justice. En 1224, Ollivier de la Roche, prieur de cet ordre, les échangea avec l'abbaye de Sainte-Geneviève.

« Philippe-Auguste, en 1393, abandonna une partie du domaine de Montreuil au sire Gaucher de Châtillon, lorsqu'il acquit de lui le château de Pierrefond. Au commencement du quinzième siècle, il donna le surplus à Guillaume de Garlande, cinquième du nom.

« On voit encore, parmi les seigneurs de Montreuil, Guillaume Barraud, secrétaire du roi, banni en 1409 pour crime de lèse-majesté, et dont l'héritage de Montreuil est donné au comte des Vertus par Charles VI. — Jean Turquan, en 1439. — Dreux-Budé, garde des chartes du roi et audiencier de la chancellerie de France en 1466. — Jacques Huault, en 1495, et ses successeurs jusqu'en 1543.

« En 1580, François de Maricourt, chevalier de l'ordre du roi, figure comme seigneur de Montreuil.

« En 1750, la seigneurie de Montreuil appartenait au comte de Sourdis.

« Pendant la captivité du roi Jean le Bon et les incursions des Anglais, Montreuil eut beaucoup à souffrir de la faction d'Étienne Marcel (1355), prévôt de Paris, qui soutenait les prétentions de Charles le Mauvais, roi de Navarre, à la couronne de France. A son retour de captivité, Jean, par lettres du mois de mars 1360, exempta Montreuil de toute charge, à la seule condition d'entretenir les fontaines du pays, dont l'eau venait aux viviers de Vincennes.

« Pierre de Montreuil, architecte, qui bâtit le célèbre réfectoire de l'abbaye de Saint-Germain des Prés, et qui conduisit les travaux de la Sainte-Chapelle, était né à Montreuil.

« La Pissote de Vincennes dépendait originairement de la paroisse de Montreuil, ainsi que d'autres hameaux ou écarts, tels que :

« Tillemont, qui avait appartenu à l'abbaye de Livry ; Saint-Antoine, plus anciennement appelé Aunay ; Boissière et Fortière ; la seigneurie de Montereau.

« Au treizième siècle, Montereau appartenait au chevalier Étienne, puis à l'abbaye de Sainte-Geneviève. Au seizième siècle, il passa entre les mains de MM. Desjardins, conseillers au Châtelet et échevins de Paris. Aujourd'hui, Montereau appartient à M. Sueur, maire de Montreuil, qui y a établi une fabrique considérable de cuirs vernis. »

MAISONS HISTORIQUES. — Il n'est pas sans intérêt de compléter ces renseignements par des indications qui deviendront de jour en jour plus difficiles à donner.

La Seigneurie, rue Marchande, propriété actuelle de M. Vitry, adjoint, a été la résidence rurale de Colbert, le grand ministre de Louis XIV. Échue plus tard à Pesnon *le Seigneur,* bienfaiteur de la commune et fondateur d'une rente annuelle en faveur d'une rosière. Le buste de Pesnon, en bronze, a été solennellement placé dans le grand salon de la mairie, en juillet 1871.

Rue Marchande, 41. Cupis, violoniste de l'Opéra, se retira dans cette maison, où il devint un grand cultivateur de pêches, avec les leçons de Pierre Pépin.

Rue Marchande, 5. Maison d'Augustin Préaux, importateur à Montreuil de la cerise anglaise. Ce cultivateur, mort très-âgé, le 26 octobre 1836, avait reçu chez lui, en 1822, le duc d'Orléans (depuis Louis-Philippe) avec sa famille.

Les Pépin avaient occupé la maison Colmet d'Aage, rue Pépin. Lebour a demeuré même rue, n° 20. Mériel, même rue, maison Colmet. Mozard, rue du Milieu, n° 66. Girard, maire, rue du Milieu, n° 8. Félix Malot, rue du Milieu, n° 100. La famille Pépin est éteinte.

Une autre famille ancienne est celle des Bonouvrier dont le nom ne saurait maintenant tomber dans l'oubli. Pierre, mort depuis longtemps, père des deux frères actuels, Frédéric et Joseph, a laissé son nom de *Bonouvrier* à la pêche tardive la plus en honneur à Montreuil. Ce cultivateur demeurait rue Marchande, 46.

Arrivons maintenant à notre sujet spécial. Il est incontestable que, dès 1600, on cultivait le pêcher à Montreuil. Nous en avons pour témoin l'abbé Jean-Roger Schabol, un curieux d'il y a cent vingt-cinq ans, qui fit sur place une longue et laborieuse enquête, afin de savoir l'âge au juste de la glorieuse culture en nos enclos.

La pêche est vieille comme le monde. Son lieu géographique, ou pays d'origine, paraît avoir été le plateau central de l'Asie, la Perse, d'où son nom de *malus persica*, pomme persique.

On dit qu'en son pays natal, sous des latitudes égales à celles de notre Algérie, elle fut primitivement, à l'état sauvage, comme imprégnée d'un poison violent, qu'on appelle acide cyanhydrique, ou acide prussique, et qu'on rencontre chez nous en quantité très-appréciable dans l'amande amère, sa cousine germaine.

Il est probable que, même en Perse, la culture avait pu de bonne heure la débarrasser de son huile vénéneuse ; autrement les Romains, grands appréciateurs des bonnes choses, et qui n'avaient d'amour que pour celles-là, l'eussent négligée comme inutile et laissée sous le ciel de l'Orient. Ils importaient tout pour la table et rien pour la science.

A ce compte, il y aurait au moins vingt siècles que la pêche vint en Europe, en Italie d'abord, à la suite des armées romaines, et s'acclimata tant bien que mal dans ce milieu nouveau.

Arriva-t-elle pêche, brugnon ou pavie? Fut-elle importée d'Asie en ses trois variétés?

Pêche grosse-mignonne.

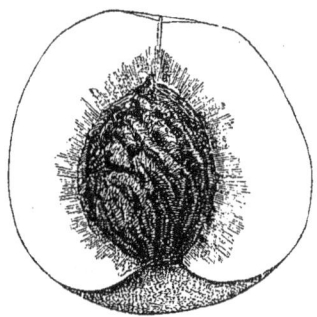
Pêche de Montreuil.

La pêche est le fruit que tout le monde connaît; le brugnon se distingue par une peau lisse et fine et par une chair plus ferme; le pavie a pour caractère spécial une adhérence complète à son noyau.

Le brugnon vient-il d'un croisement d'espèces ou d'un caprice de la nature? Est-il une espèce à côté de la pêche? Et le pavie, qu'en faut-il penser? Quelque légion romaine, campée dans la vallée du Tessin, au retour d'une campagne en Orient, aura-t-elle obtenu de semis une troisième variété qui persévéra dans les environs de *Pavie* et prit le nom de cette ville?

Questions condamnées à rester dans la nuit. Nulle lumière n'est venue de ces temps-là pour les éclairer.

Quoi qu'il en soit, le drupe ou fruit charnu de ces trois variétés possède la même succulence et la même finesse. Il a fallu le

Le brugnon.

génie pratique des cultivateurs de Montreuil, et aussi leur sol mêlé de plâtre cru, pour donner à la pêche proprement dite cette supériorité qui défie toutes les autres en volume et en qualité.

Pêcher de vigne ou plein-vent.

Vers 1600, la pêche des Pyrénées jouissait d'une certaine réputation. Là aussi régnait le pavie amoureux des grands soleils et des chaudes latitudes. Mais, à peu près dans le même temps, deux médecins célèbres, la Framboisière, attaché au service d'Henri IV, et Vautier, depuis médecin en chef de Louis XIV et surintendant des jardins du Roi, plaçaient au premier rang la pêche de Corbeil, pêche de vigne ou de plein vent, qu'on apportait à Paris dans des paniers qui ont bien pu donner à la petite cité son nom de *Corbeille,* dont on a retranché les deux dernières lettres.

La Quintinie vint ensuite, trouvant la pêche à la tête des fruits dignes de la table royale, mais, tout directeur des jardins de Versailles qu'il était en 1670, ignorant encore et la provenance et la culture des pêches exceptionnelles que les officiers de bouche allaient acheter à Paris pour la table de Louis XIV.

En qualité de jardinier gentilhomme, honoré de la confiance du Roi, la Quintinie ne pouvait admettre qu'on fît mieux que lui, sans lui et hors de chez lui. Grâce à l'élasticité de la pratique arboricole, qui se prête également bien à des procédés divers, les jardiniers en renom sont généralement affectés de cette maladie qu'on nomme la personnalité. C'est une sorte de gomme qui ne tue pas, comme chez les arbres, mais elle rend exclusif et vain. La Quintinie portait cependant en lui le remède : l'instruction la plus solide, témoin son beau grand livre : *Instruction pour les jardins fruitiers et potagers.* Il y parle longuement des pêches, il en énumère les espèces, les qualités et les défauts ; finalement, il n'ose se prononcer entre la pêche et le pavie, disant néanmoins que ce dernier paraît avoir la préférence de tous les curieux.

Mais une grosse pêche inconnue, couleur grenat foncé, splendide de forme, succulente, — un vrai régal de roi ! — ne cesse d'arriver à Versailles et l'empêche de dormir. Il essaye de la contrefaire, de l'obtenir ; il cherche, tâtonne, invoque chaque jour un procédé, se creuse la tête, et Louis XIV lui demande peut-être un jour pourquoi ses jardins royaux ne donnent pas ce fruit merveilleux...

Vatel, le grand maître des cuisines du prince de Condé, devait se passer sa brette au travers du corps, par désespoir de ne pouvoir servir au même roi de la marée qui n'arrivait pas.

La Quintinie portait également la brette ou épée de gala; mais, plus avisé que Vatel, il aima mieux courir après la marée, je veux dire après la pêche lie de vin, que de se transpercer les entrailles. A force de chercher, il finit par découvrir Montreuil le silencieux.

Et bientôt après, grâce à des artifices, à des séductions, à des promesses, Nicolas Pépin, jeune gars de Montreuil, qui devait être le chef d'une dynastie illustre en arboriculture, abandonnait les jardins paternels, et s'en allait travailler dans les jardins de Versailles.

Mais la Quintinie avait trop le sentiment de sa grandeur pour avoir l'air d'apprendre quelque chose aux leçons d'un simple croquant à ses gages. De son côté, Nicolas découvrit peut-être qu'on exploitait son savoir-faire, et qu'après avoir mangé le fruit on jetterait effrontément le noyau. Une brouille survint en effet, qui lui fit donner congé. La Quintinie chassa le simple travailleur, afin d'échapper à l'ombrage qu'il lui portait, et garda la méthode du garçon congédié, mais la méthode incomplète.

On n'est pas le maître pour rien!

Vautier, déjà nommé, Legendre, curé d'Hénonville-en-Beauvoisis, et d'autres curieux encore, avaient écrit des traités d'arboriculture et parlé des pêches communes dites de vigne ou de plein vent: le jésuite Rapin, dans son poëme *Hortorum IV libri,* avait chanté le pavie et la pêche avec un enthousiasme qui vous fait venir le jus aux lèvres. Enfant de la Touraine, il connaissait le *malus persica,* mais un de ses vers dit expressément que la pêche était beaucoup plus rare en ce temps-là que le pavie :

> ......; Pars rarior ossibus ultrò
> Exuitur.

Remontons à l'origine.

Arrivait l'heure où la pêche de Corbeil, le brugnon et le

pavie allaient céder le pas à leur rivale de Montreuil et descendre des tables opulentes à celles du menu peuple, comme on disait alors.

Quoi qu'en ait écrit l'abbé Roger Schabol, qui attribuait exclusivement le mérite des produits de Montreuil au savoir-faire de ses cultivateurs, nous affirmons, et pour cause, que le sol du pays, mêlé d'une forte proportion de sulfate de chaux ou

Le pavie (noyau adhérent).

plâtre naturel, dut singulièrement favoriser chez nous la culture du pêcher. On ne sait pas comment y débuta cette culture, mais il est probable que le hasard, ce grand inventeur en toutes choses, en fut l'introducteur inconscient. Quelque paysan du lieu, ayant rapporté de Paris un quarteron de pêches de Corbeil, aura laissé tomber ou confié curieusement au sol les noyaux du fruit mangé.

Et l'amande, tombant en une terre propice, aura donné à Montreuil l'arbre de l'avenir et de la fortune.

Tout cela est légendaire et vrai par à peu près. Ce qui porte un caractère vraiment historique, c'est que, de 1600 à 1750, nos pères firent de cette culture une sorte de culte maçonnique, des mystères d'Éleusis. Pomone, au lieu de Cérès, en était la déesse. Dans les fêtes religieuses de la Grèce antique, on gardait le silence le plus absolu, et il y allait de la vie pour l'indiscret qui divulguait le moindre des mystères sacrés.

La nouvelle culture à Montreuil eut ces allures de religion locale. Le premier curieux, dont le nom n'est point arrivé jusqu'à nous, fut un avisé qui, voyant des fruits venus de semis, veloutés, vermeils, inconnus jusque-là, comprit qu'il y avait en cette trouvaille une grande fortune à faire.

Le curieux multiplia ses arbres, les mit en espalier, les protégea contre les intempéries, greffa les meilleures espèces sur les moins bonnes, et vendit ses pêches miraculeuses sur le carreau des halles, sans dire à personne ni son secret, ni le chiffre de son bénéfice.

Mais il avait des enfants pour collaborateurs. Les enfants, s'établissant à leur tour, plantèrent des jardins qu'on ferma comme des temples d'Éleusis; si bien que, pendant un temps assez long, il n'y eut dans le pays que douze enclos à pêchers.

Dans le nombre, quelques-uns échurent à des intelligents, à des amoureux du mieux. Le temps aidant, on fit des expériences, et, d'année en année, les pêches de Montreuil devinrent de plus en plus incomparables et, sur les marchés de Paris, obtinrent une faveur qui se traduisit en beaux écus comptés. En 1709, une année de rude hiver où les pêchers avaient souffert, on vendit des pêches à quatre livres l'une, ce qui, vu la valeur relative de l'argent à cette époque, équivaut au moins à 10 francs de notre monnaie actuelle.

Chapeau bas, s'il vous plaît, devant la grosse-mignonne ou le téton de Vénus! Nous voici loin de la pêche de vigne *à trois d'un sol,* de la pêche de Corbeil!

Jusqu'ici l'histoire locale se heurte à des dates incohérentes, à des faits entre-croisés, qui enjambent les uns sur les autres et qu'on ne saurait trop aligner dans leur ordre chronologique. Mais nous arrivons à la période des dates précises, et la légende va devenir de l'histoire.

Cependant, en comparant les dates prises ailleurs que dans la légende, on a la preuve irrécusable que l'introduction de la pêche à Montreuil remonte au moins à l'an 1600. Et voici comment :

Ce n'est sans doute pas s'écarter sensiblement de la vérité

vraie que de placer en l'an 1675 l'arrivée de Nicolas Pépin dans les jardins de Versailles, sous les ordres de la Quintinie, puisque l'illustre curieux mourut en 1688, à l'âge de soixante-deux ans.

Or Nicolas avait au moins vingt ans quand l'ambition de briller sur un plus grand théâtre l'emmenait des jardins paternels en plein rapport.

S'il était né en 1655, il ne reste donc plus qu'un demi-siècle pour que sa famille ait eu le temps d'introduire le pêcher, de l'améliorer et d'en créer la pratique.

Prenons donc comme certaine la date de 1600 pour le point de départ de cette culture opulente, et redescendons.

Nicolas Pépin, nous l'avons dit, s'était mal trouvé de son ambition, n'ayant pas su qu'à l'exemple de César, il valait mieux être le premier à Montreuil que le second à Versailles, sous les yeux du roi.

Il revint au pays natal et s'y maria. Son fils, Pierre Pépin, deuxième du nom, y naquit en 1722, ce qui nous le montre attardé sur la route de la paternité, puisqu'il avait à ce moment cinquante-sept ans au moins.

Probablement que ce fils et successeur, arrivant en plein automne comme les pêches tardives, apportait avec lui des qualités maîtresses, puisqu'il devait se rendre illustre à son tour.

Et voilà fondée dans Montreuil la dynastie arboricole des Pépin, dont il ne reste aujourd'hui que des descendants problématiques, épars dans la localité.

Un quasi-contemporain de Nicolas fut Beausse le père, dit la Brette, né en 1674. Curieux autant que les Pépin, pour le bon motif comme eux, puisqu'il devint par sa fortune autant que par son intelligence un personnage important du pays.

A la fin de sa longue vie, qui prit terme en 1754, il fut syndic de Montreuil, porta la brette en cette qualité, d'où le surnom qu'il a gardé depuis, et laissa dans sa famille, dans le pays ensuite, une variété de pêche appelée de son nom *la belle beausse,* un fruit princier qui valut des millions à ses concitoyens.

Depuis cent cinquante ans on possédait cette culture, et les curieux des autres pays rôdaient vainement autour des croquants silencieux. Le secret était religieusement gardé. On eût dit que ces colons muets s'étaient donné le mot dès le premier jour.

Des noms, malgré tout, émergeaient de l'obscurité ; de nombreuses fortunes s'arrondissaient, et la pêche créait cette autocratie de l'espalier qui survit de nos jours en des noms honorables et qui s'honore de ses origines. Elle a grandi,

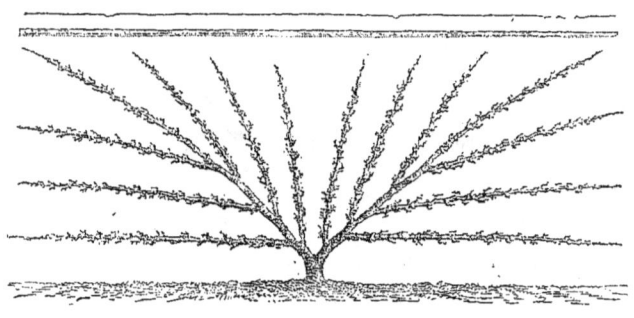

Mur en plâtre de Montreuil.

comme ses précieux arbres, le long des murailles, les pieds sur l'échelle, la loque dans une main et le marteau dans l'autre.

La loque, en effet, appartient au pêcher, comme l'uniforme au soldat. Point d'arbres ici sans loques.

En toute industrie locale, remarquons bien ceci, tout s'harmonise et se coordonne. Les choses les moins faites en apparence pour se prêter concours, s'unissent et forment un ensemble. Qui, par exemple, aurait dit qu'une bandelette de vieux drap, longue de dix à douze centimètres, large de quinze à vingt millimètres, devait intervenir dans l'élève du pêcher comme élément principal, essentiel, économique ?

On a donné à cet emploi de la bandelette de drap des raisons plus ou moins ingénieuses, plus ou moins calculées, mais toutes de fantaisie. La loque, impossible ailleurs, était naturellement indiquée, à Montreuil, par la nature même des murailles.

En divers endroits du territoire, il existe d'inépuisables carrières à plâtre d'où viennent les matériaux qui entrent presque exclusivement dans la confection de nos clôtures.

Or, du moment qu'un clou peut entrer à toute place dans des murs de cette espèce, en prenant les deux bouts d'une loque de laine, pas n'était besoin de recourir à l'emploi de coûteux treillages en bois pour attacher contre un mur les branches d'un arbre et leur imposer la direction voulue. Ces clous, on

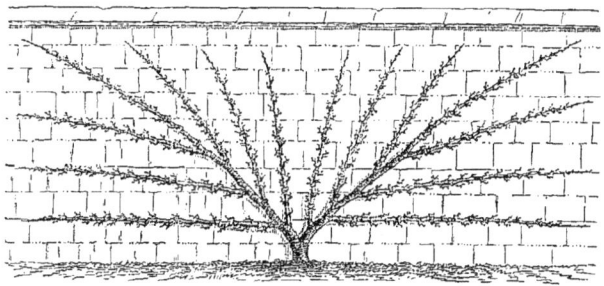

Mur en pierre, inconnu à Montreuil.

eut bientôt fait d'en déterminer la forme obtuse et solide. Et voilà comment la loque a dû venir d'elle-même dans la pratique des arbres, à Montreuil, sans se prêter au même usage le long des murs en caillasse ou en moellon paré.

Attacher l'arbre au mur au moyen des loques, cela s'appelle le palisser.

Le palissage à la Montreuil a cela de particulier qu'il réunit à la fois différents avantages très-appréciables. Malgré les frais occasionnés de loin en loin par l'entretien des murs, il est moins coûteux que le treillage. Il permet de placer à volonté la petite branche fructifère et les autres dans une symétrie géométrique. Il n'éraille jamais l'écorce, si tendre qu'elle soit, et n'y produit aucun bourrelet. Tous les contacts sont moelleux et inoffensifs, même avec un peu de violence dans la tension, et la loque, serre-frein dans des mains habiles, aide à comprimer les parties où la séve tend à se porter en excès, et conséquemment à maintenir l'équilibre dans la forme.

Voici maintenant sur les enclos une légende assez ingénieuse et qui mériterait d'être vraie.

Nous avons dit que, dès l'origine, une douzaine de familles privilégiées s'étaient trouvées exclusivement en possession de la nouvelle culture.

Donc, douze enclos fermés, douze temples de la déesse-pêche, ayant environ quatre arpents de contenance chacun.

Une des douze familles, plus féconde que les voisines, eut quatre beaux gars qui se partagèrent au jour voulu l'enclos paternel.

Vers 1750, il y a cent vingt-cinq ans bientôt, les vieillards de l'endroit, interrogés par le curieux Roger Schabol, répondirent là-dessus que le jardin partagé entre les quatre frères était sis à la Croix-du-Bois, au pied même de la Glaisière actuelle, au carrefour irrégulièrement formé par la rue du Pré, la rue aux Ours, la rue de Rosny, la rue des Carrières et la rue de Fontenay.

C'est-à-dire, dans le cœur de notre Montreuil d'aujourd'hui.

La longue côte qui s'élève par la Glaisière, la rue Pépin et la rue Haute-Saint-Père, était couverte de bois. L'église s'adossait à cette vaste broussaille enchevêtrée, prolongement de la forêt de Vincennes, et le Montreuil d'alors s'étendait le long d'une courbe gracieuse qui s'en allait s'infléchissant vers le chemin de Paris.

De là son nom de Montreuil-sous-Bois, puisque les bois qui se relevaient au-delà de l'église le dominaient.

Nous tenions à préciser ainsi l'endroit qui fut le berceau d'une des plus grandes fortunes locales dont il soit fait mention dans l'histoire des communes.

Les premiers jardins à pêchers occupèrent donc le carrefour

susindiqué, s'étendant un peu au levant, du côté de la rue actuelle des Carrières et du vieux chemin de Fontenay.

Or l'un des quatre gars, possesseur de son arpent, eut à son tour quatre héritiers dont les parts furent diminuées d'autant. Chacun entoura de murs son quartier d'héritage, et les cultivateurs, à la piste de tous les faits de la végétation, remarquèrent une chose singulièrement contraire aux doctrines courantes, à savoir que, dans ces jardinets où l'air circulait moins librement qu'ailleurs, on récoltait de plus beaux fruits. Les pêches, mûrissant plus tôt, avaient plus de couleur et d'arome, les arbres se portaient mieux et bravaient plus crânement les grandes gelées. Quand les gros cultivateurs éprouvaient des dommages de la part des intempéries, les petits, souriants mais muets, portaient aux marchés de Paris une récolte à peine écornée qui se vendait au poids des écus de trois livres.

Bien avant Beausse-la-Brette, on avait profité de cette leçon donnée par le hasard, et divisé les plus vastes enclos par des murs de refend, ayant généralement une ouverture à chaque extrémité pour les facilités de la circulation.

La famille aux quatre gars à deux générations successives pourrait bien être une histoire en l'air, un racontage du bon vieux temps, mais la méthode de ces divisions devint générale, à cause des avantages multiples qu'elle apportait avec elle.

Cela s'appela *bâtir les jardins*.

Les divisions quadruplaient les surfaces murales en plaçant les cloisons rustiques à cinq toises ou dix mètres l'une de l'autre. Avantage analogue à celui de la superposition des étages dans une maison.

Quadrupler est vrai géométriquement. Prenez un jardin de cent mètres de long sur moitié de largeur. Il en résulte trois cents mètres de murs en développement. Si vous placez neuf cloisons intérieures en travers, ces murs de refend, comptant double puisqu'ils ont leurs deux faces chez vous, développeront une longueur de neuf cents mètres.

Dans un autre sens que la maison, n'est-ce pas un jardin à quatre étages ? Vous avez mis trois nouveaux jardins dans un. Quatre en tout pour un seul.

Nous nous demandons pourquoi ce curieux de Roger Schabol, venu souvent à Montreuil pour tâcher de surprendre les mystères de la pratique arboricole, ne s'est pas avisé de cet avantage énorme du quadruplement de superficie murale sur une même surface de sol. Son livre n'en dit pas un traître mot, et relève pourtant bien ce qu'il y a de profitable dans cette manière de bâtir les jardins.

Nous citons textuellement :

« Si je m'arrête à tous les objets singuliers offerts à mes regards, je ne puis me lasser d'admirer les diverses inventions de l'art qui les a produites. Pourquoi, demanderai-je, ces murailles si multipliées et pratiquées en tout sens ? Pourquoi ces tablettes faisant saillie le long de leur larmier ? A quoi sert cette rangée d'auvents, portée sur des morceaux de bois scellés en travers dans les chaperons et qui règne dans toute l'étendue de ces murailles ? Pourquoi ces divers abris si artistement placés et qu'on nomme des brise-vents ?

« En approfondissant toutes ces choses, je trouve que ces murs qui coupent leur terrain ont été inventés pour garantir les arbres des mauvais vents et en détourner les influences nuisibles de l'air. Par leur moyen, les gens de Montreuil ont réuni, dans chacun des carrés que forment ces murailles, les rayons du soleil dont ils ménagent la réverbération, lorsqu'il est passé, pour en conserver longtemps après la chaleur. Les autres inventions qui m'ont frappé me paraissent tendre à procurer aux fleurs des arbres la facilité de nouer plus promptement et plus sûrement, et aux fruits les moyens de croître et d'acquérir plus de saveur. »

C'est, on le voit, bien dit et complet. Nous n'ajouterons rien, sinon que le terrain des carrés est loin d'avoir l'importance des surfaces murales, les seules où s'est élaborée la fortune du pays.

Une approximation qui nous paraît vraisemblable veut que les murailles cultivées à Montreuil mesurent une longueur totale de six cent mille mètres, soit douze cent cinquante lieues, tout près de un million et demi de mètres carrés!

Aussi, du haut d'un point élevé quelconque, des Caillots, par exemple, Montreuil offre l'aspect d'un vaste échiquier à compartiments innombrables où disparaît journellement une population presque entière de douze à treize mille âmes.

En 1814, les alliés n'osèrent pas s'engager dans ce fouillis inextricable de jardins bâtis et en firent le tour pour gagner les hauteurs de Belleville.

Telle est l'œuvre de deux siècles et demi.

Le secret des mystères de la déesse-pêche se tient encore aujourd'hui. Le cultivateur ne travaille en ses enclos que les portes fermées, mais c'est par suite d'une habitude séculaire, car des enfants du pays se sont mis à parcourir les départements pour y propager le culte de la bonne déesse, et Montreuil vend annuellement des pêchers formés pour une somme considérable. Quelques vieux dévots y trouvent à peine à redire. Au fond, on sait bien que la proximité de Paris, ce mangeur énorme, et ce sol providentiel où domine le gypse, rendront la concurrence à jamais impossible sur le marché des halles.

On était à cent lieues de cette superbe indifférence au temps des premiers pères et même après eux. Et cela nous ramène à Beausse-la-Brette, cultivateur émérite et syndic de Montreuil.

Au moment où cet ancêtre de la pêche arrivait au pouvoir municipal, un chemin de terre effondré, couvert de flaques perpétuelles, un véritable casse-cou, reliait Montreuil à Paris.

Et les gens de la localité, qui n'auraient jamais hasardé le moindre attelage sur cette route abominable, se complaisaient à la voir se détériorer de jour en jour davantage, se disant qu'une pareille voie devait ôter aux curieux du dehors l'envie de se rendre chez eux. Barrière infranchissable qu'on entretenait soigneusement dans son horreur entre le travail du dedans et les indiscrets du dehors. Or eût volontiers lapidé quiconque se serait avisé de déposer une brouettée de gravats dans ces fondrières.

Et cependant les femmes parcouraient à pied, la nuit, cette route en casse-cou, la charge sur la tête, les bottes de leurs maris dans les jambes, touchant devant elles le cheval chargé à dos, le pied aussi sûr qu'un mulet de montagne, et sachant par cœur les trous, les buttes, les obstacles, au milieu des ténèbres et de ce chaos où la moindre distraction pouvait être fatale.

Cela dura près de deux siècles, et nos pères trouvaient que c'était bien.

Aussi quelles clameurs, quel concert de malédictions, quels cris de colère partirent de tous les enclos, quand Beausse le syndic, sur qui venait de passer un souffle de progrès, décida, la main sur la poignée de sa brette, que ce chemin de terre deviendrait une route pavée, facile, carrossable à merci! Jamais chef de commune n'attira sur lui plus d'injures et de haine. Il fallut à Beausse-la-Brette une tête de triple croquant pour se mettre à l'œuvre nonobstant les clameurs de colère, et braver pareille impopularité.

L'ancien vieux chemin fut donc pavé.

En 1754, quand Beausse mourut, tout cet orage local avait disparu; mais il resta des incorrigibles qui ne lui pardonnèrent jamais sa route et continuèrent de le regarder comme le mauvais génie de Montreuil.

René-Claude Girardot, son contemporain, plus âgé néanmoins de quelques années, paraît être venu s'établir, vers 1695, à la frontière de Montreuil, sur le territoire de Bagnolet, en un coin du domaine de Malassis. On ne sait plus juste à quel endroit. La tradition rapporte qu'il possédait un terrain de quatre arpents d'un seul tenant, qu'il le fit découper en soixante-douze carrés par des murs de refend, ce qui fit donner à sa propriété le nom de *Damier,* et qu'il joignit bientôt à ce coin de Malassis le fief des *Guédons,* sis au même lieu.

Girardot venait des mousquetaires de la Reine avec moins de pistoles sans doute que de campagnes, de blessures et d'inimitiés à Versailles. Bonne raison pour bouder sans retour le métier des armes et quelque peu la cour aussi.

N'étant pas un enfant de Montreuil, il dut éprouver quelque peine à pénétrer le mystère de la culture locale ; mais le hasard des affaires le mit sans doute en relation avec Nicolas Pépin, comme lui revenu de Versailles et des rêves ambitieux.

Dans tous les cas, quoique étranger, Girardot est resté le plus glorieux ancêtre de nos cultivateurs, le prophète de la culture, le grand prêtre de la pêche, le nom le plus rayonnant de notre histoire communale. Nous ne passons jamais sur la grande place Girard sans chercher instinctivement des yeux l'endroit convenable où la reconnaissance attardée ne peut manquer de lui ériger une statue.

L'ex-mousquetaire, sur lequel on ne possède malheureusement aucun détail biographique antérieur, ne tarda pas à renchérir sur les procédés arboricoles de Montreuil, et, malgré tout, à prendre la tête du bataillon sacré. Si bien que, dès le début, il put être le fournisseur juré de la table de Louis XIV, sans pourtant qu'on prononçât jamais son nom à la cour.

Entre Malassis et Versailles s'échelonnaient des intermédiaires, acheteurs, intendants, officiers de bouche, qui n'auraient jamais laissé passer ce nom du croquant de Malassis. On lui demandait des fruits, on les payait cher et l'on était quittes. Les courtisans ne font jamais la courte échelle à personne, pas même à leurs anciens amis.

Nous ne savons donc à quelle fantaisie d'imagination, à quel besoin de merveilleux durent obéir ceux qui nous ont raconté que la Quintinie, très en vue à la cour, orgueilleux, courtisan fini, jaloux des moindres faveurs du maître, aurait mis son crédit personnel en péril et bénévolement encouru la disgrâce de Louis XIV, pour ramener sur Girardot, un simple croquant à cette heure, la bienveillance royale.

L'exemple du grand Racine, qui mourut petitement d'une bouderie de Sa Majesté, nous apprend assez qu'on ne jouait pas ainsi à qui perd gagne à cette cour du Roi-Soleil.

Quand même la Quintinie n'eût pas été mort depuis dix ans, à l'heure où l'ex-mousquetaire cueillait ses premières pêches dans son ermitage de Malassis, nous n'admettrions qu'à titre de légende amusante l'histoire du directeur des jardins royaux de Versailles, invité, lui jardinier! à chasser à Vincennes avec le monarque le plus à cheval sur l'étiquette, et amenant par une feinte habile la chasse royale sur les hauteurs de Montreuil-Bagnolet, et toutes ces invraisemblances, pour mettre Girardot en présence de Louis XIV!

La Quintinie, savant homme, habile curieux, nous paraît avoir été, comme beaucoup de parvenus, un fort mauvais coucheur; et sa querelle préméditée avec Nicolas Pépin n'est pas faite pour nous ramener d'un scepticisme très-prononcé en ce qui concerne cette histoire de chasse.

Une histoire aussi véridique, insérée dans les *Annales d'horticulture* de Héricourt de Thury, tome XXIX, page 225, prétend aussi qu'un jour le prince de Condé recevait Louis XIV à Chantilly (le jour de Vatel sans doute), et qu'au dessert il arriva par l'entremise d'un inconnu un panier de pêches avec cette simple suscription : *Pour le dessert du Roy.*

Des pêches de notre Girardot, cela va de soi.

Or, Condé mourut en 1686, et, nous le répétons, Girardot n'a dû s'établir à Malassis qu'au plus tôt en 1695.

Éliminons donc, devant une saine critique, la Quintinie et le grand Condé, de cette légende de la pêche de Montreuil, et contentons-nous d'admettre que le panier fut en effet présenté mystérieusement à Louis XIV, mais dans une occasion plus naturelle, à quelque dîner de chasse à Vincennes, par exemple.

Admettons encore, si l'on veut, que Girardot, ancien mousquetaire, ait été repris d'un léger accès de courtisanerie, et qu'il avait habilement ménagé sa rentrée en faveur, en grâce même, si l'on tient à croire qu'il était mal sorti de Versailles. Le mystère du panier ne dut être enveloppé que d'un voile transparent et facile à soulever.

Ce panier *pour le dessert du Roy* ne peut être un conte assurément. Le témoignage d'une tradition non interrompue depuis près de deux siècles ne saurait mentir.

Depuis Girardot, en effet, Montreuil n'a jamais manqué d'envoyer annuellement au souverain, — Roi, Empereur ou président de la République, — la bourriche sacramentelle, la fleur des pêches du pays, avec la suscription de l'ancêtre : *Pour le dessert*, etc. Le dernier mot seul variait, suivant la qualité du destinataire.

Girardot avait offert au Roi, cela se comprend, le dessus de ses paniers. Aussi Louis XIV daigna-t-il exprimer le désir de visiter les clos où l'on se permettait d'obtenir des pêches comme les jardins de Versailles n'en avaient jamais donné, même du temps de la Quintinie. Ce jour-là, peut-être un autre jour, un 25 de juillet, disent les *Annales d'horticulture*, et nous le voulons bien cette fois, malgré la date un peu prématurée pour la parfaite maturité de la pêche, la chasse royale arriva sur les hauteurs du marais de Villiers, où Girardot, escorté de ses sept fils, mi-partis de mousquetaire et de paysan, vint au-devant de Sa Majesté pour lui montrer le chemin de son domaine, voisin de là.

Naturellement le Roi, par ce temps, avait chaud ; il visita le domaine de l'ancien mousquetaire et mordit à belles dents, les courtisans avec lui, dans ces fruits incomparables, et demanda lui-même le panier annuel qu'a reçu jusqu'en ces derniers temps le chef de la nation.

Girardot, nous l'avons dit, avait une belle grande famille : sept fils, qui furent, dit-on, mousquetaires à leur tour et qui n'ont pas laissé de traces à Montreuil. Un descendant de son nom, propriétaire du petit castel de Launay, à Villemonble, est mort en 1835, à l'âge de quatre-vingt-quinze ans, laissant une fille qui était devenue madame de la Bourdonnaie.

Ne demandez rien de plus ni à l'histoire locale, ni aux traditions sur le patriarche de Malassis. Tout se borne à ce qui vient d'être dit. On a fait autour de la vieillesse et de la mémoire de Girardot le silence intéressé que nos pères ont jeté comme un étouffoir sur l'art de cultiver les pêches.

Néanmoins, dans cette colonie silencieuse, il y eut de faux-frères, témoin Nicolas Pépin.

Le *beau* Savart en fut un autre. Il répondit volontiers à l'appel des princes de Condé, qui désiraient confier la taille de leurs pêchers de Saint-Maur à la main savante d'un enfant de Montreuil.

Nicolas Savart, dit le *beau* Savart, était né à Montreuil le 27 octobre 1727. Son acte de baptême, que nous avons retrouvé dans les archives de la commune, dit qu'il eut pour parrain et marraine le sieur et la dame Boudin, bourgeois de Paris.

C'était bien de l'honneur qu'un tel parrainage; ce fut aussi pour l'enfant un vrai danger. M. et Mme Boudin gâtèrent sans doute le filleul, et, comme c'était un bel enfant, on ne manqua pas de l'habiller à la mode de Paris, et de lui donner ainsi l'amour des beaux habits et la tournure d'un petit muguet.

Nous nous représentons volontiers Nicolas faisant la roue sous son chapeau à plumes, dans ses habits brodés, cambrant la jambe dans ses culottes bouclant sur des bas de soie, et les pieds serrés dans des souliers à talons pointus. Le jabot, de fine dentelle comme les manchettes, étageait ses plis soyeux sur la poitrine. Et de bonne heure le beau Nicolas dut chanter la romance de Lindor, comme on sait chanter à Montreuil. Les jolies voix et le goût de la musique sont des dons du terroir.

Et le travail? Oh! dame! le travail, quand on est aussi beau garçon, quand on a la bouche en cœur et qu'on est modelé comme un parfait gentilhomme, on a bien quelque peine à s'y faire. Le soleil des murs brûle le teint, les mains durcissent au contact des outils. N'est pas croquant qui veut; à plus forte raison quand on ne veut pas l'être. Et puis, à quoi sert d'avoir été fait si beau pour palisser toujours, toujours tailler, ébourgeonner ensuite et vivre le long des murs en vrai colimaçon?

Au surplus, on avait sa belle marraine à voir à Paris, et l'on ne s'en fit pas faute. Grand dommage qu'il en eût été empêché!

A notre époque de chemins ouverts sur toutes les carrières, il eût été cabotin, chanteur de café-concert, je ne sais quoi de pis ou de mieux. En 1750, sous cet ancien régime, qui avait un peu de bon dans beaucoup de mauvais, il était, comme vilain, condamné à brouter, ainsi que la chèvre, à son piquet de prolétaire.

Tout naturellement il se maria. Dans la culture, à Montreuil, on s'est toujours marié tôt. Dieu bénit sa maison bien vite, comme si le beau gars eût su gagner le pain des enfants qui lui arrivaient.

Bah! au petit bonheur la chance! Les aventureux ont tous leur bon jour. Le beau Savart eut sa veine, une veine inattendue, splendide!

Être de Montreuil a toujours valu de l'or en barre. Avec une serpette ou un sécateur dans sa poche, et aussi du bagout, on est, à trois lieues de là, un docteur ès arboriculture. Venir de Montreuil remplace tout. Il est vrai que ceux qui en sont vraiment sont des jardiniers finis.

Le beau Savart fut donc mandé, comme cultivateur, au château de Saint-Maur, chez les princes de Condé, pour conduire les espaliers. Il était, ma foi! temps. La maison était pleine d'enfants. Six de vif appétit. La pauvre mère, qui adorait son bel homme, travaillait sans se plaindre au métier de couturière, et gagnait de grosses journées pour ce temps-là, quinze sous!

Le beau Montreuillois fut grassement payé. Mais, après une campagne de deux mois, au lieu d'apporter les beaux louis d'or des princes, il revint avec de beaux habits brodés et des culottes de daim, et le chapeau à claque, et les boucles d'argent sur les souliers.

C'était vers 1756.

Ces grands jardiniers qu'on choie et qu'on admire ainsi dans les châteaux, y mènent joyeuse vie. On passe la main sous le menton des soubrettes, on a bonne table et l'on en abuse. On est l'enfant gâté de tout le monde, en haut comme en bas. Comment donc! Est-ce que le beau Savart n'avait pas un cheval à son usage? Et ne portait-il pas maintenant la brette en verrouil? Gentilhomme, va!

Oui, gentilhomme. Il allait du moins le devenir d'une certaine façon. Si les titres manquent aujourd'hui, les vieillards actuels ont recueilli la tradition de ce fait presque à l'origine.

En 1759, Sa Majesté Louis XV, un roi dont étaient fort contents ceux qui s'amusaient beaucoup à son exemple, créait pour les étrangers, pour les protestants et aussi pour les menus méritants de son royaume, un ordre nouveau, celui du Mérite, calqué sur le grand ordre de Saint-Louis. Croix d'or à quatre branches, avec fleurs-de-lis dans les aisselles, et ruban rouge pour le support. C'était la croix de Saint-Louis, sauf cette différence, que le fond portait deux épées en sautoir, au lieu de l'effigie de Louis IX.

Une tradition gardée dans la famille veut que, par l'entremise des princes de Bourbon, le beau Savart ait reçu des mains du roi les insignes de cet ordre du Mérite, en qualité d'arboriculteur; mais nous n'avons pu retrouver la preuve authentique du fait. La croix d'argent que nous avons rencontrée chez M. Henri Thioust, rue du Milieu, 69, et que l'on a crue jusqu'à présent celle de l'ancêtre, est une *croix du lis* à ruban de soie blanche moirée, comme toutes celles que Louis XVIII a distribuées en 1815 dans les légions départementales, à la réorganisation de l'armée française.

On l'appelle vulgairement *croix de la garde nationale*.

Si la tradition que nous ont rapportée des vieillards venus de l'autre siècle dit vrai, ce serait le cas de marquer un point. La croix du beau Savart serait la première décoration qui fût venue trouver les cultivateurs de Montreuil.

Le joli muguet de la serpette mena joyeuse vie jusqu'au bout. Il eût pu mettre une grande aisance dans sa maison ; il aima mieux dissiper en folies les louis d'or qu'il gagnait. Il mourut pauvre comme Job, à cinquante-trois ans. Un des anciens de la famille nous a raconté qu'en son enfance, il avait vu chez lui des galons pêle-mêlés avec des culottes de daim, au fond d'un vieux meuble.

Quatre-vingt-dix ans après la collation probable de la croix du Mérite au beau Savart, en 1855, arrivait sur la poitrine d'un autre cultivateur de Montreuil, Alexis Lepère, la croix de la Légion d'honneur ; puis la même distinction, trois ans plus tard, était conférée à Félix Malot. Deux grands prêtres de l'espalier.

En résumé, que pouvait-on faire de mieux ? Alexis Lepère et Félix Malot ont été décorés aux applaudissements de leurs émules, et si nous-même nous avons un peu longuement raconté l'histoire du beau Savart, c'était pour en revenir à ceci, que sa décoration probable en 1764 honorait par prévision, cent ans à l'avance, le travail artistique de Chevalier aîné, son arrière-petit-fils, mari d'une arrière-petite-fille du même ancêtre, dont le fils, Gustave Chevalier, ramène ainsi sur sa tête et rattache deux lignes collatérales partant de la même souche, le beau Savart.

Voilà bien des quartiers de noblesse pour un fruit ; mais il faut dire que ce fruit exceptionnel et hors de pair n'est point indigne de tant d'honneur. Il a eu ses historiens et ses monographes. Les grands horticulteurs de tous les pays l'ont toujours pris pour objectif, et la pêche d'ailleurs, depuis deux siècles, n'a eu de mérite et d'estime qu'autant qu'elle s'est rapprochée du type inimitable de la nôtre en ses différentes variétés.

Depuis cent cinquante ans surtout, les livres spéciaux préconisent à l'envi la pêche de Montreuil, et, malgré l'espèce d'horreur que les indigènes ont longtemps ressentie pour toutes les tentatives de divulgation, Mozart, l'un d'eux, a consacré à sa culture un petit volume spécial en 1814. Félix Malot et Alexis Lepère, en 1841, ont écrit ou dicté chacun une monographie où se trouvent consignées leur pratique et leurs observations personnelles.

Derrière ces divulgateurs, auxquels on pourrait joindre Félix Picot, qui avait appris à Montreuil la pratique du pêcher, se groupent en colonne serrée des adeptes, des enthousiastes et des maîtres : les Lebour, les Pesnon, les Augustin Préaux, les Vitry, les Couturier, les Chevreau, Émile et Amable, et d'autres que nous oublions, pour arriver à Chevalier aîné, le plus jeune, artiste consommé, qui résume en sa pratique ce que ses pairs et devanciers ont fait de mieux, en y ajoutant des faits nouveaux dont ce livre bénéficiera.

En mentionnant les Vitry, nous entendons parler des diverses familles de ce nom qui tiennent à la culture locale. MM. Noel, Étienne et Gustave sont assurément de ceux qui occupent une grande place parmi leurs pairs.

Et nous avons réservé, pour la fin de cette série, un homme aussi savant que modeste, qu'un séjour de quarante années rattache au vieux Montreuil. Il s'agit de M. Éloi Trouillet, professeur d'arboriculture dans le vrai sens du mot, qui s'est fait l'apôtre de notre culture dans plus de vingt départements. Il est de la phalange amie qui nous a secondé dans la rédaction de la deuxième partie, consacrée à la pratique du pêcher.

Cette légende de la pêche serait incomplète, si nous n'ajoutions que les vieilles familles de Montreuil tendent à disparaître de la culture par diverses portes grandes ouvertes sur des carrières plus bourgeoises, sur le commerce ou l'industrie, voire même sur les douceurs indolentes de la profession de rentier.

Encore un peu de temps, et les enfants de la Bourgogne qui, de temps immémorial, venaient ici *bourguignonner*, de mars en octobre, c'est-à-dire remuer cette terre des jardins de jour en jour trop basse pour le propriétaire, se seront emparés de la culture de la pêche, des jardins bâtis et du sol de Montreuil. Race laborieuse, sobre et patiente, ils débutent par servir des maîtres. Avec les premières économies, ils cultivent la chicorée, qui leur donne l'aisance, et passent bientôt de cette grosse culture à l'autre.

L'avenir de Montreuil-aux-Pêches est dans leurs mains rudes et vaillantes ; ils seront moins artistes que les indigènes, mais ils produiront autant.

Néanmoins il restera, croyons-le bien, avec eux et au-dessus d'eux, quelques-uns des nôtres pour faire de la culture savante, et maintenir haut la main la réputation séculaire du pays.

Montreuil ne peut déchoir.

Dans une excursion que nous fîmes récemment en Hollande, un hasard nous conduisit dans un bourg qui ne figure pas sur les cartes, et que les géographies ne daignent pas mentionner.

Ce village, unique au monde, est le séjour de tous les gros millionnaires en retraite des Pays-Bas. Les fortunes qui s'y reposent, après la bataille ardente des affaires, représentent un capital énorme. Il souscrirait entre deux soleils un emprunt d'État, ou payerait un royaume entier.

Nous ne savons au juste lequel de nos départements on achèterait avec l'ensemble des fortunes patrimoniales de Montreuil, mais on peut affirmer que peu de localités sont aussi solidement riches.

Et Montreuil a cet avantage sur le village hollandais, que les richesses qui s'y sont accumulées viennent de son propre sol.

La pêche a fait ces millions.

PREMIÈRE PARTIE.

PHYSIQUE VÉGÉTALE.

ANATOMIE ET PHYSIOLOGIE.

―――

CHAPITRE PREMIER.

DÉFINITIONS ET NOTIONS GÉNÉRALES.

Une *fonction* est un acte simple ou composé, persévérant, toujours le même, en vue de l'accomplissement d'un devoir naturel, voulu ou imposé.

La force qui produit l'acte, l'instrument qui s'acquitte de la fonction, l'outil qui aide à l'accomplir, est un *organe*.

L'organe est donc une force, un instrument ou un outil qui remplit une fonction déterminée.

Un être, homme, arbre ou machine, dans lequel il y a des organes, est un organisme.

L'œil est un organe chez l'homme ;

La racine est un organe dans l'arbre.

La fonction de l'œil est de percevoir les objets extérieurs : la fonction de la racine est de pomper les sucs nourriciers du sol.

On confond généralement, sous le nom de fonction, la destination d'un organe avec sa mise en œuvre. La fonction est plus spécialement l'aptitude de l'organe, et le fonctionnement est son travail.

Retenons donc bien cet enchaînement :

L'organe, qui est l'outil ;

La fonction, qui est l'usage auquel est destiné l'outil ;

Et le fonctionnement, qui est le travail même de l'outil.

On comprend alors qu'un organe au repos possède en lui son aptitude spéciale, sa destination, son usage, sans être forcé d'agir, sans être tenu d'accomplir incessamment sa fonction. L'oreille est l'organe de l'ouïe ; sa fonction est d'entendre ; mais, dans un silence complet, elle n'entend rien, et pourtant elle ne cesse pas pour cela d'avoir son aptitude, son usage, sa destination.

Nous insistons sur ces notions premières, afin de ne laisser aucune ombre, aucun malentendu derrière nous. Un livre de science pure aurait d'autres préoccupations. Le nôtre, œuvre de vulgarisation voulue, préméditée, doit marcher dans la lumière, entraînant sans efforts nos lecteurs, même ceux que d'autres études n'ont point préparés à l'étude des sciences naturelles.

Notre raison d'être est là : vulgariser suivant un parti pris de nous faire comprendre de tous.

Les *êtres* sont l'ensemble des choses existantes. Un *être* est physiquement un objet quelconque, qu'il est possible de considérer comme isolé des autres substances de la nature. Il existe avec des qualités propres de forme, de poids, d'étendue, etc.

La *vie*, dans un être, résulte du jeu des organes. Nous ne voulons pas dire avec les matérialistes que la vie est le fonctionnement même des organes, puisqu'elle persévère quand les organes sont au repos. Nous ne pouvons mieux comparer la vie qu'à l'étincelle produite par le choc de l'acier contre un caillou. L'étincelle n'est ni l'acier, ni le caillou, ni le choc de ces deux corps ; elle en est la résultante ou le produit.

De même pour la vie. Elle n'est ni l'organe, ni la fonction, ni même le fonctionnement. Elle jaillit, visible mais inexpliquée, du fond de l'organisme.

La vie est *active,* quand les organes fonctionnent, au printemps, par exemple, chez les arbres. Elle est *suspendue,* quoique réelle, si les organes sont au repos, sans avoir subi ni mutilation, ni lésion. L'arrêt du fonctionnement des organes n'est alors que momentané.

La *mort* est la cessation complète et pour toujours du jeu des organes.

Entre la vie suspendue et la mort, il y a souvent une grande ressemblance apparente ; mais, dans l'arrêt momentané de la vie, certains organes agissent encore à l'intérieur sans doute, car le repos complet, absolu, ne peut être que la mort.

Un exemple vulgaire expliquera bien cette notion de la vie. Une montre qui marche est en pleine vie active. Si l'on cesse de la remonter, elle s'arrête, mais la vie n'est que suspendue, puisqu'aucun organe n'a été lésé, ni dérangé. La montre garde en elle la faculté de marcher, grâce à l'élasticité qui reste inerte, mais réelle, dans l'acier du ressort.

Maintenant cassez ce ressort, enlevez un rouage essentiel, faussez un des organes de ce mécanisme, c'est l'arrêt définitif de la vie, c'est la mort.

De ce qui précède il faut conclure que la vie suppose un organisme. La montre qui vient de nous servir d'exemple n'en est même pas un. Elle constitue un mécanisme, une machine, une vie faite de main d'homme, une contrefaçon plus ou moins bien imitée d'un organisme. L'organisme vrai, le corps organisé ne saurait être l'œuvre d'un artisan. L'homme ne peut donner la vie à rien. Nous pouvons bien établir des machines parfaites, admirables de forme et de précision, nous ne leur donnerons jamais l'étincelle vivante. Donc la vie, pour le répéter, est autre chose que le fonctionnement des organes.

Le classement des êtres qui forment l'ensemble de la nature visible s'opère donc lui-même en deux grandes classes :

1° Les corps vivants ou organisés ;
2° Les corps inertes, non organisés, inorganiques.

Les corps inorganiques forment le *règne minéral* ; les corps organisés forment le *règne végétal* et le *règne animal*.

Les principaux caractères qui distinguent les corps inorganiques des corps organisés sont :

1° Le mode de production, d'accroissement et de reproduction ;
2° La forme ;
3° La structure :
4° La composition chimique ;
5° Le mode d'extinction.

Les corps bruts ne *naissent* pas ; ils sont produits par des circonstances absolument étrangères et proviennent d'autres corps qui ne leur ressemblent pas. Ils s'accroissent par de lentes agrégations de molécules. Ils ne se reproduisent pas.

Les corps organiques *naissent* de parents semblables à eux ; ils s'accroissent par nutrition intérieure et reproduisent des êtres semblables à eux-mêmes.

Les corps inorganiques n'ont pas de formes propres. Ils sont généralement à l'état amorphe, c'est-à-dire sans forme déterminée, comme la première pierre venue. Ou bien les formes sont à vives arêtes et géométriques, comme dans les cristallisations. Les corps organisés ont des formes fixes, appartenant aux espèces, et non géométriques.

On peut ainsi continuer la comparaison jusqu'au bout et trouver les différences qui divisent profondément les êtres qui ont des organes de ceux qui n'en ont pas.

Il existe un caractère qui domine tous les autres et résume toutes ces différences, c'est la nutrition, propriété vitale, commune à tous les êtres organisés, même les plus incomplets.

Un corps brut, si bien défini, si parfaitement isolé, si géométrique qu'il soit, n'est jamais qu'un *échantillon*. Le corps organisé seul forme l'*individu*.

L'individu végétal ou animal est donc une unité de sa famille : un homme, un chien, un chêne, une renoncule, un lichen, sont des individus.

Encore une définition importante. On appelle *matières organiques* les matériaux qui constituent les organes, comme la chair, les os, la matière verte des végétaux, tous les produits de la vie active. Bien que formés aux dépens du règne inorganisé, ces divers matériaux ne se rencontrent que dans les êtres organisés.

Après ces quelques notions essentielles, nous abandonnons les minéraux, qui sont étrangers à nos études présentes, et nous nous renfermons dans la classe des êtres organisés, où nous trouvons l'arbre, le frère cadet de l'homme.

Nous voulons qu'on se pénètre bien de ceci : les êtres organisés comportent bien deux règnes : les végétaux et les animaux, mais le végétal est le proche parent de l'animal. L'ARBRE EST UN HOMME INCOMPLET. Cette vérité, que nous mettrons en évidence au fur et à mesure que nous avancerons, jette une lumière complète sur le sujet qui nous occupe ici. Arbre et homme naissent, vivent, s'accroissent, se reproduisent et meurent suivant des lois semblables.

C'est pour cela que, devant négliger ici le règne animal pour nous en tenir au règne végétal, nous allons passer en revue quelques propriétés communes aux plantes et aux animaux.

Naissance. — L'arbre et l'homme, pris comme types des deux règnes, naissent de la même façon, c'est-à-dire qu'ils ne sont qu'un prolongement, un développement de la famille. Un pêcher créera un pêcher, comme un homme produira un homme, sans jamais sortir de la loi de sa nature. Le nouveau-né, arbre ou homme, ne donnera qu'un enfant de son espèce.

Nutrition. — Les corps organisés ne fournissent leur carrière qu'en se développant. L'accroissement est la loi de leur existence. Or, cet accroissement a lieu par la *nutrition*, acte commun à tous les corps organisés, homme ou plante, en vertu duquel ils distribuent à leurs diverses parties les matériaux qui concourent à leur accroissement. Quand l'être arrive au point culminant de la vie et que le développement est complet, la nutrition n'a plus qu'un seul objet, soutenir l'arbre ou l'homme et l'aider à descendre vers la mort.

Extinction de l'individu. — Les corps organisés conservent la vie plus ou moins de temps, suivant les espèces. La durée de l'existence se tient toujours dans des limites certaines, selon des lois fixes. Certaines causes accidentelles peuvent interrompre néanmoins la vie à tous les moments de son cours.

La faculté de reproduction assure donc seule la perpétuité de l'espèce. En d'autres termes, la famille est une succession d'êtres passagers, temporaires, venus les uns des autres, une chaîne dont chaque génération forme au moins un anneau.

L'individu, anneau de cette chaîne vivante, ne saurait durer. Il use ses organes à la recherche des substances nutritives, à la déglutition ou à l'absorption des aliments, au travail implacable de l'assimilation des aliments absorbés. L'usure amène la caducité. L'individu devenu faible ne trouve plus en quantité suffisante les matériaux de sa nutrition : de là sa décadence et sa mort.

Nous avons dit que la grande classe des êtres organisés comprend deux règnes :

Le règne végétal ;

Et le règne animal.

Avant de renvoyer de ce livre ce qui touche aux animaux, disons brièvement en quoi les deux règnes se ressemblent, et surtout en quoi ils diffèrent. Nous nous les représentons juxtaposés, placés côte à côte, parallèlement, comme les deux montants d'une échelle dont l'un aurait quatre mètres et l'autre deux.

Les êtres organisés, hommes et plantes, se nourrissent et se reproduisent. Les deux facultés de nutrition et de reproduction leur sont communes, mais la ressemblance s'arrête là. Dans la plante, la vie végétative se borne à ces deux fonctions. C'est le petit montant de l'échelle. La vie animale, plus riche, plus étendue, plus épanouie, comprend en outre deux autres fonctions : la sensibilité, et le mouvement volontaire ou locomotion.

Les nerfs sont l'organe de la sensibilité chez les animaux ; les muscles sont l'organe du mouvement.

Les végétaux, qui ne sentent ni ne se déplacent volontairement, n'ont donc eu besoin ni de système nerveux, ni de muscles. La nature ne donne rien d'inutile.

La science admet ceci comme une vérité : les végétaux ne sentent ni ne se meuvent.

Néanmoins, qui pourrait dire que les deux règnes ont des frontières aussi bien définies, aussi parfaitement tracées? N'y a-t-il pas, dans la vie végétale, des prolongements obscurs sur le domaine de la vie animale, de vagues facultés de sentiment et de locomotion ? N'est-ce pas faute de notions suffisantes, et pour fermer la porte à des discussions sans fin, qu'on est convenu d'accepter comme vrais certains faits relégués au fond des régions crépusculaires où l'esprit humain ne pénètre qu'à tâtons ?

Ceci dépasse un peu le cadre de notre œuvre, mais il est bon de se pencher un moment au-dessus de ces abîmes ténébreux où la science peut faire descendre ses spéculations et ses recherches.

Il ne faut donc pas affirmer magistralement que le règne animal et le règne végétal sont séparés par des limites certaines ; que les végétaux ont deux fonctions et les animaux quatre ; que la vie végétative, en aucun cas, ne se mêle à la vie animale. On l'aurait plutôt affirmé que prouvé.

Les végétaux ne sentent ni ne se meuvent, bien. Mais qui

nous dira le secret de la sensitive, dont le nom veut dire *sentiment*? A quelle cause, à quel instinct obéit-elle, quand elle replie ses feuilles à l'approche d'une main d'homme? Toute la section des mimosées, ses sœurs, offrent à des degrés divers le même phénomène.

On ne saurait nier ces contractions; mais les a-t-on suffisamment expliquées en leur donnant une cause purement physique ou matérielle? Est-ce de l'irritabilité? Et cette irritabilité trahirait-elle des muscles enfouis dans les obscurités de son organisme? Dans les bas-fonds du règne animal, on rencontre des êtres qui ne sentent pas au même degré que la mimosa pudique la simple approche d'une main indiscrète.

Et le convolvulus, qui s'appelle vulgairement la *belle-de-jour*, sent-il l'arrivée du soleil pour s'épanouir, et l'arrivée de la nuit pour se fermer?

Et la nyctage ou belle-de-nuit, sa sœur, pourquoi présente-t-elle le même phénomène, mais en sens contraire quant aux heures?

Y a-t-il, en ces cas, effet physique, instinct ou volonté? Mieux vaut affirmer qu'on ne sait pas.

Voilà pour le sentiment.

Voici maintenant pour la locomotion. La tribu des diatomées, dont le diatome est le type, offre un autre phénomène non moins inexpliqué, celui du déplacement. Cette famille a-t-elle un appareil locomoteur, c'est-à-dire des muscles?

Et l'aubépine, si commune chez nous? Le fait de son déplacement est connu de tout le monde dans les pays où l'on s'en est servi longtemps pour borner entre eux les héritages. Nous avons été cent fois à même de constater qu'en cinquante ans la souche de l'aubépine accomplit un voyage d'une enjambée, invariablement du sud au nord ou de l'ouest vers l'est.

Si les grands vents, soufflant généralement dans ces directions, sont la cause unique de ce changement de place, pourquoi l'épine d'Espagne ou azerolier, l'épine noire ou prunellier, le néflier, la tribu entière des pomacées, résiste-t-elle à ce lent entraînement?

Ce qui précède a pour but de prouver qu'en ces matières les affirmations absolues sont déplacées. Pour être aussi tranchant, il faudrait avoir des notions qui nous manquent sur une infinité d'êtres placés confusément à la frontière commune des deux règnes et dans les vagues obscurités de la nature.

Fermons donc la fenêtre un moment ouverte sur ces lointains inexplorés de la science, et acceptons modestement avec tout le monde les définitions suivantes :

1° Un végétal est un être organisé qui se nourrit et se reproduit ;

2° Un animal est un être organisé qui se nourrit, se reproduit, sent et se déplace volontairement.

Deux fonctions dans la plante : la nutrition et la reproduction. Quatre dans l'animal : la nutrition et la reproduction, comme dans la plante ; de plus, la sensibilité et le mouvement volontaire. Cela justifie l'espèce d'axiome énoncé ci-dessus :

« L'arbre est un homme incomplet. »

Encore quelques idées pour compléter ces notions générales.

Si votre attention se porte du règne animal au règne végétal, avez-vous remarqué la différence essentielle qui survient dans la même fonction ? Ainsi la plante et la bête se nourrissent l'une et l'autre, mais pas de la même façon. Elles sont filles de la terre toutes les deux, et c'est à la terre qu'elles demandent leur nourriture.

Mais la bête est indépendante de telle ou telle place du sol. Avec sa double faculté de sentir et de se mouvoir, elle vague çà et là pour trouver ses aliments; elle marche, elle galope, elle vole, elle dévore l'espace, afin de rencontrer sa pitance éparse à la surface de la terre ou dans l'air. Aussi n'a-t-elle, pour communiquer avec le sol, que des extrémités inférieures d'une surface très-restreinte. Plus sa faculté de locomotion est grande, plus ses pieds sont petits, mais aussi plus sa nourriture est dispersée autour d'elle. C'est pour cela que l'hirondelle a les pattes fines et que le canard les a si larges. L'hirondelle fera vingt lieues pour trouver son dîner, tandis que le canard est tenu de le chercher dans un cercle bien moindre.

La plante, au contraire, vivant où elle est née, ne pouvant faire la chasse aux aliments ni à la surface du sol, ni dans l'air, possède une base solide, inébranlable, une attache large et vigoureuse avec le sol où ses racines puisent les sucs nourriciers.

Et comme elle emprunte à l'atmosphère d'autres principes, des gaz, nécessaires à sa nourriture, et que ces gaz de l'air sont très-déliés, très-rares et peu saisissables, elle développe dans l'air, en des proportions énormes, la surface de ses feuilles, chargées, comme on sait, de recueillir ces aliments aériens.

Exemple : un pêcher de trois ans, dans des conditions de forme ordinaires, compte de cinq à six mille feuilles dont le développement, en ne tenant compte que de la face inférieure, celle des stomates ou papilles, atteint au moins une superficie de vingt-cinq mètres carrés.

Retenez bien ceci : les gaz nourriciers étant rares et fugaces, l'arbre étend et entre-croise son feuillage pour les saisir, comme l'araignée tend sa toile pour arrêter les mouches au passage. Au point de vue de la nutrition, la feuille de l'arbre et la toile de l'araignée ont absolument le même but : gober la pâture aérienne, gaz ou mouche. La seule différence consiste en ceci, que la toile est un outil et que la surface de la feuille est un organe.

La faculté de reproduction, commune également aux individus des deux règnes, n'offre pas une moindre différence dans l'application.

La bête n'a qu'un nombre borné de petits ou d'enfants. Plus la nature lui a donné de tendresse et d'amour vigilant pour ses nouveau-nés, plus ce nombre est restreint, car la protection du père et de la mère, détournant d'eux les dangers, fait que la plupart peuvent arriver à l'âge de se protéger eux-mêmes. Plus l'enfant est protégé, moins il est nombreux. Les poissons, qui abandonnent leurs œufs à l'aventure, sont condamnés à en pondre par millions, sans quoi les espèces disparaîtraient.

Dans les végétaux, les chances mortelles sont infiniment plus grandes pour les embryons que chez les animaux pour les petits. L'arbre, immobile sur place, épuisant son périmètre natal pour sa propre nourriture et l'empêchant même de recevoir le bienfait de la pluie, laisse tomber à son pied, sur un terrain mal préparé, mal aéré, contracté par la sécheresse, les fruits qui sont ses enfants. Il n'a pour eux ni tendresse, ni esprit de protection. Mieux vaut dire qu'il les étouffe en leur prenant leur soleil, leur air pur et leur rosée. En voit-on venir un à bien sur mille? Pas même, assurément.

Mais la nature, qui n'a pas voulu donner à l'arbre la vigilance nécessaire pour la conservation des espèces, s'est chargée de ce soin maternel. Elle a donné à l'arbre une fécondité merveilleuse. Comptez, par exemple, ce qu'un cerisier dans la vigne ou bien un pommier sur le bord du chemin vous donnera de fruits en vingt-cinq ans! Vous aurez des sommes formidables.

De plus, comme ces embryons courent les plus grands risques de périr, la nature leur a, dans sa prévoyance, fourni des moyens efficaces pour traverser la période des premiers jours. Elle a enveloppé le fruit d'une chair épaisse ou d'un noyau solide, — nourriture et berceau tout à la fois qui donne à la terre maigre et rare le temps de s'accumuler autour du petit abandonné dont elle doit faire un arbre ou un pied d'herbe un jour.

Mais que de morts autour de ce berceau vivant!

Si nous avons paru nous attarder un peu trop à ces définitions préliminaires, on comprendra bientôt qu'il était indispensable, pour l'intelligence des notions qui vont suivre, de donner ces détails relatifs aux trois règnes et d'exposer des principes généraux que nous devrons invoquer plus d'une fois au cours de ce livre.

Un premier avantage que nous tirons de cette étude préalable est de pouvoir être compris sans effort, quand nous allons définir, comme suit, le double titre mis en tête de cette première partie : *Anatomie* et *Physiologie végétales*.

Nous pourrions, à l'exemple de tous les auteurs, indiquer la provenance grecque de ces deux termes scientifiques; mais le public auquel nous nous adressons n'y gagnerait absolument rien. Qu'il nous suffise de donner aux arboriculteurs cette double définition qui résume les notions précédentes :

1° L'*Anatomie végétale* est la science qui décrit les organes des plantes et qui recherche les formes, la structure, les caractères de ces corps organisés.

2° La *Physiologie végétale* est la science qui cherche à se rendre compte des fonctions et du fonctionnement de ces organes ; à expliquer les phénomènes de la végétation, à décrire le mécanisme de la vie des plantes.

Ajoutons que les deux règnes formés par les corps organisés se touchent de si près, que l'anatomie et la physiologie sont venues tout naturellement du domaine de la médecine ordinaire dans celui de la vie végétative. On étudie l'arbre comme on étudie l'homme.

Un traité de science pure aurait le devoir de procéder du plus simple au plus composé, du plus apparent au moins sensible, en un mot, de l'anatomie à la physiologie. Mais il faut qu'on s'en souvienne bien, notre but n'est pas de faire ici un traité méthodique. Aussi, dans ce livre, appellerons-nous à notre aide, en nos démonstrations, tantôt l'une, tantôt l'autre de ces sciences, quelquefois les deux en même temps, ayant confiance en la mémoire de nos lecteurs pour dissiper une confusion, du reste, peu dangereuse en ces études.

CHAPITRE II.

L'ARBRE.

L'arbre, c'est l'homme végétal.

Nous allons maintenant l'étudier. L'individu doit, en effet, prendre place avant la famille, attendu que, dans l'ordre moral et logique, il la devance et la domine. L'individu, c'est l'unité, nette, précise, absolue; la famille est le nombre. Il est le chiffre, elle est le total. La famille, c'est l'individu multiplié. Elle n'est qu'un mot et n'existerait pas sans lui, ce qui est le contraire de l'individu, puisqu'il existe seul et de lui-même.

Ceci dit pour prévenir certaines objections d'ordre philosophique et aussi pour jalonner notre marche.

Étudions donc l'homme végétal, l'arbre.

Le moyen le plus naturel et le plus simple consiste à le décomposer en ses parties, à étudier ses organes les uns après les autres, à chercher l'explication de tous les faits qui se produisent sous nos yeux.

Cet examen pièce à pièce nous conduira tout droit à la connaissance de l'ensemble, mais nous voulons auparavant nous poser deux questions importantes et tâcher d'y répondre.

1° Où commence l'arbre? Où finit-il?

2° Pourquoi la nature n'a-t-elle pas exigé, comme pour les animaux, le concours de deux végétaux, l'un mâle, l'autre femelle, pour consommer l'acte de la reproduction?

La première de ces deux questions, dans sa forme simple, a la plus grande importance. Elle revient à se demander par quel point il convient de commencer l'étude de l'arbre.

La réponse est tout près.

Qu'est-ce qu'un arbre ayant des fruits à chaque branche? N'est-ce pas la mère de famille qui tient ses enfants par la main?

Les enfants ne sont pas la mère; les fruits ne sont pas l'arbre. Ils sont, à l'égard de l'un et de l'autre, la génération suivante. Le fruit commence donc l'arbre et ne le finit pas. En d'autres termes, l'arbre commence au fruit et finit à la fleur. Au-delà de celle-ci, le fils, le successeur, la génération suivante apparaît.

Quant à l'autre question, la réponse également saute aux yeux. L'arbre, ne pouvant, à l'exemple de l'animal, s'en aller au loin chercher une compagne, a dû recevoir de la nature le don de se reproduire sur place, conséquemment avec lui-même, et former à lui seul un ménage.

Section 1re. — LE FRUIT.

Nous nous laisserions volontiers aller à la tentation d'élargir le cadre de ces études, mais nous ne pouvons oublier que nous écrivons le *Livre de Montreuil*, et que nos spéculations doivent se borner aux arbres principaux de sa culture, le Pêcher, le Poirier, le Cerisier et le Prunier.

Pour nous donc ici, le fruit, c'est la pêche et la pomme, toutes les deux de la grande famille des rosacées, mais la première de la tribu des amygdalées (type : l'amande); la seconde de la tribu des pomacées (type : la pomme).

Il nous arrivera bien certainement en nos conclusions de nous arrêter un moment sur la classification des végétaux en familles, mais notre livre doit rester la monographie aussi complète que possible de nos arbres fruitiers, de notre incomparable pêcher surtout.

Donc prenons une pêche, un œuf de pêcher.

A sa première minute, dans la fleur-mère qui l'a portée et où nous la retrouverons plus tard, la pêche embryonnaire formait la partie la plus inférieure du pistil, ordinairement sous l'apparence d'un renflement sensible.

Aujourd'hui l'œuf va quitter la mère ; l'arbre a terminé son rôle de père nourricier ; le petit être va rester à l'aventure, abandonné à lui-même, et c'est pour cela que la nature lui a donné des frères par milliers, puisque, même à l'état sauvage, un embryon sur mille arrive à peine à bien.

L'œuf complet, c'est la pêche. L'embryon gît au centre. La nature, mère prévoyante, a fait à ce jeune pêcher rudimentaire un berceau protecteur. Une triple enveloppe le recouvre et le garantit des accidents du dehors : un noyau solide, une chair épaisse qu'on appelle le *drupe* (du grec *drupeps,* cuit sur l'arbre, qui a mûri sur l'arbre), et, sur le tout, une peau veloutée, imperméable.

L'ensemble des trois enveloppes s'appelle d'un même nom : *péricarpe (péri,* autour ; *carpos,* fruit).

Chaque enveloppe a son nom particulier. La peau est l'*épicarpe* (*épi,* dessus, sur); la chair ou drupe est le *mésocarpe* (*mésos,* milieu); la coque du noyau est l'*endocarpe* (*endon,* dedans).

Dans la pomme, la pelure est l'épicarpe; la chair, le mésocarpe; l'endocarpe est formé de membranes ou parchemins disposés en loges où se trouvent les pepins. C'est donc surtout dans l'endocarpe du fruit qu'on rencontre le caractère distinctif entre les amygdalées et les pomacées.

Puisque les noms scientifiques ont été pris du grec, il a bien fallu dire au moins ce que ceux-là signifient.

A ce propos, ouvrons une courte parenthèse. Nous avons souvent entendu demander à quelle fantaisie de pédantisme obéissait la science, en allant prendre ses mots et ses dénominations dans une langue à jamais éteinte. La raison de cette prétendue fantaisie saute aux yeux pourtant. Les langues vivantes subissent la loi du temps, elles varient chaque jour, et la signification des mots se restreint ou s'étend, quand elle ne change pas tout à fait. Une langue morte, la langue d'Athènes surtout, si splendidement riche, dans tout son éclat il y a plus de vingt-deux siècles, n'offre plus le même inconvénient. C'est une sorte de table d'airain, fixe, immobile, sur la tombe d'un peuple mort, et sa langue, la plus belle que l'homme ait jamais parlée, s'y trouve gravée en traits immuables et pour l'éternité.

A cet avantage de l'immutabilité du sens des mots, la langue grecque en joint un autre : celui d'être comprise par les savants du monde entier.

Rentrons maintenant dans notre sujet. A proprement parler, le fruit du pêcher est donc l'amande, et celui du pommier le pepin. L'arbre futur est là. Tout le reste est condamné à se dissoudre, à se corrompre et à disparaître après avoir nourri l'embryon. Manger une amande ou un pepin, c'est donc manger un arbre.

Le fruit du pêcher est simple. Vous n'y trouvez qu'une loge pour une seule amande. La pomme, au contraire, est un fruit composé, portant cinq loges pour les pepins. Le calyce de la fleur (de *calux*, calyce), qui se confond avec la pelure de la jeune pomme, couronne longtemps encore après la défleuraison, le sommet du fruit de ses cinq sépales desséchés.

Le pédoncule qui supporte un groupe floral se divise généralement en plusieurs branches appelées *pédicelles*. Le fruit est soutenu par un de ces pédicelles, et, quand il s'en détache à l'heure de la maturité, la cicatrice qui lui reste porte le nom de *hile* (du latin *hilum*, petite marque noire qui paraît sur une fève).

L'amande a son hile comme le fruit. Il provient de la rupture de son attache avec le noyau. Même note pour le pepin mûr.

L'amande, à son tour, se divise en plusieurs couches superposées. La tunique extérieure ou peau, sur laquelle le hile est toujours apparent, a reçu le nom de *testa*. Une autre enveloppe qui recouvre immédiatement l'embryon porte le nom de *tegmen*.

Donc, la testa, enveloppe externe, ou peau; le tegmen, enveloppe intérieure. Ensemble, les deux enveloppes s'appellent l'*épisperme* (*épi*, sur; *sperma*, germe). Ce sont les langes de l'embryon.

Tel est l'arbre naissant, l'enfant végétal.

Ces notions, auxquelles nous ne donnons pas l'allure d'un traité, suffisent néanmoins pour nous mener au but que nous nous sommes proposé. Et nous restons plus libre de faire ressortir davantage les points qui nous paraissent les plus intéressants.

L'arbre existe dans son germe à l'état infiniment petit; mais cette petitesse n'est aussi microscopique que par rapport à nos moyens de perception visuelle. Au-dessous de ce que nous pouvons apercevoir, même à l'aide du microscope, existe l'infiniment petit, comme existe au-dessus de nous l'infiniment grand. Cela fait rêver. Un grain de poussière qui joue dans un rayon de soleil est un monde. Le germe de l'amande n'est-il pas un arbre immense pour un de ces mondes imperceptibles? Et qui donc alors prouverait que l'arbre ordinaire, notre pêcher, ne vient pas des profondeurs de l'incommensurable petitesse par une suite de transformations?

Mystères sombres où la raison se perd aussi bien que dans la contemplation des espaces immenses! Comme rien ne sort de rien, peut-être est-il vrai que manger une amande, c'est éteindre une famille d'arbres, une succession d'individus venant du commencement des mondes.

Mais restons dans notre milieu naturel, avec les choses que nous pouvons voir et juger.

A partir de l'épicarpe ou pelure du fruit, nous avons traversé le mésocarpe ou chair, l'endocarpe ou coque du noyau, la testa ou peau de l'amande, le tegmen, enveloppe intérieure, sous laquelle nous avons trouvé l'embryon, l'enfant végétal attaché à l'épisperme par le funicule, sorte de cordon formé de vaisseaux nourriciers.

Le premier qui porta ses études sur l'embryon fut Césalpin (1786), qui le nomma *cor seminis* (cœur de la graine). De là le nom de *corculum* (petit cœur) que porta l'embryon jusqu'à de Jussieu.

Restons dans l'amande du pêcher. L'embryon présente distinctement, vers son milieu, un renflement que Lamark a nommé le nœud vital, une sorte de cerveau de l'arbre et qui s'appelle *mésophyte* (milieu de la plante). Vulgairement, c'est le *collet*.

Du collet de la plantule, où elles sont pied à pied, partent deux queues, l'une descendante et plus longue qui est la *radicule* (petite racine) qui plonge en terre ; l'autre ascendante, qui est la *tigelle* (petite tige) au sommet de laquelle on remarque un bourgeon appelé *gemmule* (petit bourgeon).

Cette tigelle moins longue, au début, que la radicule, prend le nom de *plumule* (petite plume) si on la considère avec son bourgeon supérieur.

Ainsi l'embryon porte à son milieu le collet ou mésophyte; au-dessous, la radicule; au-dessus, la plumule.

La jeune plante porte à ses flancs deux feuilles épaisses, charnues, qui s'ouvrent en éventail et désignées sous le nom de *cotylédons* (creux, cavité), appelées aussi feuilles cotylédonaires ou corps cotylédonaires. Elles ont pour destination de fournir à la jeune plante les premiers matériaux de sa nutrition. Nulle part les cotylédons ne sont plus apparents que dans le haricot vulgaire qui commence à pousser.

Pour bien comprendre le mouvement en sens inverse de la plante qui germe, il faut se figurer que le collet est une sorte de crémone naturelle, dont les crémones de nos fenêtres sont une image fidèle. Le collet est la poignée dont la rotation fait descendre en terre la radicule, et monter la plumule dans l'air libre.

L'étude du mésophyte a sollicité l'attention de quelques puissants observateurs, et vraiment n'y a-t-il pas là le plus étonnant phénomène de la végétation ? Cette crémone qui élève une tige et abaisse une racine, où prend-elle son moteur? Quelle force invisible la fait-elle agir? Et si vous plantez l'amande à contresens, à quel instinct obéit cette tigelle qui est en bas, quand elle décrit une sorte de cor de chasse pour retrouver la lumière et monter dans l'air libre, son domaine? Quelle main sollicite la racine, placée le bout en haut, à regagner le sol et l'obscurité?

Qu'une pomme de terre, oubliée dans une cave, sente le printemps venir; aussitôt la crémone joue à l'endroit du mésophyte; quelle que soit la position du tubercule, les radicelles, trompées par les ténèbres de la cave, cherchent paresseusement une nuit plus profonde dans la terre qu'elles grattent et défoncent; et la tige monte, monte vite, en peine de l'air qui n'arrive pas, à la recherche de la lumière qui lui manque; elle tourne, elle cherche avec inquiétude, elle s'allonge démesurément vers le pâle rayon descendu d'un soupirail et, si vous lui en laissez le temps, elle sortira de sa prison et viendra se gaudir dans la lumière.

Où donc la matière végétale a-t-elle pris cet instinct de la vie? et dans lesquelles de ses fibres se cache confusément son besoin de reproduction? Le mystère est dans ces infiniments petits, comme il est dans les infiniments grands, et la science humaine qui s'empare mécaniquement du globe, s'arrête, impuissante et confondue, devant une simple graine, amande ou pepin, qui palpite et va vivre!

La racine et la tige forment l'axe de la plante. La tige aérienne, partant du collet où elle a son plus grand diamètre, monte en se rétrécissant toujours; la racine qui s'enfonce en terre diminue également de grosseur à partir du même collet, de sorte que l'axe, dans son ensemble, représente assez bien deux cônes base à base, deux pains de sucre qui se joindraient par leurs gros bouts.

Le mésophyte reste généralement apparent pendant toute la vie de l'arbre, soit comme renflement, soit comme rétrécissement local. Il forme le point de jonction des deux parties de l'axe, et c'est de là que s'élancent les fibres montantes de la tige aérienne, et les fibres descendantes de la tige souterraine. Une dernière image rendra très-sensible cette mise bout à bout des deux parties de l'axe au collet. Prenez une branche avec des rameaux et placez-la droite sur la surface d'un miroir. Vous aurez immédiatement deux branches dont les deux grosses extrémités toucheront à la glace; mais les deux branches, étant pied à pied, s'étendront en sens contraire, l'une en haut, l'autre en bas.

Quoi qu'il en soit, retenons bien ceci : le collet, siége de la force mystérieuse qui sollicite les deux parties de l'axe en sens contraire, garde, pendant la vie de l'arbre, une importance capitale. C'est le cœur, c'est le cerveau, c'est le point vital, et, comme nous n'aurons plus l'occasion d'y revenir, consignons ici un principe que tout arboriculteur devrait écrire en lettres d'or sur un des murs de son jardin.

PRATIQUE : Une longue et patiente observation, rigoureusement suivie, démontre que le collet, malgré l'opinion conraire de quelques savants, appartient à la partie aérienne de la plante. L'air lumineux et libre de l'atmosphère lui est indispensable pour la réussite du mystérieux travail en partie double qu'il accomplit entre la tige et la racine.

Donc, en plantant un arbre, quel qu'il soit, n'enterrez jamais le collet; éloignez-le même du sol pour le soustraire à l'action immédiate de l'humidité. La bonne règle est de le tenir de terre à la distance d'au moins cinq centimètres. Nous avons vu périr tout un quinconce de marronniers sur une place publique où l'on avait exhaussé le sol de vingt-cinq centimètres d'excellentes terres, sous prétexte de donner aux arbres fatigués une nourriture fortifiante. Le remède mal appliqué tua les malades et nous allons dire pourquoi dans la section suivante.

Section 2e. — LA RACINE.

La racine est l'organe conservateur par excellence. Elle croît en sens inverse de la tige et a pour fonctions principales de fixer l'arbre au sol et de lui fournir les aliments essentiels.

Quoiqu'elle forme le système terrestre, elle ne se trouve pas mal, néanmoins, d'être laissée à l'air libre, au moins dans sa partie qui se rapproche le plus du collet. Nous voulons qu'on sache bien que, fortement constituée, il lui importe peu de vivre enterrée ou découverte en partie, pourvu que ses extrémités, les seules actives, soient plongées dans le sol nourricier. Le seul risque qu'il y ait à courir en la découvrant avec excès est de provoquer la naissance de brindilles au-dessous du collet. Les racines ne sont pas la pompe, elles n'en forment que le corps ou tuyau.

Nous ne répéterons jamais trop cette vérité capitale en arboriculture : point d'amas de terre, point d'empâtements au collet de l'arbre ; de l'air et de la lumière toujours ; mais pas d'ardents soleils non plus. La racine qui a la structure de la tige, moins la moelle, n'est qu'un canal, un tuyau de conduite assez solidement constitué pour supporter le contact de l'air et du jour, pourvu qu'on garantisse le collet des rayons solaires au moyen d'une planchette ou d'un simple paillasson.

La racine se ramifie comme la tige aérienne ; au lieu de feuilles, ce sont les radicelles qui couvrent les branches plongeantes et en forment la parure chevelue.

Les radicelles ont la même structure que les racines et le même rôle ; elles sont de simples embranchements pour la circulation de la séve ; elles conduisent la séve et ne la prennent pas en terre. A leurs extrémités se trouvent des parties blanchâtres, sans épiderme, couvertes de poils et peu consistantes. On dirait des fourmis blanches.

Ce sont les *spongioles* (petites éponges).

Voilà les vrais suçoirs, les seules pompes aspirantes qui puisent le suc dans le sol pour les besoins de l'arbre.

Les spongioles sont annuelles, même dans les arbres séculaires. Elles deviennent glabres, c'est-à-dire qu'elles perdent leurs poils à l'approche de l'hiver et achèvent de s'organiser en prenant la couleur et la consistance des radicelles. A cette époque de la replantation, il n'y a donc plus que du chevelu. Les spongioles sont tellement délicates qu'elles rendent la reprise de l'arbre impossible tant qu'elles fonctionnent. Replanter un arbre en hiver, c'est déplacer un homme endormi ou tombé en syncope, il ne s'en apercevra qu'à peine. Et, par contre, ceci vous donne la raison péremptoire, unique, absolue, du danger mortel auquel vous exposez un végétal qui serait déplacé dans la période de la séve.

Pendant que les spongioles deviennent des radicelles ou du chevelu, l'arrêt de la séve est complet. Celle qui remplit les conduits ordinaires se meut à peine. Elle ne recevra d'impulsion que par le travail des spongioles renaissantes qui ramèneront dans l'arbre la séve printanière.

La main souveraine qui a créé la nature a mis l'ordre et l'harmonie partout, jusque dans les moindres détails. La spongiole cesse de fonctionner et se transforme en chevelu, juste au moment où la séve est forcée de s'arrêter, puisque, dans nos climats, le vert ou parenchyme des feuilles, le tissu délicat des fleurs et le drupe de nos fruits ne supporteraient pas la rudesse des hivers. Les racines de la plupart de nos arbres plongent assez profondément dans le sol pour y trouver, dans un milieu tiède, les sucs nourriciers qui s'y trouvent en toutes saisons, même dans les mois les plus rigoureux.

Mais on dirait que les spongioles comprennent que leur travail de succion serait en pure perte, et elles profitent de la morte-saison de la tige aérienne pour se transformer sur place et pousser plus loin les spongioles nouvelles qui s'allongeront dans un milieu vierge où se trouvent des réservoirs de suc non encore entamés.

Qu'on retienne bien ceci : la suspension de la vie active dans l'arbre a pour seule cause la froidure de l'atmosphère, et non l'indolence ou l'engourdissement de la racine. La preuve de cette vérité se trouve dans les climats plus doux, où l'arbre ne cesse de produire. Comme le travail de la végétation ne s'arrête pas, les spongioles d'un an ne s'organisent en chevelu que pendant la formation de celles qui fonctionneront à leur tour pour une année.

Examinez de près ces suçoirs du chevelu, ces spongioles aspirantes. On les dirait affamées, inquiètes comme les lèvres du nouveau-né qui cherchent le sein de la mère. Elles ne se trompent jamais de chemin, malgré les ténèbres, et ne vont qu'où gisent les aliments.

Deux exemples seulement :

Dans un jardin de Montreuil, un pêcher planté le long d'un mur de refend, au midi, dépérissait depuis quatre ou cinq ans, et le propriétaire l'avait condamné sans retour à quitter la place pour aller au feu, quand l'arbre reprit une vigueur inattendue, et se couvrit au printemps d'une neige de fleurs et de beaux fruits en août.

Qu'était-il arrivé? Trois ans auparavant, des terres vierges, des gazons et des feuilles avaient été mis en monceau de l'autre côté du mur. Quand ce terreau fut à point consommé, le propriétaire l'enleva pour le distribuer dans ses carrés et s'aperçut que la couche inférieure était envahie par des myriades de fourmis blanches, — des spongioles, — venant on ne savait d'où.

Il fut néanmoins facile de le savoir en suivant les racines qui, partant de l'arbre en question, avaient passé sous le mur de refend et avaient lancé leurs suçoirs à l'aubaine, en plein terreau.

Qui donc avait prévenu ces racines, allongées en sens contraire, de la présence, à deux mètres d'elles et derrière ce mur, d'un dépôt d'engrais?

On ne sait, mais toutes étaient venues à la curée !

L'autre exemple est plus frappant encore. Il est dû aux savantes recherches des professeurs de l'École des eaux et forêts, de Nancy.

On avait fait en cristal une grande caisse étanche qu'on avait séparée en deux parties égales par une cloison en cristal épais, soigneusement soudée aux parois de la caisse. Entre les deux compartiments, aucune communication possible. Celui de gauche avait été rempli d'une terre ou grouette dans laquelle on avait planté un arbuste dont les racines avaient été placées dans une direction opposée à la cloison. L'autre avait reçu jusqu'aux bords un riche humus ou terreau.

Au bout de quelques années, on enleva la terre maigre avec des soins minutieux et l'on trouva que les racines, ayant fait le cor de chasse, étaient venues du côté de l'autre compartiment, et les spongioles, s'étant groupées comme pour une attaque en trouée, étaient collées à la cloison dont elles avaient dépoli et grignoté le cristal, pour arriver à l'humus.

Rien pourtant n'avait pu transpirer au travers de la glace, ni le suc, ni les gaz ni l'odeur. Et cependant les spongioles, amenées par les radicelles, avaient senti que derrière l'infranchissable barrière existait une riche pâture et, patientes comme des termites, leurs frères de l'ordre animal, rongeaient l'obstacle pour passer.

Nous aurons dit tout ce qu'il importe de savoir ici de la racine, quand nous aurons parlé des *drageons,* qu'on appelle aussi *surgeons, redrageons* et *rejetons*. Ce sont des jets qui sortent du sol à une distance plus ou moins grande de la tige et qui partent du corps de la racine. Le lilas et le prunier nous en offrent notamment beaucoup d'exemples.

Ne pas confondre les drageons avec les scions et les gourmands. Ceux-ci naissent toujours au-dessus du collet; les drageons au-dessous.

Section 3º. — LA TIGE.

La tige est la partie aérienne des plantes et des arbres. Elle comprend, à partir du collet, le tronc proprement dit, les branches, les rameaux et les scions. Ces derniers sont des rameaux d'un seul jet, non encore divisés.

Ces divisions constituent la charpente de l'arbre.

Si l'on coupe transversalement soit un tronc, soit une branche déjà faite, on distingue facilement, sur la surface de la section, toutes les couches cylindriques superposées, qui forment le corps ligneux.

Cylindriques n'est pas le mot absolument vrai, car tous les corps ligneux sont coniques, c'est-à-dire que le diamètre s'en va diminuant à mesure qu'on s'éloigne du pied ou du point d'insertion.

Revenons au plan de section transversale. Du dehors au dedans, on y voit distinctement trois bandes circulaires : l'*écorce* qui est l'enveloppe extérieure; le *bois* formé de couches, et, tout au centre, la moelle, enfermée dans l'étui médullaire.

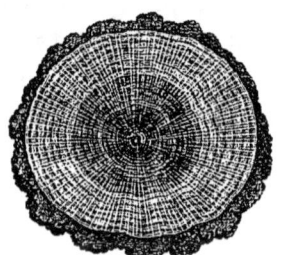

Tranche horizontale d'une tige de vingt-cinq ans.

Afin de trouver l'écorce complète, il faut la prendre dans un arbre jeune ou sur une branche nouvelle, où elle n'a pas encore pris les rides que le temps creuse sur l'enveloppe des vieux troncs. En allant de l'extérieur à l'intérieur, on y trouve : 1° une membrane enveloppante, une sorte de parchemin qu'on appelle épiderme ; 2° une substance verte, herbacée, appelée *parenchyme* ou *tissu cellulaire*, en voie de formation et d'autant plus verte qu'elle est plus près de l'épiderme ; 3° le liége ou *couches corticales*, corps solide, semblable au bois, moins serré, jaune, blanchâtre ou brun ; 4° enfin le *liber*, feuille ligneuse, épaisse comme un parchemin, se trouvant juste entre l'écorce et le bois. On l'a nommé *liber* à cause de sa ressemblance avec les feuillets jaunis d'un vieux livre.

L'épiderme cortical, comme la pelure de la poire et de la pomme, possède la sensibilité d'une plaque photographique et la lumière y imprime des nuances diverses. Nous reviendrons à cette propriété naturelle, quand nous décrirons en son lieu le procédé facile au moyen duquel M. Noel Vitry donne à la calville, fruit du pommier calvil, le joli coloris rose qui en double la valeur marchande.

Le bois, formé de couches annuelles et cylindriques, comprend, à partir de l'écorce, l'*aubier* et le bois fait qui va jusqu'à l'étui de la moelle. L'aubier est du bois tendre, en voie d'organisation, qui achève de devenir du vrai bois, à mesure que d'autres couches d'aubier le recouvrent et remplacent les couches intérieures. D'où il suit que le bois et l'aubier sont de même nature et ne diffèrent que par l'âge, c'est-à-dire par une organisation parfaite dans le bois, imparfaite dans l'aubier.

Ce qu'on appelle *étui médullaire* est la paroi cylindrique du bois dur autour de la moelle. Il tapisse donc la surface la plus intérieure du bois. Il est formé de longues fibres qui sont des vaisseaux organisés, paraît-il, dès les premiers jours de la germination.

L'étui n'est pas toujours rond dans toute sa longueur et ne descend jamais au-dessous au collet.

La moelle, composée d'un tissu cellulaire régulier, très-lâche dans le vieux bois, très-dense et rempli de sucs dans les rameaux naissants, paraît ne pas s'éloigner de la nature du parenchyme sous-épidermoïque ou cortical; il est un peu verdâtre aussi, ferme et cassant.

La moelle serait-elle un organe temporaire, essentiel au développement de la jeune pousse et perdant peu à peu sa consistance en même temps que son utilité?

Les physiologistes ne se mettront jamais bien d'accord sur le rôle de la moelle dans la végétation. Elle semble du moins bien inutile aux parties organisées et parfaites, puisque les vieilles trognes auxquelles manquent la moelle, l'étui médullaire et les couches de bois intérieures, survivent longtemps à l'ablation de ces parties.

Cependant il faut tenir le plus grand compte de cet axiome que la nature ne fait rien de superflu. Or, sur le plan d'une coupe transversale dans la tige, on remarque des lignes qui rayonnent du centre à la circonférence. Ces lignes appelées *rayons médullaires,* qui existent du haut en bas de l'arbre et qui sont extrêmement nombreux, mettent ou bien ont dû mettre la moelle active en communication avec le pourtour de l'arbre.

Si l'on admet la moelle comme un organe temporaire, inutile quand la tige est organisée, ne faut-il pas tenir pour certain qu'elle est indispensable au travail de développement dans l'arbre? Son rôle paraît être de lancer par les rayons médullaires des bourgeons sur les branches, à mesure qu'elles se développent, et de provoquer ainsi la naissance des pousses.

Dans cette hypothèse, on comprend qu'ayant rempli sa tâche, elle devienne inerte et s'atrophie dans les vieux bois qui ne donnent plus de bourgeons. Son abondance dans les jeunes pousses et sa diminution successive et graduelle dans les parties vieilles donnent beaucoup de vraisemblance à cette opinion. Les pousses folles qui se présentent parfois sur les troncs ou les vieilles branches s'expliqueraient par une étincelle d'activité restée dans le cadavre de la moelle atrophiée.

Les rayons qui survivent au fonctionnement de la moelle ne seraient plus alors que des canaux desséchés.

Quoi qu'il en soit, on n'a jusqu'ici sur la fonction de cet organe interne rien d'absolument précis, et nous compléterons ce qu'on en a dit de plus vraisemblable par quelques réflexions qui trouvent naturellement leur place ici.

L'arbre a le port de l'homme. Il tient haut la tête et la vie est au sommet. On sait que le principe aromatique existe en plus forte abondance aux extrémités supérieures et que tous les luxes de la végétation, fleurs, feuilles et parfums, constituent ce qu'on appelle les *sommités fleuries*. La fièvre de vie monte sans cesse. On dirait que le végétal tient à s'emparer de l'air. Il s'y épanouit, il se baigne dans la lumière, il ne cesse d'y élancer ses jeunes pousses que pour s'étioler et mourir.

Le tronc qui l'enchaîne au sol n'est pas lui. C'est un support que le cambium augmente de volume à mesure que la frondaison devient plus opulente et demande une base plus solide. Cette tige, en même temps support et canal, n'a plus de vie propre. En s'organisant, elle a perdu toutes les propriétés de la vie végétale. Elle n'a donc pu garder dans ses flancs un organe inutile, la moelle, qui s'en est allée plus haut pour donner, faciliter ou alimenter cette fièvre d'expansion, d'amour et de vitalité qui donne à l'arbre une ressemblance avec l'animal.

Ne pourrait-on pas encore soutenir cette hypothèse qui a frappé les plus grands esprits, à savoir que le végétal est un être multiple dans lequel les individus se superposent et s'entent les uns sur les autres, se faisant ainsi la courte échelle pour gagner les hautes régions de l'air? La vie monterait ainsi de proche en proche, de branche en branche, ne laissant derrière elle que des supports et des tuyaux de conduite pour la séve nourricière, pompée en bas par les spongioles qui travaillent dans le silence et dans les ténèbres.

Et la moelle alors, ou plutôt le principe actif de cet organe, abandonnant les vieux tissus à eux-mêmes, monterait à son tour pour jouer son rôle mystérieux dans les phénomènes de la végétation.

Les rameaux et les branches ont, avec la forme conique, les principaux caractères de la tige. Ils ont néanmoins reçu différentes dénominations suivant leur mode d'insertion sur leur axe.

Ces dénominations très-usitées sont communes aux rameaux, aux feuilles et aux fleurs. Ces organes sont dits : 1° *opposés*, quand ils sont insérés deux par deux, à la même hauteur, vis-àvis l'un de l'autre ; 2° *alternes,* s'ils sont situés l'un au-dessus de l'autre, de chaque côté de la tige, et à des distances à peu près égales ; 3° *verticillés,* s'ils forment par leur insertion un anneau autour de la tige.

La couronne de rameaux, de feuilles ou de fleurs se nomme un *verticille.*

Section 4e — LE BOURGEON.

Le bourgeon n'est autre chose que le rudiment d'une pousse nouvelle. Il est annoncé par une petite cicatrice sur la surface du végétal. Puis apparaît la pointe, le sommet de la jeune pousse, petit arbre qui va s'enter sur le grand. On l'appelle *œil*, *bouton* et *gemme* (du mot latin *gemma*, perle). Il faut répéter que le bourgeon, projeté par la moelle sans doute, est bien un fils, un congénère, qui va se superposer à l'arbre et qu'on voit généralement arriver dans l'aisselle des feuilles et tout en haut des rameaux et des tiges. Il contient l'embryon complet d'un nouvel arbre, comme l'amande primitive. La partie aérienne ne tarde pas à se développer, tandis que la radicule s'enfonce dans les profondeurs du bois, au-dessous de son insertion. Le mésophyte ou collet y existe aussi bien que dans la tige principale.

Quelques observateurs ont pensé que la radicule du bourgeon se compose de deux faisceaux de fibres dont l'un se confond avec le bois, et l'autre avec le liber de la tige d'insertion. Si bien que, par ces deux routes ténébreuses, les deux faisceaux descendent jusqu'au pied de l'arbre, franchissent le collet et vont en terre grossir la masse du chevelu.

Pour appuyer cette opinion, nous croyons qu'il eût fallu déterminer le temps que la radicule d'un bourgeon met à franchir la distance quelquefois considérable qui la sépare du sol et nous démontrer que, durant cette période, la vigueur des jeunes pousses, si grande au début, se produit aux dépens de la séve générale de l'arbre.

Cette théorie, émise par Dupetit-Thouars au commencement de ce siècle, avait pour but d'expliquer l'accroissement en diamètre de la tige principale et des branches ; mais le système du cambium descendant, plus vraisemblable et plus généralement admis, offre de ces phénomènes des explications plus rationnelles.

Le bourgeon qui naît au bas du support et dans l'aisselle des feuilles s'appelle *axillaire* (d'*axilla*, aisselle) ; celui qui vient à l'extrémité des branches et des rameaux se nomme *terminal;* le bourgeon *adventice* apparaît isolément çà et là, sur un point quelconque de la surface des tiges, sans que rien n'ait fait prévoir son arrivée. Nous verrons en temps utile qu'on en peut

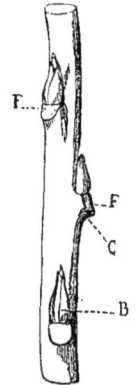

Bourgeons axillaires.   .   Bourgeon terminal.

provoquer l'apparition sur un point voulu, au moyen de certains procédés et en vue de boucher les vides.

Le bourgeon, quel qu'il soit, n'arrive que protégé par une enveloppe nommée sa *pérule* ou ses *écailles*. Ce sont des feuilles avortées et caduques.

Avec un peu d'expérience de la culture, il est facile de distinguer au premier coup d'œil la nature des bourgeons naissants. Les *bourgeons à bois* ou *à feuilles* sont comparativement petits et pointus. Les *boutons à fleurs* sont plus gros, plus obtus, plus arrondis, et les squames ou écailles de l'enveloppe sont généralement moins serrées. Les bourgeons *mixtes* tiennent le milieu entre les deux formes.

Du reste, les natures de ces trois sortes de bourgeons ne sont pas tellement différentes qu'ils ne puissent se changer l'un en l'autre, le bouton à fleurs en bouton à bois, et réciproquement. Le travail artificiel, ou certaines conditions de vigueur ou de dépérissement dans l'arbre, amènent souvent ce résultat.

Le bourgeon se développe au moment de la séve, reste stationnaire en hiver, et sort au printemps de ses squames qu'il fait éclater, pour devenir branche ou fleur.

Au centre des bourgeons existe un axe verdâtre autour duquel sont enroulées des feuilles rudimentaires.

On appelle *sous-bourgeons* ceux qui naissent la même année à la base des bourgeons pour les remplacer en cas d'accident. Les *faux-bourgeons* sont les productions qui apparaissent sur les bourgeons vrais et presque en même temps qu'eux. On en voit de nombreux exemples sur le pêcher et sur certaines variétés de poirier. Il en sera parlé plus au long dans les chapitres relatifs à la culture pratique de ces arbres.

Section 5e. — LA FEUILLE.

La feuille est un organe latéral annexé à la tige et à ses subdivisions. Elle sort d'un nœud de l'axe en un faisceau de fibres serré, qui formera sa queue ou son *pétiole;* puis ces fibres s'épanouiront bientôt au bout du pétiole en un *limbe* plat, mince et vert. La feuille, organe essentiel de la nutrition, autant au moins que la racine, est presque toujours horizontale.

La feuille qui possède un pétiole (petit pied) est dite *pétiolée.* Quand elle s'insère directement et sans queue sur la tige, elle est *sessile* (assise). Si la queue paraît à peine, la feuille est *subpétiolée.*

A l'extrémité de la queue, les fibres dont le faisceau serré forme le pétiole se ramifient, et les intervalles sont remplis par une matière verte appelée *parenchyme,* où la séve, pompée par les racines d'en bas, arrive pour se former et s'organiser.

Les fibres, qui sont l'expansion du pétiole, s'appellent les *nervures* du limbe. L'ensemble des nervures est la *nervation*.

Le limbe de la feuille a deux faces : l'une, supérieure, lisse, vernie, luisante ; l'autre, inférieure, rugueuse, laineuse, garnie de suçoirs ou *stomates* (petites bouches), sur laquelle les nervures

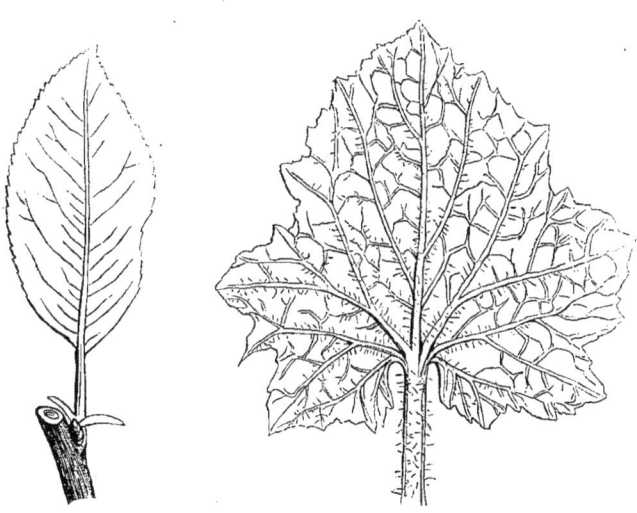

Feuille de poirier.   Feuille de melon

se détachent en relief. Entre les épidermes des deux faces se trouve une couche de tissus cellulaires.

Sous le rapport de la forme, les feuilles se divisent en deux sortes importantes et tranchées. Ou le pétiole est simple jusqu'au limbe, ou il se divise en plusieurs pétioles réunis à son sommet. Dans le premier cas, il y a un limbe tout d'une pièce, qui tombera d'un seul coup, tout entier, dont aucune partie ne peut être détachée du limbe sans qu'une déchirure s'y produise.

Dans le second cas, il y a autant de limbes dans la feuille

qu'il y a de divisions du pétiole. Les limbes partiels, nommés *folioles* (petites feuilles), reçoivent les nervures secondaires.

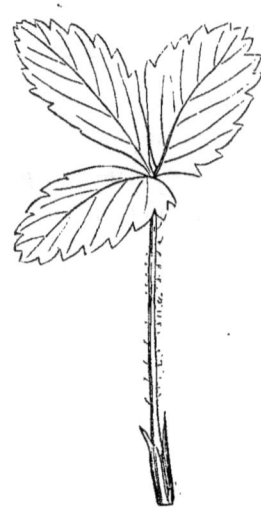

Feuille de fraisier.

Feuille de marronnier d'Inde.

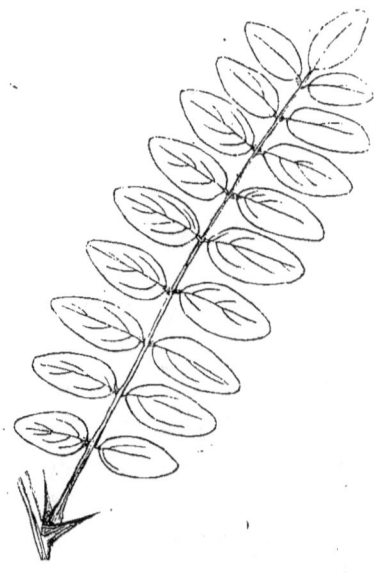

Feuille pennée, acacia.

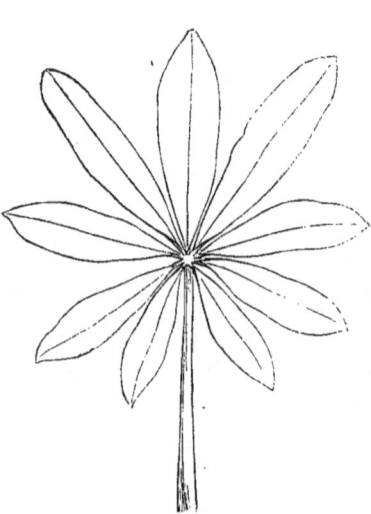

Feuille digitée, lupin.

L'une des folioles peut se détacher sans causer une déchirure dans l'ensemble.

La feuille est *simple,* malgré les découpures plus ou moins profondes qu'on y remarque. La feuille *composée* comporte diverses dispositions. Elle est pennée (en forme de plume) dans l'acacia, *digitée* (en forme de doigts) dans le lupin, etc.

Par rapport à leur insertion sur la tige, les feuilles sont, comme les rameaux, opposées, alternes ou verticillées.

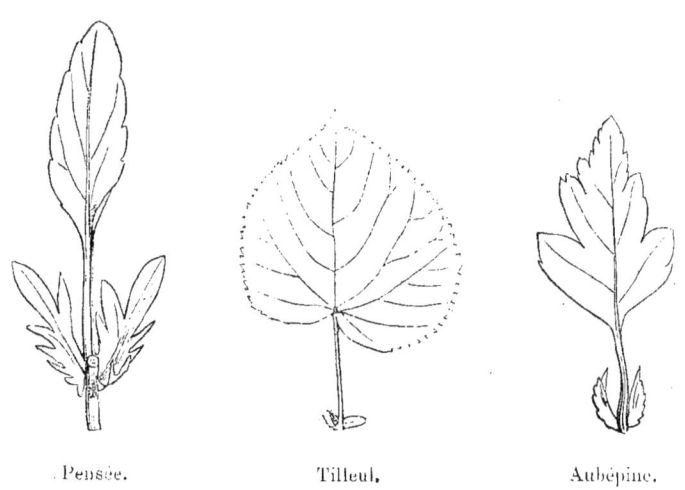

Pensée.   Tilleul.   Aubépine.

Stipules. — Le pétiole dans nos arbres fruitiers, et surtout dans le rosier qui est leur chef de famille, porte à sa base un appendice foliacé, semblable aux ailes d'une flèche. Ces petits organes, disposés symétriquement à droite et à gauche du pétiole à son point d'insertion, remplissent des fonctions encore mal déterminées. Ce sont les *stipules* (paille, chalumeau), qui paraissent dues à des organes avortés. On les reconnaîtra dans les figures ci-dessus.

Vrilles. — Les vrilles (*cirrus*) sont également des organes, feuilles ou fleurs, qui ont avorté. Dans la vigne, la vrille se trouve en face d'une feuille et porte souvent des fleurs stériles. L'avortement a lieu dès les premiers jours de la fructification.

Les épines et les cils bordant le contour des feuilles sont des prolongements des fibres du limbe. Sur la tige, les épines sont généralement regardées comme le prolongement des coussi-

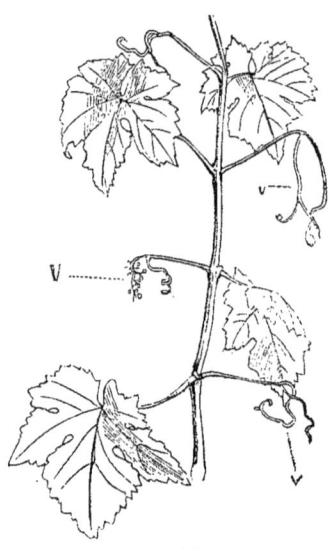

Vigne.

nets ou protubérances au-dessus desquelles sort le bourgeon ou le pétiole des feuilles.

Pour nous répéter, nous dirons que les feuilles sont des organes de premier ordre dans le végétal. Elles jouent dans l'air le rôle de la spongiole dans la terre, ou plutôt elles achèvent le travail de celle-ci.

Nous compléterons ces notions de la séve aspirée et organisée dans le chapitre suivant, mais nous avons à parler tout de suite ici des rôles départis à la feuille dans le fonctionnement de la vie végétale.

Au moment du palissage, il arrive souvent que, pour boucher les vides sur un mur, on relève à contre-sens des branches qui se trouvent avoir des feuilles retournées. Rien ne choque plus l'œil que ces nuances mêlées de vert intense et lisse et de vert glauque et laineux. On dirait une toison d'animal ébouriffée à plaisir.

Attendez quelques jours, et le feuillage reprendra sa teinte uniforme; les feuilles auront opéré sur elles-mêmes une demi-révolution au moyen d'une torsion dans le pétiole.

La nature a disposé la feuille pour trois rôles qu'elle accomplira, malgré vous, avec opiniâtreté. La face lisse supérieure, sur laquelle les nervures ne dessinent aucun relief, doit garantir l'arbre de la pluie à laquelle son épiderme verni offre un facile écoulement. L'eau qui pourrait altérer les autres organes par un séjour prolongé sur les feuilles, n'y peut rester.

Premier rôle ; rôle de parapluie.

Si la feuille garantit l'arbre de l'eau du ciel, elle le protége non moins efficacement contre les rayons directs du soleil. Les jeunes fruits périraient s'ils n'avaient cet abri contre les projections de lumière solaire.

Deuxième rôle : celui de parasol.

Enfin, nous avons vu que la face inférieure de la feuille, parallèle au plan du sol, est garnie de stomates ou bouches aspirantes. Cette position horizontale est absolument selon les lois de la nature. Tous les gaz, plus légers que l'air atmosphérique, se meuvent de bas en haut, et la feuille est si bien placée pour les happer au passage que, si vous la retournez, elle se hâtera de tourner sur son pétiole, afin de reprendre sa position naturelle et de se mettre en état de fonctionner et de remplir son troisième rôle, celui de pompe aspirante.

Si l'on veut bien se rappeler la surface que déploient dans l'air les feuilles d'un arbre, on comprendra facilement l'énormité du travail alimentaire accompli par cet organe.

ANATOMIE ET PHYSIOLOGIE.

Section 6ᵉ. — BRACTÉES, PÉDONCULES ET INFLORESCENCES.

On remarque sur les plantes en fleurs ou sur le point de fleurir des feuilles différentes des autres feuilles et produisant à leur aisselle des rameaux à fleurs.

Ce sont les *bractées* (du latin *bractea*, feuille de métal).

Les bractées ne sont que des feuilles raccourcies; plus souvent des feuilles dont la forme, la consistance, la nuance

Bractée du tilleul.

jaunâtre et l'aspect métallique semblent faire un organe particulier. Quelques-unes ont un éclat égal à celui des fleurs. La fonction de cet organe paraît se borner à la protection des organes sexuels.

Nous ne pouvons nous attarder à décrire les nombreuses sortes de bractées qui occupent une si grande place dans les livres spéciaux.

Il en sera de même du pédoncule et des inflorescences.

Le *pédoncule* (petit pied) est, en général, le support de la fleur.

S'il se ramifie, ses subdivisions sont nommées *pédicelles*. L'axe est la partie allongée sur laquelle sont insérées plusieurs fleurs.

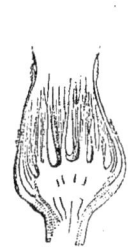
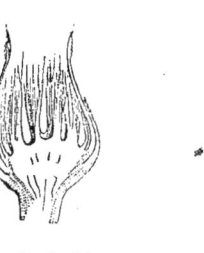

Réceptacle du bleuet. Réceptacle du pissenlit.

A l'extrémité florale du pédoncule ou de ses divisions, existe un plateau, surface plus ou moins grande, quelquefois à peine sensible, qu'on appelle *réceptacle*.

Groseillier. Carotte. Cerisier.

On nomme *inflorescence* la disposition spéciale de la fleur sur le pédoncule ou sur le pédicelle. Chaque plante a sa manière d'être, sa façon de fleurir. L'inflorescence constitue donc la physionomie propre de la fleur. Elle présente, à ce titre, des caractères importants pour la détermination des espèces.

Les fleurs sont solitaires (pensée, tulipe, etc.), ou *géminées* quand elles naissent deux à deux ; *ternées*, etc.

Le *capitule* est un groupe de fleurs au sommet d'un pédoncule commun (le trèfle) ; la *panicule* de l'avoine, l'*ombelle* de la carotte, la cyme de l'hortensia et du sureau, le corymbe du cresson des

Scabieuse.   Trèfle.

prés ; le *thyrse* du lilas, la grappe de la vigne et du groseillier, le chaton du noyer, l'épi du blé, le verticille de la menthe, etc., sont autant d'inflorescences particulières ou de manières d'être.

Section 7e — LA FLEUR.

La fleur, en général, est l'ensemble des organes de la reproduction. Son tout forme une sorte de bourgeon terminal à l'extrémité du pédoncule ou d'un pédicelle. La séve qui arrive de l'axe y est entièrement dépensée, sauf dans les cas rares où l'axe traverse l'ensemble floral, et s'élève encore pour donner naissance à une seconde fleur. C'est le cas de la rose *prolifère*.

Mais c'est l'exception, qui paraît due au désordre causé par la culture dans la marche naturelle de la plante.

Nous avons dit qu'au sommet du pédoncule existe une sorte de plate-forme circulaire plus ou moins prononcée. Si, du centre, avec un compas, on décrivait un premier cercle aux bords extérieurs de cette plate-forme, puis un deuxième cercle moins

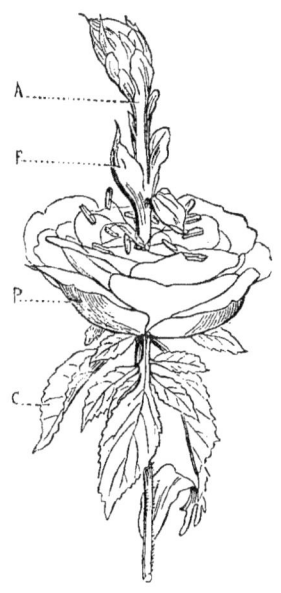

Rose prolifère.

A. Axe prolongé. — F, Lames colorées. — P, Pétales multipliés aux dépens des étamines. — C, Calyce transformé en feuilles.

grand, puis un troisième en dedans du deuxième, puis un quatrième intérieur et moindre que les trois autres, on aurait quatre cercles concentriques, ce qui donnerait l'idée des cercles d'insertion des quatre verticilles de la fleur en haut du pédoncule.

Les plumes d'un volant à jouer à la raquette forment un verticille. Trois autres cercles de plumes intérieurs et l'un dans

ANATOMIE ET PHYSIOLOGIE.

l'autre offriraient une image assez fidèle de l'ensemble de la fleur.

La fleur est complète quand elle réunit ces quatre organes :
Le calyce, verticille le plus extérieur ;
La corolle ;
L'androcée, ensemble des étamines ;
Le ou les pistils, verticille le plus intérieur.

C'est la couche nuptiale où vont s'accomplir les actes de la reproduction. La nature s'est chargée d'en faire les frais et elle l'a fait en mère prodigue. Délicatesse des tissus, parfums exquis, éclat des nuances, elle n'a rien épargné.

Passons aux détails.

CALYCE. — Le calyce est l'enveloppe la plus extérieure de la fleur. Il se confond souvent à sa base avec l'écorce du pédoncule

Capucine. — Calyce prolongé.   Fraisier. — Calyce à involucre.

dont il garde généralement la nuance verte et l'état herbacé. Le calyce est formé, soit d'une seule pièce, malgré de profondes découpures, soit de plusieurs pièces qu'on appelle des *sépales*.

Le calyce est *monosépale*, quand il est d'une seule pièce ; *polysépale*, quand les sépales qui le forment sont entièrement distincts l'un de l'autre.

On rencontre dans certaines fleurs, au bas du calyce, un autre calyce extérieur appelé *calycule*, ou *involucre calyciforme*.

Corolle. — Placée en dedans du calyce, la corolle est l'enveloppe la plus intérieure des organes sexuels et la plus remarquable par la vivacité des couleurs. C'est le soyeux rideau de l'alcôve nuptiale. Les pièces brillantes qui la composent s'appellent des *pétales*.

La corolle est *monopétale,* quand elle est faite d'une seule pièce ; *polypétale,* quand elle est formée de plusieurs pièces distinctes, qu'on peut arracher une à une, sans déchirer les autres pièces du verticille. Les amoureux en peine pratiquent ce jeu de la coronomancie qui consiste à arracher l'une après l'autre les

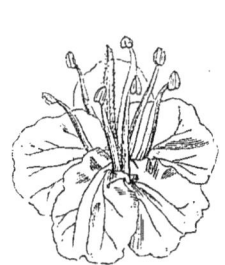

Fleur du marronnier d'Inde.

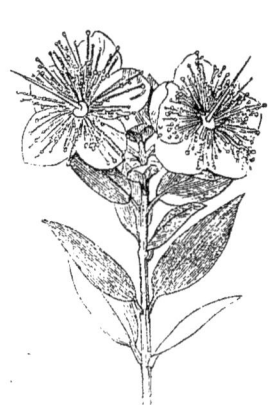

Myrte. — Branche fleurie.

pétales d'une fleur en disant à chacune : Il ou elle m'aime, un peu, beaucoup, passionnément, pas du tout.

Le pétale, généralement élargi en limbe par le haut, s'insère sur le réceptacle par une pointe appelée *onglet.*

Si l'insertion des pétales a lieu sous l'ovaire, cavité au centre du réceptacle, la corolle est dite *hypogyne* ou *infère.* Si l'insertion est faite sur la paroi du calyce, la corolle est *périgyne* (la rose). Si la corolle est insérée au sommet de l'ovaire, elle est *épigyne* ou *supère* (la carotte).

Androcée. — On comprend par androcée le verticille staminal

ou l'ensemble des étamines. Le mot veut dire : *l'homme de la maison*. C'est en effet l'organe mâle de la reproduction.

L'étamine est un filet ou une petite lame mince et allongée qui porte à son extrémité l'*anthère* (du grec *antheros*, fleuri), petit sac arrondi, ovale, allongé, contenant en deux loges le *pollen*.

Le pollen (du latin *pollen*, fleur de farine), produit naturellement dans l'anthère, est la poussière fécondante des plantes. Sa couleur tire ordinairement sur le blanc jaunâtre. L'étamine, arrivée à l'heure de la maturation, s'entr'ouvre et projette le pollen sur l'organe femelle, le pistil.

Pistil. — En examinant les figures ci-dessus, on aperçoit au centre de la fleur le quatrième verticille, le ou les pistils, la femme de la maison. Le mot vient du latin *pistillum*, pilon de mortier, à cause de sa forme.

Le pistil se compose ordinairement de trois parties : le *stigmate* en haut, l'*ovaire* à la base, entre les deux le *style*, petit col qui

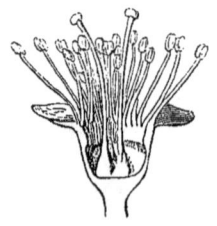

Fleur de cerisier. Coupe verticale. Pêcher. — Ovaire coupé transversalement.

relie le stigmate à l'ovaire, mais qui n'existe pas dans toutes les fleurs.

Le stigmate (en latin : marque, figure) est un corps mou, renflé, verdâtre, ordinairement visqueux et glabre.

On dit le stigmate *sessile*, c'est-à-dire assis sur l'ovaire, quand il n'y a pas de style.

On appelle ovaire (du latin *ovum*, œuf) la petite cavité ou dépression formant la base du pistil. Il contient les *ovules* (petits œufs) que viendra féconder la poussière des étamines.

Ceux de nos lecteurs qui ont quelque teinture de physiologie animale, comprendront mieux à ce moment l'incontestable vérité du principe énoncé dès les premières pages de ce livre : L'ARBRE EST L'HOMME VÉGÉTAL. Il ne faut pas être un bien profond observateur pour saisir les analogies qui rapprochent l'animal de la plante, surtout en ce qui concerne la reproduction.

Nous nous serions volontiers attardé plus longtemps à la description des diverses parties de la fleur, en général, mais ce que

Lis. — Périanthe double.

nous avons dit des organes principaux doit suffire au but de ce livre.

Nous ajouterons néanmoins quelques notions utiles.

1° La fleur est incomplète quand l'un des verticilles floraux est absent, par exemple, le calyce, ce qui réduit le pistil et les étamines à une seule enveloppe. Le lis, la tulipe, la jacinthe, l'oseille, etc., sont dans ce cas.

L'enveloppe unique est-elle alors calyce ou corolle? Pour se mettre d'accord sur ce point, les botanistes l'appellent le *périanthe* (autour de la fleur).

2° La fleur *double* est celle qui contient deux corolles au lieu d'une. Celle qui en a davantage est *pleine*. La première donne de la graine, la dernière jamais. Les organes sexuels lui manquent.

3°. On nomme *hermaphrodite* celle qui porte des étamines et des pistils; *mâle,* celle qui n'a que des étamines (le pied mâle du chanvre); *femelle,* celle qui n'a que des pistils (le pied femelle du chanvre); *neutre,* celle qui n'a ni étamines ni pistils (l'hortensia).

Nous nous en tiendrons à ces notions sommaires sur les organes des végétaux. Elles suffiront grandement à l'intelligence de ce que nous aurons à dire de nos arbres fruitiers, objet de ce livre spécial.

CHAPITRE III.

TROIS QUESTIONS IMPORTANTES.

Pour donner à ce Manuel d'arboriculture locale le caractère d'utilité qui constitue sa raison d'être, il nous faut traiter, en ce dernier chapitre relatif à la science théorique, trois questions sur lesquelles on n'a, parmi les praticiens, que des notions erronées ou confuses.

Il s'agit de la séve, de la greffe et de la taille.

Section 1re. — LA SÉVE.

Disons tout de suite que nous n'avons pas la prétention d'arriver avec un système tout fait et nouveau sur la séve. Il est à craindre même que, pour bien des siècles encore, on reste sur cette question capitale avec une bonne demi-douzaine d'opinions diverses et se défendant chacune par des raisons plus ou moins plausibles. La raison de ces divergences tient à ce qu'il s'agit ici de la VIE, et que la nature, dans les végétaux aussi bien que dans les animaux, en a gardé le secret avec un soin jaloux, au-dessus de notre intelligence, de nos spéculations et de nos systèmes.

La question de la séve soulève en effet ce problème de la VIE que les esprits positifs entendent résoudre par les simples lois de la physique. Ils se trouvent alors dans le cas d'un horloger qui n'aurait à démontrer que les organes d'une montre et l'action matérielle exercée par les uns sur les autres, comme si les phénomènes de la biologie pouvaient s'expliquer par la mécanique. Si l'on ne tient aucun compte de la VIE en étudiant l'homme ou l'arbre, on court risque de prendre les effets pour les causes et de se débattre au-dessous de la question, sans y toucher.

Qu'il soit donc bien convenu préalablement que le secret de la vie et de la mort, dans le végétal comme dans l'animal, demeure au-dessus de nos spéculations théoriques. Alors la physiologie végétale restera dans son rôle en étudiant la physique de la vie, le jeu et les relations des organes mis en action dans ce grand phénomène.

La question posée dans ces termes, il reste encore à la science un champ assez vaste, l'étude des plantes à la façon de l'étude de l'homme par le médecin.

A notre avis, il ne peut exister ici qu'une science expérimentale et rien de plus.

Nous venons de parler à dessein de la médecine humaine, anatomie et physiologie, bien entendu, car nous ne comprenons pas l'étude du végétal en dehors des méthodes suivies pour celle de l'homme.

Pour ce qui est de la séve en particulier, on rencontre une première opinion, la plus récente, croyons-nous, qui, rejetant le système de la séve montante et celui de la séve ascendante et descendante, prétend que ce fluide n'a rien de régulier dans sa marche, montant quand l'humidité du sol est plus grande que celle de l'air, et descendant quand celle de l'air l'emporte sur celle du sol.

Ce système est une illusion mal raisonnée. Il introduit, sans crier gare, le désordre le plus inexplicable dans la vie végétale. La nature agit suivant des lois fixes, ordonnées, déterminées, indépendantes de la mobilité des états hygrométriques des feuilles ou de la racine. Est-ce que, par hasard, la circulation chez les animaux dépend jamais de circonstances extérieures ?

Il en est de même des végétaux, et nous croyons l'analogie à l'abri de toutes les objections.

Supposé ce jeu de balance dans la séve montant ou descendant, suivant que l'humidité domine en haut ou en bas, on se demande si l'arrêt de la circulation est absolu quand l'humidité du sol se trouve en équilibre avec celle de l'air. Que cet équilibre soit aussi rare que dans une balance folle, il reste possible, et la circulation de la séve doit être à certains moments entièrement suspendue.

Cette objection suffit seule à démontrer l'invraisemblance de cette opinion.

Disons d'ailleurs que ceux qui la soutiennent ne donnent, pour l'étayer, que des preuves négatives, c'est-à-dire qu'au lieu d'apporter des raisons directes, ils se contentent de combattre les systèmes opposés. Mais nous comptons comme de peu de valeur des arguments qui consistent à dire : Tu dois te tromper, donc je suis dans le vrai !

Restent les deux opinions qui partagent les physiologistes en deux camps : celle qui donne à la séve deux mouvements contraires, alternatifs ou simultanés, et celle qui n'admet que le courant unique de bas en haut.

Pour ou contre ces deux systèmes, on a cité deux faits qui, bien étudiés, ne prouvent rien en faveur de l'un ou de l'autre.

Ces deux faits, les voici :

Si l'on fait autour d'une branche ou d'un jeune tronc une ligature serrée et rigide, il se produit un bourrelet au-dessus et jamais au-dessous. Les partisans des deux courants contraires en concluent que la séve descendante produit seule ce bourrelet. Mais alors pourquoi la séve montante ne produit-elle pas son bourrelet au-dessous de la ligature ? En second lieu, si l'on fait trois ou quatre ligatures, à quelques centimètres l'une de l'autre, pourquoi le bourrelet se forme-t-il encore au-dessus de chacune ?

Deuxième cas. Entaillez transversalement l'écorce d'un arbre de manière à introduire un doigt dans la blessure, il est avéré qu'au bout d'un certain temps la plaie se referme ; mais il est non moins avéré que la lèvre supérieure descendra plus vite et plus grosse que ne montera la lèvre inférieure. La première fera les trois quarts du chemin, tout en prenant un volume plus considérable. Ce fait physiologique saute aux yeux dans le bois de Vincennes, sur l'écorce de cent arbres où le troupier, à ses heures de nostalgie, grave à la pointe de son eustache le nom de sa payse lointaine.

S'il y a deux courants opposés de la *même* séve, simultanés ou non, pourquoi les deux lèvres de la gravure ne deviennent-elles pas également protubérantes ?

Laissons de côté les systèmes exclusifs, et tâchons maintenant d'exposer avec le plus de clarté possible ce que les meilleurs esprits ont pensé de la circulation de la séve dans les végétaux.

Pour cela, rappelons d'abord quelques données d'anatomie admises à peu près de tout le monde.

Une tige de végétal est formée intimement d'éléments primaires qu'il est facile d'étudier à la loupe et qu'on appelle les *cellules,* les *fibres* et les *vaisseaux.*

Le beau traité de Botanique de MM. Le Maout et Decaisne nous fournira sur ces organes élémentaires les quelques notions qui suivent.

CELLULES. — Les cellules qui ne se compriment pas entre elles

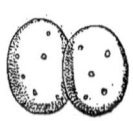
Cellules non comprimées.

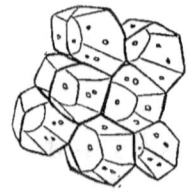
Cellules comprimées.

ont la forme d'un œuf. Comprimées, elles affectent une forme polyédrique.

Si elles sont serrées les unes contre les autres, elles s'allongent et ne laissent entre elles aucun espace appréciable. Quand leur tissu est plus libre et plus lâche, à la façon d'une vessie dégon-

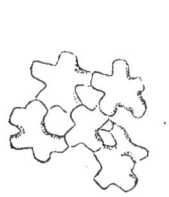 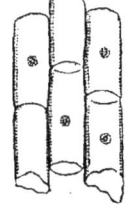

Cellules à tissu lâche.   Cellules serrées.

flée, elles ne se touchent que par quelques points de leurs surfaces, ce qui donne lieu de se produire à des vides appelés *méats intercellulaires*.

Fibres. — Les fibres, de leur nature, sont généralement allongées. Elles sont percées d'un bout à l'autre d'un trou cylindrique qui en forme l'axe. L'écorce seule présente des inégalités dans son épaisseur.

Avec l'âge, l'axe qui perce la fibre s'emplit d'un dépôt laissé par les liquides qui y passent, et c'est peut-être à cette obstruction qu'on doit attribuer la vieillesse et la caducité des végétaux.

Vaisseaux. — Les vaisseaux, distincts des fibres et des cellules par leur conformation très-allongée, forment des tubes à peau rugueuse, épaisse ou mince par endroits.

Les *trachées* ou vaisseaux à spirale contiennent un fil blanc d'argent, qui s'enroule en une sorte de ressort à boudin et qu'on peut apercevoir, même sans loupe, dans les jeunes brins de sureau ou de rosier.

Tels sont les organes primaires qui constituent le corps du bois.

Maintenant, la physiologie nous apprend que les principaux éléments inorganiques qui forment la substance des végétaux sont l'*oxygène*, l'*hydrogène*, le *carbone* et l'*azote*.

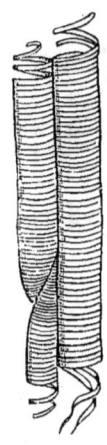
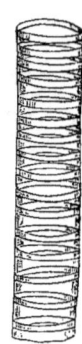

Trachées.   Vaisseaux.

Tout le monde sait que l'eau du sol contient de l'acide carbonique (oxygène et carbone), de l'ammoniaque (hydrogène et azote), de l'eau (oxygène et hydrogène) et des substances minérales en dissolution.

Ceci posé, voici, suivant nous, ce qu'on a dit de plus rationnel et de plus vraisemblable sur la circulation de la séve.

Les spongioles des chevelus, poreuses et sans épiderme, possèdent une grande perméabilité. Elles aspirent l'eau du sol, et, avec cette eau qui les tient en dissolution, les matières inorganiques destinées à la nourriture du sujet.

Un mécanisme naturel, dû à la conformation des organes primaires, fait monter l'eau pompée en bas, et ce mouvement ascendant de la séve, auquel ne sont assurément étrangers ni l'air, ni la lumière, ni l'électricité diffuse, est puissamment aidé par l'évaporation qui se produit à la surface des feuilles et qui fait le vide dans les sommités de l'arbre.

L'eau, dans l'acte de la nutrition, joue le rôle de véhicule.

Riche des principes essentiels, elle monte dans toutes les parties supérieures du végétal, délayant et dissolvant au passage les matériaux rencontrés dans les cellules, puis, quand elle a charrié la nourriture à destination, véhicule inutile, elle s'évapore par le parenchyme des feuilles et des parties vertes. Elle ne redescend donc jamais par les fibres et les vaisseaux qui lui ont servi de route ascendante. Rien n'en donne une plus juste idée que ces bateaux qui traversent une partie de la France sur les canaux, avec une charge énorme de charbon de bois. Arrivés au port de destination et après déchargement, ils sont brûlés comme bois inutile. C'est un autre mode d'évaporation.

N'oublions pas qu'une force inconnue domine tout ce mécanisme physique de la nutrition végétale. On l'appelle irritabilité, sensibilité, force vitale.

C'est la VIE qu'il faut dire, sans épithète ni périphrase, et les physiologistes resteront éternellement muets devant ce grand phénomène. On constate la VIE, on ne l'explique pas. Un bois sec absorbe l'eau, les troncs les plus durs sont perméables et les poteaux télégraphiques sont saturés de cuivre qui a pris les routes de la séve, mais la science n'y mettra jamais la VIE; la circulation artificielle n'y fera rien; c'est du bois à jamais mort.

Une fois arrivés dans les feuilles avec l'eau qui les y laisse pour s'évaporer, les matériaux empruntent à l'air, avec lequel ils se trouvent facilement en contact, des principes nouveaux, et la séve s'élabore pour redescendre entre l'écorce et le bois en un suc gélatineux d'une certaine consistance, dans lequel se forment les organes élémentaires d'une couche annuelle de nouveau bois.

Cette séve élaborée, qui ne ressemble plus à la séve ascendante, s'appelle le *cambium*, mot latin qui veut dire *troc, échange*. C'est donc du suc épaissi, additionné de nouveaux matériaux, transformé dans les feuilles, et *troqué* ou *échangé* contre la séve liquide venue d'en bas.

C'est donc improprement qu'on attribue deux mouvements à la séve, un mouvement ascendant et l'autre descendant. L'eau qui monte des spongioles et charrie de bas en haut les matières de la nutrition ne doit pas être confondue avec le cambium qui descend. La nourriture de l'arbre vient du sol; les matériaux nécessaires au développement de sa circonférence et de sa puissance comme support, descendent de ses milliers de sommets.

Voilà pourquoi la blessure transversale faite à l'écorce se cicatrise en abaissant la lèvre supérieure sur l'autre, et les bourrelets successifs, produits entre une suite de ligatures étagées, s'expliquent d'eux-mêmes. Le cambium, qui descend le long du liber et qui doit développer le volume du bois en même temps que la circonférence de l'écorce, projette ses sucs entre les ligatures et produit ces bourrelets dont on fait un argument pour et contre le système d'une séve unique. La séve d'en bas n'entre pas dans ce fait comme cause efficiente.

La respiration des plantes nous offre, par contre, un phénomène sur le compte duquel tout le monde est d'accord. Le végétal absorbe une énorme quantité d'acide carbonique (oxygène et carbone). Il est également saturé d'eau (hydrogène et oxygène). Or le parenchyme des feuilles et des parties vertes possède la propriété de décomposer l'acide carbonique et l'eau, sous l'influence de la lumière. L'oxygène de ces deux composés est rendu par masse à l'air libre en remplacement de celui qu'absorbent les animaux en respirant.

Donc, tant que dure le jour, c'est-à-dire la lumière, le voisinage des plantes nous fournit l'air frais et vivifiant, c'est-à-dire l'oxygène que nous respirons.

Mais, dans la nuit ou dans l'obscurité, les choses se passent autrement. La lumière n'opérant plus dans le parenchyme des feuilles la décomposition de l'acide carbonique et de l'eau, le fluide en excès, qui arrive incessamment d'en bas, s'évapore avec le carbone.

En un mot, les plantes expirent le jour de l'oxygène, et du carbone la nuit. Dans le jour, elles assainissent l'air que nous respirons et le vicient dans les ténèbres.

Ce qui précède n'a aucun rapport avec ce que nous savons du danger qu'offre la présence des fleurs dans un appartement clos. Tous les gaz, parfums ou non, prenant la place de l'oxygène essentiel à la respiration normale de l'homme, peuvent déterminer l'asphyxie.

Nous aurons complété ces notions sommaires sur la circulation, quand nous aurons ajouté que les plantes, après s'être nourries de la séve, excrètent au dehors par toutes leurs surfaces, aussi bien à la racine que dans la tige, les matériaux inutiles ou nuisibles à leur santé.

D'où nous concluons, avec MM. Le Maout et Decaisne, que le végétal, comme l'animal, absorbe, respire, assimile, transpire et excrète. Ce qui nous ramène tout droit au grand axiome : L'arbre est bien l'homme végétal.

Nous réservons pour la suite de ce livre les choses intéressantes que nous avons à dire sur la manière dont la séve se comporte dans l'*affranchissement* d'un arbre.

Section 2e. — LA GREFFE.

En tant que pratique arboricole, la greffe viendra plus tard, à sa vraie place, dans les chapitres relatifs à la culture du pêcher; mais il nous paraît convenable de dire en ce moment notre avis sur un fait de physiologie à côté duquel les meilleurs livres passent à l'envi, sans en dire un mot.

Nous voulons parler du fait, scientifiquement important, qui se résume en ces questions :

« Étant greffé sur un amandier, par exemple, un œil de pêcher, pourquoi la spongiole, qui appartient bien à l'amandier pendant toute la vie de l'arbre et qui ne se modifie pas, nourrit-elle un pêcher ? »

« Que se passe-t-il à la soudure de la greffe pour que la séve, puisée par des racines d'amandier pour des amandes, produise des pêches? »

Le fait reste hors de doute : un amandier demeure amandier depuis les spongioles jusqu'à la greffe, quelle que soit la hauteur de cette dernière, et le pêcher commence à la greffe et continue l'arbre jusqu'à la plus haute feuille.

Arbre en partie double : amandier par le pied, pêcher par la tête; si bien qu'un rameau poussant au-dessous de la greffe sera toujours un rameau d'amandier. Physiologiquement, comment se fait-il que la même séve nourrisse en même temps deux arbres superposés?

Et le fait se complique encore, si l'on greffe deux ou trois espèces sur un même sujet.

Voilà bien la question. Des savants auxquels nous l'avons soumise ont mieux aimé la traiter d'oiseuse que de la résoudre. Cependant elle forme ou doit former le point de départ des études à faire sur la greffe, question capitale en arboriculture, une des plus belles conquêtes du praticien sur la nature.

Si nous étions un savant de profession, membre correspondant de pas mal d'académies, nous passerions peut-être, silencieux et chapeau bas, comme nos pairs, devant le problème ainsi posé; mais, n'étant rien qu'un simple curieux, il nous plaît de nous y arrêter et d'en dire notre opinion.

Mettez au même régime un cheval noir, un bœuf jaune et un âne gris. Le même foin, la même paille, la même eau, la même nourriture enfin fera vivre trois êtres différents, et les mettra à même de se développer, chacun suivant ses formes, ses nuances de robe et ses propensions particulières.

Superposer des arbres au moyen de la greffe, c'est mettre des végétaux au même râtelier, nous voulons dire à la même séve. Les aliments communs se modifieront pour faire le cheval noir, le bœuf jaune et l'âne gris; de même la séve agira suivant les milieux où elle arrivera. Elle ne fait pas l'arbre, elle l'aide à se développer selon les lois de sa nature. Elle trouve en premier lieu des organes spéciaux, une conformation intime particulière et des matériaux d'une certaine nature; elle fournit donc à l'amandier de quoi grandir et évoluer comme amandier. Puis, arrivant à la greffe où les organes élémentaires ont d'autres formes et contiennent des matériaux différents, elle agira comme séve toujours, mais un pêcher sortira de son action dans ce milieu nouveau. La séve n'est que cela : une cause applicable à toutes les végétations.

Si pourtant elle est pompée par un sujet et transmise par la greffe à une espèce antipathique, elle amènera bien les matériaux nécessaires au sujet d'en bas, mais le végétal superposé, vivant d'un régime autre, n'y trouvera plus son compte et refusera de prendre ou mourra vite dans l'étiolement.

Quant au cambium qui redescend le long d'une tige surtout par la loi de la pesanteur, comme le prouve la forme conique du tronc et des branches, il se montre un peu plus rebelle à cette promiscuité d'espèces. Il éprouve toujours une sorte de répugnance à franchir le point de soudure, et l'on peut s'en convaincre en observant que le pied d'un sujet greffé reste toute la vie relativement grêle.

Section 3e. — LA TAILLE.

Le Père Vanière, au 5e livre de son *Prædium rusticum*, a donné la formule, en un beau vers latin, d'une loi physiologique éternellement vraie :

> Majores, moritura brevi quum deficit, arbor
> Jactat opes.

L'arbre qui va mourir se couvre d'un luxe de fleurs exagéré. Une seconde loi, remarquée par tous les praticiens intelligents, c'est que cet arbre malade donne des fruits nombreux, le pêcher, par exemple, et que les noyaux fournissent tous des sujets.

Il suit de là que la nature, essentiellement conservatrice, tient à perpétuer les espèces, sans s'inquiéter autrement des individus.

Or, tailler un arbre, c'est le blesser, c'est le mutiler, c'est contrarier la loi de son développement normal. En le mettant ainsi en danger de mort, du moins en abrégeant ses jours par les mutilations successives de la taille, on le force à exagérer sa production, aux dépens de sa longévité.

En certains pays où l'on exploite les vaches laitières, on enferme les pauvres bêtes pour la vie dans des étables sans lumière d'où elles ne sortent jamais une heure. Les conditions de leur existence se trouvent ainsi déplacées. Les prisonnières donnent du lait en quantités énormes, mais est-ce bien du lait irréprochable quant à la qualité? Les vaches laitières prennent de l'embonpoint, mais elles vivent peu, presque toutes sont phthisiques.

Nos belles pêches, obtenues par une taille raisonnée et savante, ne seraient-elles pas des fruits de phthisiques? Nous y trouvons des qualités exquises que la nature n'a pas prévues et qui sont peut-être des dérogations aux lois générales de la végétation libre.

Quoi qu'il en soit, nous nous reprochons peu de faire venir ces monstruosités succulentes à la place du fruit acide et grêle qui, dans les données naturelles, est le bon fruit du pêcher, le fruit vrai, le fruit à l'état sain.

C'est pour cela que le chapitre de la Taille formera plus loin l'un des plus importants de ce livre.

FIN DE LA PREMIÈRE PARTIE.

DEUXIÈME PARTIE.

CULTURE PRATIQUE DU PÊCHER.

MÉTHODES ET PROCÉDÉS.

CHAPITRE PREMIER.

CONSIDÉRATIONS GÉNÉRALES.

Nam fructus decet imprimis.
(Vanière, *Præd.*, lib. V.)

Sommaire : Ce livre n'est point une œuvre de polémique. — Montreuil ne cultive pas en amateur. — La méthode de l'ingratitude. — Nos deux points faibles. — Régénération du sol. — Aspect général de Montreuil. — Les murs et les côtières. — Contenance totale des jardins bâtis. — Produit total des jardins. — Les beaux arbres et la production. — Deux fraudes à signaler.

Nous voici maintenant arrivés à la partie pratique, et les notions théoriques du précédent livre aideront à l'intelligence de nos démonstrations.

Définissons bien d'abord le terrain sur lequel nous nous plaçons. Il ne s'agit ici ni d'adversaires à combattre, ni de systèmes à démolir. La polémique n'a rien à faire ici. Nous voudrions même pouvoir ignorer comment on entend ailleurs la culture du pêcher, afin de nous occuper uniquement de nos méthodes locales.

Il était naturel que des professeurs, des savants ou de simples amateurs, étrangers à Montreuil, s'attaquassent à nos procédés pour tenter d'y substituer les leurs. On cherche toujours à enlever de devant son soleil ce qui fait de l'ombre.

Si M. Alexis Lepère avait compris cette vérité physiologique, que les bonnes et grandes choses éveillent la jalousie et provoquent la contradiction, il aurait pu se dispenser de soutenir dans son petit Manuel une polémique même contre des hommes éminents, d'ailleurs, mais assurément ses inférieurs dans la matière.

Notre but, à nous, se résume en ceci : rester chez nous, exposer nos méthodes et nos procédés de culture. Et si la description de nos pratiques arboricoles soulevait quelques objections chez les savants ou les praticiens étrangers, nous nous contenterions d'opposer à nos contradicteurs et la vieille réputation de Montreuil et l'excellence de ses fruits, aussi bien que l'immense rapport de ses arbres.

Nous ajouterons même que, dût-on nous reprocher à nouveau de rester stationnaires dans notre manière de travailler, l'argument nous toucherait infiniment peu, pour cette bonne raison que les arbres de nos murailles, surmenés par une culture intense, donnent depuis bien longtemps tout ce qu'il est possible d'en exiger.

Montreuil ne cultive pas en amateur; son âpre travail a pour ressort la juste rémunération qu'il en tire. Ressort le plus puissant de tous. Et peut-être serait-il vrai d'affirmer que nulle part on ne mange aussi peu de pêches que chez nous. Toute la récolte descend à Paris. Ailleurs on peut tenter des essais, faire des expériences, chercher le mieux de l'autre côté du bien, risquer même partie d'une récolte dans l'intérêt problématique des années suivantes. Montreuil ne voit, ne veut et ne poursuit opiniâtrément que ceci : produire le plus, le plus tôt et le meilleur possible.

Il ne faut pas venir chez nous pour y trouver la série complète des pêches connues. Nos jardins n'ont jamais eu la prétention d'être un musée d'études arboricoles, offrant aux curieux des variétés infinies. Le professeur Éloi Trouillet est le seul, à notre connaissance, qui en possède une vingtaine. Être un musée, cela coûte fort cher, et Montreuil, qui change ses fruits en louis d'or, s'est appliqué de bonne heure à éliminer de sa pratique tout ce qui ressemble à de la fantaisie. Rien n'est abandonné chez nous au hasard, et personne n'a voulu garder les sujets qui, même curieux et rares, tiendraient sur les murs la place des arbres de rapport.

Le jardin bourgeois, celui même du simple particulier, comporte, s'il est bien entendu, un équilibre dans la production, parce que la table exige de la variété dans le service et que la simultanéité des beaux fruits divers ou leur succession raisonnée augmente les jouissances; mais chez nous la pêche est une culture marchande, et, si quelques-uns de nos producteurs, — oiseaux bien rares! — font de l'arboriculture de luxe, on consent volontiers à les admirer, mais on ne les imite jamais. La séve qui coule dans nos arbres doit rester une veine d'or liquide.

Tout est là.

Ceci suffirait à expliquer, non pas seulement l'intensité de notre culture, mais encore la supériorité forcée de nos procédés, dont l'ensemble constitue le savoir-faire de nos cultivateurs. Savoir-faire incomparable, quoi qu'en disent les envieux, incessamment agrandi par l'expérience de chacun, par des trouvailles souvent heureuses, soit qu'il s'agisse de la production proprement dite, soit qu'il s'agisse de la santé des arbres.

Nul savant, si professeur qu'il soit, ne saurait prétendre à réunir le savoir qui court maintenant les rues chez nous. Trois siècles de pratique et vingt mille chercheurs intéressés à faire mieux l'ont constitué lentement en un patrimoine local immense; ce qui n'a pas empêché certains hommes de consigner en de grands livres des puérilités grosses d'orgueil, dans le genre de celle, par exemple, qui tiendrait à faire croire que Montreuil, immobile dans sa pratique, est resté depuis longtemps en arrière des progrès accomplis ailleurs.

Nous savons bien que certains spécialistes ont des idées nouvelles et qu'ils ne seraient pas fâchés d'en trouver le placement, mais nous constatons que ces idées n'ont rapport qu'aux minces détails de la culture ; en fût-il autrement, qu'il ne serait pas démontré que ces idées, utiles et applicables ailleurs, amélioreraient notre culture locale, et nous sommes, nous croquants, assez têtus pour ne pas croire aveuglément aux arboriculteurs en chambre.

D'ailleurs, pour le prendre de plus haut, que les savants veuillent donc bien se rappeler ceci : l'arbre, comme l'homme, a ses mœurs, son tempérament, et se développe sous les influences du milieu où il se trouve. Deux hommes, extérieurement semblables, sortiront des mêmes leçons, l'un érudit, l'autre crétin ; l'un nature modeste, l'autre bête orgueilleuse. Si vos arbres tombent malades, le remède qui sauvera l'un n'aura pas d'action sur l'autre, et les arboriculteurs en chambre ne nous feront jamais croire à l'efficacité d'une panacée, soit pour les pêchers, soit pour les hommes. Il n'y a pas de méthode complète *à priori* dans l'arboriculture. La pratique, variable suivant les lieux, fournit les indications les plus fécondes, à plus forte raison la pratique trois fois séculaire, cette pratique raisonnée qui a fait ses preuves en donnant à Montreuil sa vogue européenne et sa prospérité.

Allons plus loin dans ce sens, et disons que la plupart de nos procédés locaux, sinon tous, sont applicables ailleurs, moyennant certaines modifications qui s'indiquent d'elles-mêmes aux arboriculteurs intelligents, et que les détracteurs de nos cultures nous doivent certainement la meilleure partie de ce qu'ils savent. Détracter son créancier forme une manière peu coûteuse de payer ses dettes. Cela s'appelle la méthode de l'ingratitude.

Écoutez donc ! Depuis trois cents ans la pêche vraiment digne de ce nom nous appartient exclusivement; vous n'en trouvez trace nulle part ailleurs, et c'est aux premiers apôtres de chez nous, Mériel, Malot et Lepère, que la France a dû de connaître le fruit incomparable que Montreuil fournissait à Paris depuis des siècles et que vous vous contenteriez peut-être aujourd'hui de cultiver en plein vent. Et trouvez-m'en donc quelques-uns parmi vous qui ne soient pas venus compléter sur place, devant nos arbres, les notions puisées dans nos manuels !

La preuve de tout ceci saute aux yeux. La Quintinie, le plus grand des anciens curieux, n'a-t-il pas répété dix fois en son livre que la pêche en plein vent est de beaucoup supérieure à toutes les autres, et que le pêcher, de sa nature, est l'arbre le plus opiniâtrément amoureux de la liberté?

Et le Midi, malgré son soleil généreux, que nous a-t-il donné jusqu'à présent? Rien qui vaille nos produits. Et l'on peut défier le plus jaloux détracteur de nos cultures d'établir l'existence n'importe où, n'importe en quel coin de la France, d'une pratique arboricole qui n'ait rien emprunté à la nôtre, et qui puisse être mise en parallèle avec elle.

Nous n'entrons donc en discussion avec personne, et nous n'avons ici pour but que de décrire ce que font nos cultivateurs. Que nos produits soient des violences faites à la nature, ainsi que nous l'avons dit à la fin de la partie précédente, il ne peut nous venir à l'idée de le nier. Nous ajouterons même que le travail de Montreuil transgresse en partie les lois de la végétation, puisque nos arbres arrivent prématurément à la vieillesse et à la caducité; mais c'est le cas de toutes les cultures intenses, et l'inconvénient a son remède dans la facilité peu coûteuse du remplacement. Un cultivateur de Montreuil tue ses arbres sous lui comme un ardent cavalier ses chevaux surmenés. Mais avec la précaution toujours prise d'avoir sous la main des sujets jeunes qui succèdent aux arbres épuisés, les produits n'éprouvent que des arrêts partiels sans conséquence.

Ainsi, pour citer des noms, les splendides cultures d'Alexis Lepère et celles de Chevalier aîné n'ont acquis leur développement qu'aux dépens des arbres. Ni chez l'un, ni chez l'autre, vous ne rencontrerez de ces trognes vénérables qui couronnent encore de beaux fruits et de rameaux robustes leur vieillesse centenaire. Les habiles cavaliers ont fourbu leurs montures. Les arbres auxquels on a demandé les formes artistiques avec la quantité et la qualité de la production ne fournissent qu'une carrière relativement restreinte.

Tel est notre point faible, et la confession resterait incomplète, si nous n'ajoutions un autre aveu.

La terre s'use vite ici, presque aussi vite que les arbres, et des jardins dont le sol neuf a eu des vigueurs fougueuses se sont peu à peu calmés et, dans une période d'un demi-siècle, souvent moindre, ont presque entièrement perdu leur activité végétale.

A ce mal qui nous amènerait à l'irréparable impuissance, on obvie par l'établissement de jardins nouveaux, et peut-être arriverons-nous à refaire artificiellement le sol des côtières épuisées.

C'est vers ce résultat important, que la science rend probable, que tendra la dernière partie de ce livre. Il y aurait présomption sans doute à dire que, dès maintenant, nous possédons le secret de la régénération du sol par des amendements raisonnés; nous pensons néanmoins avoir à dire sur ce point des choses que l'expérience justifiera.

Comme il y aurait dans le succès de cette entreprise la fortune du pays, chacun nous paraît tenu de donner ce qu'il sait, comme le soldat est tenu de fournir son effort individuel sur le champ de bataille, afin de concourir à la victoire finale.

D'ailleurs nous nous sentons encouragé dans cette voie par l'espoir de donner aux amateurs de tous les pays le moyen de créer un terrain favorable au pêcher.

Tant que les cultivateurs de Montreuil trouveront des terrains libres pour y bâtir des jardins nouveaux, et le quart du territoire est à peine occupé, la grande question du renouvellement du sol ne sera pas mise pratiquement à l'ordre du jour pour la masse des cultivateurs ; elle ne préoccupera bien que les chercheurs et les hommes d'avant-garde.

De ce côté donc, aucun danger prochain pour l'avenir de notre puissante spécialité. Nous avons encore des terrains vierges pour dix siècles. La science a tout le temps voulu pour expérimenter et trouver les vraies formules.

Ceci nous amène naturellement à ce que nous avons à dire de l'aspect général du pays.

Montreuil se compose d'énormes quartiers de jardins bâtis suivant la méthode des anciens. Toutes les clôtures s'élèvent à huit pieds (de $2^m 60$ à $2^m 80$) en moyenne. Même hauteur pour les murs de traverse ou de refend. Ces derniers, espacés à dix mètres, à douze mètres, rarement à plus de quinze, disposés autant que possible du nord au sud, afin d'offrir deux faces utiles, des levants et des couchants. La direction des murs de l'est à l'ouest est la moins avantageuse, attendu qu'elle donne un midi très-favorable et un nord généralement mauvais qu'on abandonne au hasard. Les pêchers qu'on y place y sont toujours mal à l'aise ; cet arbre, fils de l'Orient, veut être ensoleillé. Toutes les expositions lui sont bonnes, excepté celles qui le placent au nord. La meilleure, au jugement des cultivateurs les plus intelligents, paraît être celle de l'est-sud-est, celle que le soleil abandonne une heure après-midi.

Nos murs, faits de plâtras dans la partie basse du pays, de caillasse ou pierre brute menue prise dans le terrain même, dans la partie haute, sont enduits d'une couche de plâtre d'environ trois centimètres. Dans l'un et l'autre cas, le palissage à la loque n'éprouve aucune difficulté, les clous s'enfoncent en tout endroit de la surface murale.

Un chaperon ou table de plâtre recouvre le mur et fait saillie de quinze à vingt centimètres suivant les expositions. Il a l'inclinaison d'une toiture ordinaire.

A vingt centimètres au-dessous du chaperon, l'on scelle dans le mur des moitiés d'échalas, inclinées aussi, mais beaucoup moins que le chaperon, destinées à recevoir des paillassons ou de simples tablettes de planches, pour faire toiture au-dessus de l'arbre et le protéger contre les pluies froides et les gelées d'avril. Le danger réside surtout dans ces pluies froides. L'auvent en garantit l'arbre, et le rayonnement qui produit la gelée ne peut avoir lieu que dans des proportions très-faibles, surtout vers les sommets de l'arbre.

A moins d'un abaissement anormal de la température en cette saison critique des giboulées, les auvents suffisent généralement à garantir l'arbre de la gelée, pourvu que la face du mur ne soit pas battue par quelque courant d'air glacé.

Les supports, formés d'échalas coupés par le milieu, sont généralement espacés de 0,75 l'un de l'autre.

A mesure que les surfaces murales ont pris de l'importance en raison de leur rapport, le sol des carrés, la terre des jardins proprement dite a cessé d'en avoir. Généralement on fait courir à l'entour des cordons de pommiers, et le sol, à moins d'être abandonné, contient de la vigne, des asperges, des fleurs marchandes ou de menus légumes.

Cette description ne rendrait qu'imparfaitement la physionomie de la localité, si nous ne disions un mot des côtières.

Les jardins au nord des chemins et des moindres sentiers sont fermés par des murs à deux ou trois mètres de la limite. On obtient ainsi sur le chemin, du côté du midi, une façade de rapport et largement pourvue d'arbres, qu'une haie vive, épine ou vigne, ou bien une palissade d'échalas protége contre le maraudage.

Voici maintenant des chiffres intéressants puisés dans des statistiques qui existent à l'hôtel de ville et qu'on nous a gracieusement communiquées.

Le territoire de la commune de Montreuil embrasse un ensemble de neuf cents hectares de terre cultivée. Sur cette contenance, deux cent soixante hectares sont en jardins bâtis. Cela veut dire, à trois arpents par hectare, une totalité de sept cent quatre-vingts arpents.

Un arpent de jardin comporte quatre cent soixante-quinze mètres de murs courants, et deux cents mètres de plus pour la double face des murs de traverse. A cause des menues parcelles, on peut évaluer la surface murale de rapport pour les 780 arpents à six cent mille mètres courants. Six cents kilomètres, — cent cinquante lieues !

Ce chiffre a son éloquence.

La production moyenne annuelle est évaluée à quinze mille pêches par arpent. Un hectare en bonne année peut en fournir cinquante mille.

A ce compte, on a de 22 à 25 pêches par mètre courant de surface murale et douze millions de ces fruits pour la totalité d'une récolte, année moyenne. Les premières pêches se vendent de deux à trois francs la pièce, et celles de l'arrière-saison presque autant. Entre ces deux époques extrêmes, on évalue la pêche à cinq ou six centimes l'une, mais il nous paraît absolument impossible d'évaluer le chiffre exact de la vente qui atteint à un million de francs, s'il ne dépasse ce chiffre formidable.

On comprend la dépréciation naturelle de nos fruits par leur abondance même sur le marché. Du 15 août au 15 septembre, les pêches arrivent par quantités incalculables sous la halle de Paris, et nos cultivateurs mettent une sorte d'orgueil à ne paraître sur le grand marché parisien qu'avec des montagnes de fruits.

De là, le peu d'empressement que les cultivateurs de la localité mettent à vous répondre quand vous allez chez eux pour avoir un panier de pêches. S'ils consentent à se rendre à vos désirs, la vanité du lendemain subira une atteinte toujours sensible, mais, en récompense, ils vous demanderont un prix double de celui qu'ils trouveront au marché suivant. Compensation. L'argent guérira l'égratignure faite à l'orgueil du producteur.

Un certain nombre de grands cultivateurs produisent jusqu'à

cent mille pêches. Deux ou trois seulement dépassent parfois ce chiffre.

Les plus avisés, depuis un certain temps, ont compris que la simultanéité des récoltes dépréciait énormément les produits, et se sont appliqués à espacer sur au moins trois grands mois la maturité des diverses espèces. On augmente ainsi sensiblement la moyenne du prix de vente. Il a dû leur en coûter pour pendre l'orgueil au clou, afin de gagner davantage, mais cela s'est fait par quelques-uns, et l'exemple nous paraît devoir être contagieux.

Les produits du mois d'octobre, consistant en *belle-beausse* et en *bonouvrier*, n'ont pu dépasser les anciennes limites. La belle-impériale de Chevalier aîné, qui ressemble à l'ancienne *admirable de septembre* perfectionnée par lui, mûrit à peu près vers la même époque; ajoutons pour octobre une pêche tardive américaine du nom de Salway. Mais à l'avant-saison viennent les espèces anglaises, importées chez nous depuis quelques années sous le nom d'*Early*.

Ce mot, qu'on doit prononcer *erli*, nous paraît avoir été pris dans Montreuil pour le nom de celui qui aurait trouvé ces espèces hâtives et les aurait vulgarisées. Aussi prenons-nous la liberté de rappeler ici que le mot *early* n'est autre chose qu'un simple adjectif anglais qui veut dire *précoce*. Une *early peach* est une pêche hâtive. Il y a les early Béatrix, les early Victoria, les early River et quelques autres.

Le fruit de ces diverses espèces, bien exposé, mûrit vers le 10 juillet, une quinzaine de jours avant nos premières pêches de Montreuil. Or, les tables riches tiennent à ces primeurs succulentes, et les early qui ont de l'apparence et du goût, bien que de moyenne grosseur, atteignent à des prix de fantaisie exorbitants, que ne saurait obtenir notre grosse mignonne hâtive elle-même, bien préférable à tous égards, mais en retard de dix à douze jours au moins sur les espèces anglaises.

Cela suffit pour que ces dernières aient pris une place importante sur les murs de nos cultivateurs intelligents, et peu d'années se passeront avant qu'elles aient obtenu dans Montreuil leurs lettres de grande naturalisation.

Et ces étrangères y gagneront certainement, car notre culture n'a jamais manqué de donner à ses filles adoptives le volume, le coloris et la succulence, qui sont les attributs de ses produits locaux.

Après ce que nous venons de dire de l'intensité de notre culture, on comprend que la question des *formes* n'arrive qu'en second lieu. Puisque le but de toute production marchande est de créer à outrance, on s'en tient généralement à Montreuil aux formes qui donnent le plus et l'on a raison.

Un artiste comme Alexis Lepère, dont on ne saurait entourer la belle vieillesse de trop de respect, a bien pu faire écrire un petit manuel pour la glorification spéciale de la forme *carrée*, bien antérieure à sa culture, mais perfectionnée par lui. — Il a pu même établir des formes étranges, créer des noms avec ses arbres et soumettre le pêcher, si généreux et si flexible, à tous les caprices de son imagination. Les badauds seuls se sont pâmés devant ces étrangetés, mais les connaisseurs ont acclamé le mérite du grand arboriculteur dans les soins tout paternels donnés à ses arbres et dans son entente à les conduire.

N'oublions pas à ce propos que le pêcher, obéissant comme l'osier, se prête également à toutes les formes, et sa nature généreuse permet même d'enfreindre avec lui les lois primaires de la végétation.

Un autre cultivateur distingué, héritier de l'amour d'Alexis Lepère pour les beaux arbres, ne semble persévérer dans sa manière que pour donner à notre spécialité son cachet et son éclat. Pas plus que Lepère, il ne domine les autres cultivateurs par le rendement de ses arbres ; il est même de ce côté l'inférieur des cultivateurs vulgaires. Et ce qui est arrivé à son devancier lui arrivera fatalement ; sa manière élégante s'en ira tout entière avec lui, à moins que son fils ne suive les mêmes errements,

Car, chez ces maîtres de l'espalier, l'arbre prend en une quinzaine d'années des envergures splendides; les branches couvrent douze mètres de muraille, en gardant sous leurs formes diverses une rigueur toute géométrique. Seulement, vient vite le jour où la nature surmenée vous saisit l'arbre par un point quelconque, et le tue comme une mère tuerait un fils qui l'outrage.

Et la longue muraille reste des années entières veuve de ces chefs-d'œuvre végétaux qui ont fourni des médailles et d'autres récompenses, mais aussi pas mal de bois de chauffage pour le foyer de la famille.

L'habile professeur dont nous avons déjà cité le nom, M. Éloi Trouillet, qui pratique ici la culture avec une intelligence éclairée par la science, a suivi, depuis quarante années, une voie contraire. Avec nous, il admire les arbres d'art qui sacrifient tout à l'éclat, mais il n'a jamais eu l'idée de s'en faire une spécialité. Sa devise est le *fructus enim decet imprimis* du père Vanière : du fruit! encore du fruit! toujours du fruit! Ses murailles offrent l'exemple d'une culture qui ne laisse aucune parcelle de surface improductive. Les beaux murs des Vitry Étienne père et fils, des Chevreau Amable, des Noël Vitry et d'un très-grand nombre d'autres cultivateurs qu'il serait trop long de nommer ici, sont tenus d'après ce même principe : produire sans arrêt!

Mais nous tenons à le dire bien haut, et nous ne sommes en cela que l'écho de tous les praticiens de Montreuil, il manquerait les plus beaux fleurons à la réputation du pays, si nous n'avions pas eu les arbres incomparables d'Alexis Lepère et si Chevalier aîné ne continuait pas de marcher dans sa voie et de faire aussi bien.

Dans un pays où tout le monde se connaît, où, par conséquent, les petites jalousies vivent comme chez elles, l'admiration pour ces cultivateurs hors ligne est générale. Nous ne voulons pas dire qu'on n'égratigne jamais un tantinet les personnes, mais l'œuvre des maîtres est au-dessus des coups de langue.

Autre point. Nous avons la prétention d'écrire un livre de conscience et de sincérité. Nous voulons donc, pour clore ces considérations générales, dire un mot des Expositions qui sont les fêtes des fleurs et des fruits et qui tendent à se généraliser, dans le département de la Seine surtout.

Nous sommes pour ces luttes pacifiques qui font passer sous nos yeux, dans des cadres charmants, les plus beaux spécimens de fleurs et de fruits. Des deux mains, nous applaudirons toujours aux promoteurs de ces fêtes horticoles, à l'administration qui les encourage, aux exposants qui sacrifient toujours quelque peu de leurs intérêts personnels à l'éclat de ces concours, mais nous voudrions chez tous ces derniers une loyauté qui est la vertu du plus grand nombre.

Expliquons-nous. Depuis longtemps, nous suivons avec une sympathie sans réserve ces exhibitions des plus beaux produits de nos jardins et de nos serres, et nous pourrions citer un grand nombre d'exposants qui ont le droit de se montrer fiers des récompenses obtenues.

C'est, nous le répétons, l'immense majorité.

Mais disons aussi qu'une bienveillance excessive de la part des jurys a laissé, dès le principe, entrer des marchands dans le temple, et qu'on n'a jamais songé à se demander si, à côté des exposants sincères, il n'y avait pas toujours des exposants frauduleux.

Nous ne parlons pas plus ici des gens de Montreuil que des gens de Brives-la-Gaillarde ou de Quimper-Corentin. Nous nous rendons le témoignage de ne viser personne en particulier. Une querelle individuelle est au-dessous de nous, et nous ne regardons l'envers des expositions que par amour de l'honnêteté publique et de la sincérité.

Ceux que nous appelons les marchands frauduleusement admis dans le temple sont les gens qui exposent sous leur nom les produits des autres, fleurs ou fruits, et qui osent accepter des jurys une récompense quelconque.

C'est Arlequin faisant couronner son pourpoint bigarré, nous voulons dire, des fleurs retenues à l'avance chez les amis et connaissances, des pêches et d'autres fruits venus de tous les points de l'horizon. Ce *sic vos non vobis* d'il y a deux mille ans se reproduit ainsi souvent au profit des indélicats. Et allez donc ! le tour est bien joué quand on peut mettre à son chapeau des médailles gagnées par les autres.

Le mal, connu de tous les jurys, tend à devenir une endémie dans le monde des expositions, et nous croyons qu'il serait facile d'y couper court en n'admettant que ceux qui prouveraient l'origine de leurs produits. Les gens seuls qui ont intérêt à conserver les vieux errements se récrieront contre l'obligation d'établir qu'ils n'ont rien emprunté de personne. Dans tous les cas, la preuve à fournir aurait cent fois plus de difficultés qu'elle n'en a réellement, que mieux vaudrait encore y soumettre les loyaux exposants que d'aider les moins délicats à grossir un médaillier menteur. Les maraîchers plus sévères nous indiquent la marche à suivre. Chez eux, quiconque a l'intention d'exposer est tenu de le déclarer à l'avance, et n'enlève de son terrain le lot à exposer que devant un commissaire ou des témoins.

Pour les fruits, ce serait chose aussi facile, sinon plus. La cueillette n'aurait lieu que sous des garanties sérieuses.

Un dernier abus contre lequel il nous faut protester.

On escompte, paraît-il, au courant de la belle saison, la grande réputation de Montreuil. D'habiles personnes achètent à la halle des pêches et des abricots venant d'ailleurs, les *accommodent* à la manière de chez nous et les y reportent le lendemain comme produits de la localité. Les abricots d'Auvergne se prêtent à cette supercherie, d'autant plus cavalière que ce fruit n'existe plus chez nous. A la longue, la réputation de nos fruits peut subir une grave atteinte, et nous remettons à d'autres plus autorisés le soin de chercher un terme à ce trafic, qui peut bien rapporter cent pour cent, mais qui ne mettra pas bien longtemps à nous porter un préjudice irréparable.

CHAPITRE II.

LES PÊCHERS ET LES PÊCHES.

Non multa quidem, sed benigna.
Peu de variétés, mais les bonnes.

Sommaire : Les éliminations successives. — La méthode. — Les early. — La grosse mignonne hâtive. — La grosse mignonne. — La grosse noire de Montreuil, la galande, la galande mamelonnée ou galande dormeau, la bellegarde. — Les madeleine. — La belle Beausse. — La belle de Vitry. — La bourdine. — La bonouvrier. — Le teton de Vénus. — L'Admirable de septembre et la belle impériale de Chevalier. — La pêche Blondeau.

Le caractère exclusivement commercial de notre culture a dû faire éliminer de nos murs, non-seulement les fruits qui ne se montraient pas assez rémunérateurs, mais encore, dans les pêchers eux-mêmes, les variétés qui donnaient le moins.

Dans le principe, nous voulons parler de l'autre siècle, il était d'usage de partager les surfaces murales entre les poiriers, les abricotiers, les pruniers de reine-Claude, les pommiers et les pêchers. Deux de ces derniers prenaient rarement place côte à côte. La production se trouvait ainsi équilibrée entre une demi-douzaine de bons fruits. Mais on les appela en compte dans toutes les familles, et bientôt la pêche domina si bien que les autres fruits furent pour ainsi dire abandonnés. L'abricot disparut, et aussi la reine-Claude, qu'on remplaça par la prune de Monsieur, plus rémunératrice, quoique moins bonne. Et la culture du poirier resta la spécialité de deux ou trois familles, ce qui fait que cet arbre, qui demande des soins éclairés plus que tout autre, est un étranger aujourd'hui pour la grande majorité de nos cultivateurs.

Avant quinze ans, il sera pour le moins aussi rare ici que l'abricotier.

Quant aux pêchers, on a laissé perdre les variétés qui ne payaient pas suffisamment leur place, et nous ne cultivons actuellement que les espèces suivantes.

Il va paraître étrange, il est du moins contraire à la logique des livres spéciaux de commencer par où ils finissent, de présenter le fruit avant de l'avoir étudié dans ses détails.

Mais la logique est la moindre préoccupation des manuels d'arboriculture. Nous avons déjà dit que l'arbre commence au fruit ; nous ajouterons que, dans le domaine des choses de la nature, la raison nous indique, pour nos études, une méthode toute simple : connaître le sujet des yeux avant de le soumettre à l'analyse.

Au début de ce travail, nous n'allons pas vous définir la pêche ; nous croyons plus rationnel de vous la mettre dans la main et de vous dire : Regardez ce fruit, retournez-le, soupesez-le, mesurez-le, goûtez-le même, et nous l'étudierons après.

Section 1re. — LES EARLY.

Les diverses variétés anglaises, ainsi dénommées, acclimatées à Montreuil depuis quelques années seulement, ne se trouvent encore à l'heure qu'il est que dans un petit nombre de jardins. L'arbre et le fruit se modifieront sans doute avant longtemps sous la main de nos arboriculteurs. Ce que nous en pourrions dire actuellement courrait donc risque de ne pas être exact dans quelques années, et, bien que possesseur de deux sujets de cette variété, nous avouons en toute modestie ne pas avoir suffisamment étudié cette nouvelle venue pour en parler avec autorité.

Néanmoins les early sont des pêches précoces, et c'est à cette qualité rare qu'elles ont dû l'accueil bienveillant des Montreuillois. Elles sont d'une grosseur à peine moyenne, bien colorées, d'une belle saveur.

Nous ne regardons en ce moment cette variété que comme un sujet à l'étude, et, grâce à sa précocité, les praticiens de Montreuil épuiseront sur elle ce qu'ils ont de patience, de savoir-faire et de tours de main.

Ovide a écrit pour eux, il y a deux mille ans, ce vers qui est un cri du cœur :

<blockquote>Eruimus terrà solidum pro frugibus aurum!</blockquote>

« Ce que nous faisons pousser, c'est, non pas du fruit, mais de l'or en barre! »

Cependant les early possèdent certains caractères particuliers que les améliorations ne feront qu'accuser davantage; entre autres, des glandes réniformes.

Section 2e. — GROSSE MIGNONNE HATIVE.

Jusqu'à l'arrivée des early dans Montreuil, c'est-à-dire jusqu'à ces années-ci, c'est la grosse mignonne hâtive qui, depuis longtemps, a ouvert la saison des pêches. L'expérience de tous les praticiens contredit en un détail, insignifiant d'ailleurs, ce que le petit livre de M. Lepère affirme de cette belle primeur, plus grosse, selon lui, que la grosse mignonne ordinaire. Cette dernière a généralement plus de volume. L'arbre se développe vigoureusement et produit en conséquence. Les nouvelles pousses, extrêmement sensibles à l'action de la lumière, se colorent fortement du côté du soleil. Elles sont remarquables par leur petitesse.

Les feuilles, un peu frisées, sont grandes, d'un beau vert, à denture fine, et portant des glandes globuleuses à peine visibles.

Les glandes, à la base des feuilles, ont une importance qui a échappé aux botanistes de l'autre siècle. Dans son immense

Traité des arbres fruitiers, imprimé en 1748, Duhamel du Monceau a fait graver à grands frais et de main de maître l'image de toutes les espèces de fruits, et les feuilles de ses rameaux de pêche ne portent aucune trace des glandes dont nous parlons. En revanche, la description de chaque espèce de pêche est complète, et le manuel de M. Lepère, en copiant le vieux pomologue, souvent mot pour mot, en confirme la parfaite exactitude.

Les glandes globuleuses sont les petites excroissances que vous remarquez toujours à la base et au départ du limbe. Elles touchent à peine au pétiole ; très-rarement elles y sont entièrement soudées. Leur forme quelque peu sphérique leur a fait donner le nom de *globuleuses*.

Les autres glandes sont dites *réniformes*, c'est-à-dire ayant la forme d'un *rein*. Comparaison malheureuse, qui, pour faire comprendre la forme d'un petit organe, visible à la chute de la feuille sur sa queue, appelle à son secours une forme inconnue et cachée, celle du *rein*, que la masse des lecteurs n'a jamais vue. La science, qui devrait toujours vulgariser, commet de ces balourdises.

On comprendra peut-être mieux, si nous disons que la glande réniforme présente assez bien l'aspect d'un « x » soudé sur le pétiole, au départ de la feuille ou limbe.

La fleur de cette espèce, grande, bien développée, rouge, brille du plus vif éclat.

Le fruit de la grosse mignonne hâtive porte en moyenne de vingt-quatre à vingt-cinq centimètres de circonférence. Il est à peu près rond, et la peau, qui s'enlève facilement de la chair, est estompée d'un duvet grisâtre en dessous, et rouge lie de vin du côté du soleil. Le côté de l'ombre reste jaune-vert et pointillé de rouge vif.

La grosse mignonne hâtive est coupée d'un sillon rétréci qui va se perdant vers le sommet où il aboutit à une petite dépression légèrement mamelonnée.

La chair est des plus délicates, fine, savoureuse, parfumée, blanche, excepté sous la peau lie de vin, où elle est vermeille. Vermeille aussi près du noyau quelque peu adhérent, auquel elle laisse toujours quelques filaments.

Le noyau, profondément rustiqué, d'un rouge vif, sensiblement rond, ne dépasse guère le volume moyen d'un noyau de pêche.

Époque de la maturité : Premiers jours d'août.

Caractères résumés : Arbre vigoureux, à bourgeons ensoleillés ; — feuilles finement dentées, à glandes globuleuses ; — grandes fleurs rouges, d'un vif éclat ; — fruit de 25 centimètres de tour, à peu près rond, légèrement sillonné, aplati au sommet, où s'élève un tout petit mamelon. Chair fine et blanche, rosée du côté du soleil et autour du noyau. Noyau très-rustiqué.

Remarque. Un peu de français correct ne nuit pas, même dans la science pratique. Nous dirons donc des feuilles découpées autour du limbe qu'elles sont, non pas *dentelées*, mais bien *dentées*. Un nuage, une chaîne de montagnes, un gros rocher peut être dentelé, c'est-à-dire grossièrement et à peu près découpé en forme de dents ; mais une feuille de pêcher est *dentée*, comme une scie, comme toutes les petites choses découpées régulièrement.

Cette remarque n'atteint personne. Les savants sont au-dessus de ces misères, et les compositeurs d'imprimerie sont là pour endosser ces incorrections.

Sectio 3ᵉ — LA GROSSE MIGNONNE ORDINAIRE.

C'est une des pêches classiques de Montreuil. La grosse mignonne compte pour une large part dans la fortune et la réputation du pays. Nos anciens la cultivaient à outrance, de préférence à bien d'autres espèces, à cause de la propriété qu'a ce pêcher de reproduire des bourgeons de remplacement. Ces bourgeons adventices repercent facilement çà et là sur le vieux bois, grâce à la lenteur que met la moelle à s'atrophier dans les vieux canaux, comme il a été dit à la partie théorique, section de la moelle dans les végétaux.

L'arbre de la grosse mignonne ordinaire a tout l'extérieur, l'apparence et la fécondité de son congénère de la grosse mignonne hâtive. Remarquez cependant que les feuilles à glandes globuleuses sont moins finement dentées et que la denture est plus obtuse, moins piquante. La fleur, ayant les dimensions de la précédente, brille néanmoins d'un éclat plus adouci.

Le fruit a de vingt-cinq à vingt-six centimètres de tour. Même duvet, coloris moins vif ; la surface jaune opposée à la lumière est plus étendue, pointillée et marbrée de rose empourpré. La chair, un peu plus blanche que celle de la mignonne hâtive, en a toute la finesse et la succulence ; moins rouge autour du noyau rustiqué, dont les sillons irréguliers et profonds retiennent des filaments de l'épicarpe. Son entrée en scène sur le marché parisien n'a lieu que du 10 au 15 août.

Cette pêche n'a plus le crédit dont elle a joui si longtemps à Montreuil. La grosse mignonne hâtive lui a fait cette défaveur marquée. Cette dernière espèce, généreuse s'il en fut, mûrit dès les premiers jours d'août, et échelonne naturellement sa récolte sur tout le mois, de sorte qu'ayant parfois commencé deux semaines plus tôt, elle ne finit qu'avec la grosse mignonne, avantage immense qui donne une demi-récolte au moment des prix élevés.

Au reste, la simple comparaison des deux pêches est toute en faveur de la précoce, plus vineuse, plus sanguine que sa sœur un peu pâlotte et chlorotique. La mignonne hâtive a cet avantage sur l'autre qu'elle tient opiniâtrément à la branche jusqu'aux heures les plus avancées de la maturité, le fruit resserrant le pédoncule à son insertion. La grosse mignonne ordinaire laisse au contraire tomber ses fruits avec une facilité déplorable. Quand vous allez cueillir les pêches à l'arbre, vous trouvez souvent la besogne faite; il y en a toute une litière sur le sol.

Section 4e. — **GROSSE NOIRE DE MONTREUIL, GALANDE, BELLEGARDE.**

L'arbre est de belle venue et pousse vigoureusement. Il donne beaucoup de fruits. Les bourgeons, très-développés, sont teintés de rouge du côté de la lumière.

Les feuilles, grandes, lisses, sont d'un vert particulièrement foncé. Elles portent des glandes globuleuses à peine visibles. Les fleurs, peu en rapport avec la grosseur du fruit, sont petites et pâlottes dans l'origine, mais elles ont obtenu dans notre culture un éclat rose plus vif.

Le fruit a généralement plus de volume que celui de la grosse mignonne, plus large que haut et sensiblement régulier. Le sillon qui la divise d'un côté, de la queue au sommet, est à peine marqué. L'ensemble affecte un teint rougeâtre qui devient brun foncé du côté de la lumière. De là, son nom de grosse noire. Du côté de l'attache, la petite partie qui reste d'un vert-jaune est ponctuée de rouge pourpre. La peau tient généralement au mésocarpe et porte un duvet très-fin.

La chair, fine, pleine d'eau, parfumée, est d'un beau blanc, et rouge violacé autour du noyau. Quoique ferme et presque cassante, elle fond dans la bouche, qu'elle emplit de son jus exquis.

Le noyau, peu rustiqué, est de médiocre grosseur, oblong, aplati, et terminé par une pointe assez longue.

Cette pêche, venant après la grosse mignonne, mûrit dans la dernière quinzaine d'août. M. Alexis Lepère l'a souvent greffée sur de vieux arbres. Les vieilles trognes se restaurent ainsi facilement et les greffes fournissent de très-beaux fruits.

En général, la grosse noire, galande ou bellegarde, très-reconnaissable à sa petite gouttière, est supérieure en volume à la grosse mignonne.

Il existe à Montreuil une galande que certaines maisons tiennent en grande estime, et connue sous le nom de galande *mamelonnée*, ou galande Dormeau.

Elle a le fondant, la finesse et toutes les qualités de l'autre; seulement elle est un peu moins colorée. Elle porte son mamelon, comme le teton de Vénus et la Bourdine, à son sommet.

L'espèce étant regreffée sur un autre pêcher, on obtient des fruits hors ligne comme grosseur et comme qualité, surtout si l'arbre n'en est pas surchargé.

Section 5e. — **MADELEINE DE COURSON, MADELEINE ROUGE.**

L'arbre pousse assez vigoureusement et montre une belle apparence; cependant il a le défaut d'être extrêmement sensible aux gelées du printemps. Les bourgeons ont du coloris et de la force.

Les feuilles varient en longueur de 10 à 14 centimètres, sont d'un vert sombre et leur contour porte une denture surdentée. Nous voulons dire que chaque dent de la première et principale découpure est à son tour découpée. Absence totale de glandes à la base du limbe. Les fleurs sont moyennes et d'un rose foncé.

Le fruit est rond, souvent aplati à la base et séparé en deux moitiés par une gouttière qui le contourne. Un beau duvet couvre la peau, qui est d'un beau rouge du côté de la lumière. La chair blanche est veinée de rouge autour du noyau rustiqué, rouge, plat et d'un petit volume.

Cette madeleine mûrit à la fin d'août, et les chauds soleils des deux derniers mois lui donnent une grande finesse de goût et du jus sucré. Si l'on veut du fruit excellent et gros, il faut avoir soin de n'en laisser qu'une faible charge. Une taille hardie doit le débarrasser de l'excès de bois qu'il donne. Cette madeleine est à peine digne de Montreuil quand on oublie de supprimer au début au moins la moitié de la récolte.

Il existe une autre madeleine très-estimée dans les départements et que n'a point adoptée la culture de Montreuil, à cause de la difficulté qu'on éprouve à maintenir la coursonne ou petite branche fructifère à la longueur voulue. La coursonne trompe facilement la vigilance et s'allonge démesurément. D'ailleurs, si le fruit, de grosseur moyenne, y vient en abondance, la chair de cette espèce est pâteuse, ce qui devait suffire pour la faire exclure de nos murailles.

Particularité à noter : cette espèce a la propriété de donner en verticelle, dans la greffe, des jets nombreux qui sont des jets, non pas d'amandier, mais de pêcher.

Section 6°. — BELLE BEAUSSE.

Comme à peu près tous les gains de Montreuil, l'arbre de la belle beausse se comporte vigoureusement. C'est l'arbre de la grosse mignonne hâtive modifié dans le sens du mieux par un des nombreux cultivateurs qui portent le nom de Beausse.

La feuille, un peu frisée, bien développée, d'un beau vert, finement dentée, porte de petites glandes globuleuses. La fleur est grande et du plus beau rouge.

Le fruit a quelque ressemblance avec celui de la grosse mignonne hâtive; toutefois il est sensiblement allongé. Foncée, lie de vin, du côté de la lumière, la peau est d'un jaune tirant sur le vert, avec un fin pointillé de rouge. Elle est estompée d'un beau duvet blanc. La chair, franchement rouge autour de son noyau pourpre et rustiqué, est d'un blanc teinté de vert.

La belle beausse, pêche un peu tardive, mûrit dans la première quinzaine de septembre et, comme toutes les pêches qui mûrissent sur le tard, se trouve exposée aux pluies d'automne et à la fraîcheur des nuits qui la détériorent. Mais il est exagéré, pensons-nous, de lui attribuer exclusivement le défaut de se fendre dans les années humides. Dans les levants, la belle beausse se comporte aussi bien que les autres tardives.

Section 7e. — LA BELLE DE VITRY.

L'arbre de cette espèce est généreux sous tous les rapports. Les bourgeons sont forts, et la feuille allongée, assez profondément dentée, porte des glandes globuleuses.

La fleur, de petite dimension, est reconnaissable à sa teinte rouge foncé.

Le fruit est un des plus gros de nos jardins. Il est rond, un peu plus large que haut, portant en moyenne 28 centimètres de circonférence à son grand diamètre, qui se rapproche sensiblement du sommet. La gouttière ou sillon qui s'arque sur un seul côté est large et sans profondeur ; mais l'une des joues est plus basse et moins grosse que l'autre. Le côté opposé à la gouttière est un peu aplati. Cette pêche, dont la peau verdâtre est marbrée de lie de vin sur rouge clair du côté du soleil, présente sur son contour quelques petites protubérances en forme de verrues. Il y a néanmoins des fruits à surface lisse. Le duvet blanc qui les recouvre s'enlève facilement.

La chair, blanche, passe en mûrissant du ton verdâtre au ton jaune, qui s'accentue davantage autour du noyau. Cette partie intérieure du mésocarpe est traversée en tous sens de veines rouge vif.

Ce fruit a de la finesse et de la succulence. Ces qualités, jointes au volume et à la forme, le placent au rang de nos meilleurs produits marchands.

Le noyau, plat et pointu et profondément fouillé de rides, est large et long. Il adhère à peine à la chair.

Maturité : première quinzaine de septembre, comme la belle beausse.

Section 8e. — LA BOURDINE.

La bourdine nous paraît avoir été l'espèce particulière cultivée en plein vent. Montreuil l'a domestiquée le long de ses murs et en a fait une de ses richesses.

L'arbre a de l'envergure et de la vigueur. Il se met de bonne heure à fruit, mais il promet souvent plus qu'il ne donne. Néanmoins il faut ordinairement le débarrasser d'une partie de ses fruits pour que le reste grossisse. C'est, du reste, la condition commune à toutes les espèces. Nos cultivateurs retranchent sans pitié les moindres excès, et vous pourriez voir au printemps, sous nos arbres, une véritable litière de fruits verts et déjà gros comme des amandes ou de petites noix.

La feuille de la bourdine, d'une belle nuance verte, grande, lisse, porte à sa base des glandes globuleuses.

Sa fleur, de petite dimension, est des plus jolies : couleur de chair, avec bordure carminée.

Le fruit, un peu plus large que haut, est divisé, d'un côté, par un sillon large et profond, de chaque côté duquel s'arrondissent et se relèvent deux lèvres de grosseur inégale. La joue opposée à la gouttière est plate et quelquefois concave ou rentrante. A l'endroit du sommet où la gouttière rejoint la surface opposée se trouve une sorte de cavité, — un teton de Vénus en dedans. A la base, même cavité, au fond de laquelle s'attache le pédoncule.

La peau, teintée d'un beau rouge foncé et couverte d'un duvet très-fin, se détache facilement de la chair.

La chair a beaucoup de fondant et de la finesse sans acidité. Elle est blanche jusqu'à la moitié de son épaisseur; à partir de là jusqu'au noyau, la teinte devient d'un rouge de plus en plus foncé.

Le noyau, gris clair et petit, est sensiblement rond et retient à la maturité des filaments de chair dans ses rides.

La bourdine, qu'il faut garantir des grandes pluies dans les dernières semaines, ne commence guère à mûrir que vers le 15 septembre.

Section 9°. — LA BONOUVRIER.

Cette pêche est particulièrement un gain de Montreuil, une

fille de notre culture. Elle est due à Pierre Bonouvrier, de la rue Marchande, 46, père des deux frères Frédéric et Joseph, qui cultivent encore aujourd'hui. Elle paraît avoir eu pour mère la Chevreuse tardive, dont elle a gardé certains caractères physiognomoniques.

Le beau dessin colorié qui se trouve en tête de notre livre suffirait à la faire reconnaître.

L'arbre n'a pas une grande vigueur, mais il donne beaucoup de fruit. Les jeunes bois, d'un vert frais, prennent du côté de la lumière une belle teinte pourprée.

La feuille est longue et large, finement dentée et portant des glandes globuleuses.

La fleur est petite et d'un beau rouge foncé. Le fruit, plus large que haut, a de belles dimensions. La peau, jaune, lavée d'un ton verdâtre, a, du côté du soleil, une belle teinte pourpre clair surchargée d'une marbrure lie de vin, qu'entoure un pointillé rouge très-fin.

Comme on peut le voir au dessin, la chair est d'un jaune très-clair, rouge autour du noyau, qui n'adhère presque pas. Elle a du fondant, de la finesse et du parfum.

Le noyau, profondément entaillé à la surface, porte à ses parois extérieures des points lisses et brillants qui ont l'air d'être des incrustations.

La bonouvrier mûrit dans la première quinzaine d'octobre et ferme la saison des pêches, avec la belle impériale, dont nous aurons à parler tout à l'heure.

Section 10e. — LE TETON DE VÉNUS.

Le teton de Vénus est une de nos vieilles gloires, mais une vieille gloire qui s'en va. Notre culture l'abandonne à cause des mille difficultés qui en entravent la maturation. — Aux expositions les meilleures, elle manque même souvent.

L'arbre montre de la vigueur; son jeune bois se développe

bien ; la feuille est longue et large, froncée le plus souvent le long de la nervure, et porte à sa base des glandes globuleuses.

La fleur est petite, teintée de rose pâle et bordée d'un filet de carmin.

Le fruit, à peu près rond, porte une gouttière à peine sensible que termine au sommet un mamelon très-prononcé qui a valu le nom de teton de Vénus à cette belle et grosse pêche. La peau, duveteuse et jaune paille, n'est pas très-sensible à la lumière ; c'est celui de nos produits que le soleil rougit le moins.

La chair possède les qualités des meilleures pêches. Sa teinte blanche se change en rose autour du noyau. Celui-ci est au-dessous de la grosseur moyenne ordinaire, se termine par une pointe et tient au mésocarpe par des filaments qui offrent une certaine résistance.

C'est un fruit de la fin de septembre. Une concurrente qui la remplace peu à peu sur nos murs et finira par l'en chasser, c'est l'espèce suivante.

Section 11º. — LA BELLE-IMPÉRIALE.

Qu'est-ce que la belle impériale ?

L'habile arboriculteur Chevalier aîné nous répond avec énergie : C'est ma pêche, mon gain, ma fille ! Je le jure sur ma serpette, j'en suis l'obtenteur.

A notre avis, cet artiste a été mal inspiré quand il a cru devoir imposer ce nom à sa trouvaille. La politique est variable, changeante, mobile comme une girouette. Les hommes aussi. Nous avons de bonnes raisons pour penser que M. Chevalier trouverait, à l'heure qu'il est, un baptême plus conforme à ses principes. Voilà comment il est toujours dangereux d'assaisonner les pêches à la sauce politique. Les pêches restent et la politique s'en va.

Ce simple conseil d'ami sera le bienvenu, nous en avons la confiance.

A la même question, bon nombre de cultivateurs de Montreuil répondent que M. Chevalier n'est que le propagateur d'une excellente tardive qui existait avant lui.

Cela prouve d'abord que nul n'est prophète parmi les siens.

Quant à nous qui écrivons, non pas le livre d'une école ou d'une coterie, mais bien le Livre de Montreuil, nous déclarons n'avoir pas le droit de mettre en doute la parfaite bonne foi de M. Chevalier aîné. Nous nous contentons donc de donner sans passion les dires des uns et des autres.

Notons d'abord que la pêche dont il est question tend à devenir, pour la fin de la récolte, la pêche classique de Montreuil. Elle compte parmi nos meilleurs et nos plus beaux fruits.

Voici les détails fournis par M. Chevalier lui-même sur l'origine de sa pêche.

Vers 1860 ou 1861, il fit conduire du fumier de cour dans une vigne qu'il possède au quartier des *Longues-Maures*, entre Montreuil et Vincennes, au levant du boulevard, et l'année suivante, au pied d'un cep, il aperçut une pousse de pêcher, provenant à coup sûr d'un noyau venu de la maison dans le fumier de l'année précédente. Le bois de la tigelle, d'un vert clair, portait des feuilles de fort belle apparence, et, comme le jeune plant ne nuisait à rien, il resta près de son cep jusqu'à la deuxième année.

A cette deuxième feuille, il dut de garder sa place à son bois déjà fort qui tint lieu d'échalas à sa vigne.

Mais ce petit pêcher avait si bonne mine que le propriétaire en détacha curieusement un rameau pour greffer cette espèce inconnue sur quelques arbres vigoureux.

Quant à la pousse originaire, elle fut enlevée avec soin de la vigne et transplantée. C'est un arbre qui existe aujourd'hui, paraît-il, dans un jardin des Saint-Victor, au-dessus de l'Hermitage, en un jardin de M. Chevalier jeune, frère de l'obtenteur.

Les greffes de Chevalier aîné lui ont donné la belle pêche qui a paru en 1864 et qui s'est depuis propagée à Montreuil, à ce point qu'on la trouve chez un très-grand nombre de cultivateurs. En ayant un jeune et beau sujet nous-même, nous en tenons des rameaux pour la greffe à la disposition des amateurs qui liront ces pages.

La belle impériale que M. Chevalier aîné débaptisera, nous le croyons, vient donc de semis. L'arbre est vigoureux et très-productif. Le bois est moins foncé que celui de la bonouvrier. Il porte sur son fond clair des taches jaunâtres.

La feuille est grande, très-longue, dentée, mais d'une denture moins aiguë que la bonouvrier. Glandes globuleuses.

La fleur est moyenne, les pétales ovales et allongés, d'un rose vif éclatant, comme dans les espèces tardives.

Le fruit, plus large que haut, est assez rond. Le spécimen, moulé avec soin, que nous avons sous les yeux, porte vingt-six centimètres de tour dans sa largeur et vingt-cinq dans le sens de sa hauteur. La peau est jaune verdâtre du côté de l'attache, avec quelques marbrures de pourpre. Le côté exposé à la lumière prend un coloris rouge-cerise qui va s'accentuant davantage en se rapprochant du sommet légèrement mamelonné. Une gouttière à peine indiquée descend, d'un côté, du sommet à la base et s'y perd dans une sorte de cuvette au fond de laquelle est le hile ou point d'attache. L'une des joues dépasse sensiblement l'autre en grosseur.

Nous avons trouvé, dans le *Journal de la Société centrale d'Horticulture,* année 1865, un rapport de M. Michelin sur les fruits de semis présentés par les obtenteurs au concours permanent de la Société, et, dans ce rapport, la mention suivante concernant la pêche qui nous occupe :

« J'appellerai maintenant votre attention sur une pêche belle, bonne, tardive, atteignant avec la bonouvrier la fin de septembre, mais qui, après plusieurs épreuves comparatives, nous a paru préférable à cette variété très-accréditée. Ce fruit mérite certainement nos recommandations comme pouvant rendre de bons services.

« Sa fleur, de dimension moyenne, plusieurs de nous l'ont constaté, a un caractère qui lui est propre et parle en faveur de son individualité; mais, par suite d'une regrettable confusion, M. Chevalier aîné, un des habiles arboriculteurs de Montreuil, qui l'a exposée, n'a pu jusqu'ici retrouver le sujet issu de noyau qui, prouvant réglementairement l'identité de cette variété, nous mettrait à même, si les chances du concours le permettaient, de récompenser son présentateur. »

Nous retrouvons dans le même *Journal de la Société centrale d'Horticulture,* novembre 1867, un rapport supplémentaire qui tranche la question dans la mesure du possible :

« En 1865, dit ce rapport, le jury de l'exposition renvoya au comité d'arboriculture, pour les juger en son lieu et place, après les études nécessaires, des fruits de semis au nombre desquels étaient des pêches provenant d'un arbre venu de noyau et qui avaient été exposées par M. Chevalier aîné, de Montreuil.

« ... Plusieurs rapports faits par l'obtenteur avaient confirmé le comité dans son jugement favorable, et il décida qu'une médaille d'argent, grand module, serait attribuée à M. Chevalier à raison de ce nouveau fruit auquel celui-ci avait donné le nom de *Belle Impériale*.

« Cette décision fut prise le 23 août 1866, et elle est consignée au procès-verbal dudit jour; mais elle n'eut pas immédiatement son effet; peu de temps après, dans la séance du 13 septembre, un membre éleva des doutes sur l'identité du fruit présenté et crut y reconnaître la variété *Admirable* de septembre, déjà connue dans la culture. Il fut décidé que la commission qui avait procédé serait appelée à faire un nouvel examen. Enfin tout fut régularisé, et, dans la séance du 12 septembre 1867, le comité d'arboriculture décida que la pêche Belle Impériale étant reconnue comme provenant d'une semence, la médaille accordée en 1866 devrait être décernée ; que le secrétaire aurait à porter cette décision à la connaissance du conseil d'administration par l'intermédiaire de M. le secrétaire général, ce qui a eu lieu. En conséquence, M. Chevalier aîné doit recevoir une médaille d'argent grand module pour sa pêche *Belle Impériale.* »

Notre impartialité nous amène à dire, pour en finir, que l'excellente pêche de M. Chevalier aîné ressemble, à s'y méprendre, à l'Admirable de septembre, si bien décrite il y a plus de cent ans, par Duhamel du Monceau dans son *Traité des arbres fruitiers.* Qui dit l'une dit l'autre, à cela près que les fleurs offrent une petite différence. L'Admirable a été jadis cultivée à Montreuil, car il en reste de vieux sujets dans quelques jardins du pays.

A propos de l'Admirable de septembre, il faut bien que nous disions un mot. Nous autres gens de Montreuil, nous nous défendons comme nous pouvons, même en paysans du Danube, quand de grands savants nous attaquent et que nous croyons avoir raison. Dans la *Revue de l'Horticulture,* année 1867, premier semestre, un écrivain prétend que l'Admirable de septembre est une fable, que son nom est un sobriquet, que personne ne la connaît, qu'on va se mettre à sa recherche et que, comme il est agréable de connaître le fin fond des choses, il préviendra ses lecteurs du résultat des recherches.

Les paysans de Montreuil connaissent leurs classiques, et nous venons de citer notre auteur : Duhamel du Monceau. Le fin fond des choses, le voilà.

Nous voulons le répéter en finissant : la pêche de Chevalier aîné est appelée, dans un avenir prochain, à tenir le premier rang parmi les tardives, et nous souhaitons bien sincèrement que la paternité de ce fruit hors ligne s'établisse d'une façon définitive au profit de l'habile horticulteur.

Section 12e. — LA PÊCHE BLONDEAU.

La modestie, qui n'est pas la vertu dominante chez les jardiniers à médailles, a laissé tellement à l'arrière-plan de notre culture une pêche de premier ordre qu'il nous a fallu notre parti pris de ne rien omettre pour en faire à cette place une mention juste et convenable.

Nous voulons parler de la belle tardive Blondeau.

M. Joseph Blondeau, rue Haute-Saint-Père, 36, étant encore fort jeune en 1849, avait la passion des semis. Un gain remarquable récompensa, vers 1854, sa persévérance et ses recherches de simple amateur. Il obtint de semis une pêche tardive autour de laquelle on fit dans le temps beaucoup de bruit, à côté de la belle indifférence de l'obtenteur.

Lui-même a bien voulu nous donner la description sommaire de sa belle trouvaille, qui paraît appartenir par ses principaux caractères à la variété Bonouvrier, comme la belle impériale, comme la plupart des tardives entrées en scène depuis cinquante ans.

L'arbre de la pêche Blondeau n'a qu'une vigueur moyenne ; il ne possède ni la fougue, ni la teinte verte de l'arbre de Chevalier aîné. Il se développe avec une régularité calme qu'il est facile de gouverner. Les bas ressemblent à des touffes d'osiers. Pas même une fleur, jusqu'à une certaine distance du sol.

La feuille est peu dentée, longue et d'un vert jaunâtre. Elle porte de petites glandes globuleuses.

La fleur, plus grande que celle de la Bonouvrier, en a la forme et la teinte rouge vif. Le pistil, qu'on appelle à Montreuil le *pilet* et qui est d'un jaune prononcé, porte une pointe de rouge à son extrémité.

Le fruit est rond, un peu plus large que haut. On devine plutôt qu'on ne distingue la gouttière qui va du sommet à la base. Au sommet où finit la gouttière, il existe une petite cuvette au fond de laquelle on remarque un point à peine gros comme une tête d'épingle et légèrement aplati. A la base, la cuvette est large et profonde, ce qui n'empêche pas le fruit de bien tenir à l'arbre jusqu'à la dernière heure, qualité qui manque un peu à la Bonouvrier dans les temps variables.

La chair a cela de particulier qu'elle a la blancheur de la

chair dans les pêches hâtives. Autour du noyau dont elle se détache facilement, elle n'a rien que des filaments rouges entre-croisés.

Le noyau, de grosseur moyenne, est rustiqué.

La pêche Blondeau mûrit à la même époque que la Bonouvrier, et la cueillette, qualité précieuse dans les tardives, se prolonge pendant quinze jours.

L'aspect du fruit, dont nous avons sous les yeux un spécimen moulé avec soin, ne diffère pas sensiblement de celui des pêches tardives. La peau duveteuse est d'un beau rouge cerise du côté du soleil, et cette nuance se termine sur le jaune paille du côté opposé par des bavures fines et allongées. Le hile d'où le pédoncule est absent, bien entendu, porte dans son contour un petit liséré rouge d'où part une zone de pointillé rose. Le moindre rayon qui passe entre deux feuilles laisse sa trace fine et rouge, car ce fruit, l'un des plus exquis de l'arrière-saison, possède une sensibilité extrême.

On ne peut reprocher à cette pêche délicate qu'une seule chose : l'indomptable modestie de l'obtenteur. M. Blondeau ne refuse des greffes à personne; seulement il n'a jamais voulu faire la moindre démarche personnelle pour obtenir le classement de son gain dont un certain nombre de nos cultivateurs tirent aujourd'hui le meilleur parti. Depuis vingt ans que cette pêche existe à Montreuil, il paraît qu'on en a parlé quelquefois dans les sociétés officielles; mais, personne n'ayant d'intérêt direct à prendre en main la cause de ce fruit d'un autre, le silence a fini par envelopper la pêche et son heureux obtenteur. M. Blondeau s'est contenté d'en tirer la juste rémunération de son travail; un autre, greffant un peu d'ambition sur une branche de l'arbre, n'aurait pas manqué d'y faire venir une belle médaille de première classe.

Telles sont, jusqu'à présent, les variétés marchandes de la pêche que l'on rencontre dans les jardins de Montreuil.

On voit que nous ne tenons ici qu'une faible partie, mais incontestablement la meilleure, de ce fruit admirable, et que notre livre ne saurait, à moins de sortir de ses limites, vouloir présenter la monographie complète du *malus persica*. Qu'il vienne originairement du Camboge, pays limitrophe de notre province de Saïgon, de cette presqu'île formée par la mer de Chine et le golfe de Siam où récemment on l'a trouvé à l'état sauvage ; que les savants divisent la pêche en trois grandes espèces : pêche à duvet, pêche à peau lisse ou brugnon et pavie ou persèque à noyau adhérent, ce n'est pas notre affaire. Nous dirons néanmoins qu'en ce qui concerne cette division, les savants les plus autorisés n'ont guère que des hypothèses. On ne prouvera jamais absolument que les trois espèces ne sont pas de simples variétés déterminées par des circonstances de climat, de sol ou de culture.

On a cité des cas étranges de pêchers ordinaires, donnant depuis longtemps des fruits à duvet, des pêches de Montreuil, et présentant inopinément sur une branche des brugnons à peau lisse.

Était-ce bien un cas de *dimorphisme*, de déviation de la forme, une monstruosité, comme on l'a prétendu? Nous n'avons rien à dire, bien entendu, de la compétence et de la sincérité des observateurs qui ont constaté le fait; mais n'y aurait-il pas là, dans ce dimorphisme apparent, la preuve d'une communauté d'origine, au moins pour la pêche ou le brugnon?

Nous soumettons en passant cette simple observation aux savants monographes de la pêche, et nous revenons à notre sujet.

Si le fruit qui nous occupe se divise, en effet, dès l'origine en trois grandes espèces : le pavie, le brugnon et la pêche, on voit que nous ne traitons même pas en totalité de la troisième espèce, puisque nous n'avons en vue qu'une douzaine de variétés, les plus belles, les maîtresses pêches à duvet qui ont fait la fortune et la réputation de Montreuil, et dont nous avons l'intention de propager la facile culture en France.

Résumé. — Du 15 juillet au 15 octobre, c'est-à-dire pendant trois grands mois, on peut, en un simple jardin, cueillir des pêches pour la table en échelonnant ainsi une demi-douzaine de pêchers : 1° un arbre de grosse mignonne hâtive ; 2° un arbre de galande ; 3° une madeleine de Courson ; 4° une belle beausse ; 5° une bourdine ; 6° une belle impériale, une bonouvrier ou une blondeau.

Section 13e. — CARACTÈRES GÉNÉRAUX DU PÊCHER.

Le pêcher, originaire du plateau central de l'Asie, s'est si bien acclimaté chez nous qu'on le dirait vivant en seigneur et maître dans un pays conquis. Il y a pris ses coudées franches, s'est multiplié en variétés diverses et la pêche s'est imposée d'elle-même aux amateurs et au commerce par des qualités exceptionnelles de volume, de nuances, de délicatesse et de fraîcheur exquise. Si cet arbre demande des soins particuliers, il les paye largement par l'abondance de ses produits, et l'on sait qu'annuellement il se change en un gros million pour Montreuil.

L'arbre libre, pêcher de vigne ou de plein vent, n'atteint pas dans nos climats à des proportions considérables, malgré la multiplicité de ses branches fructifères. Il n'est jamais même bien touffu, comme s'il avait besoin d'être incessamment pénétré par la lumière. L'aspect en est gracieux, le port léger, l'ensemble un peu grêle. Il a gardé dans son extérieur le cachet de son origine exotique.

Le long de nos murailles, il prend une envergure plus décidée. Il n'est pas rare qu'un seul arbre s'étende sur une longueur de quinze à seize mètres. Il se trouve là, grâce à l'emmagasinage du calorique dans le corps du mur, dans un milieu plus clément, à l'abri des courants d'air glacé ou frais. Il retrouve ainsi la température élevée de son lieu d'origine, et, du reste, la culture le débarrasse de tout ce qui entraverait son développement.

Le bois est lisse, extrêmement sensible à la lumière, qui lui donne une belle teinte rouge. En dessous, l'écorce reste verte ou jaunâtre. Les coursonnes ou petites branches à fruit poussent nombreuses et droites.

Les feuilles simples, longues, lisses, plus ou moins finement dentées sur les bords, surdentées dans certaines variétés, sont alternes, à trois ou quatre centimètres l'une de l'autre, et la ligne qui, tournant autour du rameau, passerait par les points d'insertion de leurs pétioles, décrit une spirale indéfinie, du bas de la branche au bourgeon terminal.

L'éminent naturaliste Charles Bonnet, né à Genève en 1720 et mort dans sa ville natale en 1793, a le premier observé cet arrangement des feuilles alternes. Dans le pêcher, la spirale fait deux tours complets autour de la branche en cinq feuilles, de sorte que si une feuille n° 1 est en devant, la sixième se trouvera juste au-dessus et en devant aussi, dans la même ligne perpendiculaire où est implantée la feuille n° 1.

De cette façon, si les feuilles n°^{s} 2, 3, 4 et 5 pouvaient descendre verticalement au niveau de la feuille n° 1, les cinq feuilles formeraient un verticille, un volant à cinq feuilles également distantes l'une de l'autre.

Dans les coursonnes ou petites branches, la spirale passant par les points d'insertion des feuilles, monte par chaque série de cinq feuilles d'environ quinze à dix-huit centimètres.

Cette disposition des feuilles alternes en ressort à boudin autour de la branche se remarque aussi dans le rosier, chef de la famille des arbres à fruit, dans le prunier et dans le cerisier.

Les feuilles se terminent en pointe par les deux bouts, mais la pointe est bien plus aiguë au bout qu'à la queue. Elles tiennent à la branche par des pétioles gros et courts qui, se développant en éventail dans le limbe, forment au-dessous de la feuille une nervure très-saillante, et, au-dessus, un sillon à peine marqué.

L'arête du dessous se divise en petites nervures qui se perdent dans le limbe, et en nervures plus accusées qui vont jusqu'aux bords en se sous-ramifiant à leur tour. Les nervures, qui sont comme le canevas de la feuille, sont alternes comme les feuilles elles-mêmes.

La feuille du pêcher présente, dans la plupart des variétés, une nuance vert clair, lavée de jaune. Elles sont pliées en deux quand elles sortent du bouton. Elles ont une odeur et une saveur de famille qu'on retrouve dans l'amande amère.

Nous avons dit déjà qu'à bien peu d'exceptions près, on retrouve à la base des feuilles des glandes globuleuses ou des glandes à x, dites réniformes, à cheval sur le haut du pétiole, à la naissance du limbe. Ces petits organes ont leur importance pour les cultivateurs, auxquels ils servent à distinguer les variétés entre elles.

Chaque nœud de bourgeon porte une, deux, trois feuilles, rarement davantage. Les feuilles latérales ont toujours un développement moindre que celles du milieu.

Dans l'aisselle de chaque feuille se montre un bouton ; de sorte qu'à chaque nœud, suivant le nombre des feuilles, il y a des boutons simples, des boutons doubles ou des boutons triples. Vulgairement on dit des *yeux*.

La fleur du pêcher, complète, hermaphrodite, bisexuelle, stamino-pistillée, réunit, comme l'indiquent ces quatre mots qui ont le même sens, les quatre verticilles : calyce, corolle, étamines et pistil.

Le calyce est monosépale, c'est-à-dire d'une seule pièce. Il porte cinq découpures arrondies par en haut et descendant à la moitié de sa hauteur. Les découpures, creusées en cuiller, se renversent gracieusement en dehors par le haut, en forme de coupe.

La matière verte ou parenchymateuse du calyce, sensible à la lumière comme toutes les parties de l'arbre, prend vite du côté du soleil une teinte rouge foncé, gardant son beau vert dans l'autre sens. Il se perd dans le pédoncule autour du réceptacle et n'est conséquemment pas fermé par en bas.

La corolle se compose de cinq pétales blancs, roses ou rouges, suivant les variétés, et alternant avec les découpures du calyce, de telle façon que chaque découpure de ce dernier est masquée par un pétale de la corolle. La fleur est périgyne, en ce sens que les pétales s'attachent aux angles rentrants du calyce, au moyen d'un onglet très-fin. On rencontre quelques fleurs à six pétales. Les fleurs doubles en possèdent un plus grand nombre.

Pêcher (*persica vulgaris*).

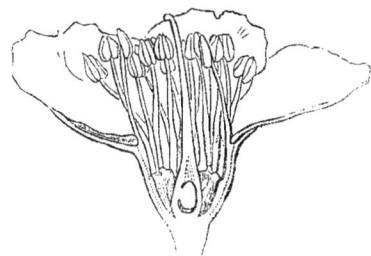
Pêcher (coupe verticale de la fleur).

La forme, la teinte et la surface des pétales de la corolle varient suivant les variétés. En général, la fleur du pêcher, malheureusement peu durable, est très-jolie, et nous comprenons que des amateurs fassent courir le pêcher sur des constructions rustiques, comme de la clématite ou de la vigne vierge, cet arbre docile se prêtant à tous les caprices.

Les étamines, au nombre de vingt à trente, s'insèrent sur les parois intérieures du calyce, et ces parois, à l'endroit de l'insertion, sont comme enduites d'une substance granuleuse, le plus souvent teintée de rouge.

Les étamines se groupent ordinairement par quatre, cinq ou six, et n'ont pas la hauteur des pétales, bien qu'elles paraissent les dépasser; car elles sont droites, tandis que la fleur qui s'ouvre bien se renverse extérieurement au-dessus des sépales du calyce. Un bourrelet, de forme olive, termine chaque filet d'étamine et porte une poussière séminale très-fine, qui est le pollen.

Le pistil forme le centre de la fleur. Il part d'une cavité placée au milieu du réceptacle, et se compose à sa base d'un embryon sphéroïdal, glabre ou velu, suivant l'espèce; d'un style, formant le corps du pistil et de la longueur des étamines, et enfin d'un stigmate par en haut.

 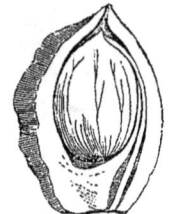

Pêcher (coupe transversale de l'ovaire).   Pêcher (diagramme).   Pêcher (noyau ouvert).

Les caractères du drupe ou fruit et du noyau se trouvent décrits dans les diverses sections qui précèdent.

Quelques mots à propos du diagramme qu'on peut voir ci-dessus.

On appelle *préfloraison* l'agencement des parties d'une fleur, avant l'épanouissement complet. La préfloraison du pêcher est *imbriquée*, c'est-à-dire que les pièces de la fleur, au nombre de cinq, se recouvrent toutes par un bout et successivement, sauf la première qui recouvre ses deux voisines.

Le diagramme est la coupe transversale faite sur la fleur avant son parfait développement et montrant la disposition des pièces des quatre verticilles. On en saisit ainsi la position relative et l'arrangement d'ensemble.

En se reportant aux notions anatomiques de la première partie de ce livre, on comprendra facilement ce qui vient d'être dit du pêcher en général.

Section 14e. — De deux ou plusieurs variétés de pêches imposées par la greffe au même pied d'arbre ou aux mêmes branches.

Nous prenons la liberté de recommander spécialement à la plus sérieuse attention des arboriculteurs les réflexions qui suivent au sujet des arbres fruitiers auxquels on impose par la greffe deux, trois ou quatre variétés du même fruit.

Voici, par exemple, une pratique qui tend à se généraliser dans Montreuil. Au lieu d'avoir trois pêchers qui donnent successivement des pêches pour la vente depuis la mi-juillet jusque vers le 10 octobre, on choisit un arbre vigoureux, bien constitué, d'une variété hâtive, sur lequel on greffe à mi-branches des tardives. Le même arbre fournit donc pour le marché des pêches de juillet, puis, aux extrémités, des pêches qui se succèdent pendant trois mois et qu'on cueille à la file, au fur et à mesure de la maturité.

Le pêcher, cette bête au bon Dieu plus qu'aucun autre arbre, docile, généreux, se prête volontiers à cette pratique marchande. Il fournit double tâche comme un bon gros cheval auquel on ferait faire, après le travail du jour, un service de nuit.

Le cheval et l'arbre sont deux êtres organisés. Or, tout être organisé possède une somme de forces, un capital de vigueur propre, dont l'intérêt se dépense en activité journalière, en travail proportionnel. Pour que la vie soit bien ordonnée, l'effort quotidien doit être la résultante naturelle des forces mises en jeu par l'être qui les possède. Un enfant ne saurait impunément entreprendre la tâche d'un homme.

Au moyen d'un excitant pris à propos, un ouvrier peut fournir double travail à certain moment ; l'excitant pris à plus haute dose peut faire durer l'effort exagéré, mais l'imprudent dépense, avec l'intérêt de sa force, une partie de son capital.

Il en résulte, dans son état général, un affaiblissement peut-être inaperçu, mais réel. Qu'il lui survienne une indisposition, le mal, inoffensif ou peu dangereux en d'autres circonstances, ne trouvera pas dans ce tempérament détendu la résistance des forces naturelles, et deviendra bientôt fatal. L'homme ne mourra pas précisément de sa péritonite ou de sa pleurésie. La vraie cause de la mort gira dans la faiblesse générale, et l'espèce de la maladie n'en aura été que le prétexte.

Insistons davantage sur ce point capital et prenons pour exemple un ivrogne. Tous les médecins qui savent observer vous diront que les fluxions de poitrine en général supportées par les gens sains et réglés sont mortelles aux gens qui boivent. Chez dix ivrognes le cas a huit fois une terminaison fatale.

Cause déterminante : la péripneumonie ; cause réelle : l'affaiblissement général.

L'arbre que vous surmenez est dans le même cas. Il n'a pas fait d'excès volontaires, car l'abus de la force est un privilége spécial à l'homme ; mais vous lui faites dépenser son capital de vigueur naturelle en l'obligeant à fructifier pendant trois mois au lieu d'un. Dans un pêcher de variété hâtive, les spongioles ont épuisé leur force d'aspiration vers le 15 août. Elles se reposent ensuite, jusqu'à leur transformation en radicelles, ne donnant que la sève nécessaire à la vie de l'arbre. Si vous prolongez la maturation sur trois générations successives de pêches, vous fatiguez les radicelles, les cellules, les fibres et les vaisseaux du bois ; vous faites obstacle à l'organisation du liber, vous surmenez l'arbre, et la moindre cause le tuera.

Mes beaux arbres s'en vont les uns après les autres, nous disait un habile horticulteur. C'est tantôt un coup de gelée, tantôt un coup de gomme, tantôt un coup de soleil, tantôt autre chose qui dégarnit mes côtières.

Et nous avons constaté que ces beaux arbres portaient, grâce à la greffe, trois ou quatre variétés échelonnées. La fluxion de poitrine tuait ces ivrognes!

Loin de nous la prétention d'assigner une limite certaine à la durée des arbres ainsi surgreffés. Cette limite doit varier d'un sujet à l'autre, et les exceptions, qui ne font rien à la règle, se rencontrent çà et là. N'avons-nous pas vu, dans les amphithéâtres, chez des septuagénaires, des poumons fouillés, troués, rongés et finalement cicatrisés?

Ce que nous voulons, c'est mettre hors de doute le cas pathologique de la surgreffe et prévenir les amateurs contre un danger de tuer les plus beaux arbres avant l'âge.

A Montreuil, le danger ne tire pas à conséquence. Une culture marchande, inexorable, impérieuse, regarde les arbres comme de simples machines à fabriquer des pêches, et les prévoyants ont toujours sous la main des arbres de rechange. Puis la surgreffe est encore bannie d'un certain nombre de jardins.

CHAPITRE III.

LES SEMIS.

Vitry-sur-Seine, appartenant, comme Montreuil-aux-Pêches, au département de la Seine et à l'arrondissement de Sceaux, a la spécialité d'élever les jeunes arbres fruitiers pour le commerce, et ses pépinières ont acquis une grande réputation dans un rayon très-étendu.

Montreuil y prend la majeure partie de ses jeunes pêchers. Mais un certain nombre de nos cultivateurs se soustraient à l'obligation de ce tribut en faisant des semis eux-mêmes, et des semis qui donnent les résultats les plus satisfaisants.

C'est une raison pour nous d'en parler ici avec quelques détails. Au reste, notre livre étant fait pour aller partout, nos lecteurs éloignés de Paris, n'ayant pas la facilité de s'approvisionner à Vitry-sur-Seine, trouveront ici le moyen d'obtenir chez eux et par eux-mêmes les sujets dont ils pourraient avoir besoin.

Au premier abord, il semble tout naturel, pour avoir un pêcher, de confier à la terre un noyau de pêche. Qui veut avoir du blé sème du blé. Un navet ne vient pas d'une graine de sainfoin.

Posons comme principe que tout noyau de pêche donne un pêcher. L'espèce reproduit rigoureusement l'espèce, mais la variété ne se prolonge jamais nécessairement dans les générations suivantes. Un noyau de galande vous donnera n'importe quelle pêche, peut-être même la plus inattendue, et la nature est tellement soumise aux lois générales qui la régissent que des semis successifs, avec des sujets de la même lignée, nous ramèneraient vraisemblablement à l'espèce primitive, à l'ancêtre inculte, à la pêche sauvage.

Mais enfin l'on aurait un pied de pêcher, une racine de pêcher, tout un dessous de mésophyte appartenant exclusivement à l'espèce. Et, ce pied obtenu, rien n'empêche de le greffer et d'y mettre la variété qu'on veut avoir.

Pourquoi ne prend-on pas ce chemin le plus court et en apparence le plus rationnel?

L'expérience, notre maîtresse à tous en fait de culture, a depuis longtemps démontré l'inconvénient de donner au pêcher un système radiculaire de la même espèce. Moins il y a de bois de pêcher sur un pêcher, plus vaut l'arbre, et nous allons brièvement expliquer ce principe.

Chaque végétal a sa constitution intime particulière. Les plantes ne se ressemblent guère plus dans leurs organes élémentaires que dans leur feuillage. Le suc qui abonde dans le pêcher est une gomme que la moindre circonstance fait épaissir; de là des engorgements dans les canaux intimes du bois, au liber et sous l'écorce surtout. Dans les accumulations de cette gomme réside pour l'arbre un danger mortel, puisqu'il y a dans la sève un arrêt de circulation locale devenant complet, si l'on n'y porte remède et que le bois se décompose.

Le sujet venu d'un noyau de pêche est donc soumis à ce danger depuis les plus basses spongioles de la racine jusqu'aux plus hautes feuilles. Si donc l'on peut, et l'expérience a démontré que c'est possible, si l'on peut remplacer les spongioles du pêcher par d'autres spongioles, sa racine par une autre racine, son collet et son tronc par un autre collet et par un autre tronc, vous amoindrirez d'autant le danger de la gomme; et ce danger ne commencera réellement qu'à l'endroit où la greffe a mis le pêcher sur un autre arbre.

Il nous semble qu'il y aurait, d'après ce principe, un certain avantage à laisser le plus de distance possible entre le collet et le point où l'on greffe.

Donc, pour avoir un pêcher sain, solide, durable, résistant, gardez-vous, en général, de le demander à un noyau de pêche, quel qu'il soit. Ces pur-sang ont la beauté, la grande allure, les qualités des sujets de race, mais ils en ont aussi la délicatesse et la fragilité.

Donnons donc une autre base à nos pêchers.

En général, il faut s'en tenir à l'amandier et au prunier. L'un vaut l'autre, seulement il faut du prunier de semis. Le drageon ou la bouture de prunier serait une mauvaise base.

Arrivons maintenant au semis proprement dit, amande ou noyau de prune. Ce que nous allons faire de l'une, on peut le faire de l'autre. Voilà pourquoi nous ne parlerons que de l'amande, la base générale et vraie du pêcher à Montreuil.

Les spécialistes se servent d'un mot professionnel qu'il est bon de définir, même pour certains d'entre eux. *Stratifier* veut dire *mettre* ou *disposer par couches* (de *stratus*, litière, couche, et *facere*, faire). La *stratification* est l'opération qui consiste à faire ou à superposer des couches.

Ceci bien expliqué, nous serons mieux compris.

Du 20 décembre au 10 janvier, on met, comme on va l'expliquer, des amandes en stratification. Choisissez des amandes amères à coque dure, ou, ce qui vaut moins, des amandes douces à coque dure, et stratifiez.

Ouvrons une parenthèse pour mettre les amateurs en garde contre le français mal venu d'un grand nombre d'ouvrages spéciaux où l'on manie mieux le sécateur que la langue. Est-ce que certains de ces Manuels ne disent pas : Faites stratifier, au lieu de stratifiez? Faire stratifier est exiger qu'une autre personne fasse l'opération. Quant à nous, dont le purisme est bienveillant, nous n'exigeons rien, nous émettons seulement le vœu qu'avec l'arboriculture on apprenne un peu le français, quand on veut se faire imprimer.

L'opération, bien simple en elle-même, consiste à disposer un lit de bonne terre, de trois à quatre centimètres d'épaisseur, au fond d'un panier en osier, à claire-voie autant que possible, afin d'y laisser circuler l'air et le calorique. Sur cette couche de terreau, déposez un lit d'amandes ; puis sur ce lit, une autre couche de terre de l'épaisseur de la première ; puis un deuxième lit d'amandes et ainsi de suite, jusqu'au haut du panier.

Comment disposer les amandes ? On pourrait se contenter de les coucher côte à côte, en prenant soin de n'en pas mettre deux l'une sur l'autre. Cela suffirait à la rigueur ; mais, comme il s'agit d'activer le travail naturel de la germination, les avisés donnent un bon centimètre d'épaisseur en plus aux couches de terre alternant avec les lits d'amandes et placent celles-ci la pointe en bas, le hile ou point d'attache en haut. C'est la position normale de l'embryon qui trouvera ainsi son point de sortie dans sa ligne verticale de développement.

Ceux qui ne savent pas que l'embryon se trouve placé la racine du côté de la pointe de l'amande ou du noyau, peuvent disposer l'amande ou le noyau à contre-sens, c'est-à-dire le gros bout en bas. La pousse n'en a pas moins lieu ; la racine s'échappe de la coque par en haut, mais dès qu'elle sent la terre et quoique dans l'ombre, elle obéit à l'imprescriptible loi de sa nature, se rabat en cor de chasse le long de l'amande extérieurement et reprend sa marche de haut en bas. La tigelle, ayant le temps de se développer, ferait un demi-tour en sens contraire.

Les *cors de chasse* peuvent être plantés et greffés, mais les arbres qui en proviennent ne durent pas.

Le panier rempli, vous le portez à la cave pour le soumettre à une température plus douce et l'y laissez jusque dans les premiers jours d'avril.

Ce que nous avons dit des amandes amères, s'applique aux noyaux de prunes (du Saint-Julien, de préférence à toute autre variété).

Et, pour n'y pas revenir, disons tout de suite que les sujets obtenus d'amandes amères conviennent mieux aux terrains secs et siliceux ; tandis que les terrains gras, profonds et argileux sont plus propices aux sujets venus de la prune de Saint-Julien.

En somme, la pêche vient à peu près partout en France et sous les latitudes égales ou même plus froides. C'est une simple question de précautions plus ou moins longues à prendre contre les retours inattendus des gelées printanières, et de choix dans les sujets devant former la base des arbres. L'excellent fruit auquel Montreuil doit sa vogue européenne ne peut être un produit local exclusif. Il réussit partout et ne manque jamais de prendre les qualités des milieux où il se trouve ; il a même ses latitudes privilégiées et ses sols naturellement propices, mais on l'obtient plus ou moins bien dans n'importe quel coin de la France.

Revenons à notre panier d'osier.

Les amandes y ont été placées la pointe en bas, dans la position conforme à la loi de la végétation. L'extrémité obtuse où l'on remarque le hile ou point d'attache se modifie à peine ; la plumule ou tige aérienne n'en sortira que plus tard. Mais la pointe, fichée en bas, ne tarde pas à s'entr'ouvrir pour laisser passer la radicule. Dans les premières semaines d'avril, cette radicule, toute d'une pièce, sans chevelu, est déjà longue de trois à quatre centimètres.

Nous avons, en effet, dans la première partie de ce livre, fait remarquer que la vie végétative se manifeste d'abord et plus énergiquement du côté de la racine. La tige ne part qu'après la radicule et plus lentement.

Vous retirez donc vos amandes à la pointe desquelles pend une pousse radiculaire de trois à quatre centimètres, quelquefois plus longue. Il vaut mieux n'employer que les amandes ayant de trois à quatre centimètres de racine, car vous pouvez rogner la radicule à quelques millimètres de son extrémité, ce qui ne pourrait avoir lieu sur une racine plus longue et plus organisée, sans faire périr la jeune plante.

L'ablation de l'extrémité doit être opérée délicatement avec un instrument bien tranchant, sans exercer la moindre pression sur la partie restante. Le but de cette ablation est de forcer la radicule à se ramifier, conséquemment à prendre un développement plus rapide.

On a vainement objecté qu'enlever l'extrémité de la jeune racine, c'était abattre la spongiole, le suçoir, l'organe de la nutrition. La plante, à cet âge, ne se nourrit encore que des substances amylacées contenues dans l'amande; la spongiole, à l'état de formation, ne travaille pas encore au profit de l'embryon. C'est l'enfant enfermé dans le sein de sa mère, qui ne respire, ne se nourrit et ne vit que par l'ombilic. Ses lèvres et sa bouche ne lui servent qu'après la rupture du cordon, à son arrivée au monde extérieur.

La racine, une fois rognée par le bout, vous plantez votre amande, fin avril, dans un terrain bien préparé d'avance, largement fumé et suffisamment défoncé.

En septembre, vous aurez des sujets à greffer.

Résumé pour la pratique des semis. Au commencement de janvier, faites votre panier, comme il a été dit, les amandes ou les noyaux de prunes de Saint-Julien la pointe en bas. C'est par la pointe que sort la racine.

Du 5 au 10 avril, déterrez vos amandes ou vos noyaux, rognez délicatement l'extrémité de la petite racine. Ces soins vous conduiront aux premiers jours de mai, époque de la plantation de vos jeunes sujets en pépinière. Au mois de septembre suivant, vous pourrez greffer vos jeunes pousses d'amandier ou de prunier. Les greffes qui réussiront à ce moment vous donneront les meilleurs arbres. Les greffes non réussies se renouvellent l'année suivante, mais on a remarqué que ces sujets, rebelles à la greffe une première fois, ne valent pas les autres.

Les jeunes scions greffés passent l'hiver en pépinière. Au printemps, on les *rabat,* c'est-à-dire qu'on les coupe à dix centimètres au-dessus de la greffe, et dans le mois de novembre on les plante à leur place définitive.

Tels sont les sujets qu'on appelle *pêchers de 18 mois*.

Les pêchers dits *sujets de 30 mois*, proviennent des jeunes amandiers dont la greffe, avortée une première fois, est renouvelée l'année suivante sur la branche unique laissée à l'amandier.

Nous allons voir dans le chapitre suivant le moyen de regagner l'année perdue par l'emploi d'un procédé nouveau dû à M. Jean-Marie Guyot, un des intelligents cultivateurs de Montreuil (rue Cuve-du-Four, n° 32).

Dans le but très-louable de faire bénéficier tout le monde de son utile trouvaille, M. Guyot nous a gracieusement autorisé à la consigner dans le Livre de Montreuil-aux-Pêches.

CHAPITRE IV.

LA GREFFE.

Section 1re. — DÉFINITIONS.

Greffer vient du latin *gravare*, imposer, surcharger, lequel vient du grec *grafein* qui veut dire graver.

Enter dérive un peu lointainement du latin *inserere* qui veut dire insérer, planter, greffer, enter.

On confond généralement ces deux choses : la greffe et l'ente, mais c'est à tort. L'une et l'autre sont des opérations ayant le même but, celui de transformer des végétaux, ou mieux de superposer un végétal à un végétal, de planter un arbre sur un arbre, de bâtir un végétal à deux étages. Mais les deux moyens diffèrent dans l'application.

Nous ne pouvons avoir ici l'intention d'écrire un *traité de la greffe* qui sortirait de notre cadre. Il nous suffira de dire que la greffe et l'ente sont deux opérations distinctes formant têtes de série pour une grande quantité d'opérations similaires sur les végétaux.

Enter, c'est modifier un sujet au moyen d'un *rameau* ou *ente*.

Greffer, c'est placer un *œil* étranger dans l'écorce d'un végétal qu'il s'agit de modifier. L'œil s'appelle *écusson*, à cause de sa forme au milieu d'une parcelle d'écorce. On dit donc indifféremment *écussonner* ou greffer.

Le pied, l'arbre ou la base qu'on veut modifier est le *sujet*; l'œil est le *greffon* ou l'*écusson*; la greffe est proprement l'opération elle-même.

La greffe est dite *greffe à la pousse* (La Quintinie) quand l'œil, posé au printemps, donne un rameau à bois de l'année. La Quintinie prétend que l'opération de la greffe doit se faire à la mi-juin.

La greffe est à *œil dormant*, quand, pratiquée à l'automne, elle ne développe son œil en branche que l'année suivante.

La modification des arbres par la greffe est une opération vieille comme le monde. Les Romains d'il y a deux mille ans la pratiquaient en grand comme nous. C'est le pont-aux-ânes du jardinage, et les bons praticiens de tous les pays en savent tous les secrets. Chacun, dans sa pratique, a sa manière et le tour de main dont il se prévaut; mais, au fond, le mode est identique et les résultats les mêmes. Entre les divers procédés, il n'y a souvent que l'épaisseur de l'amour-propre. Devant naturellement nous en tenir à ce qui se passe à Montreuil, nous avons à dire qu'on ente par la greffe d'approche pour boucher rapidement des vides aux murailles, et qu'on écussonne à œil dormant pour conserver les bonnes espèces.

M. Alexis Lepère, un maître en fait de pratique, conseille de greffer sur prunier depuis la mi-juillet jusqu'à la mi-août, et sur abricotier, pêcher et amandier, depuis la mi-août jusqu'à la mi-septembre.

Il ne parle que de la greffe à œil dormant, celle qui développera son bourgeon dans la saison suivante. Il ne paraît pas avoir eu connaissance d'une *greffe Vitry*, à œil dormant aussi, au sujet de laquelle nous trouvons la note qui suit, dans un petit Manuel des Arbres fruitiers d'après Butret, Thouin et autres par une Société d'horticulteurs. Voici cette note :

« Greffe Vitry, *œil dormant*. — Elle se fait à la séve d'août ou de septembre, de la même manière que les autres, et au printemps suivant, lorsqu'on est assuré qu'elle est bien reprise, on coupe la tête du sujet. *Si la greffe n'a pas repris, on greffe de nouveau le sujet au printemps.* Elle est très-employée dans les pépinières des environs de Paris, pour la multiplication de tous les arbres fruitiers. »

Les cultivateurs de Montreuil, jusqu'à ce jour, ne connaissaient pas plus cette regreffe de printemps que M. Alexis Lepère. Une greffe qui boudait à l'automne n'était refaite qu'à l'automne suivant, causant ainsi, dans la production, un retard d'une année.

Nous connaissions déjà depuis un certain temps ce que nous avons cité plus haut relativement à la greffe Vitry, quand M. Jean-Marie Guyot, un des meilleurs praticiens de Montreuil, est venu nous parler d'une greffe de printemps qu'il expérimentait depuis quelques années et qui lui donnait des résultats presque équivalents à ceux de la greffe d'automne.

On va voir que c'est la *greffe à la pousse* de la Quintinie proprement dite, et l'application de la greffe printanière, qui n'existe peut-être qu'à l'état théorique dans la plupart des pépinières des environs de Paris.

Les greffes qui ont boudé à l'automne et qui causent au pêcher un retard d'un an, M. J.-M. Guyot les renouvelle au printemps ; l'œil se développe, le bois s'allonge et l'année perdue est ainsi regagnée, malgré le proverbe qui veut que le temps perdu ne se rattrape jamais.

Voici comment l'habile praticien est arrivé à cette découverte et comment il opère. Avant deux ans, tout Montreuil l'imitera.

Il y a quelques années, M. J.-M. Guyot, en coupant, vers le 15 janvier, des branches de poirier et de pommier pour greffer des sujets semblables au moment de la végétation printanière, eut l'idée de couper en même temps des rameaux de pêcher qu'il mit à la cave, à plat sur le sol, sans autre précaution, se contentant de les garantir de tout contact qui aurait pu les érailler.

A l'heure de la végétation des amandiers et des pruniers, il alla prendre ses rameaux de pêcher, abandonnés à eux-mêmes depuis trois mois, et en prit les meilleurs yeux pour écussonner les sujets où la greffe de l'automne précédent n'avait pas réussi.

Les résultats de l'opération furent tels que cet arboriculteur ne manque plus de regreffer en avril les sujets qui ont boudé en septembre, et la pousse est aussi vigoureuse que si l'œil avait pris en automne. De sorte qu'à la fin de cette première année, les sujets des deux époques marchent de pair et ne se distinguent plus.

Nous avons voulu savoir dans quelles proportions réussissaient les greffes printanières de M. J.-M. Guyot. On sait qu'en moyenne et selon les années, celles d'automne prennent dans la proportion de 50 à 70 par 100. Celles du printemps ne restent guère en arrière des autres que d'environ 10 pour 100.

Elles constituent donc un énorme avantage pour la culture marchande de Montreuil et abrégent l'impatience qu'éprouvent naturellement les amateurs de voir du fruit sur leurs arbres.

La communication de M. Guyot a été toute spontanée. Il nous reste à l'en remercier, au nom de ceux qui cultivent le pêcher, en notre nom personnel surtout. Notre livre local, en groupant ces procédés épars et, jusqu'à présent, gardés dans le secret des cultures particulières, leur devra son intérêt et sa valeur.

Section 2e. — PRATIQUE DE LA GREFFE.

Greffe-Écusson. — Un principe fondamental qui résulte de l'expérience, et que nous trouvons consigné dans l'enseignement des maîtres d'une manière plus ou moins explicite, c'est que, si le sujet à greffer doit être en séve et en pleine vie, le rameau dont on détache les écussons peut servir utilement et donner de bons résultats, même après avoir été coupé depuis un certain temps. La vie latente et suspendue lui suffit, comme on l'a vu dans les opérations printanières de M. J.-M. Guyot.

Il résulte de ce principe qu'un rameau peut voyager d'un

bout de la France à l'autre, et même plus loin, sans perdre de sa vie, pourvu qu'il soit bien emballé pour la route et garanti contre les frottements.

A ce compte, les amateurs ou les jardiniers de la province ont la facilité de nous demander, à Montreuil, des greffons pris à leur choix sur nos arbres dont ils ont vu ci-dessus la nomenclature. Nos rameaux voyageurs vaudraient ceux qu'ils ont sous la main, comme vitalité. Après deux semaines d'ablation, ils fournissent, nous le répétons, des écussons excellents, pourvu qu'on les maintienne au frais, ou mieux le pied dans l'eau.

Les praticiens se servent, pour écussonner, d'un greffoir maintenant connu partout : un manche de couteau armé d'une lame de serpette par un bout et d'une spatule en corne par l'autre.

Aucune description ni dessin ne parviendraient à faire comprendre l'opération de la greffe à ceux qui ne l'ont ni faite ni vu pratiquer. Un apprentissage de quelques minutes mettra le plus ignorant en état de greffer lui-même, mais il faut avoir vu.

Disons néanmoins, à tout hasard, qu'il faut choisir sur la branche à greffer (bois de l'année) une place saine; on ouvre l'écorce, avec la pointe de la serpette, sur une ligne verticale d'environ deux centimètres, puis par une ligne égale, mais transversale en tête de la première. Les deux incisions qui doivent descendre au fond de l'écorce jusqu'à l'aubier présentent ainsi la forme d'un T.

Avec la spatule qui ne déchire ni n'égratigne, on soulève de la main droite, et au-dessous de la barre transversale du T, l'écorce fendue par la ligne verticale, et sous ces deux écorces ainsi soulevées on insère l'écusson, qu'on fait glisser le plus bas possible, l'œil restant extérieur dans la rainure et entre les deux lèvres. L'écusson disparaît donc sous l'écorce de la branche-sujet, sauf l'œil qui reste à jour. Alors, avec un gros fil de laine, on comprime l'écorce fendue tant en haut qu'au bas de l'œil. Le fil doit rapprocher les corps, mais non les serrer à l'excès. Une simple pression suffit.

Et l'écusson, comment le préparer ? Avec la lame du greffoir, vous enlevez sur le rameau, dont la variété va être imposée au sujet, une bande d'écorce longue de deux centimètres, large de moitié, au milieu de laquelle il se trouve un œil. Vous la débarrasserez en-dessous du bois qui s'y trouverait, et vous n'avez plus qu'un écusson d'écorce dont vous émoussez les angles pour qu'il glisse mieux dans la rainure et sous les lèvres soulevées de l'entaille verticale. La moindre couche de bois qu'on y laisserait l'empêcherait absolument de réussir.

A l'automne, au moment de la greffe, il y a des feuilles partout. L'œil de votre écusson n'est venu que dans l'aisselle d'une feuille ; il n'en peut être autrement. Au moment de lever l'écusson pour l'insérer sous l'écorce du sujet à renouveler, enlevez la feuille en en coupant le pétiole à un centimètre de la gemme ou point d'insertion. Ce qui reste tombera dans les dix à douze jours, si la greffe a réussi. Il ne faut que ce temps à l'œil pour se souder sur son sujet ; mais on ne doit pas oublier que la jeune pousse provenant d'une greffe réussie n'est solide qu'après un long temps, et qu'on ne saurait trop la protéger contre les moindres chocs ou les coups de vent qui la décollent avec la plus déplorable facilité.

Si l'opération se fait au commencement de septembre, on a souvent assez de séve pour la recommencer du 12 au 15 en cas de non-réussite une première fois.

Un grand nombre de praticiens préfèrent aujourd'hui disposer les incisions du sujet en un T renversé. Nous approuvons fort ce procédé qui garantit plus efficacement la greffe de la pluie du ciel et laisse par conséquent se faire sans accident le travail de la soudure.

Nous aurons complété ce qu'il y avait à dire sur la greffe à œil dormant, quand nous aurons ajouté qu'on ne saurait trop s'habituer à la pratiquer soi-même et qu'elle constitue pour l'arboriculteur une ressource de tous les instants. Avec le greffoir, il est, pour ainsi dire, le souverain maître de ses espaliers.

Ente; greffe par approche. — Ici, les arboriculteurs se sont donné carrière. Nous avons compté jusqu'à quarante-deux manières d'enter, soit par approche, soit par scions, soit en ramilles, soit de côté, soit sur racines, soit, pour finir, en flûte. Les traités sur la matière, très-répandus et formant généralement de simples petites brochures, donnent ces nombreux tours de main qui seraient hors de propos ici.

Le caractère distinctif de la greffe par approche consiste à réunir en un seul corps deux sujets qui vivent de leurs propres racines. Elle n'est donc possible que dans le cas où les deux pieds sont voisins. Cette circonstance de voisinage étant donnée, la soudure se fait, comme nous allons l'expliquer, à une hauteur voulue ou possible ; puis, la soudure bien prise, on enlève celle des deux têtes qu'on ne veut pas conserver, et l'arbre se trouve avoir deux pieds distincts qu'on peut laisser fonctionner.

Ordinairement, on fait l'ablation du pied de l'arbre qu'on a laissé seul au-dessus de la greffe, et cette ablation demande certaines précautions.

D'abord, elle ne peut avoir lieu qu'après la parfaite consolidation de la soudure, c'est-à-dire un bon mois au moins après l'opération du rapprochement ; puis elle ne se fait que partiellement et successivement, par une entaille qu'on approfondit de semaine en semaine jusqu'à la section complète de l'arbre.

Le sujet qui reste est donc formé de deux individus différents, l'un au-dessous, l'autre au-dessus de l'ente. Nous avons vu néanmoins, en Bourgogne, dans un jardin d'amateur, deux poiriers entés l'un sur l'autre, éloignés par le pied d'environ 80 centimètres. L'un donnait des beurrés excellents et très-gros ; l'autre, des fruits non classés, petits, mauvais et rares. L'ente maria les deux sujets, dont on laissa les deux bases et les deux têtes, et l'amateur obtint, sur les deux sommets, des fruits également beaux.

Maintenant, pour opérer la greffe en approche, il faut pratiquer sur les sujets vivants qu'on veut souder à une hauteur voulue des entailles ou plaies bien nettes, bien justes et en proportion avec la grosseur des tiges. L'entaille enlève ordinairement l'écorce jusqu'à l'aubier ; mais on la fait parfois descendre dans l'épaisseur du bois, et jusqu'à l'étui médullaire. La bonne règle, à moins de nécessité, est de n'enlever que l'écorce et le liber.

On applique alors les deux entailles l'une dans l'autre, de manière qu'elles s'emplissent mutuellement et que l'adhérence des deux fonds soit aussi parfaite que possible. Veillez surtout à ce que le liber d'un sujet touche au liber de l'autre sur la plus grande étendue.

Pour que la flexion des tiges ne fatigue pas le point de jonction, maintenez vos sujets par des tuteurs et emmaillotez la greffe de ligatures assez serrées pour maintenir l'adhérence, mais juste pour cela. Une pression trop forte nuirait à la circulation de la séve, comme la ligature d'un membre gêne chez nous la circulation du sang. Puis recouvrez-la de cire à greffer ou de tout autre onguent ; mais rien ne vaut la cire à greffer composée comme suit :

 400 grammes de poix de Bourgogne ;
 400   »   de poix noire ;
 100   »   de cire jaune ;
 100   »   de suif.

Vous mêlez le tout à la chaleur du bain-marie, et remettez en fusion, quand vous devez vous en servir. Une jointée de ciment de brique très-fin et tamisé, mêlé à votre cire, l'empêchera de se fendre et de se crevasser, qualité de premier ordre, car il faut à tout prix garantir votre soudure du contact de la lumière, de l'air et de l'eau du ciel.

Cette cire que l'on peut tenir longtemps en réserve remplace avantageusement l'antique *onguent de saint Fiacre*, terre glaise et bouse de vache, exclusivement employé par nos pères.

Au bout d'un mois, ou même plus tôt, la soudure végétale est faite.

Comme il s'agit ici spécialement du pêcher, terminons cette section de la greffe par un renseignement tout pratique venant des meilleures cultures de Montreuil.

Nous avons dit que le pêcher peut :

1° Se greffer sur franc, c'est-à-dire sur pêcher ;

2° Sur amandier ;

3° Sur prunier de Saint-Julien, pour constituer des sujets solides et propres aux terres fortes et profondes.

Mais il ne faut pas oublier que nous entendons parler du *prunier de semis* et non du *prunier de bouture*. Le premier donne, après greffe, des pêchers qui se développent avec une vigueur presque égale à celle des pêchers issus d'amandier. Si l'avantage, sous ce rapport, reste à l'amandier, le prunier le compense par la plus solide rusticité.

Mais il n'en est pas de même du prunier de bouture qui met dix à douze années pour donner à sa greffe de pêcher quelques mètres d'envergure. Un pêcher greffé sur *bouture* de Saint-Julien vous représente toujours un conscrit à réformer pour défaut de taille. Les sujets de cette nature, solides en soi, rustiques et patients, sont bons à garnir des coins ou des angles sacrifiés dans un jardin. Ils ne vous donneront jamais des arbres de grand aspect.

Les praticiens sont muets sur les causes de la différence de végétation entre des sujets issus de semis et ceux que donnent les boutures. La science, à ce que nous croyons, n'est pas descendue à ces détails qui pourtant ont leur intérêt. Il nous semble qu'on peut donner de cette différence l'explication suivante.

Le semis, comme on sait, provient du noyau. L'embryon, déposé au fond de l'amande, possède son système radiculaire et son système aérien ; le mésophyte existe entre les deux, et la plantule, ayant toutes ses parties, n'a plus qu'à se développer suivant les lois de sa nature et régulièrement. La racine partira la première, avec vigueur, avec entrain. Elle s'allongera de plusieurs centimètres, avant que la partie aérienne s'élève d'un millimètre au-dessus du collet. L'organe de la nutrition, la racine, doit s'organiser la première, afin de suffire à l'entretien de la plante. Un semis de prunier se trouve donc dans ses conditions normales. L'enfant n'aura pas souffert dans sa première évolution.

Tout autre est la bouture. Si vous comprenez bien que la bouture est une tige à peu près dépourvue d'un mésophyte et d'un système radiculaire, vous vous rendrez bien compte du travail qui doit s'opérer en terre, quand vous l'y plantez. Le collet, mésophyte ou crémone, qui n'existait que peu ou point, la nature va le former lentement, péniblement, avec des chances diverses. Toutes les boutures, en effet, ne réussissent pas. Ce collet d'occasion met du temps à fonctionner, et le système radiculaire ne prendra sa direction souterraine qu'après des efforts inouïs de végétation.

Votre bouture est un enfant rachitique ou noué qui prendra le dessus sans doute et se développera bien, mais il a souffert à l'heure où le semis faisait joyeusement sa première évolution. Si vous aggravez son état en le surchargeant d'un pêcher, vous ferez un conscrit qui n'aura jamais la taille légale.

Avouons néanmoins qu'à cette loi générale il y a des exceptions dues à des circonstances spéciales de sol, de sujet, de température, etc. ; mais la règle n'en subsiste pas moins, et compter, dans ce cas, sur une exception favorable, conduirait à des déceptions finales.

La greffe constituant l'une des opérations les plus importantes de la culture des arbres, nous croyons devoir compléter les notions qui précèdent en dépassant de quelque peu ce qui se pratique communément à Montreuil.

GREFFE EN FENTE ORDINAIRE SIMPLE. — Soient donnés un sujet à greffer d'un calibre assez fort, et le scion, plus petit, qu'on y doit insérer.

On tranche horizontalement le sujet avec une scie, et l'on rend la section bien nette au moyen d'un instrument tranchant. Puis

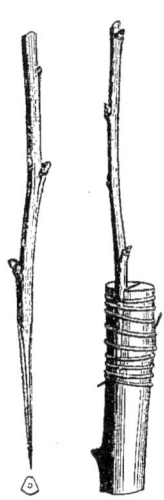

Greffe en fente simple.

on fend le sujet à greffer sur une profondeur de trois à cinq centimètres, suivant la force du scion à insérer. La fente est ouverte dans tout le diamètre de la section du sujet.

Vous taillez le scion par en bas, en biseau, sur une longueur moindre que celle de la fente pratiquée ; le biseau du scion doit être en même temps aminci jusqu'à moitié de sa largeur, et d'un seul côté. (Voir la projection horizontale sur le dessin, au bas du scion.) Cet amincissement latéral doit partir d'un œil, ou même d'un centimètre au-dessus.

Pour faciliter l'opération, vous maintenez la fente ouverte au moyen d'un corps faisant coin, et vous y insérez le scion, le biseau dans la fente, mais le côté aminci du côté de l'écorce du sujet, de manière à faire coïncider les deux écorces, et, dès que vous avez enlevé le coin, les lèvres de la fente, se rapprochant d'elles-mêmes, serreront la greffe comme les deux mâchoires d'un étau.

Néanmoins, par un surcroît de précaution, vous lierez la greffe et l'enduirez de cire ou mastic, afin de soustraire la blessure au contact de l'air, de la chaleur et de l'humidité.

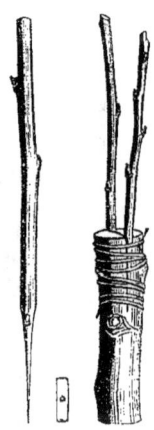

Greffe en fente double.

Recouvrez en même temps du même enduit la section entière transversale du sujet.

Il se présente alors deux cas :

Ou vous laisserez pour base à votre arbre la tige elle-même du vieux tronc, et alors la greffe sera pratiquée à telle hauteur qu'il vous plaira de fixer ;

Ou bien, vous avez l'intention de donner pour base à l'arbre nouveau la greffe elle-même. En ce cas vous grefferez au plus bas, dans la souche même, et vous *butterez* le scion, ne lui laissant à découvert que les yeux supérieurs.

L'amoncellement de terre, favorable à la reprise de la greffe, aura de plus l'avantage de faire pousser des racines au-dessus de la soudure, et le scion deviendra de cette manière sa tige à lui-même.

GREFFE EN FENTE DOUBLE. On peut insérer deux scions dans la fente d'un sujet, mais il faut que ce dernier soit assez fort.

Les scions, en ce cas, sont simplement taillés en biseau, sans être amincis sur le côté. On les pose côte à côte, en se rappe-

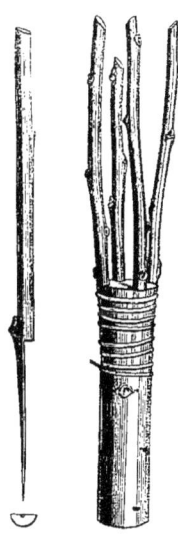

Greffe en couronne.

lant que la taille extérieure, de chaque côté, doit faire coïncider son écorce avec l'écorce du sujet. Le reste de l'opération comme pour la greffe en fente simple.

GREFFE EN COURONNE. Si, dans l'opération précédente, on avait un sujet assez fort, on pourrait pratiquer deux fentes en croix et y insérer quatre scions. C'est la greffe en croix, ou greffe quadruple, ou greffe en petite couronne.

Mais la vraie greffe en couronne consiste à pratiquer, non plus des fentes, mais un simple soulèvement de l'écorce, cinq, six, sept, huit fois, plus ou moins, sur le sujet, sans la déchirer. On se sert pour cela d'un coin de bois très-effilé. La déchirure de l'écorce, en tous cas, ne compromet pas la réussite de l'opération. Les scions se taillent en biseau, comme on peut le voir dans la figure ci-contre, page 154.

On introduit un scion dans chaque ouverture. Les écorces ne se touchent plus, ou ne se touchent que très-peu; la reprise se fait par les cambiums.

Sur la face du vieux sujet coupé, vous déposez une motte de terre glaise fraîche que vous recouvrez d'une toile.

Le fond de la coche du scion doit reposer sur la face du moignon. Ainsi le scion, qui se trouve à gauche dans la figure, doit être posé dans le sens où il est sur le côté gauche du tronc.

Cette sorte de greffe ne se pratique, on le comprend, que sur les sujets vieux et gros.

GREFFE EN FLUTE. — On sait qu'au printemps les enfants en tous pays se font des sifflets avec des branches de saule sur les-

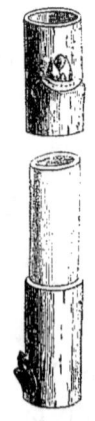

Greffe en flûte.

quelles ils enlèvent un anneau d'écorce. Au moment de la plus grande activité de la séve, l'écorce se détache facilement du bois.

La greffe en flûte demande deux sujets du même diamètre. Vous enlevez, du sujet à greffer, un anneau d'écorce, en ayant soin que la section inférieure soit bien régulière.

Vous prenez sur la branche de l'espèce que vous avez choisie, un anneau d'écorce portant un œil, et mieux deux, trois ou quatre, et vous insérez ce petit cylindre dans la tige écorcée du sujet, avec la précaution essentielle de ne pas meurtrir les yeux qui doivent donner des pousses.

Rappelons ici ce que nous avons dit au sujet des écussons, que l'œil enlevé sur le rameau doit emporter avec lui sa radicelle. Si les yeux du petit cylindre d'écorce laissaient leur radicelle sur le bois, la greffe ne réussirait pas. Dans le simple écusson, comme dans l'anneau de la greffe en flûte, il est indispensable que la petite racine ne quitte pas son œil.

La greffe en flûte, à œil poussant, c'est-à-dire printanière, reprend beaucoup mieux que la même greffe en automne. La reprise a lieu par les cambiums.

La condition de la parité des diamètres dans les deux sujets n'est pas heureusement indispensable, car elle rendrait l'opération, dans bien des cas, impossible.

Si l'anneau-greffon est trop petit pour entrer dans le sujet, on le fend dans un sens opposé à l'œil, ou le plus loin possible des yeux. La cire bouche le vide sans danger pour la reprise.

Si ce même anneau se trouvait trop grand, on le fendrait, comme il a été dit, et l'on enlèverait une bande longitudinale d'écorce, de manière à ramener l'anneau-greffon juste au diamètre du sujet. De cette façon, l'égalité des diamètres ne constitue plus qu'une question secondaire. L'essentiel est que l'écorce de la greffe, surtout à l'endroit des yeux, adhère parfaitement au bois du sujet.

Les arboriculteurs soigneux ne manquent jamais de suivre journellement la reprise des greffes, afin de ne pas les laisser étrangler par les ligatures. Dès que le travail de la soudure a commencé, l'écorce se gonfle, et, si vous n'avez pas soin de desserrer progressivement et peu à peu les liens qui la compriment, ce travail ne peut continuer son évolution.

Dès que les nouvelles pousses sont parties franchement, on peut les pincer, les rabattre, les diriger et prendre sur elles les premières dispositions pour préparer la forme que vous avez décidé de donner au nouvel arbre.

Et ne laissez venir aucun bourgeon sur la tige du vieux sujet. Tout ce qui pousse au-dessous de la greffe appauvrit le dessus.

CHAPITRE V.

LA PLANTATION.

L'arbre, le jeune pêcher, a été greffé en pépinière. Quand l'écusson a réussi, le pépiniériste a coupé la tête de son amandier ou de son prunier à dix centimètres environ au-dessus de la greffe. Cela s'appelle *rabattre* le sujet.

La portion de tige qui reste après l'ablation de la tête se nomme l'*onglet*.

Le sujet primitif n'a pas été d'abord *rabattu* jusqu'au voisinage de la greffe, parce que la section eût pu endommager la soudure, et que l'onglet de dix centimètres restant peut servir de tuteur à la jeune pousse ou la maintenir dans la position que vous préférez. Les frottements involontaires au passage, les coups de vent et les oiseaux ne casseront pas votre tigelle de pêcher ainsi soutenue.

Avant de planter notre arbre, examinons d'abord la place définitive que nous lui destinons.

Il a été dit précédemment qu'on peut planter à toutes les expositions, mais avec des avantages différents. Le nord offre la pire des surfaces murales, à cause du manque de soleil en été, à cause aussi des grands froids de l'hiver qui saisissent directement la charpente de l'arbre et gèlent le bois.

Le couchant a l'inconvénient d'exposer le pêcher aux grandes pluies qui viennent le plus souvent de ce point de l'horizon. Le midi, dans certains jours, a des soleils dévorants, qui tuent l'arbre comme la gelée. L'est, ou plutôt le sud-est, ou l'exposition de 9 heures, est en tout préférable aux autres.

On peut obvier facilement aux désavantages de la position, tant qu'on y a du soleil.

Rappelons-nous d'abord que le pêcher, fils du tiède Orient, n'a pas reçu de la nature la rusticité nécessaire pour subir impunément les giboulées, les pluies froides et glacées que son pays d'origine ne connaît pas.

Si l'on nous oppose les pêchers en plein vent que jamais personne n'a eu l'idée d'abriter sous un parapluie, nous répondrons que les arbres de cette nature ont plus d'années malheureuses que n'importe quel arbre fruitier d'une autre espèce. En second lieu, le pêcher en plein vent, plus près des conditions naturelles que le pêcher en espalier, possède évidemment une rusticité plus grande.

Ici revient un principe de physiologie générale, irréfutable, absolu, applicable au règne végétal comme au règne animal, c'est-à-dire à tous les êtres organisés. *Plus on civilise, c'est-à-dire plus on modifie dans le sens du mieux un être quelconque, animal ou végétal, plus aussi l'on crée de maladies et de cas mortels autour de sa vie.* L'homme de la nature ne connaît pas la liste sans fin des maladies qui font vivre tant de médecins et mourir tant de gens en pays civilisés.

Outre la délicatesse de sa constitution intime, provenant des conditions climatériques qu'on lui a faites, le pêcher court d'autant plus de risques de désorganisation que nous le cultivons avec plus de tendresse et de soins vigilants.

Attaquons néanmoins de front et résolùment un préjugé très-répandu qui consiste à dire que cet arbre précieux a ses zones exclusives et qu'on ne saurait le cultiver en tous pays :

Le pêcher vient partout.

Sa réussite tient à la place qu'on lui donne et à certaines conditions essentielles dont il faut l'entourer. Nous avons dit que, fils d'une terre clémente et d'un climat très-doux, il manque de la rusticité nécessaire pour supporter les froides giboulées et les averses de nos latitudes.

Abritez-le donc et retenez ceci : *que jamais la pluie n'atteigne vos pêchers, de février à la mi-juin.* Ils fleuriront sans abri, mais ne donneront jamais une pêche, si ce n'est dans les années exceptionnellement sèches : une fois par chaque période de quinze à vingt années !

On comprend qu'il n'est pas possible d'entrer, à cet égard, dans des détails qui varient à l'infini. La bonne règle consiste à établir des tablettes au bas des chaperons et à les faire assez larges pour que la pluie du ciel tombe à terre, à dix centimètres au moins du pied de l'arbre. La tablette est formée de voliges ou de paillassons, à volonté. Ne gardez, en les établissant, que la pente nécessaire à l'écoulement de l'eau pluviale, car, en les abaissant davantage, vous enlevez à l'espalier l'air et surtout la lumière, son élément indispensable.

Les premières années, quand l'arbre est jeune et bas, la tablette ne suffit pas toujours. On cloue au mur une tablette volante qu'on remonte à mesure que la végétation se développe. Dans des conditions de température plus menaçantes, on fait descendre, de l'une ou de l'autre tablette, un rideau de toile d'espalier. La première toile venue, si claire qu'elle soit, est suffisante contre les gelées nocturnes.

Maintenant, plantons notre pêcher. Vous enlevez l'onglet au plus près de la greffe, de manière que le plan de section soit incliné de devant en arrière. Le nom d'onglet reste à la section. Vous *habillez* votre arbuste, c'est-à-dire que vous nettoyez les racines froissées, que vous rognez au-dessus de la blessure celles qui ont été rompues et que vous rafraîchissez l'extrémité des racines saines qui doivent rester.

S'il s'agit d'une plantation nouvelle, il a fallu préalablement défoncer à 50 centimètres de profondeur, ou jusqu'au sous-sol, une bande de terre large d'au moins un mètre. La terre a été brisée, ameublie, mêlée de fumier consommé. Ces précautions doivent précéder la plantation de quelques semaines, ou mieux de quelques mois, au commencement de l'automne.

Comme vous plantez dans les dernières semaines de l'année, parfois un mois plus tôt, dans la saison du froid ou des pluies, vous n'ouvrez les trous dans votre plate-bande préparée, que juste au moment d'y déposer les arbres, afin de n'enfouir les racines, ni dans la boue, ni dans la terre gelée.

Un principe doit dominer tous les autres dans la position que doit recevoir l'arbre. La racine n'est jamais, dans son ensemble, le prolongement rigoureusement droit de la tige; elle tend à prendre une direction oblique. Placez-la donc de façon à l'amener en devant, sans vous préoccuper de l'onglet ni de la greffe. La greffe est aussi bien en arrière ou sur les côtés qu'en avant. Quant à l'onglet, qui est une plaie, les précautions prises pour garantir l'arbre de la pluie, le garantiront lui-même suffisamment. Une mince couche de cire achèvera de le mettre à l'abri des injures de la saison pluvieuse. L'important est que la racine trouve, en s'allongeant, la pleine terre et non la muraille.

Si, de plus, la jeune tige, ayant sa racine en avant, se trouve porter deux yeux à peu près symétriquement placés sur les côtés, vous aurez une plantation parfaite.

Entre la tige sortant de terre et la muraille, on laisse généralement une distance de quinze centimètres, et l'arbre, dont la tête va rejoindre la surface du mur, se trouve ainsi sensiblement incliné.

Nous rappelons, en terminant, que le collet ou mésophyte, toujours apparent à cette époque, *ne doit jamais, ni être enterré, ni reposer sur la terre*. Maintenez-le rigoureusement au moins à cinq centimètres du sol.

Avec des sujets de trente mois ou plus, si l'on se rappelle ce que nous avons dit à la page 55, on peut même laisser à découvert le haut des racines, ou ne le couvrir de terre que médiocrement. Vous y gagnez un arbre sain, vigoureux et d'une belle propreté.

Complétez maintenant toutes ces précautions en dressant une

planchette le long de la tige de votre pêcher. Cette planchette, toujours plus saine qu'un paillasson, repose librement sur le sol, et doit au moins défendre le collet contre les coups de soleil, si vous ne la faites pas monter jusque sur la greffe, ce qui serait mieux, surtout dans les premières années, si la greffe se trouvait en avant.

En résumé, plantez en novembre, décembre ou janvier, par le meilleur temps possible. Le bas de la tige à 15 centimètres du mur, la racine en avant; la greffe, n'importe dans quelle direction. N'enterrez pas le collet; abritez, abritez soigneusement; que de février à la mi-juin, la pluie du ciel ne mouille jamais vos arbres, grands ou petits; garantissez le pied des tiges par des planchettes libres et méfiez-vous des gelées du printemps.

Moyennant ces conditions, vous aurez de beaux sujets d'abord, puis des fleurs et des pêches.

CHAPITRE VI.

LA FORME.

L'ordre logique des idées nous amène à parler de la forme du pêcher, avant de passer à la taille; car les premiers coups de sécateur, donnés sur l'arbre à conduire, font supposer que l'arboriculteur a d'avance arrêté, dans son esprit, la forme particulière qu'il veut imposer à son sujet.

Quand le sculpteur, le ciseau et le maillet à la main, se trouve devant un bloc de marbre, il sait ce qu'il entend tirer du bloc.

<small>Sera-t-il dieu, table ou cuvette?</small>

Si, par impossible, il n'avait rien arrêté d'avance, il dégrossirait son marbre à l'aventure et ne serait bientôt plus maître d'en faire ce que bon lui semblerait.

De même pour votre arbre. Il est absolument indispensable que vous ayez arrêté la forme à l'avance, avant d'en rabattre les moindres rameaux. Sera-t-il carré, palmette, éventail ou candélabre? A vous d'en juger préalablement par sa jeune charpente et sa tenue. Vous pourrez ensuite tailler en conséquence de la décision prise.

Occupons-nous donc de la forme.

Une encyclopédie dont nous nous plaisons, d'ailleurs, à reconnaître le mérite, définit la forme de la manière suivante :

« Au point de vue pratique, et tout particulièrement en arboriculture, la *forme* indique l'aspect général que présentent les végétaux, surtout ceux qui sont soumis à une taille raisonnée. »

Nous pensons, nous, que l'aspect général d'un végétal résulte de sa forme, qu'il en est le résultat, le produit, la conséquence. Si la définition de notre savant confrère ne prenait pas ainsi l'effet pour la cause, on pourrait dire qu'un arbre a l'aspect général carré, en éventail, à la Montreuil, etc.

Passons sur ce *lapsus,* et disons tout simplement que la forme d'un arbre est la disposition naturelle ou artificielle de sa charpente et de ses branches.

La forme, en fait d'arbres en espalier, ne manque pas d'une certaine importance ; de tout temps, surtout depuis une trentaine d'années, on a discuté, on s'est injurié, on s'est même dit de gros mots en se battant tumultueusement autour de cette question, selon nous, très-secondaire. Le petit Manuel de M. Alexis Lepère, entrant vigoureusement dans la lice en 1842, semble n'avoir été dicté par l'éminent praticien à un rédacteur mal préparé que pour être le champion d'une question de forme : *la forme carrée.* Des adversaires ont relevé le gant, et le combat, qui fut une longue guerre, ne se ralentit qu'avec la vigueur des combattants. La vieillesse seule a fait cesser le feu de tous les côtés.

Quand le bruit de l'interminable bataille eut cessé, les spectateurs purent se reconnaître et l'on s'aperçut qu'on avait guerroyé pour un mot. Il fut démontré que notre Alexis Lepère avait rompu des lances pour une forme carrée qui l'avait précédé de près d'un siècle, mais aucun de ses adversaires n'osa contester son incomparable pratique.

Il ne sortit rien d'utile de cette longue mêlée.

Nous, qui n'avons jamais pris part aux dernières luttes, les seules dont nous ayons été le témoin, nous ramenons froidement la question à ses vrais termes, et nous posons en principe que la forme, entendue comme l'entendaient les champions d'alors, n'est qu'accessoire.

On a beau faire, on est contraint d'en revenir au mot du P. Vanière :

Nam fructus decet imprimis.

« Du fruit, encore du fruit, toujours du fruit ! » Toute la question est là : du fruit !

Montreuil est si bien de cet avis, lui producteur et marchand, lui qui pourtant ne connaît pas le *Prædium* du P. Vanière, même par ouï-dire, que, dans les sept à huit cents arpents de jardins bâtis, vous rencontrerez à peine çà et là quelques cultures où la *forme* a ses dévots et son culte. Le dogme local consiste à garnir les murs, à soigner les arbres comme l'industriel soigne ses machines. Et c'est tout. M. Chevalier aîné, qui renouvelle les miracles du vénérable Alexis Lepère en fait de formes géométriques, compte de rares imitateurs. Son exemple n'est pas contagieux.

Voilà pour la culture marchande assez avisée pour s'en tenir aux *bons* arbres.

Néanmoins, la question de la forme devient plus sérieuse s'il s'agit des jardins bourgeois. L'amateur tient à ces deux choses : avoir des pêches et aussi de beaux arbres. Ceux-ci priment souvent celles-là dans ses préférences. Quelques pêchers splendides font, en effet, le plus bel ornement d'un jardin. Nous avons gardé bon souvenir d'un brave propriétaire qui possédait le long de ses murs les deux plus magnifiques pêchers que nous eussions jamais vus et qui n'y avait jamais cueilli un fruit.

— Des vignes vierges ou des clématites ne me donneraient pas davantage, disait-il en souriant ; mais comme elles feraient moins grande figure que mes pêchers !

Le grand principe à Montreuil est celui-ci :

« La meilleure forme du pêcher consiste à couvrir de végétation le plus de mur possible. »

Ou bien :

« La meilleure forme est celle qui laisse le moins d'espace improductif et garnit le plus vite un mur. »

Il y a dans tout cela des principes d'établissement et de conduite auxquels nous reviendrons.

L'écartement à ménager entre les arbres dans une plantation neuve reste entièrement subordonné aux formes que vous désirez adopter. Voilà pourquoi nous n'avons pas voulu dire au précédent chapitre à quelle distance il fallait placer les uns des autres les jeunes sujets le long d'un mur. Cet espacement, détail essentiel, nous l'indiquerons pour chacune des différentes formes qui vont être décrites. On comprend qu'un pêcher auquel on fera prendre une puissante envergure demande une surface dont le dixième suffit à l'arbre en coup de vent.

La dynastie des grands prêtres de la forme ne remonte pas à notre connaissance au-delà des premières années de ce siècle. Nous avons tout lieu de croire que nos pères dirigeaient leurs arbres avec une rare intelligence ; mais ils nous semblent s'être tenus exclusivement à la forme dite *à la Montreuil*, sauf les cas où l'arbre rebelle ou vieilli s'écartait des lignes ordinaires, toujours suivi, néanmoins, dans ses écarts, par la main prévoyante du propriétaire.

Cette dynastie dont nous parlons commence à Beausse-Pipi, pour finir à Chevalier aîné, en passant par Félix Malot et Alexis Lepère.

Beausse-Pipi, doté d'un sobriquet pittoresque, comme un grand nombre de nos cultivateurs, mourut, âgé déjà, pendant le rude hiver de 1840, saisi par le froid sur le chemin du Bois-de-Neuilly, dans le voisinage de Montreuil, laissant chez nous, à la Boissière, des jardins renommés qui n'ont pas été maintenus dans leur état primitif.

Beausse, arboriculteur de goût et grand ami des nouveautés, avait eu vent d'une forme inconnue à Montreuil et pratiquée depuis l'autre siècle en d'autres pays.

Nous parlons de la forme *carrée*.

Cette forme, à peu près rendue par le dessin ci-dessous, représente un V partant, par la pointe, d'un endroit situé au-dessus, et plus ou moins rapproché de la greffe.

Les deux branches du V présentent entre elles l'ouverture d'un angle droit. On les appelle *branches-mères*.

Extérieurement et en dessous, s'allongent horizontalement trois branches *sous-mères*, de chaque côté.

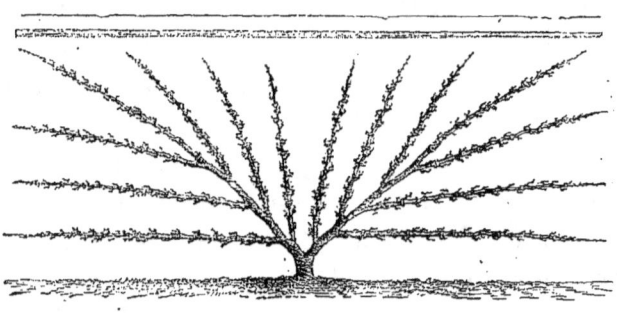

Les *dedans* ou dessus des branches-mères portent des branches verticales dites *sur-mères,* qui garnissent l'espace compris entre les deux branches du V, et l'arbre, ainsi établi, représente, non pas toujours un carré, mais un rectangle à peu près géométrique, dont la surface totale finit par se garnir entièrement.

Beausse-Pipi s'engoua de cette forme déjà vieille d'ailleurs, puisqu'on en retrouve le dessin dans un livre de Lepelletier, imprimé en l'année 1773, — il y a maintenant 102 années !

Nous avons eu dans les mains et nous saurions retrouver ces planches d'un dessin parfait, dont l'exactitude, quant à la forme carrée, ne le cède en rien à ceux qu'on renouvelle de nos jours.

Historien consciencieux et carpographe de la culture de Montreuil, nous avions le devoir de constater que cette forme carrée, en honneur chez nous depuis soixante ans, nous est venue d'ailleurs et date de plus d'un siècle. C'est donc par ignorance ou par excès de zèle qu'on a, dans un temps, attribué à M. Alexis Lepère l'honneur de l'avoir inventée. L'excuse de cette erreur historique est dans le proverbe qui veut qu'on ne prête qu'aux riches. Nous savons, du reste, que le vénérable maître ne s'est jamais prêté à cette flatterie mensongère.

Beausse, donc, introduisit cette forme carrée dans son jardin de la Boissière, et bientôt on put en admirer de magnifiques spécimens dans une côtière défendue seulement par une haie basse.

On y monta de Montreuil, de Bagnolet, de Vincennes, de Rosny, de Charonne et des pays circonvoisins; puis, le bruit se répandant de ces pêchers merveilleux, les amateurs y vinrent en pèlerinage de fort loin.

Beausse avait l'orgueil légitime de ceux qui font bien et qui le savent. Il tenait à connaître l'opinion du public sur son importation. Pour arriver à son but, on raconte qu'il avait placé dans sa côtière, à proximité de ses beaux arbres, un tonneau dont un bout défoncé regardait la muraille.

En semaine, le dimanche surtout, quand il apercevait de loin, sur le chemin de Montreuil, une caravane de pèlerins amenés par le désir de contempler ses chefs-d'œuvre, il s'introduisait en toute hâte dans son tonneau défoncé et s'y blottissait pendant des heures dans la plus silencieuse immobilité, l'oreille tendue pour ne pas laisser échapper la moindre réflexion des curieux parlant en toute liberté.

Aucun, sans doute, ne lui suggéra l'idée, trouvée plus tard par MM. Alexis Lepère et Félix Malot, de ne laisser sous les branches-mères que trois sous-mères au lieu de quatre, car il est mort, nous a-t-on dit, sans avoir effectué cette correction magistrale.

Il reste à Montreuil un grand nombre de témoins de sa culture, et tous s'accordent à dire que cet importateur de la forme carrée dans le pays reculait volontiers devant les patientes besognes de détail. Ses arbres n'avaient pas le brillant aspect de santé, de tenue et de propreté qu'on remarqua dans les arbres d'Alexis Lepère et qu'on admire dans tant de jardins de Montreuil ; et, paresse consciente, il aimait mieux laisser tous les fruits à ses beaux pêchers que de prendre la peine de dégarnir les branches afin d'avoir des pêches plus grosses.

En somme, cet ancêtre avait par-dessus tout le culte de la forme, et ne s'occupait qu'accessoirement de la récolte finale, s'écartant en cela des traditions du pays.

Alexis Lepère a repris cette forme, un peu défectueuse chez Beausse, et l'a modifiée d'une façon rationnelle en ne laissant aux deux maîtresses branches que trois sous-mères, et beaucoup de cultivateurs, dans les plantations neuves, ont depuis suivi son exemple.

A la forme carrée, l'une des plus régulières, mais non pas la plus riche, il faut ajouter les formes maîtresses qui sont :

La forme à la Montreuil, ou l'éventail ;

La palmette simple ;

La palmette double ;

Le candélabre ;

Le coup de vent ;

Et les formes de fantaisie.

Observations préalables. — I. Dans la culture marchande toute forme qui garnira le mieux et le plus rapidement son mur doit être regardée comme la meilleure. Cette considération devient nulle pour les formes à établir dans les jardins d'amateurs. Quiconque ne cultive que pour son agrément a le droit de sacrifier une partie de sa récolte pendant quelques années en faveur d'une forme à son choix.

II. Quelle que soit la forme choisie, il faut proscrire absolument les angles aigus trop fermés aux insertions des branches charpentières. La poussière, les feuilles et les débris de toute sorte s'y accumulent et y forment au moins des foyers de malpropreté, toujours funestes à la santé des arbres. Quand ces angles fermés n'auraient pour inconvénient que de rendre difficile la bonne tenue d'un arbre, on devrait toujours les faire

disparaître. La bonne règle consiste à laisser circuler autour de *toutes* les parties du bois l'air libre et le calorique. La forme à la Montreuil, dite en éventail, est sujette, plus que toute autre, à présenter de ces angles aigus dont il faut à tout prix empêcher la formation.

III. En revanche, les formes qui demandent, pour la charpente, des branches horizontales, présentent un autre danger, non moins funeste, celui des empâtements.

On appelle *empâtement,* ou *dessus,* une pousse qui se produit avec vigueur sur une branche horizontale et tend à s'y substituer en l'atrophiant.

Primitivement, la branche AA partait bien du tronc, comme branche charpentière, et avait bien pris la direction horizontale; mais, par suite d'un défaut de surveillance, une branche B, poussant sur A, en un point éloigné du tronc, a pris la séve de sa branche-mère, s'est prolongée jusqu'au deuxième B.

Elle est un dessus ou un empâtement.

A son tour, au second B, elle donne naissance à un autre empâtement ou dessus.

La première branche AAA périra d'épuisement; de là, du désordre dans la forme.

L'empâtement BB verra bientôt son prolongement direct subir le même sort, si le sécateur ou la scie ne vient pas supprimer le deuxième empâtement au deuxième B.

On comprend que, dans une culture surveillée, l'inconvénient que nous signalons peut se produire, sans jamais prendre un caractère grave. Dès le début, on eût pu, d'un coup de sécateur, arrêter l'empâtement BBB, laissant ainsi toute sa vigueur à la branche horizontale AAA.

Il résulte de là que les moindres emportements de la séve dans un arbre peuvent déranger les combinaisons d'une forme quelconque, et que nos espaliers demandent, dans les commencements surtout, une surveillance attentive de chaque jour.

Ainsi s'explique la structure extravagante de la plupart de nos vieux arbres à Montreuil. Les moindres concessions faites à la séve en faveur d'un rendement plus considérable amènent vite des déformations qui ôtent à la charpente sa physionomie régulière et son ancienne disposition.

IV. Tous ceux qui ont la moindre notion du jardinage savent que la direction de la séve a lieu de bas en haut, suivant une ligne opiniâtrément verticale. L'ablation des canaux droits ou branches à plomb peut seule l'empêcher d'obéir à cette loi naturelle.

Donc, tant qu'on aura, dans une charpente, des branches partant verticalement du pied, ou même insérées sur des tiges et dans la même direction, les parties horizontales et même les parties obliques auront à souffrir. Si la forme demande des membres verticaux, il faudra soigneusement les pincer de temps à autre pour forcer la séve, incessamment en marche, à se porter sur les côtés.

Pincer une branche, c'est la raccourcir. C'est généralement en supprimer l'extrémité, que l'on coupe avec l'ongle du pouce sur le bout de l'index.

On peut encore ralentir la marche ascensionnelle de la séve dans une partie verticale, en cassant ou en coupant les feuilles de cette partie. L'effeuillement, entendu de cette façon, doit se faire avec une certaine précaution, car, en fatiguant les pétioles, on ne peut manquer de nuire aux boutons qu'ils portent dans leurs aisselles. Mieux vaut donc couper les feuilles que de les déchirer.

Si votre arbre a des ailes, comme le pêcher carré dans sa jeunesse, on voit presque toujours la séve se porter avec plus d'abondance soit à droite, soit à gauche. En quelques semaines, le défaut d'équilibre dans la végétation saute aux yeux. L'un des côtés pousse vigoureusement, tandis que l'autre semble rester stationnaire.

Pour parer à cet inconvénient qui ne tarderait pas à déformer complétement le pêcher, sinon à tuer l'aile souffrante, on dépalisse cette dernière, on la relève le plus possible vers la direction verticale, et on la tient éloignée du mur au moyen de tuteurs qui ne gênent que légèrement sa liberté. L'afflux de la séve y reparaît bientôt et l'équilibre se rétablit en une saison, surtout si vous avez pincé les extrémités de l'autre aile. Tout étant rentré dans l'ordre, vous repalissez, et l'arbre reprend sa symétrie, ordinairement pour toujours.

V. Quelle que soit la forme qu'il vous plaise d'adopter, souvenez-vous que le pêcher est le fils du soleil et de l'air, et que ses branches, à l'encontre de celles du pommier, n'aiment que médiocrement le voisinage du sol. Une branche horizontale qui ne serait éloignée de terre que d'une distance moindre de trente centimètres pousserait encore et fleurirait, mais ne donnerait pas de fruit.

Cela tient peut-être un peu, devons-nous ajouter, à ce que, dans le pêcher, les dessus ne tardent pas à faire périr les dessous; mais, en tous cas, la production sur les branches basses est généralement nulle ou insignifiante.

Après ces observations dont il faut tenir le plus grand compte dans l'établissement d'un espalier, nous allons passer à la discussion des formes ci-dessus indiquées.

LA FORME CARRÉE.

Forme d'amateur avant tout, car le producteur marchand n'y trouve pas un excès de rémunération, et nous allons savoir pourquoi.

La structure géométrique du pêcher carré ne doit pas s'écarter des données suivantes :

En haut de la tige et d'un point quelconque au-dessus de la greffe, partent deux branches-mères en V, laissant entre elles un angle droit, ou de 90 degrés. La première sous-mère de droite et celle de gauche, formant une même ligne droite, ont leur point d'insertion sur les mères à 50 centimètres de l'angle du V. C'est dire qu'elles sont élevées au-dessus du sol de 0^m35, plus la hauteur de la tige.

Les deuxièmes sous-mères sont à 0^m80 au-dessus des premières, et les troisièmes à 0ᵐ80 plus haut sur les mères-branches. De sorte que la perpendiculaire entre deux sous-mères consécutives est de 0ᵐ57.

Les dessus ou sur-mères, au même nombre de trois de chaque côté, s'espacent également à 0ᵐ80 sur les branches du V et s'élèvent un peu obliquement en dehors, pour ne pas aspirer trop vivement la séve.

Voilà l'arbre fait.

Nous ignorons si, depuis la deuxième édition de son petit Manuel, M. Alexis Lepère a corrigé, dans sa forme carrée, un défaut capital qui n'aurait pas dû échapper à sa profonde expérience. Les sur-mères ont, sur les branches du V, leur point d'insertion au-dessous du point d'insertion des premières sous-mères; de telle façon qu'une branche de dessus reçoit la séve montante avant une branche de dessous. Il faut alors, pour conserver les dessous d'en bas, des miracles de soins, de patience et d'attention, et le plus souvent on a beau faire, les premières sous-mères périssent.

La bonne règle consiste donc à faire partir sur les mères les dessous avant les dessus, et les arboriculteurs intelligents ne manquent plus de s'y conformer.

Quand vous établissez une forme carrée, vous devez avoir soin, les premières années, de relever un peu l'une vers l'autre les deux branches-mères, en sorte qu'au lieu d'un angle de 90 degrés, elles n'aient plus qu'un angle d'environ 70 degrés. On relève du même coup les sous-mères, et cette disposition permet à la séve d'y arriver plus facilement, et de donner aux dessous une vigueur d'allure qui les maintiendra quand les dessus viendront les affamer.

Vous ramènerez peu à peu, mais pas avant des années, les deux ailes de votre arbre dans leur position définitive.

Cette forme a du bon; elle a surtout de l'aspect; mais elle pèche par certains côtés très-sensibles dans une culture marchande, comme nous l'avons dit.

La première année doit, en effet, vous donner deux bourgeons symétriques au-dessus de la greffe, afin de vous mettre à même de commencer votre V. Cela n'arrive malheureusement pas toujours, et vous voilà retardé d'une année. Vous rabattez donc le sujet pour recommencer. L'année suivante, sur le bois fait, vous aurez vos bourgeons symétriques, mais pendant cinq ou six ans vous n'aurez que des ailes dont les bas sont peu productifs, et vos dedans seront nus. Comme vous plantez vos arbres à huit mètres l'un de l'autre, vous perdrez ainsi des surfaces considérables, et ce, pendant six ans au moins. Tous comptes faits, il vous faudra dix ans avant d'avoir un arbre complet, à peu près en plein rapport.

Inconvénient très-grave à Montreuil, où la production passe avant tout; léger dans un jardin d'amateur, nous en convenons, mais il y en a d'autres.

Si la tige de l'arbre n'a pas une hauteur suffisante, les premières sous-mères, trop voisines du sol, ne produiront rien.

D'un autre côté, sur vos six branches sous-mères, vous aurez des coursonnes ou branches fructifères à volonté en dessus, mais vous aurez toutes les peines du monde à maintenir celles de dessous. Elles s'étiolent avec un ensemble désespérant. M. Chevalier aîné vient à bout de les conserver dans une certaine vigueur avec des soins de chaque jour et toutes les ressources de sa belle pratique, mais l'inconvénient n'en existe pas moins.

Un autre inconvénient, commun, du reste, à tous les arbres de grande envergure, consiste en ce que vous êtes toujours en face du danger de perdre une aile. Or une aile morte vous laisse tout de suite et pour bien des années sans rapport une surface murale de douze à quinze mètres de superficie.

On peut atténuer les inconvénients de la forme carrée en tenant les plus basses sous-mères à un mètre, ou même à 1^m20 du sol. Vous perdrez peut-être quelques mètres de surface au-dessous de vos arbres, mais vous augmenterez les chances de la fructification dans la totalité des branches, et vous aurez toujours la ressource d'utiliser le bas des murs en y faisant courir des pommiers qui gardent, comme on sait, leur fertilité jusqu'au ras du sol.

En somme, dans le pêcher carré, plus que dans tout autre, vous avez en présence deux ennemis implacables : le dessus et le dessous. Si vous n'êtes pas là constamment, vigilant et soigneux, pour aider à ce dernier, le plus faible, dans sa lutte contre l'autre, de beaucoup le plus robuste, l'arbre s'emportera et les dessous périront.

De ce que nous venons de dire il résulte que le pêcher carré, en faveur duquel M. Lepère a fait écrire un petit livre qui porte son nom, ne peut être le pêcher classique de Montreuil. On le trouve en maints clos cependant, mais c'est par un reste de l'engouement du vieux maître pour cette forme venue de l'autre siècle.

Malgré tout, l'amateur qui a de la place peut adopter cette forme luxueuse et grandiose, mais nous l'engageons fortement de veiller aux moindres écarts de la végétation.

— Mes pêchers carrés, nous disait récemment un arboriculteur distingué, c'est du lait sur le feu qu'il faut surveiller sans distraction.

Nous sommes de son avis.

LA PALMETTE SIMPLE

La forme du pêcher en palmette simple demande généralement moins de place sur un mur que la forme précédente. On peut sans inconvénient planter les arbres à une distance de cinq à six mètres, et dans un espace de cinq ou six ans, voire même plus tôt, vos murs seront garnis et la production régulièrement établie.

Outre l'empâtement dont nous avons parlé au commencement de ce chapitre, il en existe un autre bien connu des arboriculteurs et qui forme une sorte de manchon au point de départ d'une branche ou d'un rameau. Une insertion de branche sur une tige doit paraître avoir été faite avec une tarière. Dès que le bas de la branche insérée n'a pas le diamètre et la netteté du reste, il y a plus ou moins d'empâtement.

Dans la forme présente, on évite cet inconvénient avec une grande facilité.

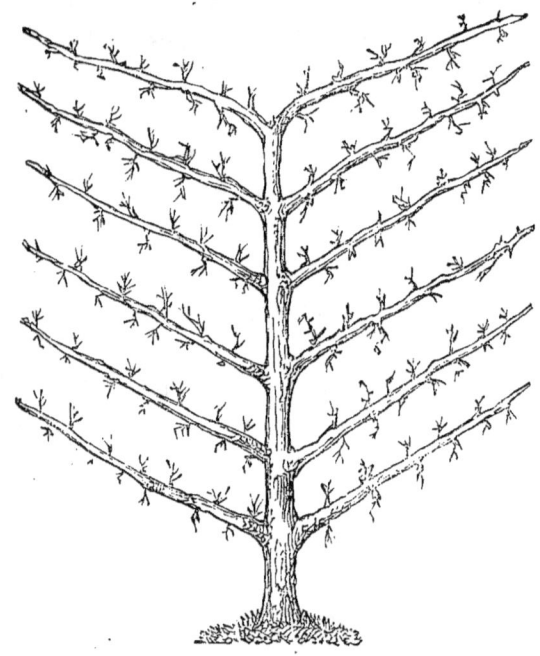

Palmette simple.

La palmette simple comporte deux aspects : ou les bras latéraux sont dirigés suivant une ligne horizontale, ou leur direction se relève un peu, comme dans la figure ci-dessus.

L'horizontalité des branches latérales indique peut-être une soumission plus grande de la part du sujet et flatte les yeux davantage, mais nous préférons le relèvement des bras, comme plus en harmonie avec les lois du mouvement de la séve. Un arbre ainsi disposé garde un équilibre parfait dans la distribution de la nourriture.

Au surplus, dans les deux cas, une branche qui meurt le long de la tige verticale a des chances d'être remplacée; tout au moins n'apporte-t-elle qu'une minime perturbation dans la forme et dans la production.

En elle-même la forme est jolie. Largement établie, elle a la beauté du pêcher carré, tout en garnissant mieux sa muraille et en donnant davantage.

LA PALMETTE DOUBLE.

La palmette double, aux avantages de la palmette simple, joint les inconvénients du pêcher carré.

Elle fait même plus grande figure que la palmette simple sur

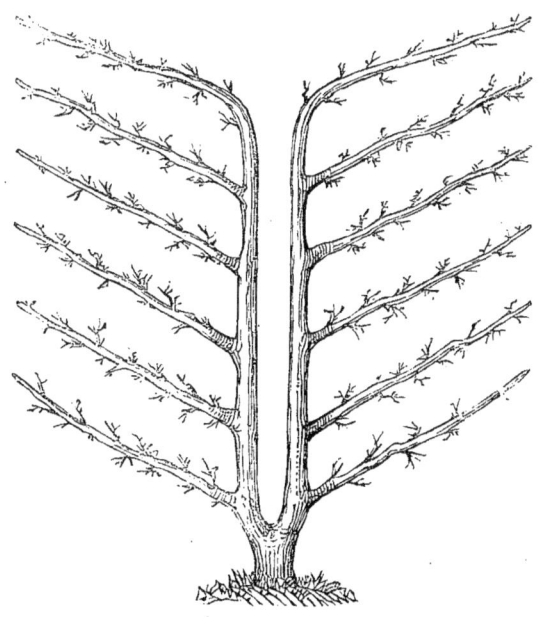

Palmette double.

une muraille; mais, vienne un accident qui fasse périr un des montants, il vous reste un arbre qui n'a plus qu'une aile, c'est-à-dire un sujet déformé.

Disons cependant que le cas est rare, et que, somme toute, cette forme est préférable à la forme carrée.

Nous faisons remarquer que les bras, au lieu de la direction oblique et montante, peuvent s'allonger horizontalement, ce qui change un peu l'aspect de l'arbre.

On peut donc choisir entre les deux dispositions, tout en ne perdant pas de vue que la branche horizontale ne vaut jamais l'autre, attendu qu'elle oppose un obstacle plus violent à la circulation de la séve.

LE CANDÉLABRE.

M. Alexis Lepère entendait le candélabre comme suit : Au-dessus de la greffe, deux bourgeons symétriques partent l'un à droite, l'autre à gauche. A ce point finit la tige verticale. Les deux bras latéraux s'allongent, portant chacun une sous-mère qui partira parallèlement jusqu'au bout avec son support. Les deux sous-mères feront, sous l'arbre, l'effet d'une accolade.

Laissons-les et prenons l'arbre. Les deux branches de côté s'allongent donc horizontalement, tout en se relevant un peu, au-dessus de l'accolade. De 35 en 35 centimètres, on y laisse partir des bougies ou branches verticales qui monteront jusqu'au chaperon. Aux extrémités, c'est la maîtresse branche qui se relève et forme la dernière bougie.

Cette forme est d'un beau dessin, mais les sous-mères sont des branches risquées, d'une durée problématique. Selon nous, c'est joli, mais c'est énormément plus difficile en pratique, le long d'un mur, que sur le papier.

Au reste, mêmes avantages et mêmes dangers que dans la palmette double.

Le professeur Trouillet, sacrifiant à son tour à la fantaisie, a donné son nom au candélabre dont suit le dessin :

Nous laissons la parole au maître :

« Il y a une forme, à notre avis, bien préférable à toutes celles qu'on connaît, mais elle est peu connue et peu pratiquée, car nous en sommes l'auteur, et nous ne l'avons encore indiquée que dans nos leçons publiques ; cependant nous la pratiquons depuis sept ans. On peut voir dans nos jardins le premier sujet que nous avons soumis à cette forme. Des arboriculteurs l'avaient vu, lorsque l'année dernière, au mois de mai, on prétendit nous signaler cette forme comme une nouveauté ; on l'a nommée *candélabre Trouillet,* à branches verticales, sans dessus ou empâtements. Cette forme s'est produite pour la première fois d'elle-même sur un arbre non dirigé ; depuis, nous y avons soumis la majeure partie de nos arbres, tant à pepins qu'à noyaux, et jusqu'ici nous y trouvons tous les avantages réunis : branches charpentières faciles à diriger ; branches coursonnes d'égale force ; canal médullaire toujours placé au centre de la branche charpentière ; forme d'une étendue non limitée, pouvant mesurer, suivant les forces végétatives de l'arbre et du sol, depuis trois branches charpentières jusqu'à un nombre indéfini. Aussi engageons-nous les amateurs et les jardiniers sérieux à l'essayer dans leur culture. »

Ajoutons, pour faire comprendre davantage cette forme gracieuse, que les deux branches, de chaque côté de la tige, sont toutes d'une pièce ; que chacune des suivantes, à droite ou à gauche, s'insère sur celle qui précède immédiatement et en dessous. De sorte que la base horizontale de chaque côté, formée d'autant de parties qu'il y a de montants, dessine une ligne ondulée très-agréable à l'œil.

Un des inconvénients que le professeur nous a signalé lui-même, c'est que le montant rectiligne du milieu de l'arbre périt dans un temps assez court, contre toute vraisemblance, puisqu'il reçoit la séve directement et avant les autres.

Nous nous rendons compte de ce fait en apparence anormal, en nous souvenant que le pincement est une blessure et constitue, quoi qu'on fasse, un état morbide. Or, pendant les six années qui ont été nécessaires à l'établissement de l'arbre, vous avez pincé, repincé, rabattu, fatigué votre montant vertical, afin d'empêcher la séve de s'y accumuler. Ce montant n'a jamais eu peut-être un jour de santé parfaite, et il est mort de vos incessantes taquineries.

Reste en plus l'éventualité de la déformation de l'arbre par la mort de l'un des montants, et le cas s'aggraverait de plus dans ce candélabre, si le montant mourait, non pas aux extrémités, mais dans l'intérieur.

Nous avons montré cette éventualité comme un danger commun à toutes les formes ; mais, de ce que nous avons paru appuyer sur cet inconvénient presque toujours fatal, il ne faut pas conclure qu'il soit très-fréquent. Ce serait aller au-delà de notre pensée. La chute d'une aile dans un arbre ou la mort d'une partie essentielle dans la charpente n'arrive, au contraire, que rarement. Les soins et l'entente de la culture rendent l'accident plus rare encore ; mais on doit tout prévoir.

LA FORME A LA MONTREUIL, OU L'ÉVENTAIL.

Avant de l'étudier et de la juger, il nous convient de rappeler que les Anglais, ces amis du progrès en tout, ces opiniâtres chercheurs du mieux, ont bien admis pour leurs arbres une grande partie de nos formes; mais la première chez eux, la forme magistrale, est la *Queue de paon*.

Or, la queue de paon, c'est l'éventail.

L'éventail, c'est la forme à la Montreuil.

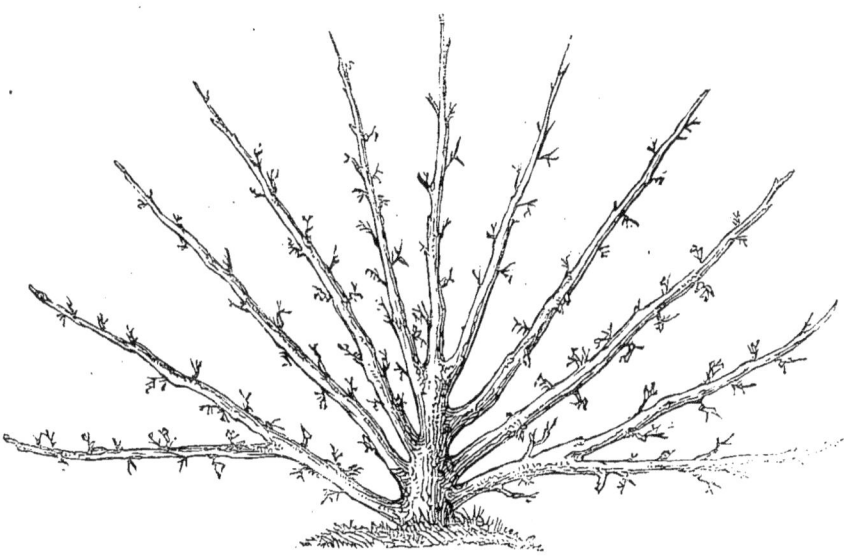

Leur esprit inventif, ingénieux, toujours en quête de nouvelles combinaisons, n'a rien trouvé de mieux que leur queue de paon, comme rapport et solidité.

Le climat de l'Angleterre, plus froid et plus humide que le nôtre, exige sans doute que les arboriculteurs y recherchent les formes les plus facilement réparables, celles qui contrarient le moins le cours naturel de la séve. Les grands froids, les brouillards intenses et les longues humidités ont une action funeste sur la charpente des arbres, et les structures légères, gracieuses, opposées aux lois de la végétation, comme la plupart des nôtres, tiennent mal contre ces difficultés climatériques. Quand les chemins sont mauvais, on porte des bottes ferrées au lieu de bottines vernies.

De l'estime persévérante que portent les Anglais à la forme en éventail, nous avons donc le droit de conclure que cette forme, qui se confond avec la vieille forme de Montreuil, possède une solidité de premier ordre et des qualités qu'on a vainement tenté de lui contester.

Ces qualités maîtresses, on peut les résumer ainsi :
Établissement facile ;
Réparations toujours possibles dans la charpente ;
Mise à fruit rapide ;
Peu ou point d'antagonisme entre les diverses parties de l'arbre ;
Occupation des murailles en un temps relativement court.

Nous voulons bien avouer que l'éventail a moins d'aspect, moins de symétrie, moins de grâce ou de grandeur que les formes précédentes ; mais nous choisirions, pour l'habiter, une maison sans luxe et solidement assise, de préférence à tout chalet artistique, élégant et riche qu'un simple coup de vent pourrait emporter.

La forme à la Montreuil, qui remonte aux origines de notre culture et qui pourrait bien avoir servi de modèle aux Anglais pour leurs différents arbres fruitiers, tient encore le premier rang chez nous. Le candélabre Trouillet se rencontre cependant dans beaucoup de jardins, et des cultivateurs, l'ayant adopté depuis quelques années, nous ont affirmé que les remplacements dans la charpente ne présentaient pas les difficultés qu'on pourrait craindre, attendu qu'il était facile de trouver en dessous sur un coude un œil propice à côté du point où la branche morte avait son insertion.

L'éventail, à ses qualités, joint le danger des empâtements au départ des branches charpentières et l'inconvénient des angles aigus. On peut néanmoins, avec un peu d'intelligence, combattre le mal au début, et l'on reste avec un arbre solide, et presque équilibré. Les emportements de la séve ne s'y produisent que rarement et sans grand péril.

On peut planter les arbres à cinq mètres l'un de l'autre, même à quatre ou à trois, et la place vide qui se produira par en bas dans les entre-deux, peu favorable au fruit et souvent mortelle à la branche, recevra des pommiers qui s'y complairont. Quoi qu'on fasse, les dessous, dans toutes les formes, ne peuvent durer qu'à une certaine distance du sol. Ou bien la séve n'y circule pas en suffisante abondance, ou bien l'humidité de la terre y solidifie la gomme, qui ne circule qu'à l'air sec et à la chaleur.

En ce qui concerne le goût, la tenue des arbres et l'entente de la taille, le vénérable Alexis Lepère restera légendaire à Montreuil, comme un ancêtre. Nous nous sentons heureux, pour notre part, de pouvoir, dans la mesure du possible, léguer son nom à l'avenir. Il faut pourtant que nous avouions une chose, à savoir que, préoccupé de la forme carrée, il en a trop rapproché l'éventail. Peut-être aussi que son rédacteur, qui fait l'effet d'un gourmand sur une bonne branche, lui a fait dire ce qu'il ne pensait pas. Le dessin de son petit livre est un éventail de fantaisie, empâté, mal conçu, où l'antagonisme entre les dessus et les dedans éclate dans toute son énergie. Si le vieux maître a véritablement établi des pêchers semblables, il a dû faire des miracles de main-d'œuvre et de persévérance pour maintenir ses éventails.

Cette forme, pour nous, se présente avec une autre allure. La tige ou flèche reste maîtresse dans l'ensemble, et la séve ne doit se distribuer à droite et à gauche que par suite de la surveillance exercée sur cette tige directe. Toutes les parties latérales doivent être des dessous, et l'arboriculteur intelligent se tient incessamment prêt à remplacer celles qui viennent à périr.

Nous sommes certains que la caducité précoce des pêchers,

en certains enclos, n'a pas d'autre cause que l'empâtement. On accuse la terre d'avoir fait son temps et d'être épuisée ; on ne songe pas que la détérioration des arbres est dans l'établissement défectueux de la forme en éventail, la plus commune de beaucoup dans nos jardins, et la plus productive.

Nous nous rappelons avoir lu, il y a de cela bien longtemps, sur un mur de la rue de l'Épine, une longue ligne écrite au charbon, qui disait ceci :

« Montreuil, grande fabrique d'empâtements ! ! ! »

Ce barbouilleur de murailles pouvait être pour les routiniers un esprit paradoxal, mais l'expérience nous a depuis montré que ce gamin (ce ne pouvait être qu'un gamin) mettait le doigt, peut-être sans le savoir, sur le mal du pays. Les empâtements font, en effet, plus de ravages dans Montreuil que les gelées d'avril.

LE COUP DE VENT OU FORME OBLIQUE.

La forme en coup de vent consiste à planter à 40 centimètres des tiges de pêchers et à les incliner toutes dans le même sens, à droite généralement, sous un angle de trente à quarante-cinq degrés avec la ligne verticale ou fil à plomb.

Les tiges n'ont jamais de branches charpentières, excepté celles des extrémités sur lesquelles on en établit, afin de boucher les vides qu'y laissent naturellement les arbres penchés et parallèles.

Pourquoi cette inclinaison des flèches ? Pourquoi ne pas les laisser droites ? Est-ce pour l'aspect ? Est-ce un simple caprice ? Nous pensons que la position perpendiculaire est bien plus conforme aux lois de la végétation et de l'équilibre des forces ; mais en inclinant les sujets sur un mur de trois mètres de haut, on obtient ainsi pour eux une course de 4^m25, ce qui n'est pas à dédaigner dans des arbres qui n'ont d'autre charpente que la flèche.

On établit le coup de vent de deux manières :

1° Ou bien on plante obliquement les pêchers, pour ne pas

avoir à chercher sur la tige, au-dessus de la greffe, un bourgeon qui devra donner la flèche oblique. De cette façon, le sujet est une ligne droite de la racine au sommet, canal le plus naturel pour la séve.

2° Ou bien, on rabat le jeune sujet en gardant un œil au-dessus de la greffe, afin d'avoir la tige oblique. Dans cette manière, qui nous paraît être la plus usitée, on a dans chaque arbre une partie droite, du pied jusqu'à l'onglet au-dessus de la greffe, point auquel commence la tige oblique.

Les arbres généreux, donnant beaucoup de bois, se montrent rebelles à cette forme en coup de vent, qui ne comporte que des sujets paresseux, ou qui les mutile incessamment, puisqu'elle ne garde qu'une flèche et se débarrasse du reste.

Un spirituel écrivain, P. Joigneaux, définit ainsi le coup de vent :

« Ces cordons ont l'avantage de réunir un grand nombre de variétés sur un espace restreint; mais, en retour, ils ont l'inconvénient de nous faire débourser beaucoup d'argent au profit des pépiniéristes. Nous ne les recommandons pas. »

Nous partageons l'avis du savant humoriste.

Nous sera-t-il permis de revendiquer, pour un brave et intelligent cultivateur de Montreuil, la paternité du coup de vent?

M. Dubreuil, qui nous paraît avoir assez d'autres titres à l'estime des horticulteurs, est-il bien sûr d'avoir inventé cette forme vers 1840 ?

Il l'a baptisée *l'Oblique*, mais cela ne suffit pas. Ne se souvient-il pas de l'avoir admirée à Montreuil, vers 1835, dans les jardins de M. Lémont?

Au reste, bien avant M. Lémont, bien avant M. Dubreuil surtout, on connaissait le *coup de vent*, puisque nous sommes à même de montrer cette forme dans des dessins et dans des descriptions qui remontent à l'autre siècle. On ne discute pas les faits, on les accepte, et celui-là se trouve pour tout le monde hors de discussion. Dans tous les cas, le *coup de vent* existe à

Montreuil depuis plus de quarante ans, et cette forme, plus originale que riche, aura attiré les yeux du savant professeur. M. Lémont savait sans doute que des devanciers l'avaient pratiquée avant lui, et voilà pourquoi le brave et modeste horticulteur n'a pas voulu crier, quand on a démarqué du linge qui ne lui appartenait même pas. *Suum cuique*, à chacun le sien.

LES FORMES DE FANTAISIE.

L'une des premières, qui a failli devenir classique à Montreuil, s'appelle la *palmette à cordons horizontaux*. Entre les mains d'Alexis Lepère, elle séduisait tout le monde. Elle consiste à planter à quatre mètres l'un de l'autre, plus ou moins, une suite de jeunes pêchers. Chaque tige porte à droite et à gauche des bras horizontaux à 80 c. de distance et alternes, les voisins, semblablement charpentés, enfonçant leurs bras entre les bras du premier, et ainsi de suite, de manière que la muraille est garnie de branches charpentières espacées à 40 c. En maintenant les dessus, on a de beaux arbres, et les bras qui tombent, facilement remplaçables, ne font qu'un vide local sans importance. L'antagonisme entre les dessus et les dessous s'y montre de lui-même, et, nous le répétons, le vieux maître excellait à établir cette forme géométrique et riche.

Quant aux autres fantaisies, nous en connaissons de maintes sortes : croix d'honneur, noms en grandes majuscules et autres. Et nous avons la franchise assez robuste pour déclarer que ces joujoux, qu'il faut permettre aux amateurs, n'entrent pour rien dans la culture pratique.

En somme, quand vous avez devant vous un jeune pêcher sur un beau mur, vous avez le droit de vous demander ceci :

Sera-t-il dieu, table ou cuvette?

Le pêcher sera ce que vous voudrez ; nous avons dit que c'est par excellence la bête au bon Dieu.

CHAPITRE VII.

LA TAILLE.

Section 1re. — OBSERVATIONS PRÉLIMINAIRES.

I. La taille est indépendante de la forme. Elle la domine d'aussi haut que la nécessité domine la fantaisie. Certains praticiens auxquels font défaut les premières notions de physiologie mêlent les deux choses ou les font marcher parallèlement dans une sorte de dépendance mutuelle.

Les routiniers en sont encore à la définition de la Quintinie, le plus célèbre praticien du temps de Louis XIV.

« La taille, dit cet auteur, est une opération de jardinage pour trois choses qui sont à faire tous les ans aux arbres, entre novembre et fin mars : 1° leur ôter entièrement tout ce qu'ils ont de branches qui ne valent rien ou qui peuvent nuire soit à l'abondance et à la bonté du fruit, soit à la beauté de l'arbre; 2° conserver toutes les branches dont on peut faire un bon usage à l'égard de ces arbres; 3° raccourcir sagement celles qui se trouvent trop longues et laisser entières celles qui n'ont pas trop de longueur. Et tout cela en vue de faire durer un arbre, le rendre beau, et le disposer en même temps à donner bientôt beaucoup de beaux et bons fruits. »

Voilà bien, dans son essence, la définition de la Quintinie, définition qui n'en est pas une, et que les traités modernes d'arboriculture reproduisent avec ensemble.

Pour l'instruction des arboriculteurs qui tiennent à se rendre compte de toutes choses, nous allons essayer de mettre à la portée de tout le monde cette grande notion de la taille des arbres fruitiers, du pêcher notamment.

A défaut d'expressions spéciales à chaque règne, il va nous falloir prendre un exemple sur les animaux pour nous faire mieux comprendre.

Qu'on prenne une vache sauvage dans les déserts de l'Amérique et qu'on l'amène dans une prairie normande où elle jouira d'une liberté encore assez grande. Au bout d'un temps, elle sera *acclimatée*. Elle garde tous ses instincts natifs, son indépendance, son amour de l'air libre, en un mot, sa sauvagerie, mais elle est *faite* au climat. Elle a passé, pour arriver à l'acclimatement, c'est-à-dire à son état nouveau, par tous les degrés successifs de l'acclimatation. Elle s'est habituée peu à peu aux influences diverses d'un climat qui n'est pas le sien ; sa constitution s'est modifiée ; elle n'est plus la femelle du bison d'Amérique, elle est vache normande.

Tel l'ancien pêcher de Corbeil ; tel le pêcher plein-vent actuel. Le pêcher qui s'élève en liberté dans nos vignes n'est plus un enfant de l'Orient, c'est un arbre français : il s'est *acclimaté*.

Poursuivons la comparaison.

Un paysan de la banlieue orléanaise est allé prendre cette bisonne dans sa prairie normande et l'a amenée dans son étable, où il commence par la mettre à lait en lui faisant faire un veau. A partir de ce moment, la porte de l'étable est close, la fenêtre est presque entièrement aveuglée ; l'air extérieur ne pénètre pas plus que la lumière dans ce chauffoir. Le fumier s'y accumule pendant des années, au point que le dos de la bête arrive à la hauteur du plafond. La vache de la prairie normande a perdu ses instincts de liberté, sa nature première, son tempérament ; elle est devenue une machine à produire du lait ; elle en donnera de 15 à 20 litres par jour, et ce lait, qui n'est pas le produit des lois ordinaires de la nature, c'est du lait tel quel et fait de main d'homme.

La vache laitière a été *domestiquée*.

Ainsi le pêcher. Prenez-le sur le rayon natal de sa vigne, amenez-le le long d'un mur, imposez-lui violemment une forme, garrottez-le, emprisonnez-le dans des loques, ne le laissez grandir qu'à votre volonté, menez la séve où vous la voulez, choisissez la place où vous voulez voir des fruits. En un mot, faites de votre arbre une machine à production ; vous l'aurez *domestiqué*.

Et votre pêche, que la nature ne connaît pas, est une pêche faite de main d'homme.

En effet, rendez à sa vigne et à sa liberté la galande ou la belle impériale, vous verrez si elle tardera longtemps à retourner à l'état de pêche de plein vent.

Maintenant nous allons être parfaitement compris dans notre définition de la taille.

La taille de l'arbre fruitier, du pêcher notamment, est le moyen de *domestiquer à outrance* un sujet donné.

En résumé, voici le vrai : la pêche que nous *fabriquons* est un fruit supérieur, exquis, incomparable, mais c'est un monstre, un fils de la taille, — un dimorphisme, c'est-à-dire une déviation de la forme naturelle.

II. Quand vous arrivez au pied d'un arbre pour le tailler, remarquez bien ceci : vous avez à vous occuper du bois de l'année dernière, qui a donné des fruits ; du bois de l'année courante, qui vous donnera des fruits à la fin de l'été ; du bois de l'année prochaine, qui n'est qu'une espérance, mais qui existe réellement.

En général, le bois qui a rapporté ne rapporte plus. Il faut donc abattre la branche féconde de l'année dernière.

Au pied de celle-ci, le plus près possible de son insertion, vous avez laissé pousser une branche de remplacement qui va vous donner fleurs et fruits. Et, au talon de celle-ci, vous devez trouver un bourgeon qui, dans cette saison, deviendra courson ou branche fructifère à son tour.

Tout le mécanisme de la production et le secret de la taille sont là. Un rameau dit courson existe sur une branche de charpente. Il va donner du fruit cette année. Nous indiquerons plus loin le moyen de le tailler et de le mener à bien pour qu'il donne de beaux et bons fruits. Pendant qu'il accomplira l'acte de la maturation, un bourgeon se développera sur lui et à sa base, puis atteindra facilement sa longueur et son diamètre. C'est la branche de remplacement, le courson fructifère de l'année prochaine. On comprend de quels soins il faut l'entourer. Et toujours ainsi : sur la branche de l'année, une pousse de remplacement; ce qui fait que, bien surveillée, cette succession de branches annuelles, venues l'une sur l'autre, d'année en année, vous conservera du bois nouveau, c'est-à-dire du bois à fruit, sur les plus vieilles branches de la charpente. Vous finirez par avoir pour base à tous ces bois successifs une sorte de manchon plissé, un bourrelet, un empâtement, mais ces dés, vieux comme la branche-mère qui les porte, ne sont jamais bien disgracieux.

Une branche charpentière, sur un arbre bien tenu, porte de chaque côté ses coursons à dix centimètres au moins les uns des autres. La disposition des yeux sur les spires d'implantation permet de les tenir à cette distance.

S'il arrive un accident mortel à l'un des coursons de la série, ce qui malheureusement se rencontre assez souvent, il existe, pour boucher les vides, un moyen que nous indiquerons plus loin et qui manque rarement son effet. L'arbre domestiqué subit avec docilité les plus douloureuses opérations.

III. Au cas où la nécessité forcerait à garder le bois de l'année dernière, le courson qui a donné des fruits, il faut avoir grand soin d'en extirper entièrement le pédoncule ou queue des pêches de la dernière cueillette. Sur un arbre vivace, le fruit, la feuille et les spongioles sont annuels. Le pédoncule appartient, non pas à l'arbre vivace, mais bien au fruit annuel, et comme il n'a pas de rôle à jouer dans la germination de l'amande et que son unique fonction a été de supporter la pêche jusqu'à sa maturité, ce support doit disparaître par la décomposition. Cette décomposition, travail tout chimique, atteindra les parties voisines de l'insertion du pédoncule et ne manquera pas de les désorganiser. Puisque le pédoncule ne suit jamais la pêche à la cueillette, on doit l'extirper soigneusement du vieux bois qu'on voudrait garder.

IV. Nous aimons assez la précision dans les termes techniques, et l'on sait que la confusion dans les mots peut amener la confusion dans les idées. A Montreuil, on appelle indistinctement coursonne le rameau fructifère de l'année courante et la griffe qui la supporte en la rattachant à la branche charpentière. Dans les démonstrations qui vont suivre, nous appellerons de son vrai nom de *coursonne* le dé ou vieux bois qui porte le rameau fructifère, et de son nom de *courson* le rameau lui-même. Ainsi la branche à fruit, de sa base sur la charpente à sa pointe terminale, est composée de deux parties : le vieux bois ou coursonne au pied, et le rameau de l'année ou courson, qui s'y trouve implanté. Sur le courson seul viennent les fleurs et les fruits.

V. En règle générale, la branche ou courson qui a donné du fruit n'en donnera plus. La pêche ne vient que sur les rameaux vierges. Cependant, chaque année, vous aurez sur le vieux bois des branches charpentières, des rameaux courts, rigides, droits, ramassés sur eux-mêmes et longs d'environ cinq à douze centimètres en moyenne, entièrement garnis de boutons à fleurs, sauf un seul œil de pousse qui se trouve au sommet.

Gardez-vous d'y toucher : ce sont des pêches certaines. On appelle ces rameaux des *bouquets de mai* ou des *cochonnets*. Le hasard vous mettra peut-être sous la main des livres où le mot s'écrit *cochonet* et *cochonnai*; mais veuillez vous méfier de ces orthographes de fantaisie. Un cochonnet est un petit cochon de lait qu'on peut manger entièrement. Le rameau qui a reçu ce nom au figuré n'a que des pêches, et vous les donne excellentes.

Les bouquets de mai, sauf de rares exceptions, sont des rameaux annuels sur lesquels il ne faut pas compter pour l'année suivante.

VI. Il existe à Montreuil deux tailles distinctes, l'une marchande, l'autre artistique, et nous aurons à parler de l'une et de l'autre dans le chapitre suivant.

Mais il existe un principe qui les domine l'une et l'autre et que nous consignons, pour ce motif, dans ces notions préliminaires.

Dans toute espèce de taille, on doit laisser au-dessus des boutons à fruit un bourgeon, un œil de pousse comme appel de séve. Et nous nous expliquons.

Si l'on veut bien se rappeler ce que nous avons dit de la séve qui n'est que le véhicule des aliments végétaux, et non les aliments eux-mêmes, on nous comprendra facilement. La séve, en effet, l'eau, si l'on aime mieux, sans valeur nutritive par elle-même, charrie de la base au sommet les gaz nourriciers et s'évapore en grande partie quand les aliments sont à destination. Mais c'est par les feuilles que l'évaporation se produit. Dans le cas présent, il y a, le long du courson, soit des fleurs, soit des fruits; le courant séveux y laisse en passant les éléments de nutrition nécessaires et monte jusqu'au sommet du rameau, appelé par la pousse terminale qui s'allonge, et, laissant évaporer l'eau inutile, élabore la séve restante qui redescend en cambium pour augmenter le volume des branches.

En l'absence d'une pousse terminale qu'on aurait inconsidérément enlevée, il peut rester un bourgeon latéral au-dessus des fleurs ou des fruits, et ce bourgeon remplit absolument le même rôle, ce qui donne la facilité de tailler un courson, c'est-à-dire de le rabattre aussi bas qu'on veut.

Pour parer à des accidents, on fera bien de laisser au moment de la taille au moins deux yeux latéraux sur le courson, sauf à supprimer l'un des deux un peu plus tard.

Si le courson manquait d'un appel supérieur, un désordre se produirait dans la circulation ; les fleurs avorteraient et les bourgeons de la base partiraient aux dépens de toutes les espérances que donnait le courson. Le principe n'est pas absolu.

Ceci doit s'appliquer à toutes les tailles régulières dans tous les arbres à fruit, dans la vigne comme dans le reste.

VII. Les arboriculteurs intelligents tiennent moins à la quantité qu'à la qualité des coursons sur une branche charpentière. Un courson bien développé, bien corsé, vaut mieux que trois ou quatre brindilles grêles. D'abord le remplacement pour l'année suivante est toujours plus facile et vous pouvez compter plus nombreux et plus gros.

Des coursons trop multipliés ne peuvent prendre un développement normal, donnent à votre arbre un air de malade et vous fournissent des fruits inférieurs sous le rapport du volume.

Il faut bien se souvenir qu'un pêcher sain, dans une année commune, aura toujours des fruits en excès. N'avoir que les coursons nécessaires, dans les conditions les meilleures, c'est déjà s'épargner la peine de supprimer en vert une partie de la récolte.

VIII. Un vice capital dans la taille, qui nous a souvent frappé, plutôt ailleurs qu'à Montreuil néanmoins, provient d'un manque de connaissance ou de réflexion. Quand on taille, on rabat la branche au ras de l'œil de pousse qu'on a l'intention de laisser pour appel de séve, et l'on se ferait scrupule de laisser le moindre onglet.

Nous ne saurions trop nous élever contre cette pratique inintelligente et contraire à toutes les lois de la végétation.

Qu'est-ce que la taille dans l'arbre ? C'est l'ablation d'un membre chez nous. La taille constitue non-seulement une blessure locale, mais encore une plaie qui affecte les parties voisines de la section.

Or, si vous coupez au niveau de l'œil, vous en compromettez le développement, car la mortification du bois, suite de la taille, ne manquera pas de l'atteindre, ce qui n'arriverait pas avec un onglet d'un centimètre. Taillez donc au moins à cette distance, au-dessus des yeux que vous désirez laisser sur la branche. Si l'onglet devient du bois mort, et que vous poussiez à l'excès l'amour de la régularité, vous aurez toujours le temps de le couper, quand l'œil ou les yeux seront en plein développement.

Et, dans ce cas, nous poussons la précaution jusqu'à nous servir d'une serpette à lame bien tranchante ; car le sécateur ordinaire produit toujours une contusion.

Autrefois, quand on ne taillait qu'à la serpette, la taille sans onglet pouvait, à la rigueur, se comprendre, attendu que l'ablation bien faite par une main habile intéressait peu le bois voisin de la blessure ; mais, à présent que le sécateur est dans toutes les mains, on ne saurait trop mettre l'opérateur en garde contre la pesée meurtrière de cet outil qui rend tant de services, mais qui comprime et mortifie le bois.

Taillez donc au moins à la distance d'un centimètre au-dessus des parties, œil, bourgeons ou rameaux qu'il s'agit de conserver.

Dans certains cas, un onglet de deux centimètres peut devenir nécessaire.

Ces notions préliminaires bien comprises, nous revenons à la taille proprement dite, et nous avons à peine besoin de faire remarquer que deux questions principales se présentent ici d'elles-mêmes :

La taille des branches à bois pour la formation de la charpente,

Et la taille appliquée aux rameaux à fruit.

Ces deux tailles marchent de front tant que l'arbre n'est point établi ; dans une certaine proportion, l'arboriculteur doit encore les faire marcher parallèlement, quand l'arbre a atteint l'amplitude de sa forme, car la charpente, abandonnée à elle-même, s'allongerait sans cesse, se déformerait en peu de temps et tuerait l'arbre après lui avoir enlevé sa fécondité pendant les dernières années, le bois se développant toujours aux dépens du fruit. Nous allons voir, dans la section suivante, la taille appliquée aux branches, soit pour l'établissement d'une forme, soit pour le maintien de l'arbre, une fois à son maximum d'envergure, dans les proportions qu'on ne veut pas dépasser.

On a remarqué qu'une branche de charpente, indépendamment de la forme, s'allonge mieux et plus régulièrement, quand, chaque année, on en coupe la pointe sur un bourgeon qui doit la continuer.

En principe, on peut dire qu'il ne faut laisser à ces branches que de soixante-quinze à quatre-vingts centimètres par chaque saison et rabattre le surplus. En huit ans, une branche atteindrait ainsi sans peine une élongation de six mètres, longueur plus que suffisante à la bonne tenue de l'arbre qui se trouverait avoir douze mètres de portée, six mètres sur chaque aile.

Tous les praticiens savent d'ailleurs que les branches charpentières, pour avoir été rognées annuellement à quatre-vingts centimètres de la section précédente, ne perdent rien de leur rectitude ni de leur aspect lisse. Elles vont diminuant de grosseur avec une régularité parfaite de l'insertion jusqu'à la pointe. Les sections annuelles ne présentent pas de nodosités et la rigidité de la ligne droite n'y perd rien. Un palissage intelligent amène toujours ce résultat.

Retenons donc bien ce principe, qui domine tous les autres au point de vue de la forme : une branche, quelle que soit sa direction, verticale, horizontale, oblique, ne s'accroîtra chaque année que de la longueur qu'il vous plaira de lui donner. Vous êtes maître de la prolonger plus ou moins. Outre le sécateur, il existe d'autres moyens dont il sera bientôt parlé.

La taille appliquée aux branches à bois, c'est-à-dire à la

charpente de l'arbre, est soumise aux exigences de la forme choisie. Il ne peut venir à l'idée de personne d'appliquer la même taille à deux formes différentes. Chaque forme demande une taille spéciale, et nous allons indiquer brièvement comment il faut tailler pour établir les quelques formes dont il a été question précédemment. Au moyen de ces explications, l'amateur intelligent qui veut, avec le luxe du fruit, avoir le luxe de l'arbre, pourra facilement établir de beaux pêchers le long de ses murs.

LA FORME CARRÉE.

Le jeune pêcher, venu de la pépinière, a été planté au commencement de l'hiver, et l'on a rabattu la tige à une hauteur de vingt-cinq à trente centimètres au-dessus de la greffe.

Au printemps, vous choisissez deux yeux sur les côtés, l'un à droite, l'autre à gauche, à l'un des points quelconques de ces trente centimètres, pour en faire les deux branches-mères, celles qui décriront le V en haut de la tige.

Si l'on devait attendre deux yeux opposés, à distance rigoureusement égale de la greffe, on courrait le risque de perdre quelques années. M. Alexis Lepère, notre maître à tous pour cette forme carrée, attendait volontiers le cas, au moins une année, par amour de la symétrie.

Nous ne nous sentons pas le courage de prêcher cette patience aux amateurs. Nous leur rappellerons plutôt ce que nous avons dit précédemment de la position naturelle des yeux sur une branche de pêcher. Ces yeux sont implantés en montant de droite à gauche, de deux cinquièmes en deux cinquièmes de la circonférence. Si donc vous prenez un œil à droite, vous aurez certainement à gauche un œil utile pour l'aile de gauche et à deux centimètres et demi au-dessus de l'autre. La distance est si minime que le V des deux branches-mères sera suffisamment régulier.

Bien que son petit Manuel ne dise rien des spires ni de la

position des yeux sur les rameaux du pêcher, nous sommes bien convaincu que le vénéré maître a maintes fois mis en pratique ce que nous venons de conseiller. À défaut de la science théorique, il a éu tous les instincts et tous les savoirs du praticien consommé.

Nous avons donc deux yeux, celui de gauche un peu au-dessus de l'œil de droite, ayant entre eux les deux cinquièmes du pourtour de la tige, et, quand ils seront partis régulièrement, avec une force égale, nous abattrons les yeux qui se trouvent au-dessous d'eux et que nous avons laissés jusqu'ici par précaution. Cette suppression des pousses inférieures amènera toute la séve dans nos deux rameaux en V.

Nous relèverons le plus possible nos deux petites branches-mères pendant la première année, dans le sens de la verticale, afin de donner à la séve un libre cours; nous les surveillerons et les maintiendrons d'égale force, les laissant pousser, du reste, sous un palissage un peu lâché. Le jeune arbre, comme l'enfant, gagne toujours à ne point être comprimé.

La première feuille se passera ainsi.

Au commencement de la deuxième année aura lieu la première taille, et nous n'allons plus nous occuper que de l'aile droite, puisque l'autre doit être traitée de la même façon.

Les deux branches du V, qui, répétons-le, doivent être nos deux branches-mères, ont acquis pendant la première feuille une longueur de cinquante à soixante-quinze centimètres, et sont couvertes d'yeux espacés à vingt-cinq millimètres l'un de l'autre environ.

Vous rabattez d'abord l'onglet de l'année dernière jusqu'à la pointe du V par une section bien nette, au moyen d'une lame bien tranchante et vous couvrez de cire la blessure assez correctement dissimulée derrière les deux jeunes pousses.

Il reste donc un V régulier dont la pointe repose sur le haut de la tige.

A quarante centimètres de cette pointe, un peu plus, un peu

moins, vous devez trouver sur le devant de la jeune pousse un œil bien conformé. En dessous et deux centimètres plus bas, il existe un autre œil. On rabat la pousse sur ces deux yeux. Vous savez que rabattre veut dire couper. L'œil de devant, le plus voisin de la section, doit servir à l'élongation de la branche pendant la deuxième année, et l'œil de dessous que vous laisserez partir, formera la première sous-mère à droite. Surveillez, dirigez, pincez, rabattez, effeuillez avec intelligence, votre arbre se dessinera bientôt.

Vous avez, pendant cette deuxième année, deux nouvelles pousses d'au moins un mètre, à partir de votre première taille, l'une qui prolonge la mère-branche, l'autre qui va former votre première sous-mère.

Au commencement de la troisième année, vous taillez pour la deuxième fois, mais à soixante-quinze centimètres au-dessus de la première taille. Comme la première fois, vous rabattez sur un œil de devant qui formera le prolongement de la branche-mère, et vous avez laissé en dessous et en dehors un autre œil qui donnera la deuxième sous-mère.

La première sous-mère doit être, pour la première fois, rabattue sur un œil de dessus, à soixante centimètres environ de son point d'insertion.

Au début de la quatrième année, troisième taille. La première sous-mère, rabattue à soixante centimètres de la dernière coupe; la deuxième sous-mère, à soixante centimètres de son insertion; la branche du V, à quatre-vingts centimètres encore de la taille précédente. On la rabat encore sur un œil de devant qui la prolongera, et sur un œil de côté qui donnera la troisième et dernière sous-mère.

Si nul accident n'arrive, vous avez, dans la cinquième année, vos deux grandes mères ou branches du V, avec vos trois dessous de chaque côté. Nous supposons que vous ayez soigné vos coursonnes et vos rameaux pour avoir des pêches depuis deux ans, en petite quantité d'abord, puis en plus grande abondance la dernière année ; mais le vice déjà signalé de cette grande forme magistrale saute aux yeux des moins compétents. Outre les dangers qu'il y a toujours à construire des formes d'une aussi vaste envergure, vous avez des dedans absolument nus pendant cinq ans, puisque vous n'avez rien dû laisser pousser entre les branches du V, pour mener toute la séve à vos dessous.

C'est seulement dans la sixième année que vous commencez à former les dedans.

A quel point insérer la première sur-mère sur la branche du V ? Nous avons déjà signalé ce qui nous semble un défaut dans la charpente carrée de M. Alexis Lepère. Le vieux maître laisse partir sa première branche de dedans entre la pointe du V et le point d'insertion de la première sous-mère, et nous tenons ce procédé pour vice capital dans l'architecture arboricole. Les notions les plus élémentaires nous apprennent que le mouvement de la séve a lieu de bas en haut ; que ce fluide, gêné dans sa marche ascensionnelle, s'échappe vigoureusement par les canaux les plus rapprochés de la verticale, et, dans le cas présent, elle se sera jetée dans la première sur-mère avant d'arriver à la première sous-mère. Tous les bas n'ont déjà que le reste des dessus ; c'est donc un non-sens que de donner à la séve la facilité de fuir par en haut avant de pouvoir alimenter les canaux d'en bas.

Le vice de construction que nous venons de signaler existe dans le dessin que nous reproduisons de nouveau ci-dessous pour les besoins de notre thèse.

Nous conseillons donc de ne laisser monter la première branche de dessus qu'entre la première et la deuxième sous-mère ; la deuxième du dessus partira ainsi au-dessus de la deuxième sous-mère, et la troisième du dessus au-dessus de la troisième sous-mère.

Si, plus tard, on est obligé, pour garnir les dedans, de laisser une branche monter sur la première branche de dessus, on pourra le faire sans trop appauvrir la première sous-mère, celle qui se trouve le plus près du sol et dans la position la plus désavantageuse.

C'est donc au bout de huit années seulement que vous avez un arbre carré auquel il reste, de l'aveu de son plus fervent promoteur, une existence de dix-huit à vingt années seulement. En d'autres termes, vous avez pris les deux cinquièmes de la vie d'un pêcher pour lui faire une charpente carrée.

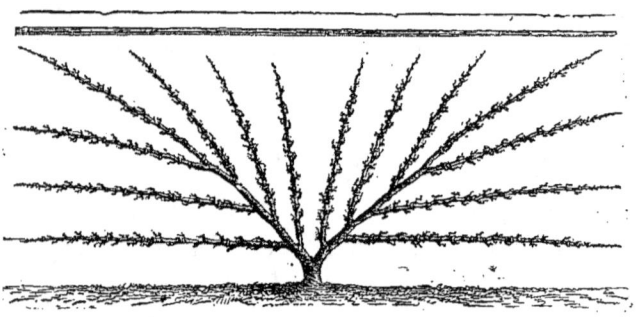

Et notez bien que nous avons supposé que rien d'anormal ne se présentait dans le développement symétrique des deux ailes, que ni la gomme, ni le moindre accident, ni le défaut d'équilibre ne dérangeaient en ces huit années notre construction savante.

Le moyen certain mais unique d'arriver au résultat, c'est de visiter l'arbre chaque jour, de le surveiller incessamment, de s'opposer aux moindres écarts et de ne se laisser jamais aller à la moindre distraction.

Mais la culture marchande, qui n'a pas tous ces loisirs et ne peut s'embarrasser de toutes ces préoccupations, a justement abandonné cette forme magistrale et dangereuse, pour la laisser aux amateurs.

Les pêchers carrés, en honneur pendant quelques années à Montreuil, ne s'y trouvent plus qu'en de rares jardins, dans les cultures où le propriétaire aisé, tout en restant producteur marchand, peut se permettre des fantaisies d'amateur.

Pour finir, nous pensons qu'un jardin bourgeois bien tenu doit avoir au moins un arbre carré, qui fait le plus bel effet le long d'un mur. Ce que nous avons dit de la taille appliquée à cette forme est plus que suffisant pour établir un pêcher carré dans les meilleures conditions. Ajoutons que, le long d'un très-haut mur, on peut établir quatre sous-mères au lieu de trois.

Au courant de la démonstration, nous avons dit : Surveillez, dirigez, pincez, effeuillez, rabattez avec intelligence, votre arbre se dessinera bientôt.

A la section suivante : *de la Statique dans l'arbre,* on verra comment tout cela peut s'effectuer.

LA PALMETTE SIMPLE.

Forme marchande et commune à Montreuil ; d'un très-facile établissement. Disons tout de suite qu'un bras, venant à tomber, peut être remplacé sans délai par une coursonne latérale qui ne tarde pas à courir dans le vide produit et à le combler.

Dans l'établissement d'une palmette simple, il faut néanmoins surveiller de près la flèche unique de l'arbre qui tend à grandir outre mesure aux dépens des bras latéraux et qui, faute de précautions, ne manquerait pas de s'emporter.

Reproduisons le dessin.

Nous trouvons ici le procédé de Chevalier aîné, que nous croyons le plus propre à l'établissement de cette palmette. Il est simple et d'une application facile. Nous le choisissons de préférence à tout autre, parce qu'il retarde le plus le développement de l'axe central.

Vous plantez votre jeune pêcher à l'hiver, et vous le rabattez à trente centimètres au-dessus de la greffe, sur un œil de devant.

Au printemps, l'œil se développe et vous donne une belle pousse unique. Vous supprimez les autres ou vous les laissez à l'état de coursonnes.

Au début de la deuxième année, vous trouvez sur la pousse unique un œil où trois feuilles ont pointé dans la saison précédente, une grande au milieu ; deux moindres à droite et à gauche que nous appellerons *stipulaires*. Vous coupez le bourgeon-maître au milieu par une section horizontale qui ne

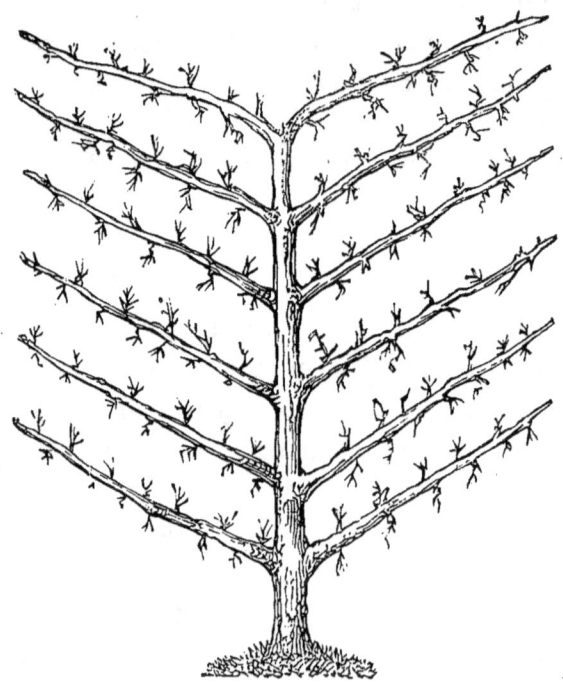

froissera pas la partie restante, et vous rabattez la tige à quelques centimètres au-dessus.

Les bourgeons stipulaires développeront de chaque côté les premiers bras latéraux d'une manière absolument symétrique, et la tige montera lentement pour vous mettre à même de recommencer sur elle la même opération l'année suivante, pour les deuxièmes bras qui devront laisser entre eux et les premiers une distance de quarante centimètres, ou un peu plus, si l'on veut.

Au fur et à mesure que vous montez d'un étage, il ne faut laisser aucun vieil onglet derrière soi.

Le procédé le plus ancien et le plus usité à Montreuil consiste à prendre sur la jeune tige d'une année, au-dessus de la greffe, deux yeux latéraux alternes, et de rabattre la tige sur un œil de devant.

La deuxième année, les deux latéraux vous donneront les deux bras de droite et de gauche, en même temps que l'œil de devant prolongera la flèche de l'arbre.

La troisième année, vous renouvellerez l'opération quarante centimètres plus haut, et ainsi de suite, jusqu'à ce que la flèche atteigne le chaperon du mur.

A supposer que l'écartement entre les bras soit fixé à quarante centimètres, la distance minimum, vous aurez à votre arbre cinq bras de chaque côté, lesquels, ayant une longueur de quatre mètres, développement ordinaire, fourniront ensemble une ligne courante de quarante mètres. Si vous vous en tenez à dix pêches par mètre courant de charpente, votre palmette, au bout de six ans, vous donnera de trois à quatre cents pêches.

Remarquez bien que si, dans cette forme, la flèche ne doit monter annuellement que de la longueur fixée pour la distance entre les bras latéraux, vous pouvez tailler chaque hiver ces mêmes bras à quatre-vingts centimètres, pour arriver plus vite à leur développement normal. Il vous reste la ressource de tailler plus court dans les dernières années de l'établissement du pêcher.

Ceci est affaire de goût et d'entente de la végétation.

La palmette simple ne finit pas en pointe: On rabat la flèche sur les yeux latéraux qui ont donné les plus hauts bras, sous le chaperon, nous voulons dire à une trentaine de centimètres au moins du front de la muraille et au-dessous de la ligne des supports.

LA PALMETTE DOUBLE.

Ce que nous venons de dire de la palmette simple s'applique naturellement à la palmette double ou forme en U, à cela près qu'au lieu d'une flèche, vous en avez deux à conduire, et que chacune d'elles a des bras horizontaux d'un côté seulement, celle de droite, à droite ; celle de gauche, à gauche.

Il convient d'ajouter aussi que le plus haut bras horizontal, de chaque côté, se forme avec le montant de l'U replié en dehors sous un angle égal aux angles formés par les bras infé-

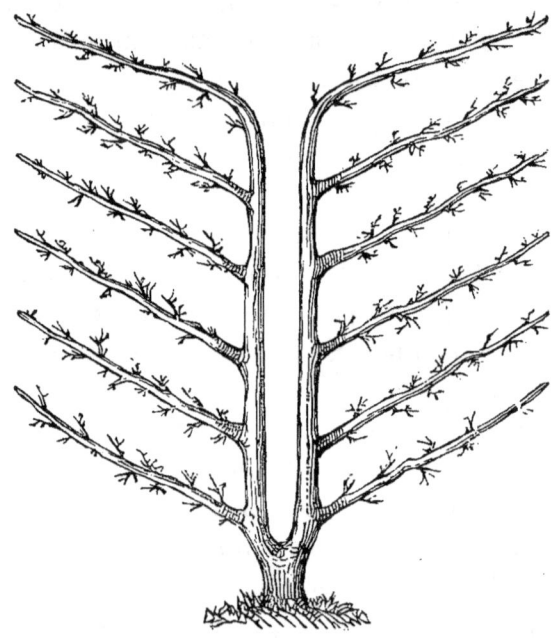

rieurs ; ce qui fait qu'à proprement parler la double palmette n'a pas de sommet et s'encadre elle-même sur la surface du mur.

Cette forme très-marchande et très-commune à Montreuil se maintient assez bien dans sa régularité, moyennant des soins que les plus occupés peuvent encore donner.

On a l'habitude à Montreuil de donner aux bras de la palmette simple et à ceux de la palmette double une direction tout à fait horizontale, quand la charpente est complète. On peut le remarquer surtout dans les beaux espaliers de Chevalier aîné, modèle aujourd'hui de notre arboriculture locale. Au point de vue de l'aspect, il n'y a rien à dire de ce détail qui donne un caractère géométrique aux arbres; mais nous pensons que, si les branches, au lieu d'être horizontales, étaient un peu relevées à partir de leur insertion sur la tige principale, l'arbre y gagnerait en vigueur, et que la séve, moins contrariée dans sa direction naturelle, se comporterait d'une façon plus paisible et plus régulière. Les gourmands disparaîtraient.

LA FORME DE MONTREUIL, OU L'ÉVENTAIL.

La plupart des professeurs et des écrivains spéciaux se sont évertués à trouver une foule d'arguments contre la forme dite de Montreuil, et à la battre en brèche.

On a même été jusqu'à nier que l'éventail fût la forme primitive de nos jardins.

Que veut-on dire en somme?

Que cette forme n'est ni la palmette simple, ni la palmette double, ni la forme carrée, ni le candélabre?

Nous en convenons.

Que notre vieil éventail n'a pas le bel aspect des formes géométriques?

Nous le savons bien.

Qu'il a des vices de conformation, des défauts particuliers, des côtés faibles, des propensions à l'empâtement?

Nous ne l'ignorons pas, mais nous savons aussi que les plus belles formes ont des inconvénients qui balancent au moins les vices de l'éventail.

Qu'il est moins productif, moins durable, plus caduc et d'une tenue plus difficile que toute autre forme?

Expliquons-nous.

Quant à la production, le procès est gagné depuis longtemps. Comment peut-on dire que plus de trois cents cultivateurs, incessamment sollicités vers ce qu'on appelle le mieux, instruits par l'exemple des maîtres locaux, Beausse-Pipi, Félix

Malot, Alexis Lepère, Chevalier aîné, tourmentés dans leur routine par les leçons publiques données autour d'eux, comment veut-on que tous ces cultivateurs, pouvant récolter davantage, aient mieux aimé récolter moins? Ces gens qu'on dit arriérés, routiniers, endormis dans les procédés d'un autre siècle, sont des travailleurs intelligents qui savent tirer du pêcher tout ce que le pêcher peut donner. En fait de pratiques, de procédés et de tours de main, nous n'hésitons pas à le dire,

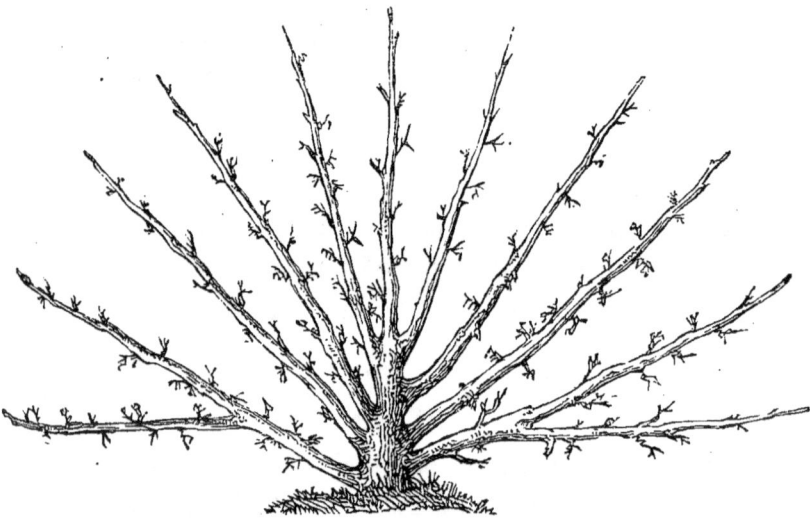

ils en remontreraient aux plus habiles maîtres, et si quelqu'un d'ailleurs, quel qu'il fût, eût trouvé le moyen de faire produire une pêche de plus à un arbre, il y a longtemps que nos cultivateurs eussent jeté l'éventail par-dessus les murailles pour adopter la méthode nouvelle.

Les contempteurs de nos formes et de nos procédés n'ont oublié qu'une chose dans la discussion ; cette chose, c'est que Montreuil cultive pour produire beaucoup et le plus vite possible. Tout est subordonné chez nous à cette raison-là : nous fabriquons des pêches!

Eh bien, nous le répétons, la culture intensive a dû s'en tenir à l'éventail, forme féconde et facile, qui n'a pas les inconvénients des grandes formes géométriques et qui se tient le plus près possible des lois de la végétation.

La seule condition qui nous paraît essentielle dans l'établissement de l'éventail est d'éviter les empâtements et les angles trop aigus entre les branches. Alexis Lepère, nous l'avons dit, ayant d'autres préoccupations, a mal établi, si nous en jugeons par les figures de son petit livre, sa forme en éventail dont il a fait une sorte de forme carrée bâtarde. Les branches s'y insèrent sur les branches et la conduite de pareils pêchers demanderait du temps et des soins que nos cultivateurs ne sauraient donner à l'ensemble d'une grande culture.

Le moyen le plus rationnel d'établir un éventail solide et durable consiste à lui donner un axe, une tige principale, comme dans la figure ci-dessus, et à y insérer latéralement les branches qui doivent garnir la muraille en peu de temps. Il est toujours possible de retarder l'élongation des branches du milieu et de développer celles d'en bas qui recevront la séve que vous empêcherez d'envahir les parties hautes.

Si vos branches basses périssent, vous rabattez celles qui les dominent immédiatement, et votre mur ne se dégarnit jamais, puisque vous avez en haut des pousses à volonté.

Comparer doctoralement nos éventails aux grandes formes géométriques, c'est commettre un enfantillage ou se battre à la manière de don Quichotte. Nous voulons nous résumer en disant que Montreuil n'est coupable ni de routine ni d'entêtement; il garde le vieil éventail parce que nulle forme possible ne présente plus de solidité, ne laisse plus de loisir au cultivateur et ne donne autant de fruits.

Les belles formes, nous les connaissons, comme le fermier connaît les chevaux de course, mais nous préférons avec lui les bons gros chevaux de labour. Et cela tient à ce que nous vivons de nos pêches et que nous sommes condamnés à produire le plus possible.

LE CANDÉLABRE TROUILLET.

Néanmoins une jolie forme, celle du candélabre Trouillet, peut lutter avec l'éventail au point de vue de la production.

Le dessin que nous reproduisons est accompagné de chiffres qui doivent en faciliter l'établissement.

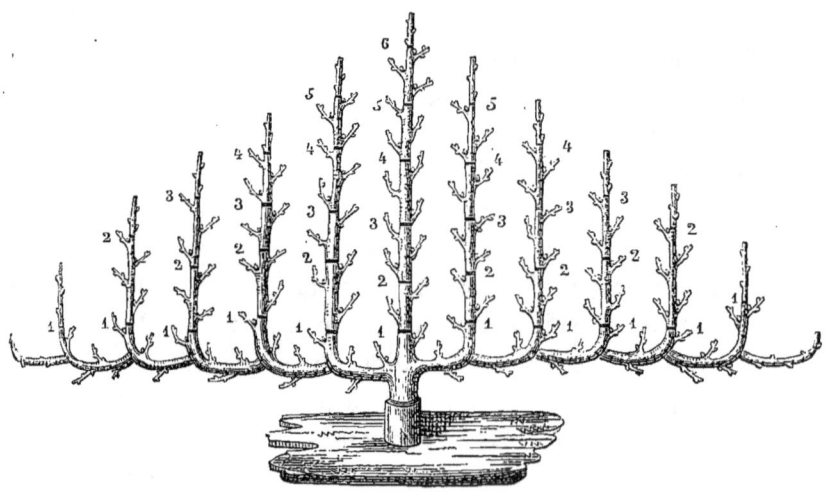

L'expérience a démontré que la flèche ou tige principale périt la première et dans un temps relativement court, mais on peut obvier à cet inconvénient en ne laissant qu'un espace moindre entre cette tige et les branches immédiatement voisines.

On pourrait même, au besoin, modifier cette forme gracieuse, qui produit le meilleur effet le long d'une muraille, en omettant d'établir une flèche médiane et en rapprochant la première branche de droite de la première branche de gauche. L'effet en souffrirait peut-être et la régularité aussi, mais on aurait un arbre solide qui garnirait près de cinq mètres de mur en six ans.

Les arbres de moyenne vigueur se prêtent surtout à cette forme de luxe d'une conduite et d'une surveillance très-faciles et aussi d'un beau rapport.

Au reste, on doit poser en règle générale que, dans toutes les formes possibles, les variétés vigoureuses sont d'une tenue difficile et demandent, de la part de l'arboriculteur, une vigilance particulière.

LES FORMES DE FANTAISIE.

Nous écririons deux cents pages assurément intéressantes sur le chapitre des formes de fantaisie, mais sans profit pour personne, attendu que la fantaisie n'a pas de règles et que tout amateur, aux fantaisies indiquées, peut ajouter de son propre fonds des fantaisies nouvelles.

Nous nous en tiendrons, sur la matière, à l'observation faite précédemment et que nous renouvelons ici pour compléter l'étude de la charpente.

Non-seulement le pêcher possède une flexibilité extrême, mais encore il est assez généreux pour envoyer son fluide séveux dans tous les capricieux méandres, dans les arabesques gracieuses que dessineront les branches. Cet arbre dompté va jusqu'aux extrêmes limites du possible ; on en peut faire les lettres d'un nom, le décor végétal d'un pavillon rustique, un arc triomphal à l'entrée d'une pelouse, un massif, une grotte, ce que vous voudrez enfin. La beauté de la fleur ajoute à la grâce de ces caprices, et quand la fin de l'été viendra, des pommes d'or remplaceront les pétales éclatants et pendront aux branches comme au jardin des Hespérides.

Nos cultivateurs pourraient sourire à toutes ces jolies choses de luxe, mais nous ne craignons pas pour eux la contagion de l'exemple.

Ce que nous venons de dire est donc à l'adresse des seuls amateurs.

REMARQUE ESSENTIELLE SUR LA COUPE DU BOIS.

Ce qui va suivre est, au contraire, à l'adresse de tout le monde. Il s'agit de la section du bois dans la taille.

Il semble, à première vue, que moins est grande sur la branche la surface de la coupe, mieux vaut la blessure. En coupant la branche par une section bien transversale, la surface de la blessure est ronde et présente un cercle. Pour peu qu'on baisse ou qu'on relève la main, la section devient oblique par rapport à la ligne de la branche et présente une surface ovale toujours plus grande que le cercle.

Malgré cela nous conseillons la taille oblique, et nous voulons que celui qui taille une branche d'une certaine importance, relève la main pour opérer une coupe en biseau et tourner ainsi vers le mur la face de ce biseau.

En un mot, après une taille de branches charpentières, le spectateur debout devant un pêcher ne doit apercevoir aucune coupe ; toutes les sections en biseau doivent regarder la muraille, et cela pour des raisons qui sautent aux yeux.

Toute section est une blessure ;

Toute blessure doit être soustraite à la double action de l'air et du soleil.

Comme un arboriculteur, dans une grande culture surtout, n'a pas le temps d'appliquer de la cire sur les plaies nombreuses qui proviennent de la taille, il faut du moins, puisque cette précaution ne demande pas une minute de plus, tailler comme nous le conseillons. La coupe oblique détermine une pente qui favorise le plus prompt écoulement de l'eau, la blessure ressuie et la cicatrisation s'effectue en dehors de l'action de l'eau, de l'air et du soleil direct, c'est-à-dire dans les conditions les moins dangereuses, ce qui n'a lieu ni dans les tailles à face horizontale, ni dans les sections qui ramènent en devant la face des biseaux.

Nous aimons assez le nom de *taille en diamant* donné par quelques praticiens au procédé que nous conseillons ici.

Tels sont les principes généraux de la taille du bois dans le pêcher, c'est-à-dire de l'établissement des diverses charpentes. Nous avons omis à dessein maints détails qui nous eussent conduit trop loin ; mais l'intelligence des praticiens, même novices, y suppléera sans efforts.

Section 3e. — DE LA STATIQUE DANS L'ARBRE.

La *statique* dans l'arbre est la science qui a pour objet les lois de l'équilibre dans la végétation.

Elle recherche les moyens, les étudie et les expérimente. L'équilibre est le résultat acquis.

Dans le pêcher, il faut savoir maintenir l'équilibre entre les ailes et surtout entre les dessous et les dedans.

La taille, comme celle que nous pratiquons, a fait de la statique une science absolument nécessaire, une question vitale, un ensemble de procédés pratiques sans lesquels il n'y a pas d'arbres possibles.

La statique a été le triomphe d'Alexis Lepère. Nul ne s'est jamais mieux entendu que lui à maintenir en équilibre les grandes envergures de ses pêchers, à soutenir les parties basses contre les emportements des parties hautes. Ce savoir tout instinctif de la statique a été chez lui comme la qualité d'un défaut que nous avons dû signaler précédemment. Le maître, nous l'avons dit, s'était créé comme à plaisir des difficultés énormes dans la conduite de ses beaux pêchers, en établissant partout de l'antagonisme entre les parties; témoin la forme carrée, qui fut sa forme de prédilection.

Ayant ainsi fait de l'antagonisme dans l'arbre une sorte de principe personnel, il dut rechercher et trouver les moyens de le combattre. Le problème posé, il fallait le résoudre.

Disons bien vite, à son grand honneur, qu'il réussit à souhait et que ses leçons n'ont pas été perdues à Montreuil où sa culture artistique n'a pas été suivie. Et nous pouvons affirmer que nos cultivateurs jusqu'au dernier en remontreraient aux plus habiles professeurs, officiels ou non, dans les procédés qui ont trait à la libration du pêcher. Routiniers, si l'on veut, dans l'établissement des arbres, attachés avec entêtement à l'éventail qui produit le plus et parce qu'il produit le plus, nos cultivateurs ne redoutent d'être comparés avec personne en ce qui regarde la conduite de l'arbre.

Là, pour nous, est le savoir, là est le progrès.

Le pêcher qui grandit en liberté sur l'endos d'une vigne s'équilibre seul. La nature n'a besoin d'aucun secours étranger pour faire son ouvrage. Le sommet de l'arbre s'arrondit en s'élevant, la séve se répartit également entre les branches charpentières, et vous verrez rarement un pêcher libre devenir difforme, attendu que rien ne vient contrarier les lois de la végétation. Ceux dont un côté faiblit ou meurt doivent ces difformités à des causes extérieures, comme la gelée, par exemple.

En règle générale, l'équilibre est une des lois de la nature et compte parmi les plus essentielles.

Mais il n'en saurait être de même quand il s'agit d'un arbre domestiqué, nous voulons dire taillé, surtout comme l'est le pêcher de nos murailles. En rabattant l'arbre de tous côtés, vous vous mettez sur les bras une masse de séve qui ne demande qu'à vous échapper. Indécise d'abord, ne sachant pas où s'en aller sans rencontrer les blessures de la taille, elle semble se replier sur elle-même pour réunir ses forces d'expansion afin de se précipiter follement par les premiers débouchés venus.

Et c'est ce qui a lieu.

La séve est une force aveugle, puissante, incessamment poussée vers les routes verticales et qui ne prendra les directions latérales que si vous barrez sa marche ascensionnelle. On comprend donc qu'il est nécessaire de la diriger, et que même souvent il arrive qu'elle est rebelle à tous vos soins.

Dans ce cas là, vous avez un arbre irrégulier.

Or tout arbre déformé court risque de périr. Le trop de séve d'un côté, le trop peu de l'autre, rompent l'équilibre, et l'équilibre rompu entraîne le dépérissement rapide et la mort d'un arbre.

Tout repose donc sur la juste libration des parties de votre pêcher.

Voici les moyens de statique employés par tout le monde à Montreuil, quand, malgré tous les efforts, la séve se répartit inégalement. Ces moyens sont pour la majeure partie dus à M. Alexis Lepère auquel nous en renvoyons tout l'honneur.

Aux premières années surtout, et dans toutes les formes indiquées, notre arbre a deux ailes, un côté gauche et un côté droit. Même en ne laissant monter aucune branche verticale, vous aurez bien rarement deux ailes d'une force égale ; l'une se développe presque toujours aux dépens de l'autre.

Pour ramener l'équilibre, il faut palisser, en la serrant le plus possible, l'aile forte contre la muraille et palisser l'autre aile d'une façon plus lâche. La compression ralentira la marche ascendante de la séve et la descente du cambium dans la grande aile, tandis que les deux fluides circuleront plus à leur aise dans le petit côté maintenu plus libre.

Un deuxième moyen consiste à laisser la grande aile emprisonnée dans son palissage, à dépalisser la petite, à l'amener en avant à 10, 15, 20 centimètres du mur et à la maintenir par des tuteurs dans cette position. On ne doit recourir à ce moyen que dans les jours où votre arbre n'a plus à craindre ni les gelées, ni les pluies froides, ni les intempéries.

Un troisième moyen d'une exécution facile, si vos charpentes ne sont pas trop grosses ou trop rigides, c'est de relever votre aile affaiblie dans le sens de la verticale et de la palisser ou de la maintenir dans cette position par des tuteurs, comme il a été dit ci-dessus. Il faut rarement plus d'une saison pour rétablir l'équilibre dans l'arbre. A la saison suivante, l'aile revivifiée sera mise dans sa position symétrique et tout ira bien.

Un quatrième moyen, souvent employé par Alexis Lepère, consiste en un auvent en paillassons couvrant de près l'aile forte horizontale et la privant d'air et de lumière, ce qui retarde visiblement la végétation. La séve s'en ira d'elle-même du côté de l'air et de la lumière, c'est-à-dire dans l'aile attardée.

Un cinquième moyen, que conseillait le même maître et qui nous semble actuellement délaissé du plus grand nombre de nos cultivateurs, c'est de pratiquer tout le long de la branche faible une incision en dessous dans l'écorce jusqu'au liber. L'incision devrait même se prolonger sur la branche mère de 3 à 4 centimètres. Le procédé nous paraît pour le moins discutable et nous ne le consignons ici que sous toutes réserves.

Un sixième moyen, que nous préconisons ici vivement et qui nous paraît devoir entrer dans la pratique de tout le monde, c'est l'effeuillement.

Dans les sommets de l'aile forte, avec l'ongle du pouce sur l'index, on coupe la plupart des feuilles à la moitié du limbe. Une section pratiquée au moyen d'un sécateur ou d'un ciseau n'aurait pas le même effet. La coupure obtuse par l'ongle comprime la feuille restante tout le long de la blesssure et la séve ne s'y porte qu'après la cicatrisation. Le remède est plus héroïque et plus actif que la section par les sécateurs ou les ciseaux, seulement il exige, à l'emploi, certaines précautions indispensables. Si l'on fatigue les pétioles des feuilles, on peut empêcher la séve d'y arriver pour toujours et tuer les yeux dans les aisselles, ce qui détruira les sommets de l'aile.

Un procédé facile, qui obvie à ces inconvénients, consiste à ramasser entre les doigts de la main gauche une certaine quantité de feuilles voisines à la fois, et de trancher l'extrémité des limbes, en produisant le petit effort de bas en haut. Peu importe, on le voit, que les feuilles soient coupées à égales distances du pétiole ou du sommet; l'essentiel est qu'elles soient coupées. Et de cette façon, l'opération de l'effeuillement sur une aile, même étendue, ne demande que quelques minutes.

On peut choisir entre ces divers moyens, en combiner plusieurs ensemble et les employer tous en même temps, suivant la gravité des cas. Un horticulteur intelligent saura toujours proportionner le remède au mal. Dans un jardin neuf, avec des arbres en bonne santé, le maintien de l'équilibre n'offre jamais de difficultés insurmontables; mais dans les terrains fatigués, le long des côtières épuisées par une culture séculaire, l'arbre n'est plus aussi gouvernable, et de là vient que nous avons, à Montreuil, abandonné les formes régulières et que notre unique préoccupation consiste à couvrir nos murs.

Un dernier moyen de rétablir l'équilibre dans des arbres en plein rapport, c'est de ne laisser mûrir qu'une très-petite quantité de fruits sur le côté faible et de laisser l'autre chargé de tous les siens. L'aile affaiblie profitera de toute la séve qui ne sera pas absorbée par les pêches, tandis que la grande aile, épuisée par les fruits nombreux qui mûriront à ses branches, restera momentanément stationnaire.

Tels sont les moyens jusqu'à présent employés par la statique et qui suffisent généralement à établir l'équilibre.

Nous arrivons maintenant à l'une des plus hautes questions arboricoles, celle qui forme comme le sommet de la science de l'équilibre et que Chevalier aîné nous paraît avoir résolue victorieusement, à force d'observations patientes et malgré les dénégations mal venues de certains arboriculteurs plutôt ses rivaux que ses émules.

Nous avons déjà dit qu'à l'heure actuelle Chevalier aîné représente à lui seul la culture artistique de Montreuil, et que, si nous l'admirons tous, peu d'entre nous sont tentés de suivre son exemple, attendu le caractère marchand de notre culture.

Mais l'habile horticulteur a trouvé des procédés dont nous avons suivi les applications avec une sérieuse attention, mêlée d'une certaine défiance bien naturelle à quiconque se trouve en présence de faits nouveaux.

Ces procédés seront décrits au long quand il s'agira, dans le chapitre suivant, de la taille des branches à fruit. Nous en retenons ici ce qui concerne la conduite des branches de la charpente.

Posons bien la question, pour être bien compris.

Quand un arbre en pleine vigueur a atteint son entier développement et que la place manque sur le mur au prolongement de ses branches soit verticales, soit obliques, soit horizontales, il faut nécessairement arrêter l'accroissement de la charpente et la maintenir dans ses limites.

En second lieu, si l'une des ailes, mieux alimentée par la séve, s'allonge outre mesure et dérange la symétrie que vous tenez à conserver dans votre pêcher, vous êtes forcé d'en arrêter l'essor, en taillant long d'abord et en rabattant ensuite impitoyablement.

Jusqu'à présent il n'existait que ce moyen énergique, combiné pendant la saison de la pousse avec un pincement bien entendu.

Mais, si le moyen suffisait pour contenir l'arbre dans ses limites, il rendait généralement les pointes improductives, malgré les bois nouveaux qui les terminent.

Or voici le procédé qu'emploie avec succès Chevalier aîné.

Il taille long ses pointes qui se chargent de fleurs aux coursons dont elles sont naturellement garnies. Puis, une fois les pêches nouées, il produit un éclat au milieu du bois de la dernière pousse et relève la pointe chargée de fruits, qu'il palisse. L'éclat a été fait au-dessus d'un œil qui fournira la pointe de l'année courante et qu'il traitera de la même façon l'année suivante.

Donc, aussi bien sous le chaperon du mur que sur les côtés de l'arbre, on peut toujours arrêter le développement de l'arbre et empêcher les branches de dépasser les limites que vous avez fixées. Les pointes éclatées, un peu dérangées de la ligne droite pour laisser passer la jeune pousse de remplacement, porteront bravement leurs fruits, les donneront très-gros et un peu hâtivement. Puis, l'hiver suivant, vous les supprimez comme inutiles, puisque la branche charpentière a repris une pointe nouvelle.

Nous reviendrons à la question des éclats, qui nous paraît

capitale, lorsqu'il s'agira dans la question suivante de la taille des petites branches ; nous n'indiquons en ce moment le moyen que pour contenir l'arbre et donner aux pointes incessamment rajeunies un rapport certain.

L'éclat se pratique avec facilité. A l'endroit où vous désirez le faire, vous coupez transversalement avec la serpette la branche de votre arbre jusqu'à la moitié de son diamètre et vous inclinez le haut de la branche avec précaution pour la fendre de 2 centimètres environ dans le sens de sa longueur.

Et la pointe qui ne tient plus au reste de la branche que par une moitié du bois et une moitié de l'écorce est palissée solidement pour qu'elle puisse porter sa charge de fruits jusqu'à la maturité.

Tout se passe en cette opération le plus simplement du monde. Vos pêches mûrissent parfaitement sur la pointe de votre branche éclatée ; la pointe de remplacement s'allonge sans jamais s'emporter, et l'extrême limite de votre arbre vous donne une belle récolte, en même temps qu'elle prépare du bois nouveau pour la saison suivante.

Deux ou trois faits de ce genre ne nous eussent pas suffi; nous les avons vus se répéter cent fois toujours avec le même succès, et l'habile horticulteur, auquel est dû ce gain d'un nouveau genre, nous a déclaré ne l'avoir jamais vu faillir dans ses mains.

La question des *éclats* dont on a tenté de nier l'importance, est destinée, quoi qu'on fasse, à pénétrer de vive force dans la pratique du pêcher. La routine, l'ignorance ou la prévention essayera bien encore de lui barrer le passage, mais les bonnes choses finissent par s'imposer et les détracteurs du procédé nouveau ne tarderont pas eux-mêmes à s'en servir.

Depuis quatre ans, M. Chevalier aîné l'expérimente sur une grande échelle; M. Rivière, jardinier en chef au Luxembourg, a complété les expériences de l'inventeur par de nouvelles expériences conduites avec son grand savoir et sa compétence incontestable, et nous-même, s'il nous est permis de nous mettre en jeu, nous suivons les faits depuis le même temps avec un soin particulier.

Les faits obtenus défient aujourd'hui la critique au point de vue de la pratique comme au point de vue de la science, et nous affirmons hautement que l'*éclat*, trouvé par un de ces routiniers de Montreuil dont on se gausse en certains livres, marque dans la culture du pêcher un des plus grands progrès de ce temps-ci.

Nous y revenons avec une petite gravure spéciale afin de ne laisser aucune obscurité dans nos précédentes explications.

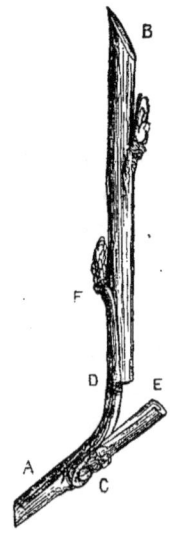

AB est une pointe de branche charpentière. C'est du bois nouveau qui vient par A de la taille précédente et qui va finir au-delà de B par un œil terminal. Ce rameau qui prolonge la charpente est, cette année, un vrai courson de près d'un mètre; il porte des fruits à presque tous ses yeux; les procédés ordinaires veulent qu'on le rabatte aux deux tiers au-dessus de l'œil C, par exemple, afin que ce dernier œil devienne chef de file en s'allongeant.

La pointe en bois à fruit, depuis C jusqu'à l'œil terminal au-delà de B, tombe donc avec toutes ses fleurs, afin de laisser à l'œil C la faculté de se développer librement et de prolonger la charpente AE, suivant l'usage.

Mais c'est une perte sèche, une perte semblable à celles qui proviennent de toutes les coupes de la taille. Si vous avez huit, dix, douze pointes dans un grand pêcher, vous sacrifiez au profit du bois une centaine de pêches, de cinquante à soixante si vous le voulez, que l'éclat vous permet de garder et de conduire à parfaite maturité.

La question reviendra quand nous parlerons de la taille des branches à fruit, et nous l'étudierons au point de vue physiologique; il nous suffit, pour le moment, de donner le fait comme absolument expérimenté en ce qui concerne la tenue de la charpente.

Par suite d'une erreur qui s'est glissée dans le croquis, l'éclat dans la figure ci-dessus, est fait dans un sens contraire. Il est de haut en bas, de D en C, et l'onglet E, que nous appelons l'égout, au lieu d'appartenir à AE, devrait être sur BD. Le mal n'est pas grand sans doute, mais il est néanmoins prudent de mettre l'éclat à l'abri de l'eau en tournant son angle DCE la pointe en haut, ce qui est facile, puisqu'on peut faire l'éclat suivant DF.

Au palissage nous relèverons DB plus ou moins, suivant la place que nous avons sur le mur, et l'œil C, devenu rameau, sera dirigé dans le sens général de AE, la branche charpentière, dont il formera l'élongation de cette année.

Qu'adviendra-t-il de BD, la pointe éclatée?

Ne craignez rien. BD ne vous demandera presque aucune surveillance; la maturation des fruits s'y conduira de la manière la plus naturelle. Vous aurez sur ce membre épargné de belles pêches, mûres avant les autres.

Puis, à la taille suivante, vous rabattez l'égoût E et la branche éclatée DB jusque sur C.

Nous espérons bien que les arboriculteurs sans préventions

s'empresseront d'expérimenter chez eux le procédé de l'éclat qui ne peut, en somme, faire aucun mal à l'arbre, et nous prions les gens sincères de nous faire part des résultats qui contrediraient ce que nous venons d'affirmer.

En ce qui nous concerne, une centaine d'expériences faites dans les conditions normales et toutes heureuses ont formé dans notre esprit une conviction profonde, mais non aveugle, qui appelle et provoque même la contradiction.

Au reste, ce procédé des éclats a des résultats bien autrement considérables dans la taille des branches à fruit, comme on le verra ci-après.

Section 4º. — INSTRUMENTS EMPLOYÉS POUR LA TAILLE. — COMMENT ON DOIT TAILLER. — EN QUEL TEMPS IL FAUT TAILLER.

1º Le sécateur que tout le monde connaît accélère le travail à ce point que, malgré les inconvénients qui résultent de son emploi, cet instrument facile a dû s'imposer à l'arboriculture en très-peu de temps. C'est l'histoire de tous les progrès qui permettent de gagner du temps. Le sécateur est bien un progrès. Il est à la serpette, toutes proportions gardées bien entendu, comme la locomotive est à l'ancienne diligence.

L'inconvénient qu'on lui reproche à juste titre et qui résume les autres, réside en sa manière de trancher. Comme les ciseaux, il opère d'abord par pression. Le système est identiquement celui du levier. Le tranchant du sécateur n'entre dans le bois que par suite d'un effort qui produit une contusion. Le bois est foulé avant d'être coupé, c'est-à-dire que les deux côtés de la section ont eu leurs fibres, leurs cellules et leurs vaisseaux désorganisés plus ou moins profondément. La serpette entre, au contraire, dans le bois à la façon d'un coin, refoulant bien aussi les faces de la section mais d'une façon très-peu sensible. Si la lame est mince et le tranchant bien aiguisé, l'action de ce coin sur les faces du bois est pour ainsi dire nulle.

Néanmoins la serpette doit toujours se trouver avec le sécateur dans le panier à palisser que le travailleur porte sur le ventre au moyen d'une courroie qui lui ceint les reins, car on ne peut guère s'en passer, quand il s'agit de rendre nettes et de lisser les surfaces d'amputation.

A ces deux instruments, d'une absolue nécessité, l'on doit joindre l'égohine ou scie à main, à lame étroite, effilée et pouvant atteindre, dans les angles les plus aigus, les branches à couper. De là, son nom vulgaire de *passe-partout*. On se sert de la scie à main pour trancher les ramures trop fortes pour le sécateur. La section par cet instrument n'est jamais nette; le bois garde des aspérités résultant des déchirures, et l'écorce est plutôt cassée que coupée. Aussi doit-on *blanchir*, c'est-à-dire lisser la surface de l'onglet au moyen de la serpette, même avant de poser sur la blessure la cire ou l'onguent de St-Fiacre.

Nous devons ajouter, au reste, que depuis l'introduction du sécateur dans l'opération de la taille et de l'entretien des arbres, on a beaucoup amélioré cet instrument. Nous avons vu, l'année dernière, à l'Exposition horticole de Sceaux, un sécateur qui nous semble avoir atteint la perfection désirable. Il *guillotinait* son bois suivant une courbe très-longue, et l'examen des surfaces tranchées, tant dans le bois dur que dans le bois tendre, ne nous a fait voir que des sections aussi lisses que celles de la serpette. A la loupe on ne constatait aucune contusion. Nous n'avons qu'un regret, c'est celui d'avoir perdu l'adresse du fabricant qui exposait cet outil.

Certains cultivateurs de Montreuil ne tiennent pas assez grand compte de l'action du sécateur ordinaire sur le bois du pêcher. La contusion qui résulte de la section leur paraît chose indifférente ou d'importance minime, mais il faut qu'on sache bien que ces foulures peuvent déterminer un *coup de gomme*, c'est-à-dire l'arrêt local de la gomme qui circule dans l'arbre le plus sain. L'accumulation de ce suc qui abonde dans le pêcher s'accroît de jour en jour, intercepte les routes de la sève, et ceux qui ont étudié à la loupe ce qui se passe dans les endroits où se produit le coup de gomme savent que le bois s'y désorganise complétement. Voilà ce que le praticien ne doit jamais oublier. Que le sécateur coupe mal ou que le coup de l'outil soit mal donné sur une branche qu'on a amputée, il peut en résulter un danger pour l'arbre.

Loin de nous la pensée de faire le procès au sécateur. Nous aimons le progrès, et cet outil en est un, surtout pour la grande culture. Nous voulons seulement qu'on en accompagne l'emploi de toutes les précautions nécessaires.

La première de ces précautions est de n'employer que les sécateurs à lames courbes qui tranchent le bois suivant une ligne circulaire. On n'en voit plus guère d'autres à Montreuil. Les sécateurs à fil droit demandent un effort pénible à la main qui s'en sert et dangereux pour le bois qui se trouve pris comme entre les mâchoires d'un étau.

Qu'ensuite, la lame tranchante soit aussi mince que faire se pourra, de façon qu'elle pénètre facilement dans le bois et qu'elle ne refoule pas à la manière d'un coin obtus le bois que les deux leviers compriment déjà.

Puis, que l'outil, bien entretenu, reste toujours parfaitement affilé.

Dans ces conditions, le sécateur débite du travail et le fait bien. Au surplus, la question de l'affûtage est capitale pour tous les outils tranchants d'un arboriculteur. Dis-moi comment tu entretiens tes outils, je te dirai comment tu soignes tes arbres.

2° Malgré tout ce qui vient d'être recommandé, nous pensons qu'une section, si bien faite qu'elle soit, cause un désorde local et matériel dans le bois qu'elle atteint. Qui dit section dit blessure. Or voici ce qui se passe après l'ablation. La séve monte à la surface de la coupe, n'y trouve plus d'issue, stationne dans l'onglet et force le courant liquide à prendre une autre route. La surface d'amputation se dessèche par l'évaporation de la séve, et la mortification qui s'y produit descend quelquefois à plus d'un centimètre dans le bois.

Nous avons bien des fois répété l'expérience d'une section de petite branche à son point d'insertion sur une plus grosse branche, et nous avons constaté que la cicatrisation se faisait jusque dans cette dernière et que les yeux placés dans le voisinage périssaient. L'expérience est facile et à la portée de tout le monde; on peut la renouveler pour s'assurer du fait.

Même chose a lieu chez les animaux. Un membre amputé, n'importe à quel point de sa longueur, éprouve et subit une mortification qui met l'extrémité du reste hors de service.

Cela étant, nous tenons pour extrêmement important de ne jamais couper une branche juste sur l'œil qu'on laisse croître. L'œil périrait. Il faut laisser un onglet d'au moins un centimètre, qu'on est toujours à même de rabattre après la cicatrisation.

Si l'on est forcé d'abattre une assez forte branche jusqu'à sa base sur une branche charpentière, il faut d'abord la trancher soit avec le sécateur, soit avec la scie, à quelques millimètres au moins de son insertion, et enlever ensuite l'onglet avec la serpette, puis couvrir la plaie d'onguent de St Fiacre ou de cire.

En thèse générale et comme conclusion, nous répétons le conseil de ne jamais couper une branche ou un rameau sans laisser un onglet. L'onglet est le seul remède efficace contre les blessures de la taille.

3° Une troisième question, celle de l'époque à laquelle on doit tailler le pêcher, n'a plus ni la même importance, ni le même caractère absolu.

L'opinion la plus large à cet égard permet à l'arboriculteur de tailler depuis le jour où tombe la dernière feuille d'automne jusqu'au jour du printemps suivant où l'arbre se couvre de fleurs.

Nous avons des restrictions à faire à cet égard, mais nous devons dire tout de suite aux amateurs nouvellement convertis au culte du pêcher et ne le connaissant qu'imparfaitement, qu'ils feront acte de prudence en ne le taillant qu'à fin mars, alors que les rameaux à fruit se montrent couverts de leurs boutons roses bien accusés.

Le connaisseur n'a pas besoin d'attendre ces bourses qui vont fleurir, pour savoir où doit être porté le sécateur. Son œil exercé, son expérience du rameau fructifère ne le fera pas tromper d'un bourgeon. Mais celui qui n'a pas la même expérience, ayant attendu l'apparition des boutons roses en mars ou avril, pourra tailler en connaissance de cause. Et quand il aura fait son apprentissage du pêcher, il devra tenir compte des observations suivantes relatives à l'époque où nous pensons qu'il est mieux de procéder à l'opération de la taille.

A Montreuil, on se trouve bien forcé de tailler pendant une période de trois mois au moins. De vastes cultures, comme celles des familles Vitry, des familles Lauriau, de M. Jean-Marie Guyot, de cent autres arboriculteurs, ne permettent pas de choisir l'heure propice à chaque arbre. Le temps manquerait aux plus habiles et le travail doit prendre terme au plus tard à la floraison.

Néanmoins on a posé des règles que les amateurs moins occupés feront bien de suivre et qui ont été formulées par M. Alexis Lepère dans son petit manuel.

Nous sommes heureux d'être sur cette question en parfait accord avec le maître et nous pourrions presque nous contenter de le copier, si son rédacteur, absolument étranger aux plus simples notions de la physiologie, s'était contenté d'écrire, sans y mettre du sien, ce que lui a dicté la profonde expérience du professeur.

Les mois de janvier, de février et de mars forment la période la plus favorable pour la taille; mais on fera toujours bien de commencer par les arbres les plus vieux et les moins vigoureux. La première séve, allant se heurter à des blessures déjà cicatrisées en partie, prendra naturellement son cours vers les issues faciles, c'est-à-dire du côté des bourgeons où elle se portera tout entière.

Nous avons dit que la taille a pour résultat de réunir la séve sous la main de l'arboriculteur. Quand l'arbre a été taillé de bonne heure, le fluide se jette, sans aucune déperdition, dans les routes qu'on a laissées libres.

Le contraire se présente quand on taille tardivement. Alors la séve est partie, elle a gagné tous les sommets ; elle vous a pour ainsi dire échappé. Autant de branches et de rameaux vous couperez, autant de fois vous l'interromprez dans son cours. La taille alors la surprend dans son essor, l'inquiète, lui cause çà et là des arrêts brusques, et, jusqu'au moment où elle retrouve enfin des issues, elle s'évapore en pure perte par les surfaces des plaies fraîches et pour ainsi dire saignantes.

S'il s'agit d'un vieil arbre où le fluide ne circule pas en excès, la santé générale du sujet en souffre et chaque goutte de séve qui s'envole par les blessures emporte avec elle une pêche à venir.

Mais si vous avez affaire à un pêcher vigoureux dans la force de la jeunesse et d'une belle santé, la taille tardive offre de réels avantages, en faisant dépenser un excès de séve qui souvent occasionnerait une végétation extravagante. Nous conseillons, dans ce cas-là, d'attendre, pour tailler, les premiers jours d'avril ou du moins la floraison. La perturbation générale causée dans la marche ascensionnelle de la séve en retardera l'essor; le refoulement amènera de l'hésitation dans son élan déjà pris, et cette hésitation nous a toujours paru favorable à la production du fruit.

Donc commencez l'opération de la taille par les arbres les plus âgés ou les moins vigoureux. Notre avis est que cette grande toilette annuelle se fasse avant les fortes gelées de l'hiver, au plus tard aux premiers jours de janvier, si la température n'est pas rigoureuse.

Quant aux sujets vigoureux et jeunes, il faut attendre la fin de mars ou même les premiers jours d'avril.

Peut-être serait-ce ici le lieu d'étudier physiologiquement la fructification de l'arbre. Pourquoi cette double propriété de la séve de former du bois et des fruits?

Mais, outre que cette question théorique nous entraînerait un peu loin, nous ne croyons pas devoir interrompre le cours pratique qui forme cette partie du livre.

Qu'il nous suffise de savoir que la séve, unique dans l'arbre, porte en elle ce qui mène l'arbre à sa double fin : grandir et se reproduire. En liberté, le partage s'équilibre à peu près ; si vous domestiquez l'arbre à outrance, vous supprimez les routes du bois et vous forcez la séve à se dépenser d'une autre façon. Ne pouvant former du bois, elle procrée des fruits en des proportions hors de tout équilibre.

Si cette notion n'était pas admise, il nous paraîtrait impossible d'expliquer scientifiquement la fructification. Nous la croyons, nous, l'expression de la vérité. De là, pour les praticiens, la nécessité absolue d'une taille correcte et raisonnée. Si l'on retranche à la séve les chemins du bois, il faut savoir au moins lui laisser les issues du fruit. A défaut de branches, elle donnera des pêches. Tout le secret de notre culture est là.

Section 5e. — CONSTITUTION DES BRANCHES A FRUIT.

A l'état de nature ou de liberté, voici comment les choses se passent en ce qui concerne les branches à fruit. On sait que le jeune rameau seul produit. Il se développe pendant une saison, fleurit et fructifie l'année suivante et passe à l'état de branche à bois dans la troisième année.

Pendant l'année de sa fructification, son bourgeon terminal se développe, comme ses bourgeons axillaires, et ces pousses nouvelles fructifieront à leur tour la saison prochaine. De sorte que, la première année, un bourgeon devient rameau ; la deuxième année, le rameau porte des fruits et devient branche ; la troisième, il devient charpente, branche à bois, et donne naissance par hasard à quelque dard, ou cochonnet, ou bouquet de mai ; mais c'est tout, et le bouquet de mai forme exception.

Le pêcher libre monte donc, pour ainsi dire, annuellement

d'un étage. A chaque saison, un étage de bois infertile se superpose au bois infertile des années précédentes et les pointes seules ou les sommités fleurissent. Et, tant qu'il a de la vigueur, l'arbre monte, s'arrondit, jusqu'au jour où, ayant atteint son maximum de développement, il descend la pente de la vieillesse en dépérissant à chaque saison nouvelle.

Ce phénomène ne constitue pas une particularité du pêcher. Il est la règle générale dans les arbres. La loi première de toute végétation veut que la séve monte sans cesse et force l'arbre à s'élever.

La taille change profondément les conditions de l'arbre domestiqué. Elle forme obstacle à l'ascension du fluide séveux; elle le maintient sous la main du maître; elle le mène pour ainsi dire où l'on veut qu'il aille.

De là viennent les différentes méthodes pour conduire les arbres fruitiers et principalement le pêcher. La forme est la première conquête faite sur la nature; mais on comprendrait la stérilité de cette conquête du jardinier, si on l'isolait d'une autre conquête bien autrement précieuse, celle qui consiste à faire fructifier l'arbre et surtout à lui faire donner des produits supérieurs en qualité à ceux de la nature libre.

Aussi n'avons-nous point hésité, dans une des sections précédentes, à placer la forme de l'arbre au rang secondaire, à laisser aux amateurs, aux professeurs, aux jardins d'école, les structures végétales architectoniques, les tours de force dans la disposition des charpentes et à retenir pour Montreuil les procédés séculaires qui donnent des fruits exceptionnels et en grande quantité.

Là est le côté solide de la culture, la vraie science pratique, le secret du pays.

Nous avons cru devoir répéter ces faits, pour répondre aux petites méchancetés que l'on débite un peu partout dans les livres spéciaux où Montreuil a forcément une page, au moins un alinéa. Chaque jour nous avons la visite d'étrangers auxquels nous sommes heureux de faire les honneurs d'un jardin quelconque, et la question de la forme prime tellement dans les esprits celle de la production, que le premier mot du visiteur est celui-ci :

— Nous avons aussi bien, nous avons même mieux que cela chez nous.

Ce qui veut dire qu'on se laisse prendre aux apparences et que pour beaucoup de gens, même instruits, l'habit fait le moine.

Tout au plus doit-il le parer. A Montreuil, on a revêtu dans tous les temps, on revêt encore le pêcher de formes splendides, témoin les cultures d'Alexis Lepère et de Chevalier aîné, parmi d'autres qu'on pourrait citer ; mais la structure d'un arbre est à la portée de tout le monde; en quelques leçons, le premier venu peut apprendre à former un pêcher et la supériorité de nos cultivateurs n'est pas là. L'arbre pour eux est un simple instrument; ce qui constitue leur incontestable supériorité, c'est qu'ils savent en jouer mieux que personne et que de bien rares professeurs pourraient faire preuve d'une pratique aussi entendue que celle du dernier d'entre nous. Si l'on nous taxait d'exagération, nous aurions cette chose toute simple à répondre, à savoir que chacun chez nous est à même d'utiliser pour son compte le trésor d'expérience acquis depuis trois siècles, auquel nous empruntons tous sans l'épuiser et que nous augmentons chaque jour par de nouvelles trouvailles et de nouveaux procédés. Alexis Lepère a eu sa grande vogue méritée; nul n'a traité l'arbre avec plus d'amour et de savoir-faire. Chevalier aîné lui succède, qui dote la culture d'un procédé qui lui fait faire un pas énorme, et peut-être le temps n'est pas loin où quelque autre d'ici laissera derrière lui ses éminents devanciers. A mesure que la science théorique, la physiologie descendra dans la pratique, on peut s'attendre à des progrès successifs dans la culture du pêcher, mais toujours en ce qui concerne la production, puisque la science de la forme, simple joujou d'homme intelligent, nous paraît avoir dit son dernier mot.

On a compris que, si la taille à bois a son importance, celle des branches à fruit constitue la vraie science de l'arbre. Elle est à la première ce que, dans l'homme, l'intelligence est au vêtement, ce que l'esprit est aux muscles, ce que la pensée est à la coupe des cheveux. Tous les progrès relatifs à la forme du pêcher nous intéressent donc médiocrement, puisque l'arbre se prête docilement à toutes les fantaisies.

Nous revenons par ce détour un peu long peut-être à la taille proprement dite, celle des branches à fruit, qui change si profondément, avons-nous dit, les conditions de l'arbre domestiqué. A l'état de nature, l'arbre s'élève; la charpente monte d'un étage chaque année. Le long de nos murs, l'arbre nous doit rester pour ainsi dire dans la main. Les rameaux fructifères, en nombre déterminé par nous avec une précision toute mathématique, ne s'écartent jamais de la charpente que d'une distance insignifiante. Pour mieux rendre notre pensée, disons que la charpente du pêcher est un cadre, un fond, un canevas le long des fils duquel nous maintenons les rameaux fructifères.

Il convient d'étudier d'abord les différentes branches à fruit dans le pêcher; nous apprendrons à les tailler ensuite.

M. Alexis Lepère, qui connaît son pêcher mieux que personne, admet seulement quatre sortes de branches à fruit, et nous pensons qu'en cela l'éminent praticien a raison contre tous ses contradicteurs. Ce classement en quatre sortes fondamentales est le seul logique. Les autres branches qu'on a voulu classer à part rentrent toutes dans l'une ou l'autre de ces sortes.

Les quatre branches primaires sont :

1° Le cochonnet ou bouquet de mai ;

2° La chiffonne ;

3° La branche qui porte des yeux doubles : l'une à bois, l'autre à fleur ;

4° La branche qui porte des yeux triples, deux à fleur et le troisième à bois entre les deux autres. Ces deux dernières sortes s'appellent du nom générique de *rameaux mixtes*, en raison des yeux à bois et des yeux à fleur qu'ils portent aux mêmes points.

A cette dernière sorte se rattache la branche qui porte plus de trois yeux et qui n'est pas rare. En écrivant ces lignes, nous avons sous les yeux une série de rameaux portant depuis deux yeux jusqu'à sept.

Le rameau qui se développe cette année, par exemple, est couvert d'yeux gradués qui restent à l'état latent ou de repos jusqu'à l'année prochaine, époque où ils se développeront en rameaux à leur tour. Mais il arrive assez souvent, dans les arbres vigoureux surtout, par suite des pincements ou par d'autres causes parfois accidentelles, que certains de ces yeux dormants partent cette année même et forment des brindilles assez souvent vigoureuses. On les appelle *rameaux secondaires,* ou *rameaux anticipés,* qualifications qui s'expliquent d'elles-mêmes.

Le rameau secondaire ne saurait être une sorte ; il n'est qu'une branche sur une branche, une pousse sur une pousse plutôt, et parfaitement inutile dans presque tous les cas, attendu qu'elle ne vient qu'après le rameau qui la porte. On ne la garde que lorsqu'il est impossible de trouver mieux pour garnir l'arbre : une fois sur cent peut-être. — Nous ne la rattachons donc à aucun des quatre rameaux primaires, nous la supprimons ou nous nous en servons à titre de branche ordinaire, comme il sera dit ci-après.

On a voulu faire une classe à part des rameaux adventices qui proviennent d'yeux apparus sur les vieilles branches. Mais ces rameaux, pourvus d'yeux comme les autres, qu'ils soient cochonnets ou coursons ordinaires, n'ont de particulier que leur naissance sur le vieux bois. Ils rentrent donc dans l'une ou l'autre des quatre sortes primaires.

On en peut dire autant de toutes les pousses, sans exception, dont quelques auteurs ont fait des sortes différentes.

Nous avons déjà dit une chose qui doit rester constamment présente à la mémoire de quiconque entreprend de conduire un pêcher, et que, pour cette raison, nous répétons ici pour l'accentuer davantage.

Cette chose domine toute la manipulation de la taille, comme un principe antérieur et supérieur à tous les autres.

Cette chose, la voici : quand vous prenez un sécateur pour tailler, souvenez-vous que vous avez devant vous :

1° Le rameau de l'année dernière qui a rapporté du fruit et que vous devez abattre ;

2° Le rameau de remplacement, qui a poussé à son talon, c'est-à-dire le plus près de son insertion, et qui donnera du fruit cette année;

3° L'œil au talon de ce dernier rameau, qui s'allongera cette année, pour donner du fruit l'année prochaine.

L'amateur qui débute dans la culture devrait écrire ces quelques lignes sur la surface de ses murs, pour ne jamais être en danger de l'oublier.

Mais, avant tout, étudions chaque espèce de branches en détail.

Le Cochonnet. — L'animal dont ce petit dard a pris le nom, est utile, comme aliment, de la queue aux oreilles ; aucune de ses parties n'est perdue. La pousse appelée cochonnet lui ressemble en cela : rien d'inutile en elle, autant de fleurs, autant de pêches, et les plus assurées de tout l'arbre. Ce nom qui semble assez original pour une brindille n'a pas d'autre origine.

Les gens qui ont de la pruderie préfèrent l'appeler *branche à bouquet*, ou *bouquet de mai*. La première de ces appellations s'explique d'elle-même, et la dernière vient de ce que le cochonnet fait et termine sa végétation en mai, disent les auteurs, mais on trouverait facilement à redire à cette explication, puisque, si le bouquet porte un œil au talon, ce qui n'est pas absolument rare, cet œil s'allonge pendant toute la saison comme les autres rameaux, et personne ne viendra dire que cette jeune pousse ne fait pas partie intégrante de la petite branche à bouquet.

Voilà pour l'étymologie, examinons maintenant la chose.

Le cochonnet varie dans sa longueur entre trois et huit centimètres ; rarement en deçà ou au delà. Il représente assez bien un dard qui se couvre bientôt de quatre fleurs et plus à la pointe, mais toujours avec un œil de pousse qui disparaît quelquefois dès le moment de la nouûre.

Ce dard apparaît généralement sur le vieux bois, et l'on a dit à tort qu'il paraissait être le résultat d'un œil à bois arrêté dans son développement en bourgeon par la rareté de la séve. Si l'on veut bien se rappeler ce que nous avons dit dans la première partie de ce livre au sujet de l'appauvrissement graduel et successif de la moelle dans le vieux bois, à mesure que les sommités fleuries s'élèvent, on comprendra que le cochonnet doit avoir pour cause une dernière étincelle d'activité dans cet organe appauvri, atrophié. La séve n'a rien à voir ici comme cause efficiente, puisqu'elle coule dans les vieux bois en plus grande abondance que dans les extrémités plus jeunes et plus ramifiées.

La moelle appauvrie donne naissance à ces fils de sa vieillesse, et l'écorce dont la couche est ligneuse, coriace, racornie, lui dispute le passage, et ne la laisse arriver au dehors peut-être pas une fois sur dix ; car une quantité de ces productions sont étranglées par l'écorce et avortent avant de se montrer. On peut s'en assurer en débridant la couche corticale, c'est-à-dire en l'incisant verticalement avec la pointe d'un canif, au-dessous de l'œil, dont une légère boursouflure annonce la présence.

Cela ne veut pas dire qu'un œil apparaîtra dans chaque incision ; mais vous pouvez être certain que l'arbre incisé de cette manière donnera plus de pousses qu'un autre sur ses vieux bois.

Résumons-nous : le cochonnet est la branche à fruit par excellence ; il porte toujours un œil de pousse à son extrémité, parfois aussi un œil au talon. Dans ce cas, on peut l'utiliser au besoin comme une simple coursonne.

Si le talon ne porte aucun œil, on peut souvent en provoquer un, comme il sera dit à la section suivante.

Il va sans dire que moins on laisse de pêches sur le cochonnet, plus elles deviennent grosses.

La Chiffonne. — La chiffonne est facilement reconnaissable sur un pêcher : mince, grêle, allongée, elle se trouve généralement dans les derrières de l'arbre, au bas des branches, à l'ombre et sur les vieux sujets. Cette brindille ne porte que des boutons simples et à fleurs. Elle est disgracieuse par le contraste même de sa petitesse avec les autres branches voisines, mais c'est un rameau fleuri d'un bout à l'autre avec un seul œil de pousse à son extrémité. Grâce à cet œil terminal, les fleurs viennent à bien et donnent des fruits d'un volume inférieur, mais passables encore.

On rencontre des chiffonnes avec un œil de pousse ou bourgeon vers la base, au-dessous des fleurs; mais alors, c'est peut-être improprement qu'on les désigne par ce nom, car la chiffonne qui montre une pousse au talon rentre dans la catégorie des rameaux ordinaires qui portent leur remplacement à la base. Néanmoins son caractère grêle et sa tige couverte de fleurs simples en font une brindille à part.

Le Rameau pourvu d'yeux doubles. — Au-dessus de la chiffonne, on trouve les branches sur lesquelles l'œil à fleur est toujours accompagné d'un œil à bois. La plus simple est celle qui porte des yeux doubles : un bouton et un bourgeon, c'est-à-dire une fleur et une pousse. Ces petites branches ont leur valeur, puisqu'elles donnent des fruits en quantité suffisante, mais elles annoncent toujours un manque de vigueur dans la végétation.

Le Rameau pourvu d'yeux triples, quadruples, etc. — Le rameau le plus riche et le plus estimé des arboriculteurs est celui qui porte des yeux triples : une pousse verte entre deux fleurs. Sur les jeunes bois vigoureux, on trouve fréquemment trois boutons avec un bourgeon; quatre, six boutons avec un bourgeon.

Quand tous ces fruits nouent bien, on est naturellement forcé d'en abattre une forte partie, puisque la qualité, en grosseur surtout, ne se développe jamais qu'aux dépens de la quantité.

Cette division en quatre sortes de branches fructifères est celle qu'adopte Alexis Lepère, et nous la croyons rationnelle, surtout au point de vue de la pratique, ce qui suffirait à la défendre contre certaines objections qu'on a prétendu y faire. Nous allons la compléter par quelques notions essentielles.

Les petites branches du pêcher se comportent dans toutes les espèces à peu près de la même façon. Les légères différences d'une espèce à l'autre seront notées ci-après. Disons auparavant qu'on y trouve ordinairement pêle-mêlés :

1° L'œil simple à bois qui donne une pousse ligneuse et qui n'est qu'une expansion naturelle de la charpente de l'arbre. L'œil simple est le plus souvent à bois, mais il est parfois aussi :

2° L'œil simple à fleur, comme on le voit dans la chiffonne et dans le cochonnet, sans aucun œil à bois.

3° Deux, trois, quatre fleurs sans bourgeon, sur tous bois. Ces fleurs qu'aucune pousse n'accompagne réussissent très-bien, pourvu qu'on laisse au-dessus d'elles un œil d'appel pour la sève, comme il s'en trouve un dans la chiffonne et dans le cochonnet.

Ajoutons certains détails bien connus de nos praticiens et qu'il est utile de consigner ici pour ne rien laisser à dire sur la constitution de la branche fruitière dans les différentes variétés de pêchers.

Au point de vue des coursonnes, le pêcher nous offre trois catégories bien accusées :

1° Les galandes, les madeleines, et surtout la reine des vergers (cette dernière variété assez rare à Montreuil), allongent énormément la coursonne, c'est-à-dire que le fruit tend toujours à s'éloigner de l'arbre et que le rameau fructifère donne peu de bourgeons de remplacement à sa base. On sait que les coursonnes longues et nues déparent un arbre, et c'est le cas des variétés que nous venons de citer. Vous y verrez même rarement arriver des rameaux adventices, ce qui, suivant nous, provient de la moelle apparemment d'une vitalité moins durable dans les parties qui ne fructifient plus.

2° La grosse mignonne hâtive, la bonouvrier, et la belle de Vitry sur lesquelles on voit peu, très-peu de bourgeons adventices, fournissent, plus que les précédentes espèces, des bourgeons de remplacement à la base des coursons ou rameaux à fruit ; la coursonne s'allonge moins, et avec un peu de soin l'on peut maintenir le fruit assez près de la charpente.

L'admirable de septembre, dont on trouve de très-beaux types dans les jardins du professeur Trouillet et surtout dans la vaste culture de M. Jean-Marie Guyot, remplace encore mieux ses petites branches à fruit. On en peut dire autant de la belle-impériale de Chevalier aîné.

3° Mais les variétés qui donnent le plus de bourgeons de remplacement et même de bourgeons adventices sont la grosse mignonne ordinaire et la belle-beausse, ce qui a contribué pour beaucoup à leur donner pendant longtemps le pas sur les autres espèces dans la culture de Montreuil. Cette propriété de remplacer naturellement et sans la collaboration du cultivateur les rameaux à fruit par d'autres rameaux à la base des premiers donne à ces arbres un avantage considérable, puisqu'ils rendent beaucoup avec moins de travail, et que de simples apprentis peuvent les conduire avec succès.

Section 6e. — DE TAILLE DES BRANCHES A FRUIT.

Nettoyage. — Une opération qui a lieu dans quelques cultures bien tenues, et que nous appellerons le *nettoyage,* précède la taille et la rend plus rapide et plus facile. Cette opération consiste à dépalisser les petites branches qui viennent de donner du fruit, tout en laissant la charpente emprisonnée dans ses loques;

à retrancher à la serpette ou à l'égohine toutes les parties mortes de l'arbre ; à supprimer le bois vivant mais inutile ; à nettoyer les angles où se sont amassées les feuilles mortes ou les scories, à visiter la charpente que rien ne cache plus, pour s'assurer que toutes les parties en sont intactes.

Le nettoyage peut se faire pendant les mois de l'hiver, alors qu'il serait peut-être imprudent de tailler.

On nous a parfois objecté que dans les grandes cultures qui comptent plus d'une lieue de murailles, et le cas n'est pas rare, le nettoyage est un surcroît de besogne qu'on ne saurait accepter. Mais la réponse arrive d'elle-même et nous répondons que le nettoyage n'augmente en rien le travail et qu'au contraire il le distribue sur plusieurs mois, prévenant ainsi ce qu'on appelle le coup de feu de la taille.

Une fois les espaliers nettoyés comme il vient d'être dit, la taille devient plus rapide et plus sûre, le sécateur n'a plus à choisir dans les fouillis de rameaux ; il attaque à coup sûr, l'opérateur voit clair dans son travail, toutes choses qui permettent d'attendre, pour tailler, que la végétation commence à partir, que le bourgeon soit bien visible et que l'extrémité rouge des corolles ne laisse plus la moindre hésitation à la main qui se hâte et qui fait tomber les rameaux les moins bons.

A Montreuil, les habitudes sont prises et nous n'espérons pas les modifier, surtout chez ceux qui sont à la tête des grandes cultures ; mais nous n'en devons pas moins donner à nos lecteurs le salutaire conseil du nettoyage, qui permet d'examiner les arbres en détail, en prévenant les hâtes qui ne sont jamais bonnes dans le travail de la taille, le plus capital de l'arboriculture.

En bien des pays, même en quelques coins du vaste territoire de Montreuil, que de gens rognent au lieu de tailler !

Nous arrivons enfin à cette importante opération, que nous allons essayer de décrire simplement, clairement, de manière à nous faire comprendre de tout le monde.

Ici revient un principe qui domine la taille et qu'il faut retenir :

Ne jamais laisser au-dessous de la taille, c'est-à-dire à l'extrémité de la brindille taillée, ni une ni plusieurs fleurs sans laisser en même temps au-dessus un œil de pousse comme appel de séve.

Il y aurait exagération à dire absolument que toute fleur qui n'est point surmontée d'un bourgeon est condamnée à l'avortement. Tous ceux qui savent observer ont remarqué de loin en loin que des fleurs ont réussi sans avoir au-dessus d'elles aucun œil de pousse ; mais le cas est tellement rare qu'il faut s'en tenir rigoureusement à la règle donnée ci-dessus. La théorie de la fructification qui termine la section suivante nous en donnera la raison.

Donc taillez sur un bourgeon, jamais sur une fleur ou sur plusieurs fleurs, sans œil à bois, à moins de nécessité.

Sur les branches bien constituées, les yeux étant doubles, triples, quadruples, etc., il y a toujours ou presque toujours un œil à bois dans le groupe et, dans ce cas, vous pouvez tailler sur l'œil qui suffit comme appel de séve.

Autre principe à rappeler ici : ne jamais rabattre sur un œil à moins d'un centimètre d'onglet. Nous avons précédemment dit pourquoi.

Maintenant passons à la taille.

Nous supposons, il va sans dire, que vous avez des outils en bon état, une serpette bien affilée, un sécateur aiguisé convenablement et bien régulier, une scie à main fraîchement affûtée.

Si le nettoyage indiqué ci-dessus et recommandé à titre d'avance et surtout de meilleur travail n'a pas eu lieu, on doit en ce moment dépalisser l'arbre entièrement, afin de l'avoir mieux sous la main et de pouvoir blanchir ou du moins visiter le mur où se sont naturellement réfugiés des insectes.

En un mot, on fait à fond le nettoyage de la muraille et de l'arbre, avec un soin qui ne saurait être exagéré, car entretenir la propreté dans ses espaliers, c'est faire de l'hygiène, et dans les végétaux, comme chez l'homme, l'hygiène est une condition indispensable de la santé. Elle prévient les maladies de bien des sortes et nous savons tous que mieux vaut prévenir le mal que de l'avoir à guérir.

Quand ces précautions ont été prises, il s'agit de savoir par quel bout prendre son arbre pour le tailler. Nous avons entendu dire par des praticiens que la question ne comporte aucune importance et qu'on peut opérer indifféremment des dedans aux extrémités et réciproquement, de bas en haut ou de haut en bas ; de l'insertion d'une branche charpentière à sa pointe ou de la pointe à la base.

Tout cela ne serait, à leur avis, qu'une affaire d'habitude.

Nous pensons qu'ils font erreur. Nous conseillons avec nos maîtres d'ici de commencer la taille des coursonnes par les pointes de la charpente, et par le haut de l'arbre. La raison de ce procédé réside dans la plus grande facilité qu'il donne d'établir la symétrie dans l'ensemble. En commençant par les pointes, vous commencez pour ainsi dire à zéro et vous pouvez mieux voir où vous allez.

Alexis Lepère a donné ce conseil avant nous, et nous aimons à répéter que, dans toutes les questions de pure pratique, ce maître éminent est ordinairement dans le vrai. Il brille surtout dans la taille et son travail irréprochable atteste une expérience profonde de cette opération, la première de toutes en arboriculture.

Le Cochonnet. — Ce dard, brindille à fruit par excellence, ne doit jamais être taillé, puisque le seul œil de pousse qu'il possède est à son extrémité. Enlever cet œil, ce serait supprimer l'unique appel de séve, et les fleurs si fécondes du bouquet ne manqueraient pas d'avorter en peu de temps.

La position du cochonnet nous indique un peu ce que nous devons faire de cette pousse rigide, quand elle a donné ses fruits. Comme il est toujours le fils inattendu du vieux bois, il apparaît tantôt sur le devant, tantôt sur les côtés, dans la ligne des coursonnes, quelquefois sur les derrières des branches, quand celles-ci s'écartent un peu de la muraille.

Le bouquet de mai qui a donné ses fruits et qui se trouve placé sur le devant de la branche doit être impitoyablement tranché, à la taille suivante. On ne laisse jamais rien sur les devants, sinon les bouquets de mai de l'année ; la régularité de l'arbre exige que les devants restent libres et nus.

Même note pour les derrières.

Supposons maintenant que le cochonnet qui a donné ses fruits se trouve sur les flancs de la charpente et sur la ligne des coursonnes, qu'en doit-on faire ?

Deux cas : si la branche de charpente est régulièrement garnie de ses coursonnes, tranchez-le sans pitié ; c'est du bois inutile et gênant ;

Si la branche est nue à cet endroit, le cochonnet peut boucher un vide et donner une coursonne, circonstance favorable à coup sûr, puisque tous les soins du maître doivent tendre à garnir de rameaux à fruit les flancs des branches de la charpente.

En pareil cas, le cochonnet doit être traité comme une bonne branche et vous l'examinerez pour savoir s'il porte ou non à la base un œil de remplacement.

Si l'œil existe, taillez sur cet œil, afin d'avoir un rameau à la saison suivante. Si l'œil n'existe pas, Alexis Lepère conseille de tailler un peu long le bouquet de mai, c'est-à-dire dans la pousse venue de l'œil terminal et à deux yeux sur le jeune bois. Cette taille allongée, suivant le maître, provoque quelquefois l'apparition d'un œil à la base du cochonnet, et le dard ainsi traité rentre naturellement dans la catégorie des bonnes branches.

Le maître a dit *quelquefois,* voulant dire que le résultat cherché n'est pas certain. Nous avons pu constater qu'en effet, bien souvent l'œil refuse d'arriver où il est attendu. Dans la section suivante consacrée à la démonstration du puissant et nouveau procédé de l'*éclat*, nous indiquerons le moyen de provoquer *infailliblement* l'apparition de cet œil de pousse à la base du cochonnet. Une expérience de quatre années nous autorise à l'affirmer d'une manière aussi catégorique.

Pour conclure et nous résumer, disons ceci : abattez le bouquet de mai qui a rapporté, s'il est en avant de la branche ou tout à fait en arrière. Faites-le disparaître encore, s'il est venu dans les côtés, entre deux coursonnes suffisamment rapprochées. Mais gardez-le, s'il est né sur un flanc nu : nous vous apprendrons mieux dans la section suivante comment vous pourrez le forcer à vous donner un bourgeon de remplacement.

La Chiffonne. — La chiffonne est une irrégulière comme le bouquet de mai. Elle naît sur le jeune bois, comme lui sur le vieux. Une petite femme maigrelette, grêle, agaçante, endiablée, est une *chiffonne,* une chiffonnette, un petit chiffon qui aura donné par ressemblance son nom à la brindille qui nous occupe en ce moment. Nous avons dit que cette irrégulière vient à l'ombre et dans les dessous. Elle est garnie d'yeux floraux simples, et ne porte, à l'exemple du cochonnet, qu'un œil de pousse à sa pointe.

Cela veut dire tout de suite qu'on ne doit point la tailler.

Quand elle est vraiment chiffonne et qu'elle ne porte pas un œil de pousse à sa base, un certain nombre de cultivateurs aiment mieux l'abattre à la taille. D'autres la palissent en place libre et tentent, avec Alexis Lepère, de provoquer par le pincement un œil de remplacement à sa base. En ne lui laissant que deux ou trois fruits, elle s'allonge facilement, grâce à la liberté qu'on lui donne, et c'est en pinçant ce prolongement dans le courant de la saison qu'on parvient *quelquefois* à faire percer en bas cet œil attendu.

Si l'espoir d'un remplacement se réalise, et que les fruits ne tiennent pas ou viennent mal, on rabat la branche en vert tout de suite jusque sur cet œil nouveau venu qui ne tarde pas à se développer.

Au cas où l'œil refuserait d'apparaître dans l'année, Alexis Lepère ne cède pas encore à son impatience ; il pousse la tendresse pour cette petite irrégulière jusqu'à conseiller de la tailler l'année suivante jusqu'au plus bas œil du bois jeune et d'attendre encore à la base du vieux bois un œil de remplacement pendant cette deuxième année.

Ce traitement prolongé pendant trois ans dans l'incertitude d'un résultat profitable n'a lieu, bien entendu, que pour les chiffonnes qui sont en bonne place et qu'on ne peut supprimer sans dégarnir l'arête de la branche charpentière. Le maître l'entend bien ainsi, puisque lui-même ne manque jamais de supprimer la grêle brindille, quand la branche qui la porte est d'ailleurs suffisamment garnie.

Nous n'avons pas besoin de faire observer à nos lecteurs que ce traitement, tout d'empirisme et de tâtonnements, ne constitue nullement un procédé. Tout le savoir, toute l'expérience de l'éminent praticien échoue devant cette chiffonnette de brindille qui a les caprices d'une petite femme nerveuse. Attendre pendant trois années qu'elle obéisse à la volonté du maître, nous paraît un peu dépasser les bornes de la patience, surtout quand le résultat final est absolument incertain. Du reste, il faut convenir que, dans la grande culture, les chiffonnes à elles seules demanderaient un homme, cavalier servant, pour leur service particulier, ce que personne ne saurait admettre.

Nous pensons que la brindille n'est pas aussi réfractaire qu'on le pourrait croire aux soins intelligents de l'arboriculteur, et l'on verra dans la section suivante qu'elle a la docilité des autres rameaux. Inutile sur une branche garnie, on doit toujours la supprimer impitoyablement, mais, dès qu'elle peut boucher un vide, il faut s'en emparer et la traiter comme on le verra plus loin.

C'est une conquête ajoutée à l'ancienne méthode.

Les Bonnes Branches. — Nous comprenons, sous cette dénomination d'ailleurs adoptée dans la culture, les rameaux sur lesquels un œil de pousse accompagne soit un seul œil floral, soit deux, trois, quatre et plus. On les appelle aussi rameaux *mixtes*.

Dans un arbre en plein rapport, la branche à fruit, dans le corps du pêcher, n'a pas son insertion sur la charpente. Elle est à l'extrémité d'une branchette à bois plus ou moins longue, ordinairement de dix à vingt-cinq centimètres. Il est donc vrai de dire que la branche à fruit, dans l'ensemble, contient deux parties : la coursonne et le courson, comme on l'a dit précédemment. La coursonne provient des rameaux fructifères des premières années de l'arbre et s'allonge d'année en année, si elle ne donne pas à sa base un bourgeon de remplacement. Nous avons vu ci-dessus, à la section V, que dans les galandes, les madeleines et la reine des vergers, les yeux étant rares à la base, la coursonne prend une longueur énorme, et le courson ne peut être pris ordinairement qu'à son extrémité.

Le mécanisme de la taille est naturellement indiqué par la constitution même de l'arbre. Une première année, des rameaux ont garni la charpente sur ses deux arêtes, à droite et à gauche, pêle-mêle avec les pêches, si le bois de la charpente était jeune. A l'hiver suivant, on espace ces petites branches latérales de 15 à 18 centimètres l'une de l'autre, supprimant celles qui occupent les intervalles, attendu que, plus rapprochées, elles se gêneraient et ne laisseraient point de place pour le développement du fruit à venir.

Toutes ces bonnes branches doivent être taillées à trois, quatre, cinq ou six yeux floraux au-dessus de l'insertion. Elles portent naturellement des yeux à bois ou bourgeons à leur base, plus ou moins près de la charpente.

L'hiver suivant (c'est le deuxième), vous avez un rameau qui a porté des fruits et au bas duquel vous trouvez plusieurs jeunes rameaux qui seront les bonnes branches de la nouvelle année ; mais vous n'en gardez qu'une que vous taillez à cinq ou six yeux à son tour. Ce courson est porté par une coursonne ou vieux bois de l'année précédente qui a déjà deux, trois, quatre centimètres, quelquefois de six à dix.

La culture de Montreuil a gardé l'habitude, excellente suivant nous, de tailler *en crochet*, et voici le procédé :

Nous venons de dire que sur le vieux bois qui a porté ses fruits et qui doit être rabattu jusque sur le rameau de l'année, on ne gardait que ce dernier, qui en est le prolongement naturel. Les autres rameaux disparaissent sous le sécateur, sauf un rameau de secours qu'on laisse à la base avec un œil de pousse, en prévision d'un malheur qui empêcherait le courson d'arriver à bien. Ce *crochet*, qui a rarement plus de deux à trois centimètres, n'est pas autrement disgracieux et doit être abattu, si le courson se développe bien. Il n'était là qu'à titre de précaution ; le jour où rien n'est plus à craindre, il disparaît.

Le fléau de certaines variétés, c'est l'allongement progressif de la coursonne. Un peu partout, du reste, l'élongation se produit malgré le soin qu'on prend chaque année d'abaisser la taille sur le vieux bois, ce qui n'est pas toujours possible.

Rien n'est laid, dans les beaux arbres et même dans les arbres de simple production, comme ces coursonnes nues, difformes, à écorce lisse ou rugueuse, qui courent le long des charpentes et ressemblent à des reptiles se chauffant au soleil ou se cachant à demi sous les feuilles.

La grande affaire, dans le pêcher, consiste donc à ménager, à soigner dans leur développement les yeux les plus bas sur les coursonnes. C'est le seul moyen d'arrêter la disgracieuse élongation des petites branches à bois.

On voit d'ici la physionomie d'un arbre taillé. Chaque branche a l'air d'un immense peigne à denture inclinée. Les dents ou coursons ont de dix à quinze centimètres, suivant le mode adopté pour la taille.

A Montreuil, dans la culture marchande, on taille toujours un peu long, quitte à supprimer une partie des fruits, si tous ont noué. Il n'est pas rare de voir tailler à sept, huit, dix yeux même. La taille courte n'est guère en honneur que chez ceux d'entre nous qui ont des arbres à formes artistiques.

La taille longue, contre laquelle nous avons entendu beaucoup crier, a deux avantages qu'on ne saurait nier. Elle donne un nombre de pêches considérable et en laisse encore une certaine quantité lorsqu'il arrive un contre-temps. En second lieu, elle empêche l'arbre le plus vigoureux de s'emporter en pousses gourmandes, ce qui n'est pas à dédaigner dans les cultures importantes où l'on n'a jamais le temps de surveiller journellement et avec attention jusqu'au dernier de ses pêchers.

En un jardin bourgeois, bien ; taillons court. La surveillance du jardinier n'est jamais distraite, et, quand viendra la saison, la table du maître verra des fruits de premier ordre, en moindre quantité sans doute, mais d'un volume et d'une qualité hors ligne.

L'arête inférieure des branches, ce qu'on appelle les dessous, se dégarnit fréquemment de rameaux fructifères, et l'on bouche les vides en prolongeant la coursonne immédiatement voisine. C'est du raccommodage assez laid, mais moins disgracieux encore que le nu. Un certain nombre de cultivateurs soigneux ménagent une petite branche à la coursonne voisine et la greffent en approche sur le vieux bois de la charpente, juste au point nu qu'on veut garnir.

Les praticiens ne s'effrayent jamais de voir pousser outre mesure les branches à fruit des dedans. La séve est tellement vive dans ces routes verticales, que la fleur tend toujours à s'écarter du pied de la branche ; mais, l'année suivante, on rabat sur le plus bas œil et l'on a des coursonnes qui se comporteront mieux. Les griffes abaissées donneront des rameaux comme ailleurs.

Comme les mots mal compris peuvent induire en erreur, nous devons dire que le mot *griffe*, dont nous venons de nous servir, désigne à Montreuil plus particulièrement le vieux bois de la coursonne.

Les gourmands. — Malgré les précautions qu'on peut prendre, il n'est pas rare de voir pousser des gourmands sur les pêchers vigoureux. On nous a demandé souvent ce qu'il faut faire de ces pousses extravagantes, qui épuisent souvent les branches qui les portent ou qui, du moins, sont toujours un désordre dans l'ensemble de l'arbre.

Posons d'abord en principe qu'un gourmand, fougueux la première année, prend, dès la seconde, l'allure calme des branches ordinaires.

Alors il se présente ces trois cas :

Ou le gourmand peut être utilisé comme pièce de charpente;

Ou il peut être réduit au rôle de coursonne ;

Ou il est inutile.

Dans le premier cas, on le taille long et on le met en place. Il donnera du fruit la première année de son palissage, et des rameaux avec le fruit. Si l'on craint un nouvel emportement, on le taillera long jusqu'à l'heure où il sera complétement calmé.

Dans le second cas, il est plus rebelle. Un gourmand qu'on taille court pour en faire une coursonne ne manque guère de s'emporter. Nous conseillons, même alors, de le tailler long, très-long; puis l'année suivante, on le rabat sur son plus bas œil au talon.

Dans le dernier cas, on le coupe au ras de la branche et l'on recouvre la blessure avec de la cire à greffer.

Nous verrons, d'ailleurs, dans la section suivante le nouveau traitement auquel nous le soumettons.

La taille en vert. — Les fruits ne tiennent pas toujours sur les petits rameaux qui ont fleuri. Diverses causes les font couler. En pareil cas, Alexis Lepère conseille avec raison de rabattre tout de suite ces rameaux infertiles sur les yeux du remplacement, afin d'avoir, pour l'année suivante, des coursons plus corsés et plus vigoureux. Néanmoins nous croyons le procédé dangereux dans les sujets de grande vigueur. L'absence de fruits à nourrir laisse un excès de séve dans cette partie de l'arbre, et la loi de l'équilibre veut que cet excès de vie se dépense sur place et qu'on ne taille pas en vert ce qu'on ne doit tailler qu'après la chute des feuilles.

Procédé pour provoquer la venue d'un œil au talon d'une coursonne. En un grand nombre de jardins de Montreuil, nous avons vu mettre en pratique un procédé recommandé par Alexis Lepère et qui a pour but de provoquer la naissance d'un œil au bas d'une petite branche qui en est dépourvue.

On sait que le cas est fréquent dans certaines espèces, les galandes notamment, les madeleines et surtout la reine des vergers.

Le procédé du maître consiste, une fois la taille faite, à rapprocher, sans le briser, le plus près possible de la branche charpentière la petite branche qu'on palisse dans cette position gênée. L'angle entre le courson et sa charpente est presque fermé, puisque les deux pièces sont pour ainsi dire collées. Intérieurement, les fibres du courson sont comprimées et rejettent le cours de la séve sur la face extérieure dont l'écorce, dit-il, est détendue.

Nous voudrions être du même avis, mais il nous est impossible d'admettre que la courbure détende l'écorce ; la tension, suivant nous, augmente énormément, et, si l'œil apparaît au talon, c'est grâce à la rupture de quelques fibres dans l'arc de cette courbure forcée.

Le procédé dont il est ici question comporte des inconvénients auxquels on n'a pas assez songé. Le rapprochement forcé de la petite branche le long de la charpente amène presque toujours une soudure de ces deux parties, et, si les griffes trop longues sont déjà disgracieuses, nous ne savons rien de plus laid que ces mêmes griffes soudées à la charpente et faisant corps avec elle.

En second lieu, l'apparition des yeux de remplacement au bas du courson n'est jamais certaine, et voilà pourquoi nous avons, dans le principe, demandé que le rapprochement du rameau le long de la charpente fût moins forcé, et qu'on débridât l'écorce sur la surface extérieure de la courbure.

Débrider l'écorce, c'est l'inciser du haut en bas ou même en travers avec une pointe de canif. Il arrive fréquemment que de petits mamelons à peine visibles apparaissent sur les vieilles écorces.

Soyez-en certains, il y a là un embryon d'œil.

Mais la puissance d'expansion manque à cet œil, ou cette puissance vient se briser contre l'épaisse cuirasse ligneuse de l'écorce, et le jeune œil est étouffé. Parfois même il perce un peu l'écorce et montre sa pointe, mais l'écorce qui a cédé referme les lèvres de sa blessure sur l'œil et l'étrangle au passage.

Le débridement, qui ne peut jamais faire de mal, manque rarement de sauver la jeune pousse en l'aidant à se développer à l'extérieur.

L'expérience a même prouvé que, sur une jeune charpente que le manque de soins ou des accidents ont dénudée prématurément, quelques incisions faites au hasard amènent à peu près sûrement des yeux à la place où manquent les coursonnes. La règle n'est pas rigoureusement vraie, mais on peut toujours essayer. Vous serez toujours à peu près certain d'avoir cet œil désiré, si vous enlevez une entaille sur la charpente, en face de la place où vous attendez l'œil. Le fait résulte d'une suite d'expériences qui presque toutes ont réussi.

Ce que nous venons de dire de la taille des petites branches représente assez bien ce qu'on a fait jusqu'à présent à Montreuil. Il nous reste à indiquer le procédé de l'*éclat,* à le décrire et à le montrer dans son application féconde. Ce procédé, nous osons le dire hautement, constitue pour ainsi dire une culture nouvelle, et les intelligents du pays, malgré des habitudes prises dans une longue pratique, sont venus tour à tour nous en demander les détails et les raisons physiologiques. Et nous nous sommes fait un devoir de répondre à toutes les curiosités et à tous ces désirs de mieux faire. Avant peu, tout le monde à Montreuil, même les incrédules de la première heure, travaillera suivant ce procédé nouveau.

Ajouterons-nous que ceux-là même du dehors, qu'ils soient de la culture ou des livres de jardinage, et qui ont fait aux Montreuillois le reproche d'être opiniâtrément routiniers, viendront, eux aussi, plus tôt ou plus tard, apprendre cette pratique féconde dans nos jardins?

Ce serait prédire à coup sûr.

Nous aimons mieux nous placer tout de suite à la disposition de nos détracteurs pour les mettre au courant de cette question.

Section 7e. — L'ÉCLAT : SON HISTORIQUE, SON APPLICATION. — CONSÉQUENCES. — THÉORIE DE LA FRUCTIFICATION.

L'éclat, qu'on a proposé d'appeler l'*entaille en esquille,* est une révolution dans la culture des pêches. A notre avis, et nous dirons pourquoi, ceux qui seraient tentés d'en faire fi pécheraient par ignorance ou par orgueil, ou mieux par habitude routinière. Depuis quatre ans, nous étudions la question sous toutes ses faces, et nous n'hésitons pas à la donner ici comme le côté neuf, original et vraiment utile de ce livre.

Les praticiens ont beau savoir, les savants ont beau connaître, il y a toujours plus savant qu'eux. La science n'a pas de limites, aussi bien l'arboriculture que les mathématiques et la chimie. Chaque jour amène sa découverte et son progrès. Quiconque prétend qu'au-delà de son savoir, de ses pratiques et de son expérience il n'y a pas de mieux possible, est un incurable insensé.

Ne sortons pas de Montreuil. Nos ancêtres ont pris la pêche en plein vent des gens de Corbeil et en ont fait le fruit qu'on sait. Progrès énorme. Il a dû se trouver à Corbeil des orgueilleux qui soutenaient que la pêche de vigne était à son apogée. Nos pères ont prouvé le contraire en faisant mieux. Était-ce le dernier mot de la science? N'en croyez rien. Beausse-Pipi est venu qui nous a donné la forme carrée rencontrée par hasard dans un vieux livre d'un nommé Lepelletier, un arboriculteur de l'autre siècle. Deuxième progrès.

Félix Malot et Alexis Lepère, ayant amélioré cette forme, qui ne leur appartenait pas, en ont établi d'autres, et, tantôt unis, tantôt séparés, ont modifié profondément la pratique séculaire du pêcher. En même temps, le professeur Trouillet, le premier dans le pays, projetait les lumières de la science dans ce travail de ruche, et voilà que Chevalier aîné, par suite d'un hasard heureux, vient de doter la culture locale d'un procédé nouveau qui va former une limite distincte entre la culture d'hier et celle d'aujourd'hui.

Rien de neuf sous le soleil, nous le savons, pas plus le procédé de l'éclat des branches que toute autre chose. Le neuf, en fait d'invention, consiste à s'emparer du vieux, à le modifier, à le combiner, à l'appliquer, à en tirer un parti jusqu'à présent inconnu. C'est ce qui a été fait du procédé dont il est question.

Depuis qu'on s'occupe du pêcher, on ne trouverait peut-être pas un seul arboriculteur à qui, pendant le travail du dressage et du palissage, il ne soit arrivé de casser une branche, grande ou petite. Et chacun sait, dans le métier, qu'une branche à demi-cassée n'est pas une branche perdue. Le pommier, plus que tout autre arbre peut-être, offre des exemples de soudure rapide après une cassure presque complète.

Quand, il y a quelques années, on a commencé, dans Montreuil, à parler de l'*éclat* des branches, nous avons pu constater une chose curieuse, à savoir que chacun, dans sa pratique, avait eu bien souvent des branches cassées qui avaient continué quand même à donner du fruit, ou bien à tenir leur place dans l'ensemble de la charpente. La chose n'étonnait personne; ce n'était une nouveauté pour personne, c'était du vieux. Éclater une branche de pêcher, cet accident ne se rencontre-t-il pas journellement?

A cela, rien à dire. Ces accidents arrivent chaque jour, en effet, sous les mains des plus habiles.

Mais ce qui n'était pas encore arrivé, c'était de tirer parti de ces accidents, de les provoquer, d'en faire une méthode et de les appeler au service de la vieille routine.

Toute l'affaire est là. Depuis le commencement du monde on connaissait le feu qui brûle et l'eau qui coule. Un homme est venu, notre Papin, mort avant Louis XIV, qui prit du feu et de l'eau pour en faire de la vapeur.

Tout le monde avait connu même la vapeur, celle de l'eau bouillante, celle de la soupe sur la table et d'autres vapeurs encore, mais personne avant l'illustre Blésois (Papin était de Blois) n'avait songé que cette vapeur qui flottait sur le potage représente la plus grande force connue, après l'électricité.

Du grand au petit, c'est l'histoire de l'éclat des branches.

Depuis trente ans qu'il était dans le métier, Chevalier aîné, comme tous ses compagnons d'arbres, avait, lui aussi, cassé des branches avec ses doigts, avec ses coudes, avec son panier à palisser, avec n'importe quoi. Puis il avait réparé l'accident dans la mesure du possible. Et cela pendant des années et des années.

Mais vers 1868, croyons-nous, un de ces accidents, le plus regrettable de tous, qui menaçait de tuer une coursonne dans une série, le long d'une belle charpente, appela vivement son attention. La petite branche cassée supportait deux fruits noués au-dessus de la cassure et deux autres au-dessous. Chevalier, ne voulant rien perdre, palissa à tout hasard le haut de la branche qui ne tenait plus au reste que par l'écorce, le liber et quelques fibres de bois. Un autre de Montreuil, connaissant son pêcher, n'eût pas manqué d'en faire autant.

Les deux pêches du bout cassé mûrirent un peu avant les autres et devinrent un peu plus grosses que les voisines. Chevalier aîné qui sait par cœur, chaque année, ses branches, ses fruits, ses feuilles, jusqu'aux moindres détails de ses arbres, remarqua le fait d'abord, et s'aperçut ensuite qu'un bel œil de remplacement, devenu rameau, occupait le talon de la branche éclatée.

Il se promit de renouveler volontairement cette première expérience due au hasard des circonstances.

En effet, à la taille suivante, en plus de vingt endroits de ses murailles, mais sur des coursonnes sans importance, il produisit un éclat, et sans rien dire à personne de cette tentative empirique, attendit que les résultats de l'année précédente se présentassent de nouveau.

Mis au courant du fait et dans le secret de la trouvaille, nous pûmes constater *de visu* que des rameaux de remplacement étaient venus à la base des coursonnes éclatées, et que les pêches, au-dessus de la cassure, plus grosses et plus corsées, avaient mûri plus de huit jours avant les pêchers du même arbre.

Après la guerre, à la saison de 1872 surtout, les expériences furent reprises en grand, au Luxembourg, par M. Rivière, le savant jardinier en chef, à Montreuil, par Chevalier dans ses jardins et par nous-même un peu partout. Nous gardâmes là-dessus en ces années-là le plus profond silence. Il s'agissait de s'assurer des faits, d'en étudier les circonstances, de renouveler des observations consciencieuses, complètes, sans parti pris, comme en font les médecins en présence d'un cas nouveau. Nous eûmes l'honneur de voir M. Rivière pour la première fois chez nous et de lui donner les raisons physiologiques du phénomène, telles qu'on les trouvera plus loin. L'étude de la même question, poursuivie depuis lors avec tout le soin voulu, n'a modifié en rien notre opinion de ce temps-là.

Telle est l'origine du procédé de l'éclat. Nous laissons à M. Chevalier aîné tout l'honneur de l'avoir observé, expérimenté, appliqué en grand sur ses arbres et d'en avoir fait une doctrine pratique. A chacun ses œuvres.

Après lui avoir contesté la priorité de cette trouvaille, puisque, disait-on, tout le monde casse des branches en cultivant le pêcher, on a répété que, dans le fait, le hasard a joué le grand rôle et que Chevalier aîné n'a eu d'autre mérite que de se baisser pour la prendre.

C'est déjà quelque chose. Est-ce que même la plupart des grandes découvertes ne viennent pas du hasard?

Quoi qu'il en soit, le procédé représente un grand progrès dans la pratique, et la justice veut qu'il porte le nom de son inventeur.

Pour être mieux compris, nous allons, comme dans la section précédente, reprendre successivement les différentes branches à tailler et appliquer à l'occasion le procédé de l'éclat.

LA TAILLE DES BRANCHES A BOIS.

Au risque de nous répéter, nous rappelons que nous n'abattons jamais les pointes des branches charpentières qui arrivent soit sous le chaperon, soit au bout d'un mur, soit devant un autre obstacle. Ces pointes sont du jeune bois qui va donner des pêches, et, dans la culture courante, on les rabat de trente à quarante centimètres, sur un œil à bois qui s'allongera à sa place et qui tombera sous le sécateur, l'année suivante, à son tour, sans avoir pu donner les fruits qu'il portait en germe dans ses yeux.

En résumé donc, si l'arbre a dix pointes et qu'on les rabatte à cinquante centimètres dans les arbres vigoureux, on perd cinq mètres de bois fructifère, c'est-à-dire de cinquante à quatre-vingt pêches par arbre, selon le caractère intensif de la culture. Et jusqu'à présent les choses se sont ainsi passées dans les sept cents arpents de jardins de Montreuil, dans les cultures voisines, dans les jardins bourgeois, dans les jardins d'étude, chez les professeurs et chez les paysans.

Appliquons ici le nouveau procédé.

ACDB est une pointe de branche charpentière qui se termine un peu plus loin que B, sous un chaperon, par exemple. Au lieu de la tailler sur l'œil C, pour la faire remplacer dans la saison par le bourgeon C qui s'allongera dans le sens AE jusqu'au chaperon, nous faisons une entaille en E et nous continuons

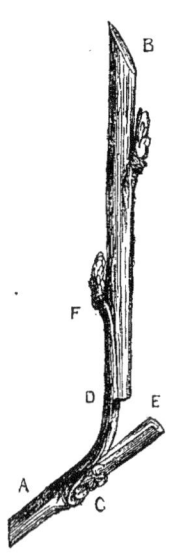

l'éclat, comme on le voit dans le dessin ; nous relevons DB légèrement, ou nous l'abaissons, selon la place que nous avons à lui donner, et nous laissons libre la direction qu'il vient de quitter, pour que l'œil C puisse y prendre son élongation.

Nous aurons donc, cette année même, une pointe nouvelle provenant de l'œil C, tout en maintenant sous loques la flèche DB, rabattue ou non en B, qui nous donnera de bons et beaux fruits, quelques jours au moins avant la maturité des autres pêches dans le corps de l'arbre.

A la taille suivante, nous rabattons CB un peu au-dessus de C qui est devenu une pointe, nous éclatons cette pointe à son tour sur un œil, et nous la traitons comme nous avons traité DC l'année précédente.

Donc nous avons ainsi chaque année *deux pointes,* l'une éclatée qui donne du fruit, l'autre qui allonge la charpente et qui se prépare comme bois à fruit pour la saison suivante.

Ici se présentent deux objections que nous a faites un cultivateur converti au nouveau procédé, mais qui ne s'est rendu qu'en connaissance de cause.

1° Ces éclats dans les pointes ne sont-ils pas trop disgracieux dans l'ensemble de l'arbre ?

2° Comme le pêcher ne peut donner qu'un nombre déterminé de fruits pour garder sa vigueur, si vous faites produire soixante pêches de plus aux pointes, vous serez obligé de supprimer le même nombre dans le corps de l'arbre. Donc il y a compensation.

A la première objection, nous répétons que les branches éclatées bien disposées garnissent bien la muraille. Dans les arbres à forme artistique, ces branches, symétriquement palissées, compliquent le dessin sans en détruire la régularité.

Quant à l'autre objection, nous convenons qu'elle ne manque pas d'une certaine force, mais cette force n'est qu'apparente, et nous verrons un peu plus loin qu'il est facile de répondre à cette difficulté. Dès les premiers jours, nous nous étions posé l'objection, mais les faits nous ont aidé à la résoudre et, pour ne pas nous répéter, nous plaçons la réponse à la fin de la présente section.

Pour en finir avec l'emploi de l'éclat dans les charpentes, nous avons à rappeler que, neuf fois sur dix, la séve se répartit inégalement dans les côtés d'un arbre soit carré, soit en palmette, soit même en éventail.

Nous avons indiqué le pincement comme le moyen le plus énergique de rétablir et de maintenir l'équilibre. Le nouveau procédé nous paraît plus puissant encore. Sans rien couper, sans retrancher ici une feuille ni un fruit à l'aile qui s'emporte, on l'éclate sur un petit rameau qui la remplacera. La branche charpentière éclatée donnera paisiblement ses fruits, et le petit rameau de remplacement s'allongera symétriquement au côté faible. Dès la taille suivante, on retrouvera l'équilibre.

On comprend bien qu'il ne peut être question dans ce cas-là que des jeunes charpentes. Les vieux bois se montreraient rebelles au traitement, et d'ailleurs, quand on a laissé croître l'arbre en désordre pendant plusieurs années, il reste, non pas un pêcher à forme possible, mais un simple sujet de production et la statique n'a plus rien à faire ici.

Observation préliminaire. — La façon de produire l'éclat n'est pas unique. Il convient d'opérer, comme le dessin l'indique, dans les rameaux ou dans les branches qui peuvent supporter cette déchirure; mais, dans les brindilles trop faibles, on agit autrement. Avec la pointe de la serpette on fend la petite brindille sur une longueur de quinze à vingt millimètres, et l'on maintient la fente ouverte au moyen d'un petit coin de bois sec qu'on y insère et qu'on y laisse. Si la branchette vous paraît encore pouvoir se maintenir sous les loques, il vaut mieux trancher un des côtés de la fente et laisser l'autre intact. Si l'on craint d'affaiblir par trop la brindille, on se contente d'enlever l'écorce sur un des côtés de la fente. — Ce que nous cherchons, c'est le résultat final; et nous laissons les moyens au choix judicieux de l'arboriculteur.

La fente de la brindille par la serpette offrant quelque danger de rupture, on peut tenir coup en arrière avec un bouchon de liége dans lequel on a pratiqué d'avance une entaille.

LA TAILLE DES BRANCHES A FRUIT.

Le cochonnet. — En avant ou en arrière, il est de trop. Nous l'abattons quand il a donné ses fruits.

Même opération, s'il est inutile sur les flancs de la branche où les bonnes branches forment une garniture suffisante.

Mais, pour ceux qui connaissent les pêches, ce dernier cas est rare; le cochonnet, enfant attardé d'une moelle qui perd ses derniers feux, se montre surtout à la surface des bois dénudés. Huit fois sur dix, s'il apparaît sur les flancs, c'est au milieu d'une place vide, et, quand nous l'avons là, nous le forçons à y rester, comme coursonne persistante, et voici comment :

Le cochonnet n'a qu'un œil de pousse au sommet. Nous n'hésitons pas à l'éclater à sa base, c'est-à-dire au-dessous de ses fruits.

Si la faiblesse du dard ne permet pas d'opérer la déchirure, on ouvre une simple fente, comme il est dit à l'*observation* ci-dessus et l'on enlève l'écorce sur un des côtés. Les fruits qu'on a laissés sur le cochonnet se comportent absolument comme si le dard qui les porte n'eût pas été fendu; mais il est bien rare, très-rare, qu'au bout de quelques semaines vous n'aperceviez pas à la base de votre cochonnet un œil de remplacement, surtout si vous avez eu soin d'y débrider l'écorce en deux ou trois endroits.

A la taille suivante, vous rabattez le cochonnet sur cet œil de pousse, et vous avez, à cette place, une bonne branche.

En général, il ne faut jamais désespérer d'avoir un rameau de remplacement au talon d'une branche quelconque. On a remarqué que dans les empâtements qui existent à l'insertion d'une branchette sur une branche, il naît souvent des yeux sans aucune provocation. Des praticiens nous ont maintes fois répété que la nature a placé dans ces boursouflures un dépôt de gommes, boutons ou bourgeons, qui ne demandent qu'à se montrer.

Si l'explication manque de science, au fond nous la croyons juste. Le bourrelet, la boursouflure, la *couronne* ou le *manchon* que vous remarquez à la base de chaque pousse provient de la cause que voici : la pousse forme un angle avec sa branche d'insertion. La séve, en y arrivant, trouve un coude contre lequel elle butte; elle y laisse des matériaux qu'elle eût emportés avec elle dans une route directe. Qu'une rivière rapide décrive un angle un peu ouvert, le sommet de l'angle ou le coude est toujours encombré de détritus que l'eau, repartant en retour d'équerre, ne charrie guère.

Telle est l'origine du manchon ou empâtement des talons.

Or on comprend qu'à ces endroits où la séve s'arrête, se heurte, se détourne, il reste un dépôt de vie, d'aliments, de matériaux qui ne demandent qu'à s'organiser. Si l'écorce est vieille et dure, elle offre un obstacle souvent infranchissable aux yeux qui tendent à la percer. Parfois l'écorce cède, mais la jeune pousse, ne pouvant écarter les lèvres de la blessure qu'elle a faite, y meurt étranglée. Le manchon grossit de toute la séve qui se serait dépensée dans les pousses, et le mal s'aggrave par là même.

L'éclat qui intercepte en partie la route verticale augmente la pression de la séve le long des parois intérieures du manchon, et voilà pourquoi, dans ce cas, il provoque la sortie des yeux. C'est donc une opération toute physique ; la séve qui reçoit une poussée par celle qui arrive incessamment d'en bas doit sortir quand même. Vous aiderez donc à la nature en débridant l'écorce, c'est-à-dire en entr'ouvrant une porte dans cette muraille végétale.

On voit que le cochonnet, outre les beaux et bons fruits qu'il donne, a de plus l'avantage de fournir une bonne branche dans certaines circonstances, et de la fournir à quelques millimètres de la charpente.

Des horticulteurs et de simples curieux viennent fréquemment nous demander à quelle époque précise il convient de pratiquer l'éclat. Nous pensons que le moment le plus convenable est généralement celui de la taille de février et de mars. Pour ce qui est des pointes de la charpente, il nous paraîtrait dangereux d'attendre, pour les éclats, que la séve soit dans toute sa force. En ce qui concerne les petites branches au bas desquelles on veut provoquer des yeux, on a plus de latitude, et nous pensons qu'on peut les traiter par l'éclat jusqu'à fin mai;

néanmoins les chances de réussite vont diminuant de jour en jour à partir de la fin de mars. S'il s'agit de cochonnets placés non loin des coursonnes, on peut attendre le mois de mai grandement, car on a pu remarquer que ce voisinage leur est fatal et qu'ils se dessèchent parfois après la défloraison, affamés qu'ils se trouvent par des coursonnes vigoureuses qui jouent, à leur égard, le rôle de gourmands. Au surplus, ce voisinage fait que le bouquet de mai n'a pas besoin d'être remplacé.

La chiffonne. — A la section précédente, on a vu que cette brindille irrégulière et capricieuse a toujours embarrassé la pratique, même des meilleurs maîtres. Alexis Lepère eût mieux aimé n'en jamais voir sur ses arbres. Quand il en poussait une en un endroit dénudé, il se colletait avec la petite volontaire pendant trois ans et finissait le plus souvent la lutte par un coup de serpette. Empirisme et tâtonnement, nous l'avons dit, malgré son incomparable pratique.

Pour nous, la chiffonne se présente dans les mêmes conditions que le bouquet de mai. Si nous n'avons aucun intérêt à en faire une bonne branche pour l'arbre, nous lui laissons le temps de conduire quelques pêches à leur maturité, puis nous la supprimons sans retour.

Si nous avons besoin d'en faire une coursonne, nous la traitons absolument comme le cochonnet, par l'éclat proprement dit ou par la fente, si elle est trop grêle. Neuf fois sur dix elle donnera naissance à sa base à un œil de remplacement que vous n'avez plus qu'à bien conduire pour en faire une excellente coursonne.

Au cas bien rare où l'œil attendu ne se montrerait pas dans la première saison, nous conseillons de recourir à la greffe en approche, s'il se trouve dans le voisinage un vide à boucher. Longue et fluette, la chiffonne peut être menée assez loin de son insertion, et la greffe nous donnera le moyen de l'utiliser.

M. Couturier père, l'un des plus habiles praticiens de Montreuil, traitait la chiffonne d'une autre façon. Quand il avait besoin de la transformer en coursonne, il sacrifiait les pêches qu'elle promettait et la rabattait à deux fleurs au-dessus de la base. Les deux fleurs épargnées, mais sans appel de séve au-dessus, tombaient ordinairement, et la chiffonne ne tardait pas à montrer un œil de pousse qui devenait, dans l'année même, un rameau de remplacement, et généralement un rameau bien constitué. L'exactitude du fait résulte d'une expérience de cinquante ans.

Le bourgeon adventice. — On peut dire du bourgeon adventice qu'il représente ce qu'il y a d'inutile et d'infécond dans l'arbre. Il vient sur le vieux bois ainsi que le cochonnet, dont il est une variété. Comme son congénère, il est dû à un reste de vitalité dans la moelle voisine, qui n'en fait qu'un enfant rachitique ou du moins incomplet. Le bourgeon adventice qui devient rameau, puis branche, ne donnera jamais de fruits. On le laisse quelquefois sur un sujet pour boucher un vide et garnir une place nue. C'est une fausse fenêtre qu'on fait peindre sur un mur pour former symétrie. Des curieux, ayant des pousses adventices sur des poiriers ont eu la patience d'attendre dix ans la mise à fruit de cet inutile, sans pouvoir combler leur espoir. Le meilleur traitement consiste en un coup de sécateur, à moins, nous le répétons, qu'on n'ait besoin d'une fausse fenêtre sur sa façade. On aurait dû, pour le distinguer de l'autre, lui donner le nom de *cochonnet-à-bois*.

En tous cas, ils sont frères germains et fils, tous les deux, d'une vieille mère épuisée.

L'apparition des adventices ayant presque toujours lieu en dehors de la surface de rapport dans l'arbre, on ne s'est jamais guère occupé d'en tirer parti. Presque inconnu sur le pêcher.

Le gourmand. — Les arbres sévèrement tenus et visités tous les jours n'ont pas de gourmands, car il est, en somme, assez facile de distribuer également la séve et d'en empêcher les emportements. Mais, dans la grande culture marchande, où le temps manque toujours pour la surveillance des détails, on a des gourmands dans les sujets vigoureux et sur les dessus, surtout si l'on ne taille pas long.

Le gourmand est un mal aigu qui passe à l'état chronique, si vous l'enlevez. Il indique un désordre statique qui persévère longtemps malgré tous les soins. Large et profond lit creusé pour un cours d'eau, vous aurez toutes les peines du monde à le déplacer.

Le gourmand arrivé dans un arbre à un certain développement ne peut plus être tout à coup supprimé sans danger. On le traite doucement, on le taquine par en haut, on le pince, on le couvre de feuilles, et, quand vient la saison suivante, on le taille très-long, quel que soit le rôle auquel on le destine, charpente ou courson.

En somme il fleurira d'un bout à l'autre et donnera des fruits la seconde année. Ordinairement sa fougue s'éteint alors, sa gourme est jetée ; il fera une bonne charpente de garniture dans un éventail. S'il doit rester comme coursonne, on l'éclate à la base au-dessus de son deuxième œil, plus bas même, afin de lui donner un œil à la base.

L'œil venu, l'on achève de dompter ce fougueux en lui laissant la plus grande somme de pêches qu'il soit capable de porter au-dessus de la cassure.

Au cas d'un désordre profond dans la distribution de la séve, un autre gourmand peut se produire au talon du premier, ou dans son voisinage ; mais un second traitement, semblable à l'autre, amènera certainement le résultat cherché.

En thèse générale, l'emportement de la séve qui se manifeste par des gourmands ou par le développement exagéré d'une aile aux dépens de l'autre, constitue, dans l'arbre, un mal réel qui demande des soins longs, patients, attentifs. Une médication brusque l'empirerait. — Ces révoltes ne s'apaisent jamais que par la douceur et avec le temps. Vous n'en aurez jamais raison d'une autre manière.

La bonne branche. — On sait que tel est le nom de famille que portent tous les rameaux mixtes, c'est-à-dire ceux qui ont des yeux à bois et des boutons.

Appliqué à ces rameaux à fruit, le traitement de l'éclat obtient des résultats certains et superbes. Nous pensons que le jardinier ou l'amateur qui l'emploiera sur ses arbres avec intelligence supprimera peu à peu les vieux bois des coursonnes, et ramènera ses jeunes bois presque jusque sur les charpentes.

Ces coursonnes que nous avons comparées ci-dessus à des couleuvres paresseusement couchées le long des grosses branches, sont horriblement laides. Dans certaines espèces surtout, elles déparent tout à fait l'arbre. Les cultivateurs éprouvent toujours une espèce d'embarras, quand on leur demande si ces vieilles pousses disgracieuses proviennent d'un manque de soin. Impossible de faire autrement, vous répondent-ils.

Nos expériences ont, depuis quelques années, porté surtout sur les rameaux mixtes, et nous pouvons affirmer qu'elles ne nous laissent plus aucun doute : il est désormais possible non-seulement d'empêcher les coursonnes de s'allonger, mais encore de raccourcir celles qui existent.

On sait comment nous pratiquons l'éclat. Nous laissons des pêches au-dessous et au-dessus de la cassure. Si l'on avait à traiter une coursonne rebelle, on pourrait se montrer plus énergique et plus radical, en abattant les pêches du dessous, après avoir entaillé la branche. A la rigueur, on peut enlever de la branche jusqu'à la dernière pêche.

Parenthèse. — Nous ouvrons une parenthèse pour demander pardon à l'Académie d'avoir employé le verbe *éclater* dans un sens actif. Nous n'avons trouvé rien de mieux pour exprimer notre pensée. Du reste, elle a tant de mots risqués à pardonner aux meilleurs livres de jardinage que ce mot passera dans le nombre.

Et, sous le bénéfice de cette parenthèse, nous allons continuer.

Dans les espèces où le remplacement est facile, comme les

mignonnes et les tardives, l'éclat produit pour ainsi dire des effets mathématiques. Quinze jours après l'entaille, on est sûr d'avoir un œil.

S'il s'agit d'espèces plus rebelles, les galandes, les madeleines et la reine des vergers, avec de la persévérance on rapproche les coursonnes des branches, et, dans tous les cas, en sacrifiant une faible partie de la récolte, on emploie le moyen radical indiqué ci-dessus, c'est-à-dire qu'on supprime les fruits à peine noués ou même les fleurs.

On peut laisser les fruits au-dessus des éclats et obtenir encore des résultats, car ces fruits dépensent peu de séve, comme on va le démontrer tout à l'heure.

Nous engageons vivement les arboriculteurs amis du progrès à faire eux-mêmes ces expériences en grand sur des arbres de toutes les variétés. La comparaison leur permettra de se rendre compte, et nous avons la conviction qu'ils trouveront, dans le procédé des éclats, le moyen de se débarrasser des vieux bois qui déparent leurs charpentes.

Les conséquences. — Les conséquences du nouveau procédé découlent d'elles-mêmes de nos explications. Augmentation des produits, grâce à la conservation des pointes de la charpente et suppression radicale des vieux coursons qui surchargent et encombrent inutilement les grosses branches; obtention des coursons à fruits par les cochonnets et par les chiffonnes.

En un mot, du fruit en plus grande quantité sur l'arbre et facilité de conduire les sujets les plus rebelles.

L'opération des entailles est toute simple, les résultats sont assurés. Qu'on essaye !

Nous donnons ci-dessous le dessin d'une vieille coursonne entaillée l'année dernière et devenue depuis un rameau à fruit très-rapproché de la grosse branche.

L'arbre est une galande.

Un vieux rameau BCE portant à son extrémité la branche à fruit à trente centimètres de la charpente, a été entaillé en EF l'année dernière. Dès le commencement de la saison, un œil s'est montré en D, et le rameau DD, bien conformé, bien aoûté, a fleuri cette année. Il a été entaillé au-dessus de G au commencement d'avril. Nous avions négligé volontairement de sup-

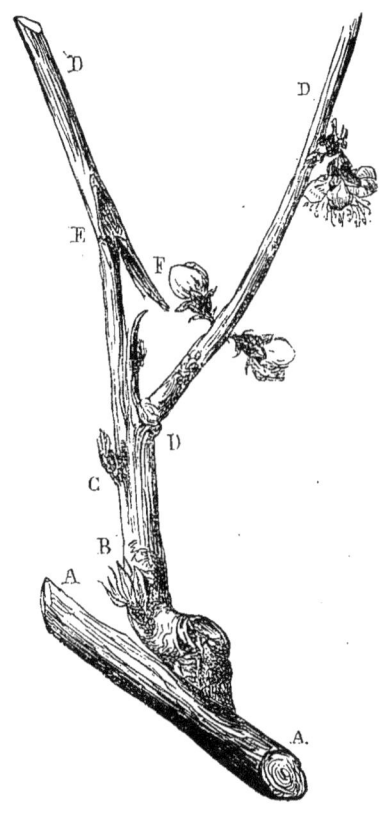

primer la partie CE du vieux courson, qui n'a végété que bien peu. Au commencement de mai, nous avons obtenu trois yeux au-dessous de l'éclat G, l'un en G, l'autre en C, le troisième en B, à la base même du vieux bois dont nous avions eu soin de débrider l'écorce. Ce dernier œil a la plus belle apparence.

Nous supprimons donc les deux branches entaillées DD et DE, pour laisser grandir les yeux en C et en B.

Comme cette coursonne est à l'étude, nous rabattrons à la prochaine taille la vieille branche entre B et C et nous traiterons par l'éclat le rameau provenant de l'œil B, l'entaillant à un seul œil au-dessus du talon. Nous débriderons soigneusement la vieille écorce qui recouvre l'énorme empâtement à l'insertion de la branche BC sur AA, et nous ne désespérons pas d'obtenir des yeux sur cet empâtement même ou dans l'angle supérieur opposé.

On a déjà supprimé vingt-six centimètres de vieux bois, sur trente. Nous pensons qu'il n'est pas impossible d'arriver encore plus près de la charpente.

Nous le saurons l'année prochaine.

Théorie des éclats, et quelques mots de la fructification. — Ici vient à sa vraie place l'objection qu'on nous a faite et que nous reproduisons dans toute sa force.

« En règle générale et dans les conditions ordinaires, le pêcher donne plus de jeunes pêches qu'il n'en peut porter, puisqu'à Montreuil, pays de culture intensive, on est forcé d'en supprimer une certaine quantité dans l'intérêt de l'arbre. Alors, à quoi bon nous donner le moyen d'avoir plus de fruits par l'entaille des pointes dans la charpente, puisqu'on a toujours trop de fruits dans l'arbre ? Un pêcher devant porter trois cents pêches, par exemple, si vous en laissez mûrir cinquante au-dessus des éclats, vous serez obligé d'en supprimer pareil nombre en plus dans le corps de l'arbre. »

Voilà bien l'objection dans toute sa force.

Et voici la réponse. On pourra remarquer qu'elle forme presque à elle seule la théorie de l'éclat, c'est-à-dire la physiologie du procédé.

Depuis quatre ans, nous avons fait porter nos expériences sur des centaines de rameaux entaillés.

Or, de ces nombreuses expériences, il résulte pour nous ce fait général, qu'au-dessus de l'entaille, le rameau donne des fruits plus précoces et un peu plus gros que les fruits situés au bas de la même entaille; mais *la tige du rameau, comme bois, ne grossit pas. Son diamètre ne change pas d'un millimètre en une année, ou plutôt nous n'avons jamais remarqué la moindre augmentation de son diamètre.*

Au contraire, il arrive une sorte de rapetissement. La partie au-dessus de l'entaille prend un petit air vieillot, l'écorce se racornit. Donc le bois de cette partie ne prend rien de la nourriture apportée par la séve. Toute cette nourriture se dépense au profit des pêches, c'est-à-dire que la maturation de dix fruits au-dessus de l'éclat ne coûte peut-être pas plus à l'arbre que celle de deux pêches dans les conditions ordinaires.

Les pêches qui viennent sur les pointes entaillées ne sont donc pas une surcharge pour l'arbre ; elles grossissent et mûrissent aux dépens d'un bois inutile qui doit tomber sous le sécateur après elles et que vous n'avez aucun intérêt à faire profiter.

Donc votre arbre qui ne doit donner, par exemple, que trois cents pêches, peut en porter cinquante de plus sans même s'en apercevoir et surtout sans en pâtir.

L'objection disparaît donc.

Reprenons maintenant cette théorie de l'entaille avec toute la clarté, avec toute la simplicité possible.

Nous avons une coursonne, une chiffonne, un cochonnet, un rameau quelconque dépourvu d'un œil de remplacement à la base. Il donnera ses fruits, mais comme il est dénudé sur une grande longueur à partir de son insertion, nous l'entaillons au tiers de sa hauteur, ce qui ne l'empêchera pas de mener ses pêches à une belle et précoce maturité. En même temps, grâce à l'éclat, il donnera neuf fois sur dix un bel œil de remplacement à sa base, lequel deviendra dans la saison même un rameau de remplacement.

Ce qui se passe au-dessus de l'éclat, nous l'avons vu tout à l'heure dans la réponse faite à l'objection. Les pêches grossissent, dépensent toute la séve qui monte dans le haut; mais le bois s'atrophie et diminue même de diamètre en se racornissant.

Le père Vanière, si profond observateur et si parfait praticien, nous dit que le végétal qui va mourir se couvre de fruits plus abondants.

> Majores, moritura brevi quùm deficit, arbor
> Jactat opes.

Et nos cultivateurs savent, en effet, qu'un pêcher malade donne des pêches en grande abondance comme pour assurer la continuité de l'espèce.

Les spiritualistes se sont emparés du fait comme d'un argument en faveur de leur doctrine, mais il est plus vrai d'expliquer ce fait d'abondance *in extremis* par un ralentissement notable dans la circulation de la séve.

Tant qu'un arbre (ou partie d'arbre) est vigoureux et jeune il tend à grandir, il dépense une grande partie de sa séve au profit de son bois; il se développera sans arrêt jusqu'au jour où il aura atteint son maximum de grandeur, et ce développement chez l'arbre, comme chez l'animal, est la première loi de sa nature. La reproduction dans les animaux ne devient une loi impérieuse qu'à l'âge adulte, comme la fructification dans les végétaux. Grandir d'abord, se reproduire ensuite, loi générale pour tous les êtres organisés.

Or, au-dessus de l'éclat, le bois malade n'a plus à grossir; il ne demande plus rien à la séve qui va d'elle-même aux fruits qu'il porte. Cette séve, d'ailleurs n'est pas abondante; il n'en passe qu'un mince filet par l'espèce de batardeau qui résulte de l'éclat et qui ferme en partie les routes naturelles.

Donc, répétons-le, ce que vous laissez de pêches au-dessus d'un éclat ne coûtent, pour leur maturation, presque rien à l'arbre, et si votre pêcher, dans l'état ordinaire, ne doit porter que cent pêches, vous pouvez, au moyen de l'éclat répété, lui en demander cent quarante sans l'appauvrir davantage, puisque le peu de séve qui passera par les cassures, n'ayant plus rien à fournir au bois, ira tout entière dans les fruits.

Ainsi se trouve expliqué le mot du père Vanière, ainsi s'explique également ce que vous savez tous de ces arbres malades qui donnent, avant de mourir, une belle et précoce récolte. La dernière séve du moribond a passé dans les fruits jusqu'à la dernière goutte ! Et la preuve, c'est que le bois, au lieu de grossir, a plutôt perdu de son diamètre dans les parties jeunes.

Nous soumettons tous ces faits et toutes ces réflexions aux arboriculteurs intelligents, en les priant d'y concentrer toutes leurs facultés d'observation.

Voilà ce qui se passe au-dessus des éclats, dans toutes les parties entaillées sans exception. Voici maintenant comment se comportent les choses au-dessous de ces mêmes éclats.

Ne parlons que de la petite branche, le reste va de soi ; car les pointes des branches charpentières, entaillées sur un œil, au lieu d'être rabattues, s'allongent paisiblement comme si la pointe de l'année dernière avait été coupée.

Dans la coursonne, c'est autre chose. L'éclat forme, nous l'avons dit, une espèce de batardeau, qui fait obstacle à la marche régulière du fluide séveux. Les spongioles aspirant sans cesse, la séve produit une poussée violente, et comme le batardeau ne laisse passer qu'un mince filet de liquide, il s'ensuit que l'amas de séve qui forme une sorte de bief ou réservoir au bas de l'éclat tend à déverser son trop-plein par toutes les issues praticables. Un travail lent, patient et irrésistible se fait à l'intérieur, du dedans au dehors, par suite de la pression ; la séve ramollit l'écorce, la boursoufle et finit par y trouver une issue.

Pourquoi les deux pêches qu'on laisse parfois au bas de l'entaille, absorbant cet excès de séve, ne deviennent-elles pas énormes ?

Généralement même elles atteignent péniblement une grosseur moyenne. Et le cas s'explique ainsi. Du pied de la coursonne à l'entaille, il y a, ne fût-ce qu'en haut, quelques feuilles où le cambium s'organise pour redescendre dans la branche entaillée. A son arrivée dans le bois de la coursonne, c'est-à-dire dans le bief, il ne fait qu'augmenter la pression du trop-plein. Tout ce réservoir s'agite, et la perturbation, qui est réelle, fait que la nourriture ne va pas aux fruits en grande abondance.

Les efforts de cette tempête dans quelques gouttes de séve en trop tendent tous à briser l'écorce pour s'ouvrir une issue.

Et voilà pourquoi les pêches au bas de l'éclat ne dépassent jamais une certaine moyenne et pourquoi la base de la coursonne montre bientôt un œil de remplacement, quelquefois trois ou quatre.

Et non-seulement la coursonne, mais aussi la chiffonne et le cochonnet lui-même, assouplis, obéissants, nous donnent des yeux à leur base.

Nous avons complété nos expériences en enlevant les pêches du dessous de l'entaille, et nous pensons que cette suppression des fruits doit avoir lieu quand la coursonne est rebelle et que l'œil n'arrive pas assez vite au talon.

Quant à la suppression de la branche soit dans l'entaille, soit immédiatement au-dessus, le moyen ne nous a jamais réussi complétement.

Maintenant sur quel bois devons-nous entailler?

Sur le bois d'une année, l'éclat réussit toujours;

Sur le bois de deux ans, presque toujours;

Sur le bois de trois ans, huit fois sur dix ou presque toujours suivant les variétés.

Nous avons même réussi bien des fois sur des bois plus âgés; mais il convient de faire observer que, si le procédé des éclats peut amener au moins partiellement la suppression des vieilles griffes par des remplacements provoqués à l'insertion, il est absolument certain qu'avec un peu de soin l'on peut toujours empêcher les vieilles griffes de s'allonger le long de la charpente.

SUPPLÉMENT AU PROCÉDÉ DES ÉCLATS PAR LA GREFFE. — Il est bien difficile, dans les expositions chaudes surtout, d'arrêter la dénudation des charpentes vieillies. Dans la culture marchande, on bouche les vides en allongeant des coursonnes et des rameaux qu'on prend n'importe où dans le voisinage des endroits dénudés. Ce n'est pas précisément l'amour de la symétrie qui conseille ces rapiécetages; mais, tout vide étant une perte, on le bouche comme on peut.

Si nous laissions commettre à notre plume une petite indiscrétion, nous pourrions dire que chez les artistes eux-mêmes, chez les dévots de la belle forme, on aperçoit de ces rapiécetages qui se dissimulent pendant l'été sous les feuilles et que l'hiver dénonce aux visiteurs.

Apparemment c'est qu'il n'a pas été possible de mieux faire.

Cependant, et nous parlons des amateurs, on remplit facilement les vides au moyen d'un rameau de l'année, d'une chiffonne comme d'un courson vigoureux, qu'on greffe en approche sur la branche nue. Si cette branche a conservé de la vigueur, elle recevra utilement tous les rameaux qu'on y appliquera; mais nous ne saurions trop redire que ces menus soins conviennent aux amateurs et ne peuvent entrer dans les travaux de la grande culture.

CHAPITRE VIII.

DES OPERATIONS QUI SUIVENT LA TAILLE.

La taille, comme on vient de le voir, constitue l'opération la plus importante dans la conduite du pêcher. C'est par la taille spécialement qu'on peut domestiquer l'arbre, le former et lui demander ce fruit sans rival que nous obtenons à Montreuil.

Mais tout n'est pas dit quand l'arbre est taillé. Dans la période comprise entre la taille et la récolte du fruit, le pêcher demande des soins successifs qui ont reçu les noms suivants :

1° Le dressage ;
2° Le palissage en sec ;
3° L'éborgnage ;
4° Le palissage en vert et le palissage partiel ;
5° La suppression partielle des fruits ;
6° L'ébourgeonnement ;
7° Le pincement ;
8° La taille en vert ;
9° L'effeuillement ;
10° La cueillette.

Pour plus de méthode, nous allons faire de ces différentes opérations autant de sections distinctes représentant le travail successif qu'exige la bonne tenue des pêchers. Sur ce terrain, Montreuil, qu'on accuse de routine entêtée, n'a pas de rival au monde, pas même les jardins d'études, les grands jardins publics où journellement on introduit nos procédés.

Si, dans les précédents chapitres, nous n'avons pas été d'accord avec le faire de M. Alexis Lepère, il nous est bien agréable de proclamer ici que nul plus que lui n'a su conduire un arbre pendant la longue maturation des pêches. Montreuil lui doit à peu près tout ce qu'il pratique à cet égard, et si son petit manuel laisse à désirer quelque chose, il convient d'affirmer que l'homme, professeur ou simple praticien, est bien autrement complet que le livre.

Note d'une certaine importance. — On nous a souvent demandé quelle différence il fallait faire entre *arrosage* et *arrosement;* entre *dressage* et *dressement;* entre *ébourgeonnage* et *ébourgeonnement;* entre *effeuillage* et *effeuillement;* etc., etc.

A cet égard les dictionnaires s'emboîtent le pas, et nous parlons des dictionnaires de cinquante sous comme de ceux de cinquante francs. Ils écrivent donc avec une touchante unanimité :

Arrosage, action d'arroser ;

Arrosement, action d'arroser ;

Effeuillage, action d'effeuiller ;

Effeuillement, action d'effeuiller ;

Pinçage, action de pincer ;

Pincement, action de pincer, etc., etc.

Pour ne pas sortir de notre public, on comprend qu'un jardinier, curieux de bien dire, n'a pas le temps d'aller à la découverte des dictionnaires plus avisés qui pourraient le fixer sur le sens des mots, et qu'il nous saura gré de trouver ici ce détail qui, tout bien pesé, touche à sa profession.

Le pinçage, c'est le travail manuel, l'opération en elle-même, le coup d'ongle sur un rameau herbacé ;

Le pincement, c'est l'opération raisonnée, faite ou à faire ; la méthode qui vise à des résultats. On applique le pincement par le pinçage. On se propose d'appliquer le pincement à ses arbres et l'on pratique le pinçage en rognant les rameaux. Le pincement est un procédé ; le pinçage est un travail.

Les autres mots ci-dessus et bien d'autres semblables s'expliquent de la même façon. Le maraîcher récolte beaucoup, grâce à l'arrosement, et ses garçons font de l'arrosage.

En fait de langage, il y a peu de règles absolues. Ce que nous venons de dire ne s'applique pas à tous les mots, attendu que tous n'ont pas les deux terminaisons. Ainsi, pour citer le premier : *dressage,* on ne dit pas *dressement* en arboriculture, et nous en pourrions dire les raisons philologiques, si cette note n'avait pas déjà trop d'étendue.

Section 1re. — LE DRESSAGE.

On a vu qu'avant de commencer l'opération de la taille des charpentes et des petites branches, il est essentiel de dépalisser l'arbre tout entier, pour lui faire sa toilette et nettoyer le mur en même temps.

La taille une fois terminée, vous dressez votre arbre en donnant à la charpente seulement la place qu'elle doit occuper sur la muraille. Les gens soigneux qui tiennent aux formes et à la symétrie ont généralement le dessin du pêcher tracé au crayon sur la surface du mur, ce qui permet d'éviter du premier coup les incorrections dans l'aspect. Autrement, c'est le coup d'œil qui décide.

Nous regardons comme une nécessité de premier ordre de tenir la charpente en lignes rigoureusement droites ou en courbes régulières, si la forme le demande, car les angles sont généralement funestes dans les grands bras. La séve circule mal dans les grands canaux en ligne brisée, et la gomme peut faire arrêt devant les moindres obstacles et amener des accidents irréparables. D'ailleurs le bois est assez flexible pour prendre la direction rectiligne.

Ne retardez jamais l'opération du dressage. Votre arbre ne doit rester dépalissé que juste pour le temps de la taille : le long de son mur et sous le chaperon, il peut braver impunément les intempéries de la fin de l'hiver.

A ce moment, l'arbre étant nu, vous êtes à même de l'examiner et de juger si la séve de la dernière saison s'est également répartie dans les ailes ou dans les diverses parties. Au cas où l'équilibre se serait rompu, vous aurez recours aux différents moyens indiqués dans le chapitre relatif à la statique dans l'arbre.

Comme ces moyens sont longuement développés à cette place, nous n'y reviendrons pas, mais nous croyons devoir insister sur la nécessité de tenir les branches bien droites ou régulièrement courbes. Même dans l'éventail de la culture marchande, la ligne droite est autre chose que du luxe : la santé, la vie même de l'arbre en dépendent.

Section 2e. — LE PALISSAGE EN SEC.

On sait qu'à Montreuil le palissage se fait au moyen de bandes de laine qui portent le nom de *loques*. Ces loques, qui servent à palisser la charpente comme les rameaux, enveloppent la branche et sont fixées au mur par un clou qui en saisit les extrémités.

Presque tous les ans, l'imagination des inventeurs se met en campagne pour trouver une matière qui remplace la loque de laine avantageusement comme prix et comme durée. Le caoutchouc se racornit, la toile se resserre et étrangle les petites branches, le métal les éraille ou les oxyde. Bref, après tous les essais imaginables, on s'en tient à la loque de laine, faite de tous les vieux habits du ménage ou taillée dans les morceaux de drap qu'on trouve au Temple. Et nous nous figurons que la loque nous restera tant que nous aurons à palisser un rameau le long de nos murailles.

Maintenant, y a-t-il nécessité, y a-t-il même simple avantage à palisser en sec?

Nécessité, non; avantage, on le dit, sans en donner de bonnes raisons. Fait avec discernement, le palissage en sec peut maintenir l'équilibre dans les petites branches, mais le travail dépasse de beaucoup le résultat. On sait que le palissage en sec consiste à palisser les rameaux dès que la taille est faite.

Mais, s'il s'agit de grande culture, on se demande quelle somme de travail exigerait cette opération. Les familles Vitry, les familles Lauriau, les familles Chevreau, M. Couturier père, et tant d'autres qui font de la culture marchande dans de vastes proportions, même les cultivateurs de deuxième ordre comme importance, se dispensent volontiers de palisser en sec, et le résultat final n'y perd pas un fruit. Les plus soigneux, il est vrai, pratiquent ce palissage partiellement, en faveur de certaines branches qu'il faut diriger dans les vides ou dresser dans une intention quelconque.

En somme, il n'est pas vrai de dire que le palissage en sec soit de règle générale à Montreuil.

Il est fait partout dans les arbres de luxe, nous entendons chez les bourgeois amateurs, dans les jardins de maison, sur les arbres en vue, dans un certain nombre de côtières même où le cultivateur tient à garder un certain décorum.

Un avantage incontestable du palissage après la taille est de garantir des mauvais jours du printemps les jeunes pousses et les fleurs nouvelles. On ne saurait raisonnablement contester l'utilité de l'opération dans ce sens.

Mais nous le répétons, la culture marchande n'a pas le temps de la pratiquer rigoureusement.

Un amateur aurait tort de s'y soustraire, attendu que pour lui le surcroît de travail est insignifiant.

Quant aux artistes, c'est autre chose. Ceux-là croiraient déchoir si leurs pêchers après la taille ne prenaient pas immédiatement une tenue correcte et géométrique. Les petites branches, taillées court, sont inclinées vers la charpente sous un angle égal pour toutes. Égaux sont les angles, égaux aussi les intervalles entre les rameaux. Vingt centimètres, rarement moins. On dirait de chaque branche charpentière une plume d'oiseau géant arrangée à plaisir. Et comme les artistes les plus entendus ne sont jamais tout à fait à l'abri des accidents qui dénudent les charpentes en certains endroits, malgré tout le savoir-faire du maître, on remplace les rameaux absents par des brindilles prises ailleurs qu'on palisse avec conscience par amour de la régularité. Ces figurantes sont enlevées, dès que les feuilles des rameaux bouchent les vides, car alors du bois sec dans les coursonnes produirait un mauvais effet.

Les habiles pratiquent ce rhabillage avec tant de soin que les yeux des plus clairvoyants y sont trompés.

Nous laissons volontiers aux artistes ces petites supercheries qui sauvent l'amour-propre, mais il est bien entendu que nous ne les conseillons à personne. Notre livre de pratique sérieuse et de science ne saurait devenir un manuel de tours de main.

Ceux qui, jusqu'à présent, ont ignoré le procédé de l'éclat ont cherché dans le palissage en sec un moyen empirique de provoquer le percement d'un œil de remplacement au bas d'un rameau qui menaçait de n'en pas donner. On s'imaginait qu'en palissant en janvier ou en février une petite branche le plus près possible d'une branche charpentière, on favorisait l'éclosion d'un œil dans l'écorce tendue de la coursonne.

Nous avons déjà dit que la tension de cette écorce non débridée formait un obstacle réel au percement de l'œil à la base. Nous ajouterons que la nature amène souvent d'elle-même ces yeux à la base des coursonnes, et l'on s'est empressé d'attribuer ce résultat naturel au procédé de la courbure.

La vérité vraie sur ce point est que l'œil arrive quelquefois, non pas à cause du procédé, mais malgré le procédé. Toute opération qui amène des résultats doit s'expliquer physiologiquement, et nous cherchons vainement la raison qui nous expliquerait l'efficacité de la tension de l'écorce sur l'apparition d'un œil. Il va sans dire que ceux qui préconisent le moyen se gardent bien d'en donner la raison scientifique.

Résumons-nous : On peut se passer de palisser en sec, si le

temps manque ; il est mieux de le faire dans tous les cas, surtout dans les cultures d'amateurs.

Section 3e. — L'ÉBORGNAGE.

L'éborgnage est une sorte d'ébourgeonnement à sec. Besogne d'amateur inoccupé, rien de plus. Comme travail classé, nous ne le connaissons pas à Montreuil. Il consiste à supprimer à la main les bourgeons et les boutons dont on croit ne pouvoir tirer parti ; surtout les yeux à bois des devants ou des derrières qu'en aucun cas on ne peut conserver.

Aucun de nous ne passe devant ses arbres sans abattre du bout des doigts, et comme d'instinct, ces bourgeons ou ces yeux inutiles, mais, encore une fois, ces ablations fréquentes ne constituent pas un travail déterminé.

Un homme, amateur ou jardinier, qui surveille ses espaliers de très-près, fera bien d'éborgner avec intelligence les arbres d'une végétation lente et calme ; il favorisera de cette façon le développement des parties utiles en y rejetant artificiellement le cours de la séve ; mais, s'il s'agit de sujets vigoureux, faciles aux emportements, l'éborgnage offrirait des dangers en supprimant les issues par où va se perdre l'excès du fluide séveux.

Comme nous l'entendons ici, l'éborgnage est une opération qui se pratiquerait sur les arbres aux premières heures de la végétation, quand les petites branches n'ont encore que des yeux à fleurs et à bois. Eh bien, nous la déconseillons comme pratique, attendu que ces suppressions prématurées peuvent laisser des regrets. Nous ne voulons aucun retranchement sur le pêcher qu'au moment où le danger des gelées n'est plus à craindre, et que les pousses déjà longues nous disent bien positivement où se trouve l'excès de rameaux et de fruits à supprimer.

La raison qu'on donne d'une saine économie à faire sur la séve au profit des parties utiles nous paraît mauvaise. En effet, aux premières heures du réveil, la séve afflue toujours en excès, et les suppressions d'issues ont au moins pour résultat d'amener dans le travail de la nature une perturbation très-inopportune, pour ne pas dire dangereuse.

N'enlevons pas aux amateurs le plaisir d'abattre d'un coup de doigt et journellement ce qui paraît nuisible à la bonne tenue de leurs pêchers. Nul de nous, en quelque saison que ce soit, ne passera devant ses espaliers sans que la main, même inconsciente, ne supprime quelque chose d'anormal; mais c'est tout. L'éborgnage en sec n'entre pour rien dans notre pratique, sinon comme passe-temps.

Section 4e. — LE PALISSAGE EN VERT ET LE PALISSAGE PARTIEL.

Le palissage en sec, dont nous regardons la pratique comme un luxe de travail, abrége à peine la besogne du palissage en vert; mais, fait avec intelligence, il supprime en grande partie le palissage partiel qui consiste à mettre en place définitive certaines branches auxquelles on n'aura plus à songer, les chiffonnes par exemple, et des brindilles à bois destinées à boucher les vides sur les murailles.

Ce palissage partiel, dans les cultures bien tenues, dure presque autant que la végétation de l'année, un peu par ci, un peu par là. Il résulte de la surveillance qu'on ne doit pas se lasser d'exercer sur les espaliers, sur les arbres vigoureux surtout. Il marche de pair avec le pincement dont nous aurons à parler.

Afin d'empêcher toute confusion dans l'ordre du travail, il est convenable de prévenir que le palissage en vert, l'ébourgeonnement et le pincement sont des opérations simultanées, marchant en même temps, se complétant l'une l'autre et constituant à elles trois ce qu'on appelle d'ensemble la tenue des pêchers.

L'ébourgeonnage même commence avant ces deux autres,

car on ébourgeonne ordinairement dès la deuxième quinzaine de mai.

On ne palisse en vert que trois semaines plus tard.

Un amateur, un jardinier bourgeois devrait mener de front les trois opérations, mais nos cultivateurs n'y pourraient suffire. Pour eux le palissage en vert forme donc un travail déterminé, limité, défini, comme la taille.

Généralement on laisse croître en liberté le bois de l'année jusque vers la mi-juin. L'arbre alors est à peu près entièrement dépalissé; l'ébourgeonnement a fait le jour dans le fouillis de végétation, et, comme pour la taille, on opère à partir des pointes, et les petites branches des dessus sont palissées autant que possible auprès des charpentes. On les comprime d'autant plus qu'elles sont plus vigoureuses, tout en plaçant le fruit de manière qu'il ait une place libre pour grossir et mûrir.

Les petites branches des dessous, qui ont de la tendance à venir plus faibles, doivent être à peine serrées et maintenues à angle plus ouvert.

Dans les deux cas, il faut éviter de découvrir les pêches auxquelles le soleil direct est funeste pendant les premiers mois.

Si, ce qui arrive fréquemment, les coursons des dessus s'étaient développés bien plus vigoureusement que ceux des dessous, on rétablirait l'équilibre rompu par un procédé qui ne manque jamais son effet. Après avoir palissé les dessus, on laisse les dessous en liberté pendant une quinzaine de jours avant de les soumettre au palissage.

Ce que nous venons de dire de l'opération pour Montreuil, où l'on emploie exclusivement les loques et les clous, s'applique également aux treillages usités ailleurs.

Le but du palissage en vert est, on le comprend, de donner aux petites branches le soutien nécessaire pour supporter le poids des fruits jusqu'à la maturité. Ayant forcé nos brindilles à donner des pêches hors de proportion avec elles, nous devons absolument les garantir contre le danger d'une rupture inévitable.

Mais qu'on se souvienne bien de ce qui a été dit des soins à donner : ils marchent de front. On ne palisse pas sans nettoyer, sans ébourgeonner, sans pincer, sans tailler en vert ou supprimer. Tous ces soins se complètent les uns par les autres.

Et nous rappellerons aussi que le palissage donne le moyen de maintenir l'équilibre dans les différentes parties d'une aile ou même d'une branche, ce qui complète les procédés indiqués au chapitre de la statique dans l'arbre. C'est le détail, souvent nécessaire, après les procédés d'ensemble.

Section 5e. — LA SUPPRESSION PARTIELLE DES FRUITS.

On sait que les fruits, à peine noués, deviennent dans les mains de l'arboriculteur un moyen de maintenir l'équilibre soit dans l'ensemble d'un arbre, soit dans une partie quelconque.

L'ayant déjà dit précédemment, nous n'avons pas à y revenir.

Mais il reste deux questions importantes qui ont leur place ici. A quelle époque doit-on supprimer les fruits en excès sur un pêcher? Dans quelles proportions doit-on faire cette suppression ?

1° Nous avons entendu répéter aux vieillards de Montreuil ce proverbe, ce dicton qui dut faire loi dans le pays :

> A la Saint-Pierre, mon bonhomme,
> Compte pêches, poires et pommes.

Au bon vieux temps, quand un avisé sur cent cultivateurs savait lire, les proverbes tenaient lieu de livres spéciaux, et cela, se répétant de proche en proche, de père en fils, se gravait dans toutes les mémoires.

Or la Saint-Pierre, qui donne la fête patronale du pays, tombe le 29 juin. Ce serait donc à cette époque seulement que l'on pourrait en général regarder comme certains les fruits restés sur l'arbre et qu'il serait permis d'en ôter l'excès.

Mais le dicton des ancêtres nous paraît trop absolu. Quiconque a la pratique du métier n'attend pas la fin de juin pour reconnaître la qualité des fruits, et si, grâce à son expérience, il en décharge le pêcher, c'est autant de gagné pour ceux qu'il laisse.

Nous tenons néanmoins pour principe de ne rien supprimer en mai. Nous ne touchons à nos fruits qu'à l'époque où les retours des gelées blanches ne sont plus à craindre et quand la maturation marche d'un pas assuré.

Vous déchargerez donc vos branches du 10 au 20 juin.

2° Les proportions dans lesquelles on supprime les fruits à Montreuil varient, pour ainsi dire, de culture à culture. Les uns tiennent aux grosses pêches et suppriment largement; les autres, prétendant qu'on a presque toujours assez de gros fruits pour les dessus de panier, font de moindres éclaircies. Et ceux-là disent qu'il faut bien aussi fabriquer des pêches pour les petites bourses.

Nous n'y voyons pas grand mal.

Nous croyons néanmoins que la bonne règle consiste à calculer l'équilibre entre la force d'un sujet et la charge qu'on lui laisse. Le trop de fruits ne manque pas d'épuiser.

Les amateurs qui tiennent à ménager leurs arbres ne laissent qu'une dizaine de pêches par mètre courant de branche charpentière. C'est-à-dire qu'une palmette simple à quatre étages et s'étendant sur une largeur de huit mètres porterait trois cents pêches.

Si cette récolte arrivait sur le tôt ou sur le tard, l'arbre payerait bien sa place, mais trois cents pêches en pleine saison ne donnent guère que trente francs en moyenne.

Dans la proportion de dix pêches par mètre courant de charpente, un éventail, tenant moitié moins de place, donnerait presque autant que la palmette. Mais le plus grand nombre de nos cultivateurs dégarnissent à peine leurs pêchers, et nous avons souvent compté de quinze à dix-huit pêches par mètre courant. Quelquefois vingt, vingt-cinq, mais chez les imprévoyants.

C'est à ce propos surtout qu'il faut crier par-dessus les murs des jardins que :

> L'excès en tout est un défaut.
> Faut des pêches, pas trop n'en faut !

Quoi qu'il en soit de cet abatis de fruits verts, on peut y remarquer le soin que prennent les cultivateurs de supprimer toutes les pêches de mine douteuse, celles qui se trouvent sur les derrières et que les branches déformeraient, toutes celles enfin qui n'ont ni assez d'aspect, ni assez de place pour promettre une belle et définitive maturité.

Au surplus, on a compris que la règle n'a point un sens rigoureux, et que personne ne prendra jamais guère la peine de compter, le mètre en main, le nombre de ses pêches le long des charpentes. Nous n'avons pu vouloir que donner un simple aperçu, pour guider les amateurs.

Section 6e. — L'ÉBOURGEONNEMENT.

Ici nous trouvons deux manières bien distinctes, celle de la grande culture et celle des amateurs.

Ébourgeonner, c'est supprimer tout le bois jeune inutile, toutes les pousses de l'année dont on ne saurait tirer parti l'année suivante. C'est encore opérer sur le bois comme on a fait sur les fruits. Les deux opérations tendent au même but : supprimer les parasites, les bouches inutiles, au profit des fruits de l'année et des rameaux utiles de l'année prochaine.

On comprend tout de suite que l'ébourgeonnement demande un coup d'œil sûr, encore plus sûr que dans la suppression des fruits en excès, et qu'il doit durer presque toute la saison.

La manière de la grande culture consiste à prendre une époque déterminée, une semaine en juin, par exemple, pour cette opération qu'on ne recommence plus.

Assurément nous blâmerions vivement cette manière défectueuse, répréhensible à tant d'égards, s'il était possible à nos cultivateurs d'agir autrement. Dans les cultures étendues, on gagnerait à peine de quoi payer la voiture qui nous mènerait à l'hôpital, si l'on reculait devant les moyens expéditifs.

Où les livres qui nous appellent routiniers manquent de mesure et surtout de bon sens, c'est bien quand ils nous font un crime de ces moyens rapides, absolument indispensables en nos jardins. Nous savons, en ce qui concerne l'ébourgeonnement, que l'opération faite en un jour, une fois pour toutes, est dangereuse. Elle interrompt violemment la marche réglée de la séve, elle amène une perturbation profonde dans l'économie de l'arbre. Telle une opération de chirurgie, une amputation brutale pratiquée sur un homme.

Le cultivateur en chambre nous dira que la manière de Montreuil dénude les branches dans un temps relativement court, et qu'elle a sur la santé générale de l'arbre une influence funeste. Il a raison. S'il ajoute qu'un ébourgeonnement rapide, fait en une fois, en pleine végétation touffue, nous fait courir le danger d'éliminer des rameaux utiles et des fruits bons à garder, il ne sera pas moins dans le vrai.

Mais serait-ce indiscret de lui demander un moyen d'opérer aussi vite et mieux ?

Oh ! par exemple, quiconque a deux pêchers à soigner, quelquefois quatre, un amateur, un jardinier bourgeois, un professeur même, s'il en est un dont la main fine ne redoute pas le contact du sécateur ou de la serpette, tous ceux-là peuvent et doivent ébourgeonner successivement, d'avril à fin juillet, sans même craindre *de faire redescendre la séve à la racine*, ainsi que l'enseigne ingénûment un petit manuel sans prétention à la physiologie.

Ce faisant, on répartit sur trois mois les souffrances d'une opération rapide, c'est-à-dire que les souffrances, atroces en un jour, deviennent une simple taquinerie quand elles se partagent entre douze à quinze semaines.

Ceux qui savent ébourgeonner pourraient se passer du conseil que nous allons donner en finissant à ceux qui n'ont pas l'habitude de cette grande opération.

Ce conseil, le voici :

Vos branches doivent sortir de l'ébourgeonnage avec tous leurs coursons chargés de fruits verts, avec un ou deux rameaux de remplacement au talon des coursonnes, avec les petits dards de mai, avec les rameaux de l'année qui boucheront des vides.

En somme, n'enlevez que la surcharge, l'inutile, les pique-assiettes ou parasites, ces pousses qui représentent assez bien les gens qui reçoivent toujours sans jamais rien rendre. Mais n'oubliez pas que, s'il est possible, l'ébourgeonnage est un soin de chaque jour, et, qu'insensiblement, pour ainsi dire, il faut débarrasser votre arbre de toute la végétation qui n'est que du luxe.

Distinguez encore entre l'arbre vigoureux et l'arbre qui l'est peu. Ce dernier doit être ébourgeonné à fond. Où la séve est rare, il la faut ménager; tandis qu'où elle est en abondance, on peut la laisser se dépenser un peu à l'aventure. Le pauvre est tenu de ménager ses ressources, quand le riche a le droit de jeter la vaisselle par les fenêtres.

Ici vient se placer naturellement une réflexion qui depuis bien des pages tremblote au bout de notre plume et que nous laissons enfin tomber.

Il y a plus de différence entre la culture marchande et la culture d'amateur qu'entre le jour et la nuit. La culture marchande gagne de l'argent; l'autre donne des fruits qui coûtent plus qu'au marché. L'une conduit à l'aisance, l'autre à l'hôpital.

En arboriculture, pour être amateur ou artiste, il faut préablement avoir du pain sur sa planche. — Voilà pourquoi les professeurs appointés, n'ayant jamais fait cette distinction, nous ont jeté la pierre de leur dédain. Si l'on nous obligeait à cultiver selon leur évangile, il serait prudent d'établir en même temps chez nous, aux frais de nous ne savons qui, un dépôt de mendicité, une Salpêtrière quelconque où viendraient se réfugier nos invalides de l'espalier.

Et, pour distraire ces bons vieux assistés, un professeur en retraite, mais renté, viendrait leur faire trois fois par semaine un cours d'arboriculture artistique.

En cravate blanche et en habit noir, bien entendu.

Section 7º. — LE PINCEMENT.

Il n'y a pas encore bien longtemps, ce mot de *pincement* sonnait mal à Montreuil et voici pourquoi. M. Félix Picot, un jardinier d'une grande intelligence, avait trouvé dans sa propre pratique ou emprunté de quelque autre un procédé de pincement à outrance qui, dans sa conviction, tenait lieu de tous les procédés connus. M. Picot s'en était engoué à ce point que tous les végétaux des jardins passaient par le pincement, bon gré, mal gré.

Si cet artiste avait préalablement soumis son système à l'épreuve de la discussion physiologique, il aurait compris sans doute que le pincement constitue une chirurgie mortelle. Autrefois, il y eut dans l'Attique, territoire d'Athènes, un voleur de grands chemins, resté tout aussi célèbre que les philosophes, les orateurs et les grands capitaines. Il avait nom Procruste. On dit généralement aujourd'hui Procuste, par suite d'une erreur typographique échappée à quelque compositeur des premiers jours.

Or ce brigand athénien, parmi les ustensiles formant le matériel de sa belle profession, avait un lit de fer sur lequel il étendait ses victimes après les avoir dépouillées. Dans sa passion de l'égalité, cet artiste rognait impitoyablement son patient pour le mettre à la mesure du lit, et si le patient, par hasard, n'avait pas la taille du lit fatal et égalitaire, Procruste avait une sorte de treuil pour l'allonger en lui disloquant tout le corps.

Il fallut, pour le tuer, un héros, Thésée, demi-dieu comme Hercule.

Eh bien, le pincement à outrance de M. Picot, n'est-ce pas un lit de Procruste pour les arbres?

Le bandit grec opérait seul; M. Picot, assurément le plus honnête homme du monde, trouva par hasard, dans Montreuil, un collaborateur dévoué, mais sous réserves.

Nous voulons parler du professeur Trouillet.

Depuis quarante années que cet habile observateur étudie l'arboriculture en la pratiquant, il est peu de systèmes qui aient couru le monde sans s'être arrêtés un moment chez lui. M. Trouillet a tout essayé, le pincement Picot, comme le reste, mais il n'a pas tardé à reconnaître le vice radical du procédé qu'il avait un peu hâtivement recommandé.

Et d'une main sûre autant que convaincue, il brisa le lit de Procruste; mais M. Picot quitta le pays et l'on trouve encore aujourd'hui dans Montreuil des gens attardés qui vous disent que le professeur Trouillet est le grand prêtre du pincement à outrance.

Par amour de la vérité, nous avons tenu particulièrement à rétablir les faits.

Mais le mot de pincement sonnera mal longtemps encore à Montreuil!

Or cette opération, comme on doit l'entendre, est un moyen pratique le plus utile et le plus efficace. Ébourgeonner, c'est supprimer une branche; pincer, c'est simplement rogner le bout des rameaux à l'état herbacé. L'ongle du pouce sert de tranchant et l'index forme point d'appui.

Quand vous avez enlevé par l'ébourgeonnage toutes les pousses inutiles, tous les rameaux parasites, il vous reste à maintenir dans des limites d'équilibre ceux que vous avez conservés.

Pincer est un mot impropre qui ne rend qu'en partie l'idée de l'opération: Un chirurgien qui vient vous couper un membre ne vous dit pas qu'il va le pincer. Or, en arboriculture, pincer veut dire couper. Pincer un rameau, c'est en supprimer la tête.

Le pinçage se fait ordinairement sur un œil qui repart et dépense la séve qui aurait allongé la pointe à l'excès. Dans les dessous, on l'emploie avec modération, puisque la sève n'y surabonde jamais et n'y possède pas une grande force d'expansion; mais il est d'un grand secours dans les dessus, où la végétation s'emporte toujours.

Dans ces parties hautes, il y a deux dangers à prévoir et à combattre. Quand les rameaux sont vigoureux et bien nourris, si vous les pincez mollement, c'est-à-dire trop haut, vous laissez monter la séve au détriment des bourgeons qui sont au talon de ces rameaux et qui doivent remplacer l'année suivante. Donc, premier danger : perdre ses bourgeons de remplacement.

Si vous pincez trop bas, vous courrez le risque de faire ouvrir en faux bourgeons les yeux que vous laissez, et de provoquer la venue d'un buisson de ramilles à la place d'une ou de deux branches de remplacement. Deuxième danger, avoir des brindilles frêles à la place d'un solide remplacement.

Il faut donc se tenir dans un juste milieu; n'être ni mou ni radical; du reste, l'habitude du pêcher vous donnera cette juste mesure de conduite.

En général, on ne peut guère empêcher la naissance des faux bourgeons sur un rameau de remplacement. L'excès de séve fait partir les yeux latents et amène ces bourgeons improprement appelés *faux*, et que nous désignons par le nom plus logique de rameaux *anticipés* ou de rameaux *secondaires*.

Quel traitement doit-on appliquer à ces rameaux anticipés?

Presque toujours ils seront inutiles l'année prochaine; mais, au lieu de les ébourgeonner et de déchirer ainsi l'écorce du rameau principal, nous aimons mieux les pincer, les rabattre doucement, et ne les supprimer qu'à la taille suivante.

Ne pas craindre non plus de pincer la petite branche qui porte actuellement des pêches. L'allongement excessif de la pointe dépense en pure perte la nourriture des fruits, et ce pinçage résolûment fait donne aux pêches le volume, et sa vigueur au rameau de remplacement, les deux seuls intérêts à ménager sur ce point, puisque la petite branche doit tomber elle-même après la récolte sous le sécateur.

Section 8e. — LA TAILLE EN VERT.

La taille en vert n'est qu'un accessoire même parmi les moyens employés pour la tenue du pêcher. A aucun point de vue, il ne constitue une opération distincte. On l'appelle aussi *taille d'été, rapprochement en vert,* mais que les mots n'effarouchent pas les novices. La taille en vert est le pinçage au sécateur dans les fouillis de rameaux anticipés. Nous ne l'avons mentionné que pour ne rien oublier de ce qui se passe ici.

Section 9e. — L'EFFEUILLEMENT.

Pour l'effeuillement, c'est autre chose. Quand l'ébéniste a terminé son meuble de palissandre, il le passe au vernis. Le vernis n'ajoute rien à la solidité d'un meuble, il lui donne le brillant et le coup d'œil avec plus d'imperméabilité.

De même, quand, au moyen des procédés développés jusqu'ici, le cultivateur a fabriqué sa pêche, un fruit de 24 à 28 centimètres de diamètre, il a soin d'ajouter au volume, au suc exquis, à toutes les qualités intrinsèques, le coloris qui n'est souvent qu'une illusion, mais sans lequel la pêche n'aurait pas sa valeur.

Depuis le mois de mai, vous avez dû prendre un soin particulier pour ne pas laisser vos jeunes fruits exposés aux ardeurs du soleil.

Ce renseignement, que nous aurions peut-être dû placer dès le début, n'a guère sa place naturelle qu'en cette section relative à l'effeuillement.

Pour effeuiller, il faut avoir des feuilles. Or il est presque de règle générale que toute pêche non défendue des ardeurs du soleil n'arrive pas à terme. Cela veut dire que le fruit, sortant de sa capsule de pétales fanés avec son pistil en paratonnerre au sommet, doit rester derrière le rideau de feuilles que la nature a soin d'étendre devant lui. Ni le palissage en vert, ni l'ébourgeonneage, ni le pinçage, ni la taille en vert ne doivent le découvrir jusqu'au jour où il arrive presque à son volume normal. Alors vous effeuillez, c'est-à-dire que vous supprimez les feuilles qui couvrent le fruit, et le velours de la pêche reçoit alors directement les rayons du soleil. L'épicarpe duveteux, très-sensible à la lumière, prend vite cette belle teinte lie de vin qui donne à la pêche tout son prix.

Si les feuilles à supprimer appartiennent à la branche qui porte les fruits, l'opération ne demande aucun soin particulier, puisque le rameau tout entier doit tomber à la taille prochaine. Mais, s'il s'agit d'enlever des feuilles à la branche de remplacement qui restera pour donner des fruits l'année suivante, nous conseillons de les couper par le pétiole avec le sécateur ; autrement on pourrait fatiguer l'œil qu'elle porte à son aisselle, et détruire ainsi dans leur germe les pêches de l'autre saison.

Et, si le rameau de remplacement est trop faible, déplacez les feuilles, mais ne les abattez pas.

Les praticiens soigneux n'effeuillent que pendant les dernières heures du jour. Si vous effeuillez en plein soleil, la transition subite de l'ombre au contact des rayons est fatale au fruit. Au lieu de rougir, la pêche est brûlée par une insolation.

Section 10e. — LA CUEILLETTE,

Les connaisseurs, au simple coup d'œil, savent quand une pêche est mûre à point. Les novices se laissent prendre au coloris, au volume, à l'aspect général du fruit et y portent les doigts. Attouchement malheureux qu'on répète pendant quelques jours et qui vous donne des pêches blettes, coties, détestables.

Même en cueillant une pêche mûre, on peut la cotir, quand on la cueille du bout des doigts. Les gens de Montreuil ont, pour la cueillette, un procédé très-rationnel. Ils arrondissent les doigts, insèrent le fruit dans cette coupe aux parois élastiques et l'amènent de l'arbre sans effort.

La maturation marche vite pendant les derniers jours. On cueille ici la pêche encore ferme sous la pression de la main; si l'on attendait à la dernière heure, on ne porterait aux Halles de Paris que des fruits passés. Le Parisien ne mange nos pêches que mûries artificiellement et cueillies depuis au moins la veille. Les fins gourmets trouvent une différence sensible entre la pêche de Montreuil prise à la Halle, et celle qu'on prend à l'espalier, bien faite et mûre à point. Dans ce dernier cas, la pêche arrive de l'arbre à la bouche avec un parfum délicieux, avec un tiède arome qu'on ne saurait définir.

La pêche alors est bien le premier de tous les fruits.

Comme dernier renseignement, voici comment on accommode ici les pêches qui descendent à Paris chaque matin dans la saison.

Une opération préalable est de les brosser toutes, avec une brosse bien douce qui enlève le duvet. Le coloris apparaît dans toute sa fraîcheur.

Puis on les dispose ainsi pour la vente :

En semelles : Une semelle se compose de huit pêches, ordinairement de première grosseur, placées sur une petite semelle en paille.

En six ou *clayons :* Un six est un ensemble de 48 pêches sur six semelles. Ces six semelles, disposées sur un clayon, offrent le plus bel aspect.

En douzaines : Une douzaine veut dire 96 pêches ou 8 fois 12. On ne vend à la douzaine de 96 que les petites pêches.

On dit aussi un *deux* pour 24 pêches ; un *trois* pour 36 ; un *huit* pour 64.

ERRATUM.

Quelques vieux écrivains, d'une modestie charmante où perce une pointe d'orgueil, avaient l'habitude de finir leur livre par ces mots :

Excusez les fautes de l'auteur.

Nous aurions peut-être raison de faire comme eux, mais nous devons nous contenter aujourd'hui de dire à nos lecteurs :

*Excusez la faute de l'*Annuaire de Sceaux.

En effet, à la page 9 du présent livre, on a pris de confiance le nom de Philippe-Auguste pour l'accoler à un fait de 1393.

Or Philippe-Auguste était mort à Mantes le 14 juillet 1223, à l'âge de 58 ans.

Cette erreur est dans l'*Annuaire de Sceaux*, année 1868, page 300.

Le nom du sire Gaucher de Châtillon nous a permis de substituer le nom de Philippe IV, le Bel, à celui de Philippe-Auguste.

Une vieille chronique nous raconte en un latin naïf que le sire Gaucher de Chastillon, comte de Crécy et du Forceau, était né en 1250, et qu'il fut fait connétable de Champagne en 1286 et commandant en chef des troupes de cette province.

En 1302, il fut nommé connétable de France par Philippe le Bel pour succéder dans cette dignité à Raoul de Clermont de Nesle, tué à la journée de Courtray, le 11 juillet de cette même année.

A la page 9 de notre livre il faut donc lire :

« Philippe le Bel, en 1293.... », puis deux lignes plus bas : « *quatorzième* siècle. »

Cela, tous comptes faits, donne trois erreurs. Mais il paraît que trois savants collaborateurs avaient été chargés de rédiger l'*Annuaire de Sceaux* en 1868, et chacun sans doute, par amour-propre, aura voulu faire la sienne.

En tous cas, nous avons bien été quelque peu leur complice, par un excès de confiance au moins.

RÉSUMÉ PRATIQUE

DE LA CULTURE DU PÊCHER A MONTREUIL.

Nous venons de traiter en grand la question relative à la culture du pêcher, non pas avec l'intention platonique de faire un livre, mais dans un but de vulgarisation et d'utilité publique.

A ce titre, nous avons dû ne passer sur aucun détail et revenir même à diverses reprises sur certains points d'une importance majeure.

Quand un amateur, voulant avoir des pêchers dans son clos, ou le connaisseur ayant déjà des arbres, aura lu ce traité complet, sa première pensée sera de tirer de notre livre ce que volontiers nous en appellerions la moelle, c'est-à-dire la partie purement pratique.

Or c'est là, nous le comprenons bien, tout un travail d'assez longue haleine que tout le monde n'aurait pas le temps de mener à bonne fin.

Si nos lecteurs veulent bien nous le permettre, nous allons, en quelques pages serrées et concises, faire pour eux ce travail de réduction.

C'est une innovation, sans doute, en un livre d'études et de démonstration, mais nous répétons que les amateurs avares de leur temps devront nous savoir gré de leur épargner un travail qu'on est toujours obligé de faire quand il s'agit d'appliquer pratiquement une doctrine aussi complète et embrassant tant de détails.

Nous suivrons naturellement les divisions du livre. Néanmoins, pour contenter les praticiens méticuleux, nous devons avouer que la marche logique de nos démonstrations nous a peut-être fait intervertir l'ordre des travaux qui se succèdent dans la culture du pêcher. Nous allons donc, dans ce résumé destiné à guider l'amateur, rétablir cet ordre dans la succession des travaux divers, et former, pour ainsi dire, un agenda journalier.

1°. — LES SEMIS.

Stratifiez, c'est-à-dire mettez en panier vos amandes ou vos noyaux de prune en décembre. Le panier doit être mis à la cave, à l'abri du froid et de l'humidité, la pointe des amandes ou des noyaux de prune en bas. Il vous faut prendre des amandes amères, à écorce dure, et vos noyaux de prune doivent provenir du Saint-Julien.

Fin avril, vous déterrez vos amandes et vos noyaux; vous rognez délicatement l'extrémité des petites racines, et vous mettez en pépinière.

La nature du terrain vous indique le choix des sujets à greffer. Si vous avez un sol froid, argileux, en un mot, une terre forte, prenez de préférence un prunier de semis. L'amandier convient mieux au sol léger. Quant à la greffe sur franc, c'est-à-dire sur pêcher, elle donne un arbre vigoureux et de beaux fruits, mais la gomme tue souvent votre sujet.

2°. — LA GREFFE.

Vous grefferez vos petits sujets en septembre, et les laisserez en pépinière. Greffez le plus haut possible. Au printemps, vous rabattrez vos scions à 10 centimètres au-dessus de la greffe, et, dans les mois de novembre, de décembre ou de janvier, vous mettrez vos petits pêchers en place définitive.

C'est ce qu'on appelle des pêchers de dix-huit mois.

La greffe avorte, en moyenne, trois ou quatre fois sur dix. Cela tient à différentes causes de séve, de température, etc.; mais la cause la plus fréquente tient à ce que l'écusson est mal levé. Tout œil que vous mettez sur un sujet doit porter en dessous sa petite racine blanche, sous peine de périr; et bien souvent, en ôtant le bois du dessous, on enlève aussi la racine. Nous appelons, sur ce détail essentiel, l'attention de celui qui greffe.

Quoi qu'il en soit, la greffe peut manquer. Nous avons vu qu'on peut la recommencer en avril avec avantage, en se servant d'un rameau de l'année précédente, qu'on aura eu soin de tenir à la cave, comme en cas. Vous regagnez ainsi le temps perdu; et ces pêchers de vingt-quatre mois valent ceux de dix-huit. Si vous attendez à l'automne, vous perdrez un an, et vos pêchers, dits de trente mois, sont des sujets inférieurs aux autres.

Ne manquez pas d'abriter vos pêchers, une fois placés. Ils ne doivent pas, avant mai, recevoir une goutte d'eau. Des paillassons ou des planches les protégent par en haut, et le pied veut être garanti par une planchette mobile qui y est appuyée.

3°. — LA PLANTATION.

La plantation a ses règles. Peu importe que l'onglet de la greffe se trouve en avant, en arrière, ou sur les côtés de la tige; l'essentiel est que la racine soit ramenée en avant, et que le bas du tronc soit à 15 centimètres du mur au moins.

Avant de planter, il a fallu préparer le terrain, le défoncer, l'ameublir, le fumer, le mêler de gravats, ou, mieux, de poussière de démolition. Tout calcaire convient aux pêchers.

Les trous de plantation ne doivent être ouverts qu'au moment même d'y déposer l'arbre, afin de n'enterrer avec lui ni de la boue liquide et glacée, ni de la neige.

Avoir soin de ne planter que juste au-dessus de la racine.

Laissez dire et faire ceux qui enfoncent leurs jeunes arbres, sous prétexte de les garantir de la sécheresse. Mieux vaut mettre au pied un peu de paille consommée. Règle générale : le haut de la racine à fleur de terre, jamais plus creux.

Pour ce qui est de l'époque, plantez en novembre, jusqu'au commencement de mars. Mieux vaut tôt que tard; mais les jours doux et secs sont les meilleurs.

4°. — LA FORME.

La forme qui demande le moins de savoir et de soins est celle de l'éventail. Elle est, pour ainsi dire, impérissable, attendu qu'une branche qui meurt par accident ou naturellement se remplace facilement par une branche voisine qu'on rabaisse ou qu'on relève. Cette forme garnit bien son mur, et, si son principal défaut est de manquer de symétrie, son grand avantage est de donner des fruits avec abondance.

Pour l'établir, il suffit d'éviter les empâtements; c'est-à-dire qu'il ne faut jamais laisser venir des dessus sur les branches-mères. Le mieux pour nous consiste à établir une tige de 15 à 30 centimètres au-dessus de la greffe, et d'y établir de chaque côté les branches qui doivent rayonner en éventail sur le mur.

Si vous avez deux branches-mères en fourche, au lieu d'une tige unique, que nous préférons, rapprochez ces deux branches le plus possible, et ne prenez qu'en dehors les branches de l'éventail, c'est-à-dire des dessous.

Nous avons maintes fois remarqué dans Montreuil que des côtières périssent en peu de temps par l'oubli de ce principe fondamental. Même dans l'éventail, les dessus tuent rapidement les dessous, et les arbres disparaissent en peu de temps, ou, du moins, il ne reste que des squelettes difformes qui blessent les regards des connaisseurs et ne payent plus leur place sur le mur.

Si vous tenez à posséder quelques beaux arbres, choisissez la palmette simple d'abord ; nos préférences iraient ensuite à la palmette double, et nous ne conseillons la forme carrée qu'à ceux qui auraient le temps et la patience de surveiller leurs pêchers. Il y a là, nous l'avons dit, un antagonisme énorme entre les dessus et les dessous, et la moindre distraction de votre part amènerait des emportements irréparables.

Au cas où vous créeriez une forme de fantaisie, gardez-vous des empâtements et ne mettez pas les dessus à même de tuer rapidement les dessous. A part ces dangers, le pêcher se prête à tous les caprices.

Pour l'établissement des belles palmettes régulières, nous renvoyons à ce que nous en avons dit à la page 202.

5°. — LA TAILLE DES BRANCHES A BOIS.

Dans cette partie, la plus importante de toutes, nous allons tâcher de ne rien omettre ; mais, pour arriver à ce but, il va falloir donner à nos conseils la forme brève et sèche d'un commandement militaire.

La taille a pour but de domestiquer l'arbre à outrance ou de le soumettre entièrement dans un intérêt de production.

Dès novembre, on doit procéder à temps perdu, un peu par-ci, un peu par-là, au nettoyage de l'arbre, sans toutefois dépalisser la charpente. L'opération consiste à enlever les loques des petites branches, à retrancher le bois inutile, à nettoyer les angles, à visiter les charpentes dont toutes les parties sont à nu.

La raison qui doit faire nettoyer les pêchers en hiver, c'est que, par ce travail préliminaire, vous abrégerez de moitié la besogne de la taille.

Quand vous taillez sur un œil, soit les branches charpentières, soit les petits rameaux, laissez toujours un onglet qu'il sera toujours temps de supprimer quand l'œil sera bien parti.

Pour tailler, levez la main. La surface de la coupe, qui est une blessure, doit, autant que possible, être tournée du côté de la muraille, afin d'être soustraite à l'action des injures du temps et à celle du soleil.

On a gardé dans Montreuil le souvenir d'une taille dite *à la Champagne,* qui ne diminuait guère le rendement des arbres. Cela consistait à rogner les branches à tour de bras, sitôt après la récolte ; mais nous voulons qu'on fasse mieux. Taillez vos pêchers affaiblis et vieux les premiers, et finissez par les plus vigoureux. On peut arriver à ces derniers jusqu'en pleine floraison. Février est le meilleur temps moyen.

Si vous gardez, pour les besoins de la charpente, des branches qui ont donné du fruit à la saison précédente, souvenez-vous que la pêche cueillie n'emporte jamais avec elle son pédoncule ou queue. Or les pédoncules qui restent sont des organes qui ne survivent pas à la pêche et qui meurent dans le bois qui les porte. En peu de temps, ils décomposent le bois autour d'eux et amènent des accidents graves, souvent la mort de la branche par la gomme. Il faut donc les enlever avec soin.

On commence à tailler l'arbre par ses extrémités, et l'on redescend vers les insertions. De cette manière, on voit mieux ce qu'on fait.

Les ailes d'un pêcher ne peuvent jamais s'allonger indéfiniment. L'envergure a ses limites sur les côtés comme en haut. La moyenne en largeur, pour une façade, dans les grandes formes, est de 4 mètres de chaque côté du tronc. On a donc toujours, en moyenne aussi, rabattu les pointes d'environ 80 centimètres par année, ce qui permet de faire un arbre en six ans, sept ans au plus. La taille se pratiquait sur un bel œil de devant, qui continue la branche charpentière, sans que la soudure se laisse presque apercevoir.

Ces pointes, qu'on abat pour maintenir l'arbre dans des limites raisonnables, sont des branches fructifères que vous perdez d'année en année. Elles sont les plus fécondes et donnent des fruits de choix.

Donc, au lieu de les abattre sans pitié, entaillez-les juste à l'endroit où vous les auriez rabattues. Relevez ces pointes éclatées, afin de laisser la ligne droite libre pour le bourgeon qui va s'allonger et former la pointe nouvelle. Chaque année, vous aurez ainsi aux extrémités de votre pêcher du bois nouveau en formation et des pointes éclatées qui fournissent prématurément de gros fruits.

Palissez bien ces pointes, qui ne tiennent à la branche que par un peu de bois et d'écorce; elles ont besoin d'être soutenues pour le moment surtout où les pêches deviennent pesantes. Palissez-les régulièrement toutes dans le même sens, et l'aspect de l'arbre ne fera qu'y gagner.

L'avantage pratique de ces entailles, c'est que vous pouvez laisser sur les pointes entaillées autant de pêches qu'il en pourra tenir sans fatiguer l'arbre.

6°. — DU DRESSAGE.

Le dressage est une opération qui consiste à remettre en leur place les différentes pièces de la charpente, une fois les branches taillées. Comme on a dû tailler sur un œil de devant toutes les pointes qu'on ne pouvait conserver, et entailler sur un œil pareil celles qu'on veut garder avec leurs fruits jusqu'à la fin de la saison, il faut palisser ces dernières dans un ordre régulier, mais en dehors des lignes suivant lesquelles les jeunes pousses ne tarderont pas à s'allonger. Dans le dressage, on doit tenir compte de ce que nous dirons ci-après au sujet de l'équilibre, et ceux qui palisseraient à fond un arbre ayant besoin d'être équilibré s'exposeraient à recommencer l'opération pour rétablir cet équilibre, au moment de la séve, avec des fleurs et même des feuilles aux branches, ce qui serait dangereux et difficile.

7°. — DE LA STATIQUE OU MOYENS DE MAINTENIR ET DE RÉTABLIR L'ÉQUILIBRE DANS L'ARBRE.

Avant de passer à la taille des petites branches, voyons tout de suite les différents moyens de rétablir l'équilibre dans un pêcher.

L'arbre perd son équilibre quand une aile, une partie, un côté quelconque se développe aux dépens de l'autre aile, de l'autre partie symétrique, etc. La partie forte tue généralement l'autre.

Les sujets vigoureux ont surtout besoin d'être surveillés. En général, on ne s'aperçoit du mal que lorsqu'il est déjà grave. Il faut alors recourir aux moyens suivants :

1° Serrer fortement contre la muraille, en la palissant, la partie qui s'emporte, et maintenir plus librement la partie faible dans ses loques.

2° Serrer, comme ci-dessus, la partie trop forte; dépalisser entièrement la partie faible et la maintenir par des tuteurs à une distance de 15 à 20 centimètres du mur.

3° Relever la partie faible dans le sens de la verticale, et abaisser l'autre dans le sens de l'horizontale.

4° Construire un abri passager, avec des voliges ou des paillaissons, au-dessus de la partie trop forte et le plus près possible des pointes. Le manque d'air et de lumière retarde visiblement l'essor de la végétation.

5° Couper avec l'ongle du pouce toutes les feuilles par moitié, ou plus, dans les parties hautes du côté qui s'emporte. Cet effeuillement constitue un remède héroïque qui ne manque jamais son effet. Effeuillez, èn produisant l'effort de bas en haut, pour ne point fatiguer les aisselles du pétiole, où il y a un gemme.

6° Dégarnir de ses fruits, en tout ou en partie, suivant la gravité du mal, le côté trop faible de votre arbre, et laisser tous les siens à l'aile forte.

7° Éclater, suivant notre méthode, un nombre plus ou moins grand de branches et de rameaux sur la partie qui s'emporte.

On peut employer tous ces moyens ensemble ou isolément; mais une médication violente est aussi dangereuse dans les arbres que chez les animaux. Nous n'aimons pas l'impatience quand il s'agit de traiter un pêcher.

8°. — CONSTITUTION DES BRANCHES A FRUITS, ET OBSERVATION CAPITALE. TAILLE.

Nous arrivons aux petites branches.

Le pêcher a sa manière d'être particulière. Une branchette à fruit de cette année-ci a poussé d'un œil l'année dernière. L'année prochaine, elle sera branche à bois et ne donnera plus de fruits.

Exemple : l'œil s'est développé, en 1874, sur une longueur moyenne de 30 à 40 centimètres. Ordinairement la jeune pousse n'a pas de rameaux secondaires sur sa tige unique et ne porte que des yeux alternes.

En 1875, ces yeux fleurissent d'un bout à l'autre de la brindille; c'est-à-dire qu'ils donnent des fleurs et des rameaux.

En 1876, le rameau de 1874 est coupé sur une pousse de 1875, la plus basse possible, qui va donner à son tour des fruits dans l'année et ses branches de remplacement pour 1877.

Il résulte que la petite branche à fruit figure trois années de suite : la première année, à titre d'œil qui se développe en jeune rameau; la deuxième, comme courson à fruits, qui donne en même temps des pêches et des rameaux; la troisième, à titre de bois inutile qui fait le principal objet de la taille.

En résumé, la branche à fruit se développe en une année, donne des fruits l'année suivante, et devient à jamais stérile à partir de la troisième.

L'arbre monte donc d'un étage à bois chaque année.

Ceci dit, voici les branches qu'on trouve devant soi au moment de la taille :

1° Le cochonnet, ou bouquet de mai ;
2° La chiffonne, ou simplement brindille ;
3° Le gourmand ;
4° La bonne branche.

Le cochonnet. — Dard à fruit par excellence qu'on ne taille pas dans l'année. On ne le coupe qu'après la récolte, à la taille d'hiver. Il donne parfois de lui-même un œil de remplacement à sa base, mais rarement. S'il est sur le devant, on l'abat sans pitié. S'il tient sur les flancs la place d'une coursonne et qu'il produise un vide en disparaissant, rabattez-le sur son œil de remplacement, qui deviendra une coursonne. Comme il n'a presque jamais aucun œil à sa base, on peut l'entailler au-dessous de ses fruits et provoquer ainsi l'apparition d'un œil. Si cet œil naissant paraît faible et ne se développe que péniblement, sacrifiez les fruits du dard avant la maturité, et rabattez le cochonnet sur cet œil qui prendra de la vigueur et deviendra une bonne branche pour l'année suivante.

La chiffonne. — Elle fleurit d'un bout à l'autre, avec un seul œil au sommet. Si la chiffonne ne nuit pas aux bonnes branches, palissez-la dans la meilleure place possible, et ne la supprimez qu'après l'année du fruit.

Si elle vient en place vide, sur les flancs d'une branche de charpente, elle présente deux cas : ou elle porte à sa base un œil de remplacement, ou elle en est dépourvue. Dans le premier cas, plus rare que le second, traitez-la en bonne branche et sacrifiez les fruits, si la faiblesse de l'œil de remplacement le demande. Dans le second cas, provoquez la venue de cet œil par un éclat à quelques centimètres au-dessus de l'insertion.

Comme la chiffonne est longue et flexible, on s'en sert assez souvent pour regarnir une branche charpentière dénudée, au moyen de la greffe en approche. Les vrais curieux qui font de l'arboriculture de luxe emploient souvent ce moyen, qui réussit toujours, mais qui cesse d'être praticable pour les personnes en possession d'une culture étendue.

La bonne branche. — C'est le rameau qui a poussé l'année précédente sur une branche à fruit, en même temps que les pêches. Elle n'est pas venue seule. Une branche à fruit en a donné quatre, cinq ou six autres. On garde ordinairement celle qui se trouve le plus près de la base, et l'on supprime la branche qui l'a portée, avec toutes les autres; puis on rabat, sur la cinquième, sixième ou septième fleur, celle qu'on garde, suivant la longueur qu'on veut donner à la taille. Plus on taille court, plus il faut surveiller l'arbre, attendu que la séve, plus ramassée sur elle-même, s'emporte plus facilement; mais aussi l'on a de plus beaux fruits.

Certains cultivateurs taillent souvent sur dix à douze yeux à fleur, se ménageant ainsi la chance d'avoir une récolte moyenne dans les mauvaises années. S'il n'arrive aucun contre-temps, on a toujours la ressource de supprimer une partie quelconque des pêches, au moment de l'ébourgeonnage; et nous saisissons cette occasion de noter, pour la gouverne des intéressés, que, plus la récolte est riche, plus grande est la suppression des fruits en vert, chez certaines personnes avisées, les grosses pêches se vendant toujours à des prix très-élevés.

A Montreuil, on taille souvent en crochet. Cela consiste à laisser, avec le courson qui va fleurir, une autre branche de secours, également basse, qu'on taille sur un œil ou deux, et qui donnera, pour l'année suivante, un remplacement qui pourrait manquer sur le vrai courson.

A l'ébourgeonnage, on supprime le crochet, si le courson porte à sa base de bons yeux qui la remplaceront à la saison suivante.

Tant que les choses se comportent ainsi sur les flancs des branches de la charpente, on peut se passer de recourir à d'autres moyens. L'arbre est dans les meilleures conditions, dès que la charpente est régulièrement garnie des deux côtés de petites branches fructifères.

Mais il arrive souvent que les arbres les mieux tenus se dégarnissent et laissent des places nues, improductives et laides ; ce que l'on peut prévoir, une ou deux années d'avance, par l'absence ou la faiblesse excessive des remplacements. Souvent aussi, la branche à fruit n'a pas de remplacement à sa base, et la coursonne, ou vieux bois, s'allonge démesurément.

L'idéal du praticien, en ce cas, est de raccourcir le vieux bois et de rapprocher le courson de la charpente.

On arrive à ce but par l'*éclat*.

Entaillez votre bois de l'année ou celui de la coursonne, et débridez l'écorce de la base, en plusieurs endroits, avec la serpette.

On fera bien de revoir ce que nous avons dit ci-dessus de ce moyen, presque toujours couronné de succès.

La meilleure saison pour pratiquer l'entaille nous paraît être le moment même de la taille. Il nous a souvent réussi quand nous l'avons fait en mai ; cependant le vieux bois ne veut pas qu'on attende jusqu'à cette époque, et nos expériences en mai n'ont guère porté que sur le bois de l'année.

Les gourmands. — La branche gourmande constitue dans l'arbre un désordre auquel on ne saurait parer avec trop de soin. Pris au début, le mal n'est pas absolument grave, mais il faut être du métier pour le reconnaître à son apparition. Aux premières heures, on peut sans danger supprimer radicalement la branchette qui va s'emporter. La déviation de la séve n'est pas encore complète, et le fluide vital n'a pas encore été détourné des autres routes où il doit porter la force et la santé. En tranchant le gourmand au départ, la séve se ressent à peine du barrage qui l'aide à refluer normalement dans les ramifications de l'arbre.

Mais le cas est rare. On ne découvre un gourmand, dans la grande culture, que lorsque le mal est bien déclaré.

Alors il faut recourir à tous les petits moyens qui constituent l'orthopédie végétale, un traitement doux, continu, patient ;

un pinçage long, un effeuillage, un palissage partiel serré. Que surtout on se souvienne bien de ceci : le gourmand demande une médication douce ; un traitement brutal porterait dans la séve une perturbation mortelle.

Puis, après une saison de patience et de soins, on abattra le gourmand à l'hiver, s'il ne peut cadrer dans l'ensemble de la charpente ; mais l'ablation doit avoir lieu pendant le sommeil de la séve. Au cas où il s'agit d'un arbre en éventail, on rangera le gourmand dans la catégorie des branches charpentières, en ayant soin de lui faire subir, jusque dans ses rameaux secondaires, un palissage partiel qui le comprime fortement le long de la muraille.

Nous ajoutons qu'il se couvrira de fleurs et de fruits dans l'année même, et qu'il faudra lui laisser sa charge de pêches, afin de lui enlever son excès de vigueur.

Si, malgré tout, le mal paraissait indomptable, on le laisserait dans le palissage dont il vient d'être parlé, mais on l'entaillerait à deux yeux au-dessus de son insertion, sans le décharger de ses fruits; et ce dernier moyen ne manquerait pas de dompter le rebelle. A la saison suivante, il resterait une belle branche de charpente au-dessous de l'éclat, sans la moindre trace d'emportement.

9°. — DU PALISSAGE EN SEC.

L'amateur, l'artiste ou le jardinier bourgeois ne sauraient négliger cette opération qui donne aux espaliers un bel aspect. C'est le seul moment où l'arbre formé peut montrer ses lignes géométriques, et les curieux recherchent ce luxe de quelques semaines, de deux mois même, si la taille a été faite de bonne heure. Une fois les feuilles venues, les détails d'un palissage soigné disparaissent.

Le palissage en sec, dont l'utilité absolue nous échappe, constitue un travail pénible et très-long; pénible en ce sens qu'il a lieu pendant la froidure, et d'autant plus interminable que les moindres brindilles veulent être palissées, chacune dans sa loque.

La grande culture néglige ce surcroît de besogne qui n'a pas d'avantages réels, ou du moins que rien ne compense tout à fait, si ce n'est le plaisir d'avoir de jolis dessins sur ses murs et des clous rangés correctement sur deux lignes, comme des soldats à la parade.

10° — DE L'ÉBORGNAGE.

L'éborgnage, autrement dit l'*ébourgeonnage à sec*, est une opération qui se pratique, ainsi que l'annonce ce dernier nom, avant la venue des feuilles. Besogne réservée aux amateurs et pour ainsi dire inconnue chez nous. En fait de culture, c'est la petite bête. Ce travail, tout d'épluchage et de minutie, utile cependant, consiste à enlever avec les doigts les yeux à bois et les boutons jugés inutiles ou nuisibles à l'économie d'une partie de l'arbre.

Dans tous les cas, il n'est guère praticable que sur les pêchers un peu lents ou de vigueur moyenne, car, dans les arbres vigoureux, on doit laisser à la séve toutes les issues possibles, afin d'empêcher les emportements.

S'il s'agit des branches, on éborgne souvent les parties hautes afin de donner aux yeux du bas la séve dont ils ont besoin pour prendre un développement normal; de cette façon, l'on ramène les jeunes pousses au plus près possible de la base de la branche qui les porte. Ce qui revient à concentrer le fluide séveux où l'on a besoin de jeune bois. Vous fermez ainsi les issues qui mènent au premier étage, pour retenir la vie au rez-de-chaussée.

Les premiers yeux à éborgner seront d'abord ceux de derrière et ceux de devant, puisque la branche ne doit rien porter, fleurs, fruits ou bois, que sur ses côtés. — Les autres ne viennent qu'après.

Quant à ce qui est des petites branches, on peut aussi les traiter par l'éborgnage, s'il est nécessaire de favoriser ou l'éclosion ou le développement d'yeux à la base, comme remplacements futurs. Mais nous avons vu que l'éclat, sous ce rapport, a beaucoup plus d'énergie.

Donc l'éborgnage, travail de luxe, ne peut être introduit dans la grande culture et se trouve annulé par la pratique des éclats.

Mais il a bien fallu, pour ne rien omettre, en dire quelques mots au passage.

11° — DE L'ÉBOURGEONNAGE.

Du 25 mai au 10 juin, suivant les années, arrive le moment d'ébourgeonner. Les jeunes pousses ont alors de 20 à 35 centimètres.

L'opération, qu'on traite un peu par-dessous la jambe en certaines cultures, a, suivant nous, une importance sérieuse. Chaque branche à fruit, laissée maintenant chargée de pêches grosses comme des noisettes, a développé ses yeux à bois du haut en bas et porte actuellement trois, quatre, cinq jeunes pousses, quelquefois davantage, et c'est le jeune bois qui portera des fruits l'année prochaine à son tour.

Mais cette opulente végétation doit disparaître en partie au bénéfice des fruits existant sur le courson. Puis, d'ailleurs, il est bien convenu qu'on ne remplacera ce courson que par un seul rameau. Donc il est nécessaire de supprimer le surplus.

A la manière dont est faite cette suppression qu'on appelle l'ébourgeonnage, on peut juger l'arboriculteur. L'homme entendu gardera toujours la brindille la plus basse, pourvu que ce soit une vraie branche, ce qu'on peut toujours savoir, et, tout en abattant à droite et à gauche dans ce fouillis, il remédiera, par un choix raisonné, au désordre qui se produit toujours dans le développement des parties d'un arbre.

Toute branche, ayant maintenant de jeunes fruits, doit donc conserver une ou deux branches de remplacement, selon les cas, et laisser tomber le reste sous le sécateur. Autant que possible, cette branche de remplacement sera choisie dans l'aisselle de la coursonne, c'est-à-dire en dedans.

Bon moment, le seul même, pour garnir les vides, réorganiser la charpente des arbres de simple rapport et réparer les injures du temps dans les sujets de luxe.

L'ébourgeonnage se fait tout d'une haleine. Le palissage en vert ne vient qu'après.

12° — DU PALISSAGE EN VERT.

Le palissage en vert n'est plus une besogne de luxe. Les rameaux qui portent les fruits ont besoin d'être soutenus fortement, et les autres veulent être garantis et supportés également. Ces dernières, rapprochées de la charpente, couvrent de leurs feuilles tombantes les jeunes fruits auxquels sont nuisibles les rayons directs du soleil.

L'opération du palissage demande une certaine habitude. Nous avons dit précédemment que toute feuille retournée ne manque pas de reprendre sa position normale, la face lisse en haut, l'autre en bas. Et cela se fait en peu de temps par la torsion naturelle du pétiole.

Cependant, il faut aider la nature dans ce travail de retour à l'ordre. Un rameau qu'on palisse et qu'on serre peut garder ses feuilles assez longtemps à contre-sens pour que le soleil et la pluie décomposent les stomates du dessous de la feuille, et dégarnissent ainsi les branches.

Les gens expérimentés, ayant saisi de la main gauche le rameau dans la loque, tordent du pouce et de l'index de la droite ce rameau qui n'a qu'un quart de tour, qu'un demi-tour tout au plus à faire, pour retrouver la position voulue. Indiquer ce moyen pratique, ce n'est pas chercher la petite bête, c'est prévenir des accidents graves, et, cela se comprend, aider la nature à mener à bonne fin la convalescence de l'arbre, car toutes ces opérations sont douloureuses au sujet qui les subit.

Une autre précaution à rappeler : Comprimez fortement les rameaux vigoureux, les dessus d'abord; et maintenez plus libres dans la loque les dessous, les faibles et les petites branches de derrière. Serrez encore contre la charpente les rameaux qui menacent de s'emporter. Il vous restera toujours assez de brindilles pour établir une belle régularité dans votre travail.

Le plus souvent, ces seuls moyens ramènent un sujet à l'équilibre.

Si les dessous sont trop faibles, ne les palissez que deux semaines après les dessus.

En somme, ces différences dans la pression du palissage indiquent suffisamment ce qu'on est convenu d'appeler le palissage *partiel,* c'est-à-dire le travail raisonné qui comprime plus ou moins violemment les parties sujettes à s'emporter, et qui laisse une liberté relative aux parties faibles.

13° — DU PINCEMENT.

Le pincement consiste dans l'ablation des sommités des rameaux, ce qui en retarde le développement, au profit des branches voisines. On ne pince guère les pousses qu'à l'état herbacé. Autrement on court risque de faire partir en bourgeons anticipés les yeux qui devaient dormir jusqu'à la saison prochaine.

Comme les précédentes, l'opération demande une certaine habitude. Il faut, pour pincer avec avantage, savoir embrasser son arbre d'un coup d'œil par l'ensemble et par le détail, saisir ce qui s'appelle des suppressions partielles et maintenir le tout dans un bon équilibre. Le pincement n'est pas un travail que l'on commence un jour et que l'on poursuit régulièrement jusqu'à la fin, comme la taille ou le palissage ; c'est plutôt un travail intermittent et d'entretien, nécessité par la tenue des arbres.

14° — DE LA TAILLE EN VERT.

Travail également d'entretien, qui consiste à supprimer le bois évidemment inutile, à rabattre sur un œil de pousse celui qui, sans être précisément un gourmand, menace de se développer dans des proportions compromettantes pour le voisinage.

Dans la grande culture, on taille rarement en vert, et on laisse ce travail aux amateurs.

Disons en passant qu'un pêcher, surtout s'il a de la vigueur, demande à être visité, ne fût-ce que cinq minutes tous les jours, et les cultivateurs ne passent jamais devant leurs espaliers sans pincer, sans ranger, sans remettre une feuille en place.

15° — DE L'EFFEUILLEMENT.

L'effeuillement peut être considéré sous deux faces bien distinctes :

Comme un simple moyen d'équilibre dans le cours de la saison ;

Comme une nécessité à l'heure où les pêches vont mûrir.

Dans le premier cas, il consiste à rogner avec l'ongle du pouce sur l'index ou à casser les feuilles des rameaux où l'on veut ralentir l'ascension de la séve. Les rameaux des dedans qui ont tendance à s'emporter demandent qu'on joigne au pinçage cette cassure des feuilles soit à moitié, soit aux trois quarts du limbe, mais jamais jusqu'au pétiole. Et qu'on opère doucement cette fraction, en produisant l'effort de bas en haut, de manière à ne point fatiguer l'aisselle de l'insertion du pétiole sur la branche où se trouvent des yeux, espoir de l'année suivante. Ces yeux ne survivraient pas au déchirement total ou même partiel du pétiole à sa base.

Cet effeuillement, qui ne manque jamais son effet, rentre donc dans la série des moyens indiqués par la statique.

L'autre effeuillement est plus spécialement celui de l'arrière-saison de la séve.

La pêche, durant les deux ou trois mois de sa maturation, se complaît à l'ombre, ou du moins à l'abri des rayons solaires, et cela se comprend. L'épiderme du fruit, très-sensible à la lumière, perdrait sa grande élasticité sous la piqûre ardente du soleil, et, n'ayant plus la propriété de se dilater, empêcherait la pêche de grossir.

Des feuilles donc et beaucoup de feuilles sur les pêchers une bonne partie de la saison; puis, quand le fruit arrive à son volume ordinaire, découvrez-le, effeuillez l'arbre, mais en tenant compte de ce que nous avons dit ci-dessus du déchirement du pétiole.

Nous tenons pour certain que l'effeuillage fait brutalement entre pour la majeure partie dans la dénudation précoce de la charpente.

La pêche, découverte avec précaution, se couvrira bientôt de ce beau velours lie de vin, légèrement estompé d'un beau duvet blanc.

Et vous aurez des fruits irréprochables.

Et maintenant, pour finir, conseillons aux gourmets qui cueillent leurs fruits eux-mêmes, de ne jamais appuyer l'extrémité des doigts sur l'épiderme du fruit. Où la chair cède, il y a cotissure, et le fruit incomparable a perdu les trois quarts de sa valeur.

Cueillez donc la pêche en lui faisant de votre main arrondie et détendue un berceau moelleux qui l'amène doucement à vous.

Et quand vous savourerez au dessert ce fruit qui vous a demandé du savoir, des attentions et aussi de la fatigue, vous vous direz que Dieu fait bien ce qu'il fait, et que bien insoucieux des bonnes choses sont les pays qui n'introduisent pas dans leurs jardins la pêche qui vient partout !

16° — DU REMPLISSAGE DES MURS.

Une des bonnes raisons qui donnent le pas à l'éventail dans la culture de Montreuil, c'est que si la muraille se dégarnit, vous avez presque toujours, pour remplir les vides, la ressource des scions d'amandiers qui poussent au-dessous des greffes, et qu'on est libre d'enter par prévoyance, dès que la surface du mur n'a plus son opulente végétation. Ces jeunes pousses, sur une trogne plus ou moins âgée, dispensent de faire de nouvelles plantations et durent souvent autant qu'une plantation nouvelle. Nous ajoutons que ces scions d'amandiers sont inutiles dans les arbres à forme régulière, à moins qu'on ne s'en serve pour réparer un accident partiel.

UN MOT

SUR L'AVENIR DE LA CULTURE DE MONTREUIL-AUX-PÊCHES.

Le caractère de ce livre appelle, en forme de complément indispensable, quelques réflexions sur la culture de nos pêchers et sur les résultats que lui réserve l'avenir.

Depuis quarante ans, depuis vingt ans surtout, cette belle culture n'est plus un secret pour personne. Nos maîtres eux-mêmes se sont faits les divulgateurs de nos procédés, et, par amour de l'art encore plus que par l'appât du gain, sont allés dans les départements pour y planter des arbres et y former des élèves.

Le présent livre, qui résume toute notre pratique, achèvera de vulgariser notre culture au dehors.

Eux et nous, aurons-nous porté quelque préjudice à la fortune du pays?

Nous répondrons hardiment : non!

Une voix bien autrement autorisée que la nôtre, un homme d'une haute intelligence et comprenant bien les intérêts de l'avenir, avait fait la même réponse il y a vingt-quatre ans, alors que l'établissement des chemins de fer semblait menacer Montreuil d'une concurrence meurtrière.

M. de Rotrou donc, car il s'agit de l'ancien maire du pays, adressait, le 10 août 1851, cette lettre circulaire que les anciens n'ont point oubliée, et dont nous reproduisons ici les passages les plus marquants.

Heureux d'avoir pour nous une pareille autorité dans la question, nous ajoutons que la prophétie du maire de Montreuil s'est réalisée de point en point; mais nous prendrons respectueusement la liberté d'ajouter à son opinion ce que l'expérience nous a appris depuis lors, et ce que nos propres études nous mettent à même d'affirmer.

« J'appelle particulièrement toute votre attention, toutes vos méditations sur cette nécessité de modifier notre culture; et, à cet effet, je vais soulever un coin du voile qui couvre le tableau de ce que font les chemins de fer par rapport à la culture des environs de Paris. Si quelques-uns des objets signalés ne nous sont pas directement personnels, n'oublions pas que tout se lie, que tout se tient, que tout se touche.

« Nous avons tous vu déjà, l'année dernière, mais plus particulièrement au commencement de celle-ci, que les provinces méridionales ont envoyé à Paris des petits pois, des artichauts longtemps avant que la culture ordinaire fût en état d'en amener au marché.

« Nous avons vu que Rostolk, dans le fond de la Bretagne, a

envoyé des choux-fleurs et des haricots verts, également d'aussi bonne heure.

« Sans doute, tous ces envois ne se font pas encore sur une grande échelle ; ce ne sont, à vrai dire, encore que des essais ; mais nous avons tous pu voir qu'ils ont réussi ; et, soyons-en certains, les envois en grand ne se feront pas attendre ; les chemins de fer les leur rendront faciles. Si les maraîchers des environs de Paris ont autrefois réalisé des bénéfices lucratifs, aujourd'hui ils commencent à en faire de moins bons, et déjà l'on peut craindre que bientôt ils n'en feront plus du tout, parce que, pour les primeurs, le marché de Paris appartiendra à l'avenir, non plus aux cultivateurs de la banlieue de Paris, mais aux départements lointains qui jouissent du climat le plus favorable et du transport le plus rapide et le moins dommageable.

« Quelques communes, et Montreuil comptait parmi elles, avaient le privilége d'offrir aux gourmets parisiens les abricots de primeur. Désormais Clermont (Puy-de-Dôme), qui n'avait, par l'abondance des siens, que la ressource d'en faire des pâtes, les envoie en masse vers la capitale.

« Il y a cinq à six ans déjà, quelques écrivains conseillèrent aux cultivateurs de la basse Bourgogne, de la Côte-d'Or et de l'Yonne, de ne pas tarder à planter des arbres fruitiers, dans la prévision de l'établissement de chemins de fer ; leurs conseils n'ont pas toujours été compris ; la routine était sourde ; actuellement, ce département reconnaît ce que ces conseils avaient de bon : les cultivateurs ont planté, et beaucoup planté.

« Le raisin lui-même arrivera en paniers de la basse Bourgogne, qui, par la voie de fer, n'est séparée aujourd'hui de Paris que d'environ six heures. Et qui pourrait douter que ces raisins n'obtiendront la préférence ? Et Thomery, Thomery lui-même, éprouve la concurrence des chasselas du midi de la France, que le chemin de fer amène.

« Nous avons vu le département de l'Yonne nous envoyer en abondance des cerises anglaises, avant que les nôtres pussent paraître sur le marché.

« Quant aux poires et aux pommes, qui sont des fruits d'un transport encore plus facile, on peut bien croire qu'elles viendront vers Paris des diverses extrémités de la France.

« La pêche donc, la pêche seule, par la délicatesse de sa conformation, la fragilité de son enveloppe, la pêche, qui se refuse à tout contact, échappe à ces transports lointains, et elle lui échappe aussi par le perfectionnement que lui donnent votre industrie et vos soins; car, s'il en vient de province, ce ne sont que des pêches de vigne, plus dures, moins fines, et qui, aux yeux du connaisseur, ne peuvent être comparées aux nôtres, soit pour leur parfum, soit pour leur coloris, soit pour leur coup d'œil attrayant.

« Cette difficulté, ou plutôt cette impossibilité d'envoyer de loin ce fruit qui, par cela même, devient notre propriété, montre du doigt, que là est le but que nous devons poursuivre; que c'est à ce fruit précieux qu'il faut progressivement et presque uniquement amener notre culture, en abandonnant successivement et à fur et mesure, tous ces autres fruits, dont la concurrence éloignée et précoce laisse les nôtres sans prix, parce qu'ils ont été devancés sur le marché, rassasié, lorsque les nôtres paraissent, et dont nous ne retirons plus, qu'avec peine, le prix de la main-d'œuvre et des soins qu'ils ont exigés.

« C'est donc à la culture spéciale et progressivement unique de la pêche, que je crois qu'il y a nécessité, pour Montreuil, de ramener la culture de ses espaliers; et, à cet égard, votre pratique et votre expérience sauront, beaucoup mieux que je ne pourrais faire, vous dicter les moyens à employer et les procédés à suivre; quant à moi, je me bornerai à vous dire que cette transformation doit être lente, mais sans interruption. Le cultivateur prudent ne la perdra pas un instant de vue, le praticien doit en faire sans cesse l'objet de ses méditations.

« Fermer les yeux en présence de l'ennemi qui s'avance chaque jour, ce serait introduire la ruine de notre culture ; aveugle celui qui ne le verrait pas ; coupable envers ses enfants et sa famille, serait celui qui ne s'en préoccuperait pas.

« De Rotrou, Maire.

Montreuil, 10 août 1851.

Si l'on nous demande pourquoi nous avons exhumé ce document du fond de son quart de siècle, nous dirons que chacun est libre de prendre son bien où il le trouve, et que, sous aucun rapport, nul autre argument ne convenait mieux à la thèse que nous soutenons.

Néanmoins, comme une prophétie ne dit jamais tout, M. de Rotrou, qui ne prétendait pas être compétent dans la science arboricole, n'a pu mettre le doigt sur toutes les plaies.

Stationnaire même dans la culture de ses pêchers, Montreuil ne pourrait manquer de déchoir vite devant la concurrence de la province ; mais les méthodes raisonnées s'introduisent dans notre vieille pratique, et, grâce à notre savoir autant qu'à notre sol, nous tiendrons éternellement le haut du pavé, car ceux même d'entre nous qui s'attardent dans les vieilles routines seront tôt ou tard remplacés par des fils amis du progrès.

Il faut donc que, sous peine de mort, nous marchions dans notre culture spéciale à la lumière de la science, et que nul de nous ne travaille en cachette, attendu que nous ne produirons jamais trop ni trop bien pour ce Gargantua frugivore qui a nom Paris.

Donc en avant, et d'ensemble ! L'avenir est là.

Et l'avenir est encore ailleurs. Nous demandons respectueusement à M. de Rotrou la permission de donner à sa pensée toute sa largeur, à sa prophétie le complément qui nous semble nécessaire.

Nous allons, en effet, résolûment plus loin que sa lettre circulaire de 1851. Nous prétendons que Montreuil doit garder la culture des pommes et des poires, des prunes et des cerises, comme un élément essentiel de sa richesse future.

Donnons-en les raisons.

Ceux qui connaissent bien le pays savent que dans nos jardins les pêches, comme ailleurs, ne viennent guère au-dessous de 50 centimètres du sol. Le petit nombre de cultivateurs qui s'entêtent à palisser plus bas, en sont généralement pour leurs frais de temps, de clous et de loques.

On aura beau faire, les 600,000 mètres de murailles appropriées à la culture des arbres, à celle des pêchers pour le plus grand nombre, resteront inoccupés par le bas, sur une hauteur de 40 à 50 centimètres; ce qui constitue approximativement une surface d'au moins 200,000 mètres carrés.

Mettons-y des pommes; la pomme vient jusqu'au ras du sol. Les bas, propices à cette culture, ont au moins 400,000 mètres courants; mettez 200,000 à coup sûr, et, comptant sur une récolte de cinq pommes par mètre courant, vous aurez un million de pommes à porter à Paris.

Nous reviendrons tout à l'heure sur le choix.

Si les murailles nous offrent de pareilles surfaces disponibles pour l'établissement des pommiers, que dirons-nous des surfaces de nos carrés où le poirier pourrait prendre place à son tour? Nous avons vu sortir, il y a deux ans, trente mille poires de vente d'un jardin de notre voisinage, et ce jardin, croyons-nous, n'a pas 1 arpent. Nous savons bien que ce clos est une exception; mais supposez une moyenne de cinquante poiriers en pleine terre dans 1 arpent de jardin, soit 35,000 pieds au total; serait-ce exagérer que de porter la récolte à un million de poires annuellement?

Notons encore, puisque nous en sommes aux carrés, qu'ils peuvent être encadrés par des cordons de pommiers assez bas pour n'avoir aucune influence fâcheuse sur les espaliers voisins.

De là, un supplément de pommes.

Nous avons un million de fruits pour chaque espèce. Abaissons le chiffre à cinq cent mille pour chacune, et nous arrivons presque à doubler le produit du sol.

Mais ici toute une armée de cultivateurs montreuillois se dressent devant nous pour nous répéter l'objection qui semble être la pousse gourmande de tous les cerveaux :

« Le poirier ne vient plus à Montreuil, et la pomme manque souvent! »

Et les plus avisés ajoutent :

« Le poirier ne se plaît que dans une faible partie de notre terroir. Le pommier, ayant usé son sol, ne donne plus rien. »

Nous avons, nous, une conviction contraire, mais une conviction profonde, raisonnée, appuyée sur les plus claires et les plus nettes données de la science.

Évidemment le poirier s'en va de Montreuil, et le pommier n'y paye qu'à peine le loyer de sa place.

Mais à qui la faute?

A Dieu ne plaise que nous puissions blesser aucun de ces âpres travailleurs qui traitent si bien leurs côtières de pêchers autour de nous; mais il y a des vérités qu'il faut oser dire ou savoir entendre, et c'est ici le cas pour nous et pour ceux qui nous liront :

Pour tirer de ces deux arbres une rémunération suffisante, il faut savoir les cultiver, et nous les traitons un peu à l'aventure, sans méthode et conséquemment sans résultats.

D'abord, nous plantons presque toujours des sujets défectueux ou mal greffés, si ce sont des pommiers, ou déjà gangrenés par le pied, au-dessous des racines, si ce sont des poiriers issus de boutures de cognassier.

Quant à la taille, il faut bien que les principes fassent défaut, puisque les plus curieux de bien faire viennent chaque jour nous demander des conseils, et les appliquent avec des résultats inattendus. Quelques-uns d'entre eux, que nous pourrions désigner, ont, depuis lors, quadruplé leur récolte.

Voilà pourquoi nous consacrons la partie suivante à l'étude de ces espèces. On y verra combien est facile la culture du poirier et du pommier, quand on a les notions suffisantes pour travailler en connaissance de cause. Le poirier surtout est l'arbre savant par excellence; mais en quelques heures on peut apprendre à le conduire avec profit.

Pour tout cela, nous renvoyons donc à la partie qui va suivre.

Reste l'autre question de l'épuisement ou de l'antipathie du sol.

La réponse à ces deux objections viendra naturellement dans la dernière partie de ce livre consacrée à l'étude de la composition des terrains.

Dès à présent, néanmoins, nous voulons dire que tout s'use, le sol pour les mêmes arbres, comme les habits pour nous. Nous n'en sommes pas moins pour cela vêtus durant toute la vie. C'est que nous avons la précaution de remplacer le vêtement qui s'en va. De même, le végétal vivace, ou la succession du même végétal annuel dans le même sol, finit par absorber les éléments nécessaires à sa nutrition. Voilà pourquoi l'on fume la terre.

Quant à ce qui est des terrains réfractaires ou simplement antipathiques au poirier, nous savons qu'un homme de volonté peut se créer une oasis, une retraite charmante dans le désert le plus maussade. Il ne lui faut pour cela que de l'argent, de la persévérance et du savoir, juste ce que l'on vous demande pour acclimater le poirier dans les terrains qui ne lui conviennent pas.

On sent, dès maintenant, que nous allons aborder toutes ces questions vitales, d'un intérêt capital surtout pour Montreuil, avec la résolution d'un homme convaincu, qui a longuement étudié la matière et qui tient à la vulgariser dans un but d'utilité publique.

Mais, pour en revenir à la question posée en tête de ce chapitre tout local, demandons-nous quel avantage nous retirerions de nos pommes et de nos poires.

M. de Rotrou nous a dit ci-dessus que nous ne pourrions soutenir la concurrence de la province en ce qui concerne ces fruits.

Nous croyons le contraire, et voici pourquoi.

Supposez nos jardins en mesure de nous donner une quantité considérable de ces deux espèces de fruit.

La vendrons-nous?

La vendrons-nous avantageusement?

La vendre, oui. La consommation des fruits dans Paris n'a pas de limites.

En second lieu, nous ferons pour les poires et pour les pommes ce que les plus avisés d'entre nous font depuis un temps pour les pêches; on choisira son heure.

Si nous portons nos pommes et nos poires à la halle au moment où la province en envoie des montagnes, il est clair que nous vendrons à bas prix. Mais si nous savons choisir nos variétés et nous en tenir à celles de l'arrière-saison, alors que la province n'envoie plus rien ou n'envoie que peu de chose, nous serons les maîtres du marché parisien.

Tout se réduit donc à une simple question d'opportunité. La grosse affaire pour nous est, non pas d'avoir une multitude de sortes, une collection de toutes les variétés, mais quelques spécialités seulement qui durent jusqu'au milieu du printemps.

On n'ignore pas ce que valent, par exemple, les calvilles au courant du mois de mars. Le prix semble fait comme pour les petits gâteaux : chaque belle calville saine, 1 franc! Et l'on vient les prendre chez nous.

Est-ce un mirage trompeur que d'apercevoir dans l'avenir quelques centaines de mille francs monter de Paris à Montreuil, en échange des poires et des pommes que nous aurons su faire venir sans gêner le moindre de nos pêchers?

Nous ne le croirons jamais.

A l'œuvre donc! Et que les incrédules aillent consulter les quelques personnes de Montreuil qui pratiquent notre méthode.

Ils sauront d'avance à quoi cette méthode peut les mener!

Au surplus, pourquoi ne dirions-nous pas toute notre pensée ? S'il nous a paru bon de divulguer, au profit de l'intérêt général, les méthodes suivant lesquelles nous traitons le pêcher à Montreuil, nous avons cru aussi que ce livre aurait pour le pays même une très-grande utilité. Avant peu d'années, nous avons la prétention de remettre en honneur chez nous la culture quelque peu délaissée des fruits à pepins.

FIN DE LA DEUXIÈME PARTIE.

A M. ÉLOI TROUILLET,

cultivateur à Montreuil-aux-Pêches et professeur d'arboriculture.

Cher maître,

Ce qui nous est arrivé dans le cours de ce travail nous a rappelé le chapitre de l'Évangile où saint Matthieu fait dire au Christ :
— Rendez à César ce qui est à César.
Pressés de bien faire et à la recherche du mieux, un certain nombre de curieux et d'intelligents, ayant lu ce que nous avons écrit sur les pêches, vinrent nous demander de leur dire à l'avance ce que nous savions sur les espèces à pepins, si peu rationnellement traitées à Montreuil.
Nous les conduisîmes à nos arbres, en leur disant :
— Regardez!
— C'est la méthode Trouillet, firent-ils en chœur.
— La pratiquez-vous?
— A peu près.
— Nous la pratiquons, nous, complétement, et notre livre n'a pas d'autre prétention que de la vulgariser, en l'étayant sur les données de la physiologie et sur des observations patiemment faites. Allez donc, et continuez de traiter vos arbres à pepins suivant la manière du maître. Nous n'avons rien de meilleur à vous enseigner; seulement, nous ferons du tout un corps de doctrine applicable à la pratique, et les gens de bonne volonté sauront en recueillir les fruits.

Voilà, cher maître, où nous en sommes avec nos souscripteurs, et surtout avec vous. A la première occasion qui s'est présentée, nous avons eu à cœur de déclarer tout de suite que, de toutes les méthodes préconisées pour la culture des espèces à pepins, la vôtre nous a paru la meilleure : elle a pour elle une longue pratique, les données du raisonnement, la science, et, ce qui vaut mieux que le reste, un succès incontestable.

Vous allez donc vous retrouver à peu près tout entier dans ce qui va suivre; et c'est dire assez que nous rendons à César ce qui appartient à César, selon l'expression de notre Maître à tous.

Hippolyte Langlois.

TROISIÈME PARTIE.

LE POIRIER ET LE POMMIER.

CHAPITRE PREMIER.

DE LA DÉGÉNÉRESCENCE DES FRUITS A PEPINS.

Nous ne voudrions pas faire de la science qui nous pousserait hors des limites imposées à ce livre, mais il nous est impossible de passer, sans en rien dire, devant une question préliminaire qui divise en deux camps les spécialistes et même un peu aussi les savants.

Nous voulons parler de la dégénérescence des fruits à pepins.

Au reste, la question se rattache intimement à la pratique, et nous allons essayer de la traiter assez simplement, assez clairement pour qu'on nous sache gré de ne pas l'avoir omise.

La plupart des sociétés arboricoles, en France et à l'étranger, voient souvent revenir cette question de la dégénérescence à leur ordre du jour, et le comité d'arboriculture, dans la grande société d'horticulture de Paris, s'en est plus d'une fois ému, sans jamais la résoudre.

C'est que, si nous sommes bien informés à cet égard, il y a sur les causes du mal reconnu vrai des divergences qui emportent en sens contraires les personnes les plus compétentes.

Les fruits à pepins dégénèrent donc, cela ne fait pas doute ; on est à même de le remarquer partout, en ce qui concerne le volume, la saveur et la forme.

Parmi les poires, on cite comme arrivant fatalement à une plus prochaine décrépitude :

Le Saint-Germain,
La crassane,
Le doyenné d'hiver,
Le bon-chrétien d'hiver,
Le bon-chrétien d'été, ou gracioli,
La virgouleuse, etc.

Et l'on prédit, pour les espèces les plus récentes, une dégénérescence qui, pour n'être pas aussi prochaine, n'en est pas moins dans l'ordre de la nature.

En ce qui concerne les pommes, c'est la calville qui paraît avoir fait le plus de chemin vers la décrépitude. Dans beaucoup d'endroits elle a perdu son volume, et ses côtes caractéristiques s'effacent peu à peu. Les autres variétés la suivent de près ou la suivront à courte échéance.

On ne niera pas que ce ne soit un grand malheur pour les contrées à pommes, la Picardie et la Normandie, dont les arbres ont visiblement perdu de leur fécondité. Les anciens du pays s'en vont répétant que les pommiers ne donnent plus comme ils ont donné jadis, et l'on accuse de ce déficit dans la production la première chose venue, même les révolutions politiques qui se sont succédé depuis soixante ans. Ces témoins d'une meilleure époque, appelés par Horace, il y a deux mille ans, les prôneurs du temps passé, *laudator temporis acti*, ne radotent pas autant qu'on pourrait le croire : les pommes « d'avant la révolution » valaient mieux que celles d'aujourd'hui.

Tous les témoignages s'accordent donc bien sur le fait de la dégénérescence des fruits à pepins.

Mais la cause ?

Voilà précisément où l'on ne s'accorde plus.

Les uns disent que l'abâtardissement des fruits à pepins est absolument dans les lois de la nature et que l'arbre subit le sort de l'homme. L'histoire, en effet, leur fournit des arguments qu'ils donnent comme irréfutables et que, suivant nous, il est permis de discuter. La race humaine, disent-ils, va chaque jour se rapetissant au moral comme au physique ; l'homme actuel ne présente plus qu'une fraction de l'homme ancien, son aïeul, et les animaux diminuent de volume à notre exemple.

De là, conclut-on, la dégénérescence normale, naturelle, fatale des arbres, puisque les animaux et les végétaux se ressemblent sous les rapports les plus essentiels.

Nous ne voulons pas remonter au déluge pour répondre à nos adversaires. On peut admettre, on doit même reconnaître qu'en des temps dont la date est incertaine il y eut, sur la terre à peine refroidie, des races gigantesques, des animaux et des plantes aux proportions énormes ; on en trouve dans le sol des témoignages irrécusables.

Mais cela remonte à combien de siècles? Depuis deux mille ans, les êtres vivants ont-ils varié dans leurs proportions? Quand cela serait, qui pourrait apprécier la différence entre la taille d'alors et celle d'aujourd'hui ? Où prendrez-vous la preuve que nos pères d'il y a mille ans avaient, en moyenne, un millimètre de plus que nous ?

Et si personne ne la trouve, cette preuve d'abâtardissement des fils, osera-t-on nous contester qu'au moral, au point de vue de l'intelligence, le niveau chez l'homme monte à chaque génération d'un degré ?

Dans tous les cas, si les fruits dégénèrent, pourquoi dégénèrent-ils avec cette rapidité? Votre loi naturelle et fatale, qui nous ramène à l'atome en passant par tous les degrés de la décrépitude, atteint donc plus les arbres que les animaux? Pourquoi donc, en moins d'un demi-siècle, nos pommes et nos poires ne se ressemblent-elles plus que vaguement? Et pourquoi donc, dans ces arbres à pepins, plus maltraités, selon vous, que tous les autres, le fruit seul dégénère-t-il, tandis que le bois garde sa belle vigueur et ses beaux emportements ?

Voici donc, pour nous résumer, les systèmes des partisans de la dégénérescence :

Ils affirment qu'à l'exemple des animaux, les fruits s'abâtardissent de génération en génération ; que le calvil d'il y a cent ans, par exemple, a eu par la greffe des fils qui ne le valaient pas et des petits-fils qui ne valaient pas leurs pères. A chaque génération d'arbres, le fruit perd quelque peu de ses qualités premières, et, dans un temps donné, nos plus beaux fruits à pepins, sans aspect et sans saveur, seront à peine mangeables.

Des spécialistes tiennent pour cette opinion, que nous croyons être une erreur complète. Et nous allons donner les raisons de notre croyance.

D'abord, si les fruits à pepins dégénèrent, il dut y avoir une époque à laquelle ces fruits ont eu des proportions énormes, avec une saveur que nous ne connaissons plus.

Cette époque, qui pourrait la préciser ?

Allons plus loin. Puisque la dégénérescence est successive et qu'il y a progression décroissante, il faut admettre qu'avant tout travail humain, avant la taille, avant la greffe, avant la science pratique, il existait naturellement des pommes et des poires de premier ordre dans toutes les variétés ; que l'industrie de l'arboriculteur, au lieu de créer, n'a eu pour but que de ralentir l'abâtardissement des espèces.

Est-ce assez extravagant ? Nos pères ont apparemment trouvé dans les bois le bon-chrétien, la crassane, le Saint-Germain, la pomme de reinette, la calville et tous ces fruits de luxe qui n'ont pas cessé de dégénérer entre les mains des horticulteurs.

A qui fera-t-on croire cette chose incroyable ?

Nous avons commencé ce chapitre par convenir de bonne grâce que l'abâtardissement des fruits à pepins est un fait positif, et nous allons l'expliquer par des raisons à côté desquelles ont passé nos adversaires, sans même les entrevoir.

Nous avons, il y a quelque vingt ans, séjourné pendant une semaine dans un village situé aux confins de la Sologne, et voici ce que nous avons été à même d'y constater.

Cette bourgade, située dans un fond en entonnoir, ayant les mêmes eaux sans écoulement depuis des siècles, contient une population de trois cents âmes, mais une population difforme, goîtreuse, rachitique, horrible à voir. Tout le monde était parent de tout le monde; on se mariait de porte à porte, sans bruit, sans entrain, devant un maire qui portait le bonnet de coton bleu la semaine, et le bonnet de coton blanc les jours de bonne fête, dans une petite église salpêtrée, desservie par le curé d'un autre village. Et tous ces pauvres demi-vivants vivotaient de leurs chanvres qui empoisonnaient les eaux de ce bas-fond, et procréaient des enfants pires qu'eux-mêmes, attendu que les fils sont la résultante de deux êtres, et qu'ils portent en eux les qualités bonnes ou mauvaises de leurs parents.

Il y avait donc là bien naturellement et fatalement une cause de dégénérescence au physique comme au moral.

Ceci est tellement élémentaire que le plus ignorant des éleveurs, quand il s'agit de la reproduction des animaux, a soin de demander à la sélection et au croisement des sujets vigoureux et sains. Il choisit ses étalons et sait bien que rien de bon ne peut venir d'une bête abâtardie.

Appliquons ces principes aux végétaux, qui tiennent au règne animal par tant de côtés, et nous ne tarderons pas à reconnaître d'où vient l'abâtardissement des fruits.

Jadis la Picardie et la Normandie greffaient leurs pommiers avec soin, sans jamais songer à tirer hâtivement des produits de leurs arbres, et les vieux sujets qui restent encore çà et là parmi les jeunes attestent que la greffe n'était jamais faite qu'à 50 centimètres au moins du sol. Et les anciens faisaient leurs arbres eux-mêmes.

Aujourd'hui qu'on voudrait produire à la vapeur, on prend les jeunes sujets dans les pépinières, afin d'aller plus vite.

Nous n'avons point à faire ici le procès aux pépiniéristes, Dieu nous en garde! mais il faut dire que leur intérêt est tout différent de l'intérêt du jardinier ou du propriétaire d'arbres de rapport.

Quelle est, disons mieux, quelle doit être à eux leur principale, leur première, leur unique préoccupation? Avoir tout de suite des arbustes vigoureux, de grand aspect et faits pour le plaisir des yeux. De pareils sujets sont d'une vente facile, à des prix rémunérateurs.

Or nous savons tous que, pour établir de jeunes sujets de cette apparence, il suffit de prendre, pour greffer, des écussons sur les bourgeons *adventices* ou sur les arbres *affranchis,* et que ces deux espèces d'écussons, levés même sur des sujets de premier ordre, donnent des pommiers ou des poiriers détestables, improductifs et tout en bois.

Le bourgeon *adventice,* que nous étudierons en détail un peu plus loin, est cette pousse qui, dans les pommiers et les poiriers, naît sur le vieux bois.

Quant aux arbres *affranchis,* tout le monde sait ou doit savoir qu'une racine partie du point de la greffe ou d'un point au-dessus affranchit le sujet jeune ou vieux. Ce qui veut dire qu'un arbre est affranchi quand la séve cesse de passer par la greffe.

Depuis une vingtaine d'années surtout, l'industrie du pépiniériste a pris d'immenses développements, et, comme elle épargnait aux arboriculteurs, aux jardiniers bourgeois comme aux simples particuliers, la peine de faire des arbres, elle a placé facilement ses produits de tous côtés. Mais les sujets qui en viennent, ayant intérêt à moins être qu'à paraître, ressemblent à ces essaims de nourrissons qui partent des grandes villes chaque jour, emportant avec eux le rachitisme congénital et tous les caractères morbides d'une origine viciée.

La cause de la dégénérescence des fruits n'est pas ailleurs que là. Aussi les bons praticiens se sont repris à faire eux-mêmes leurs arbres, et nous devons ajouter, pour rester dans l'équité, que dès maintenant un assez grand nombre de pépiniéristes, réagissant loyalement contre des habitudes prises et l'amour du lucre, ont à cœur de fournir de bons arbres à leurs clients.

Il reste heureusement un peu partout des sujets d'élite, pommiers et poiriers, qui peuvent fournir d'excellents écussons pour la greffe.

Mais, sur les bons arbres, il faut encore savoir choisir. Tous les rameaux du sujet le plus irréprochable ne donnent pas des yeux également doués de qualités supérieures. Nous allons voir tout à l'heure ce que sont et ce que valent les différentes branches des pommiers et des poiriers, ce qui servira de guide à ceux qui voudront greffer eux-mêmes.

Le choix de l'écusson est de première importance. L'avenir du sujet et ses qualités en dépendent.

Tâchez donc de trouver un arbre non affranchi, bien sain, bon producteur, donnant des fruits de première qualité, et prenez sur cet arbre un de ces rameaux qu'on appelle *bourgeons nourriciers,* c'est-à-dire une lambourde, en ayant bien soin de ne choisir que celle dont la base a porté des fruits. Les yeux qu'elle vous donnera pour la greffe sont les meilleurs qu'on puisse adopter.

Ce faisant, on verra que la dégénérescence des fruits constitue un de ces bons gros préjugés qui courent le monde arboricole et font, où ils passent, autant de mal que la grêle ou le tigre.

Dans la doctrine que nous venons d'établir et contre laquelle on ne saurait donner un seul argument raisonnable, on retrouve l'histoire vraie du travail de l'homme sur les arbres. Au lieu d'être les enfants directs de la nature inculte, les beaux fruits, tels que nous les produisons, sont les résultats longtemps cherchés, puis obtenus, de nos combinaisons, de nos observations et des mille procédés faits d'expérience et de hasard. Au commencement, c'est-à-dire à l'état sauvage, la pomme a dû être une, comme la poire. Des causes provenant du climat, du terrain, des expositions, ont créé les premières variétés, et la main de l'homme a fait le reste.

Au surplus, la dégénérescence des fruits à pepins vient si peu d'une loi générale à laquelle les animaux seraient soumis eux-mêmes, que non-seulement on peut maintenir la perpétuité des belles espèces, mais encore qu'il est possible de les améliorer. Les Normands et les Picards paraissent l'avoir parfaitement compris en ces dernières années, car ils recommencent à greffer eux-mêmes, et les résultats obtenus dépassent toutes les prévisions.

Ainsi feront chez eux les amateurs qui tiennent à récolter des fruits à pepins de premier ordre. Le succès réside tout entier dans l'observation rigoureuse des conseils que nous avons donnés ci-dessus : choisissez, pour greffer, de bons écussons sur des lambourdes fécondées, et vous aurez à souhait des fruits irréprochables.

A bon entendeur, salut !

CHAPITRE II.

CONSTITUTION DE L'ARBRE.

Il s'agit, en ce chapitre, des arbres ayant des fruits à pepins, et nous devons dire en commençant que les différentes espèces de la famille ont des affinités nombreuses. Pour beaucoup de choses, qui dit l'un dit l'autre. Ainsi la taille, comme nous l'entendons, ne diffère que de bien peu dans ses principes, et, sous un grand nombre de rapports, le poirier veut être traité comme le pommier.

Ceci nous dispensera de nous répéter, et nous aurons soin, quand nous énoncerons un principe, d'indiquer s'il est commun à tous les arbres à fruits à pepins, ou s'il est spécial à quelqu'un d'entre eux.

Dans le présent chapitre, il convient de prendre l'un après l'autre le pommier et le poirier, car on doit noter certaines différences dans la manière de les établir:

Préalablement, néanmoins, il nous faut avouer que Montreuil, si complet et si parfait praticien quand il s'agit du pêcher, n'a pas les mêmes connaissances en ce qui concerne le pommier et le poirier. Chacun de nos cultivateurs a sa manière à lui, son procédé, son tour de main, son petit secret, mais il ne nous a pas été possible de trouver nulle part le vrai savoir, les principes féconds et vrais de la taille, ailleurs que chez ceux qui se sont instruits à l'école du professeur Éloi Trouillet, c'est-à-dire chez moins d'une demi-douzaine de cultivateurs. Et ceux-là, qui, depuis quelques années, ont triplé, quadruplé, décuplé leurs produits en pommes et en poires, tout en ménageant la santé des arbres, ayant vu que ces fruits sont d'un excellent rapport, ont gardé le secret du maître.

Nous ne voulons certes blesser personne, mais il faut convenir de bonne grâce que les pommiers et les poiriers sont traités à la bonne franquette, au hasard du sécateur et sans méthode raisonnée. Ceux même qui récoltent, malgré cela, ne sauraient dire pourquoi vient la récolte. Dans ce cas-là, nous l'avons parfois dit à nos amis, on ressemble à un aveugle qui, sur le trottoir d'un pont, tend sa sébile aux passants. Les sous arrivent, mais l'aveugle ne voit pas d'où ils viennent.

Aussi la culture des arbres à pepins tend à disparaître de Montreuil, comme a disparu celle de l'abricotier. On en donne pour raison que le sol est épuisé, que les côtières se lassent et que beaucoup de terrains ne conviennent plus au poirier surtout.

Cependant nous pensons que c'est une erreur profonde, et nous ne laisserons pas s'évanouir un élément de richesse important, certain, ne demandant pas d'autres soins que nos pêchers. Nos leçons et le présent livre aidant, on gardera ce que, faute d'un peu de savoir, on allait perdre.

La lassitude du sol est un préjugé mortel. Le mal vient d'abord des pépinières, qui nous vendent du bois à la corde au lieu de vrais arbres, et nous avons dit précédemment qu'on doit à peine les en blâmer.

Il vient ensuite du manque de savoir, et nous apportons la lumière, simple, entière et bienfaisante d'une méthode à la portée de tous les gens de bonne volonté.

Le poirier et le pommier appartiennent à la famille des *rosacées*, qui a le rosier pour chef de file.

Parmi les tribus de cette famille, nous en avons deux auxquelles se rattachent les arbres dont il est ici question :

1° Les *amygdalées* : Le pêcher, le cerisier et le pommier. L'amandier est le chef de cette tribu.

2° Les *pomacées* : Le cognassier, le poirier, le pommier, l'aubépine. Chef de tribu : le pommier.

Nous n'avons à nous occuper en ce moment que de cette dernière tribu. Le tour de l'autre viendra quand il sera question du poirier et du cerisier.

On nous saura gré de donner brièvement les caractères généraux des sujets de cette tribu, avec d'autres notices indispensables.

Caractères généraux des pomacées. — Tige ligneuse. Feuilles alternes, presque toujours pourvues de stipules libres et caduquées. Fleurs hermaphrodites, terminales. Calyce à cinq lobes. Cinq pétales. Étamines en nombre. Cinq ovaires, quelquefois un seul, ou deux, ou trois. — Styles aussi nombreux que les ovaires. — Fruit formé par les carpelles, couronné par le limbe calycinal, renfermant cinq loges, quelquefois moins, à un ou deux ou plusieurs pepins.

Géographie des pomacées. — Les pomacées appartiennent à notre hémisphère du nord, à l'Europe, à l'Asie, à l'Amérique septentrionale, aux régions méditerranéennes de l'Afrique : Tunisie, Algérie et Maroc. Le poirier seul appartient à l'ancien continent.

Analyse et forme du fruit des pommiers. — On trouve dans le fruit des pomacées, du sucre, de l'acide malique (suc végétal), et

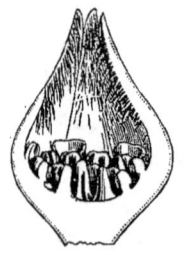
Fleur de poirier, très-jeune, coupée verticalement pour montrer les pétales, les étamines et mamelons carpellaires, sur le réceptacle.

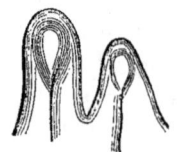
Jeunes carpelles de poirier, vus par leur face interne, dont les bords se rapprocheront pour former le style.

Jeune fleur de poirier dont on a enlevé le calyce, les pétales et les étamines, afin de laisser voir les cinq carpelles enchâssés dans la cupule réceptaculaire.

du mucilage (substance visqueuse ou fade, un des matériaux immédiats du fruit). La culture a développé les proportions de ces parties composantes, et c'est en cela que résident les améliorations provenant du travail de l'homme.

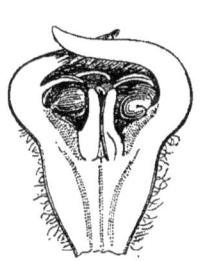

Jeune fleur de poirier coupée verticalement, laissant voir la disposition des carpelles, l'insertion des pétales et des étamines.

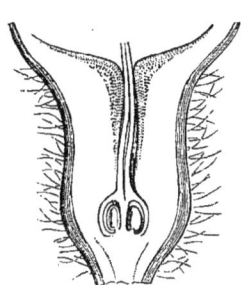

Fleur de poirier coupée verticalement, dont on a enlevé les étamines et les pétales, pour montrer les carpelles enveloppés par le tube réceptaculaire.

Le poirier (*pyrus communis*) a le fruit un peu conique ou presque rond, à chair sucrée, fondante et savoureuse. On rencontre

Poirier (*Pyrus communis*).

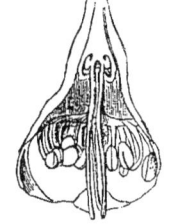

Coupe verticale de la fleur.

dans le cœur des granules pierreux dont l'ensemble est appelé *carrière*. Le bois du poirier, d'un grain très-doux, très-serré et

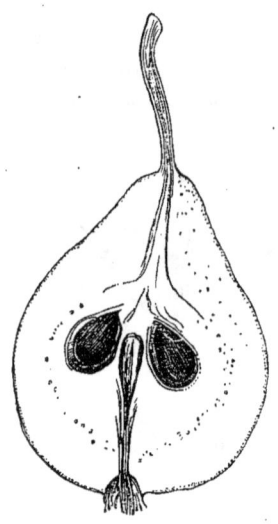
Coupe verticale du fruit.

Coupe transversale de l'ovaire.

Pepin de poire ou graine.

Graine coupée verticalement.

très-fin, est un bois de travail très-recherché dans l'ébénisterie. L'industrie de la gravure pour châles s'en sert exclusivement.

Le pommier commun (*malus communis*) a le fruit presque toujours rond et pourvu d'un ombilic à la base. Il ne s'amincit pas vers le pédoncule. Il a la chair légèrement acide, ferme et cassante, non pierreuse, contenant, avec du sucre et de l'acide malique, de la gomme, de l'albumine et de la pectine ou gelée végétale qui donne au suc des fruits la propriété de se prendre en gelée. Dans les ménages, on fait des compotes, des gelées et des sirops de pomme. La poire et la pomme, dont la chair contient les mêmes principes, fournissent, par la fermentation, du cidre et du vinaigre. Le cidre de poire s'appelle du *poiré*.

Voilà des notions communes aux deux espèces, et nous avons dû les réunir. Maintenant il s'agit de construire l'arbre et, le travail étant différent, nous allons prendre l'un après l'autre le pommier et le poirier.

Le Pommier (*malus communis*).

De même qu'on choisit avec les matériaux destinés à former les fondements d'une maison, de même il est de toute nécessité de connaître la base sur laquelle on doit asseoir un arbre par la greffe. Cela s'appelle commencer par le bon commencement. Établissons donc notre pommier.

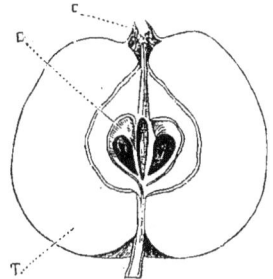 

Pomme coupée verticalement.   Jeune pomme coupée transversalement.

La base d'un arbre ou le sujet à greffer doit être :
1° Le sauvageon des bois, le *malus communis* proprement dit;
2° Le semis de pepins de pommes cultivées;
3° La bouture de doucin ;
4° Le paradis.

Revenons maintenant sur ces quatre sujets, afin d'en déterminer les qualités et les différences.

Tout le monde connaît le sauvageon des bois, devenu quelque peu rare depuis que l'arboriculture a pris en tous pays un immense développement.

Le semis de pepins peut venir indistinctement de toutes les variétés de pommes cultivées. C'est ce qu'on appelle le *franc* de pommier, et, dans quelques pays, *égrain*.

La bouture de doucin fournit d'excellents sujets. Le doucin est une pomme douce, allongée, blanche, presque conique, ayant sa base large au pédoncule. Elle porte aussi quelques petites côtes caractéristiques. Cette variété, cousine germaine évidemment du sauvageon, possède la propriété de donner, comme le prunier et le framboisier, un grand nombre de drageons radiculaires, bourgeons élancés qui partent, au-dessous du collet, de la naissance même de la racine.

On fait indifféremment des boutures avec ces bourgeons radiculaires et avec des branches aériennes détachées de l'arbre. Certains spécialistes préfèrent marcotter les branches inférieures de la base du doucin, c'est-à-dire, comme le savent les gens du métier, coucher en terre ces basses branches afin de leur faire prendre racine.

Le paradis est une variété de pommes aplaties, nous voulons dire moins longues que larges, douces, très-sucrées, peu cassantes et mûrissant vers le 15 de juillet. Le paradis a la propriété de produire une multitude de bourgeons à la base du sujet. On prend des marcottes et des boutures comme sur le doucin. Le paradis est une variété naine par elle-même à l'état libre et ne donne jamais de grands arbres.

Le paradis et le doucin fournissent donc également pour sujet ou base de l'arbre des drageons, des boutures, des marcottes, des stolons (de *stolos,* en grec : famille). Le stolon est le rejet qui sort de terre de n'importe quel point de la racine.

Du franc, du doucin, du paradis, lequel doit-on prendre pour établir la base de son arbre?

Cela dépend des dimensions que vous désirez donner à votre pommier. Si vous voulez avoir un grand arbre à cidre, un grand plein vent, greffez sur sauvageon des bois ou sur franc issu de pepins de pomme.

Pour faire les arbres de taille moyenne, les gobelets, plein-vent et autres qu'on appelle la grande normandie, c'est au doucin qu'on demandera des sujets à greffer.

Si l'on ne veut que de la petite normandie, des arbres d'espalier, on greffera sur paradis, étant bien entendu que le sujet de paradis, comme celui de doucin, doit provenir indistinctement d'un drageon, d'une bouture, d'une marcotte, d'un bourgeon radiculaire ou d'une branche aérienne.

On voit donc que les greffes sur paradis donnent les arbres nains, et ces petits arbres se mettent vite à fruit, souvent même l'année de la plantation, pourvu que le sujet ait deux ans de greffe.

Le Poirier (*pyrus communis*).

Quand il s'agit du poirier, les sujets à greffer, ou, ce qui revient au même, les bases à donner à l'arbre, sont moins nombreux que pour le pommier. On greffe :

1° Sur semis issus de pepins de poire, ce qu'on nomme *franc* de poirier ;

2° Sur franc de cognassier ;

3° Sur bouture de cognassier ;

4° Sur noble-épine ou épine blanche ;

5° Et, dit-on, aussi sur cormier.

Les pepins destinés à faire des semis ou du *franc* ne doivent pas venir d'un arbre à fruit extraordinaire ; il suffit que la poire qui les donne soit saine et vienne d'un arbre en pleine santé. Autrement ils transmettraient aux nouveaux poiriers les affections morbides de celui d'où ils sont issus. Les praticiens savent tous qu'une simple tache imprimée sur la pellicule d'un pepin se reproduit même sur la feuille et le fruit d'un arbre qu'on en aura fait venir. Tant il est vrai que la transmissibilité des moindres affections ou des qualités paternelles constitue l'une des grandes lois de la nature, aussi bien pour le végétal que pour l'homme.

Donc il faut de la sélection intelligente quand il s'agit du semis ou base de l'arbre, comme lorsqu'il s'agit de l'écusson, c'est-à-dire de la partie fructifère du sujet. Si la maison veut être solide et sans reproche, il lui faut des fondements en bons matériaux. Un bon arbre sur un pied défectueux représenterait une grande pièce neuve sur un habit usé. Qu'on en prenne bonne note.

Quant au franc du cognassier, on devine qu'il vient d'un semis de pepins de cognassier; mais, outre qu'il faut encore savoir choisir ces pepins, comme ceux du poirier, nous déconseillons absolument les coings de Portugal, qui donnent pour les semis des pepins qui réussissent mal ordinairement chez nous, parce que sans doute, en quittant leur pays d'origine, ils ont perdu quelque chose de leur vertu reproductive. Ils donnent beaucoup de bois et peu de fruit.

On devra s'en tenir soit aux pepins de coings d'Angers, soit aux pepins de ceux de Paris, qui donnent des sujets plus rustiques et plus durables.

Nous arrivons à la bouture de cognassier, question capitale et de premier ordre dans l'établissement du poirier. Afin d'appeler plus vigoureusement l'attention de nos lecteurs sur ce point essentiel dont la plupart des ouvrages modernes semblent n'avoir point compris l'importance, nous voudrions écrire en lettres majuscules ce qui va suivre à propos de la bouture de cognassier.

Qu'est-ce que cette bouture?

Nos pères, sur ce chapitre, en savaient plus long et procédaient mieux que nous. On rasait un gros cognassier à fleur de terre, et c'est cette trogne rasée de près qu'on appelait une *mère de cognassier*. On déchaussait un peu la souche pour laisser sortir, sur le pourtour, des bourgeons radiculaires et leur permettre de s'allonger librement pendant une année.

Le rasage ayant eu lieu dans l'hiver, à l'automne suivant on détachait presque entièrement ces rameaux de la souche-mère, les y laissant adhérer seulement par une petite bande d'écorce.

L'éclat de la jeune pousse à sa base était donc fait entièrement, moins cette légère attache, et l'on mettait sous le sabot, c'est-à-dire dans l'éclat, une petite pierre mince ou même un simple petit morceau de bois sec, dans le but d'empêcher la reprise ou la soudure de la plaie.

Cette précaution prise avec soin, on rabattait les jeunes scions entre 30 et 40 centimètres, puis on les buttait ensemble avec la souche, comme on butte une touffe de pommes de terre, à une vingtaine de centimètres au-dessus des éclats et de la mère.

Les choses restaient en cet état pendant une année, c'est-à-dire jusqu'à l'autre automne, époque à laquelle on détachait les scions devenus des sujets complets, avec système radiculaire, collet et partie aérienne.

On comprend, en effet, que dans le cours d'une année la base des scions, buttée à vingt centimètres, avait donné naissance à une foule de racines, et le collet s'était formé.

Et notez bien ce détail, ne l'omettez jamais : s'il restait au bas du scion, c'est-à-dire entre les racines nouvelles et l'éclat primitif, un tant soit peu du vieux bois non chargé de racines, on le coupait soigneusement, pour ne pas enterrer à la replantation ce mort avec le vivant.

De cette façon l'on avait, après la greffe, des poiriers sur bouture de cognassier, de vrais poiriers, sains, solides, d'une durée indéfinie. Et nous ajoutons que, hors de cette bonne vieille pratique si conforme aux lois de la physiologie, il n'y a de poiriers qu'accidentellement possibles sur bouture de cognassier, et voilà pourquoi nous conseillons vivement de remettre en honneur ce procédé des anciens.

Aujourd'hui que fait-on? Presque rien de tout cela. Si quelques soigneux établissent encore des mères de cognassier, ils se contentent, faute de savoir, d'éclater d'un seul coup les boutures de la souche, de les planter en les rabattant, sans se douter que la partie de la tige, qui ne portera pas de racines dans le sol, ne peut manquer de devenir de la pourriture, ni de communiquer la gangrène noire à la tige aérienne, puis à tout l'arbre.

Même note pour les boutures arrachées sur les branches du cognassier.

Depuis longtemps, nous savions par ouï-dire qu'un cultivateur de Montreuil, grand curieux en fait de poiriers surtout, avait écrit quelque chose sur les diverses affections de ces arbres. Après de longues recherches, nous avons fini par trouver la petite brochure où il est bien, en effet, un peu question de cet onglet souterrain, cause efficiente de la gangrène. Le peu qu'il en est dit nous a suffisamment prouvé que l'auteur avait pu découvrir le mal et en observer les ravages.

Mais il paraît s'être bien plus préoccupé de l'onglet situé au-dessus de la greffe qu'il regarde comme plus pernicieux que le premier.

Cet onglet qui domine la greffe, mal obturé, mal guéri de sa plaie, se corrompt souvent et porte la gangrène aussi bien au-dessous de lui que dans le corps de l'arbre.

Néanmoins nous croyons que l'auteur obéit à des préventions exagérées lorsqu'il condamne absolument l'habitude qu'ont prise les pépiniéristes de laisser un onglet au-dessus de la greffe.

D'abord on ne rabat jamais un sujet le jour où l'on y pose un écusson. Rien donc n'empêche de faire cette ablation dans le temps où la séve abonde. Alors il est rare de voir la plaie de l'onglet s'envenimer, et les gens du métier vous diront tous que la séve qui afflue à la plaie contribue à la cicatriser et à la recouvrir en peu de temps.

Il nous est toujours agréable de rendre justice à qui de droit. La brochure dont nous parlons nous montre une fois de plus combien est grande à Montreuil l'expérience des arbres. Avec un peu de savoir physiologique et pas mal de français, qui malheureusement, manquent à sa rédaction, l'auteur eût écrit en quelques pages une bonne monographie des maladies du poirier, l'arbre qui semble le plus avoir sollicité ses observations.

Dans tous les cas, nous nous plaisons à dire que ce sont d'excellentes notes à consulter telles quelles, et nous nous rencontrerons sur un certain nombre de points avec l'auteur, quand nous arriverons, dans la suite, à la partie relative aux maladies de nos arbres fruitiers.

Mais nous devons répéter que dans cette petite brochure il est dit un mot de l'onglet inférieur, de ce prolongement inutile qui reste au-dessous des jeunes racines de la bouture et qui constitue pour le sujet un danger réel, un foyer d'infection qui amène inévitablement la mort de l'arbuste en un temps très-court.

Peut-être l'auteur réservait de plus longs détails pour une deuxième brochure annoncée qui n'a pas été faite ; comme aussi sans doute, vu sa grande expérience, il eût donné le moyen d'établir de jeunes scions sur une mère de cognassier.

Quoi qu'il en soit, les moyens que nous avons indiqués d'obtenir ces boutures sont complets, et dorénavant ceux de nos lecteurs qui pourront avoir une mère de cognassier sauront profiter de nos avis.

Allons jusqu'au bout sur ce sujet. Tout le monde ne saurait tenir sous la main un vieux cognassier à raser au sol. Mais tout amateur, voulant faire des arbres lui-même, peut trouver des rameaux éclatés de cognassier dont il veuille faire des boutures. Ces rameaux, on les enterre, on les butte, et, quand ils ont bien repris, on les change de place et l'on supprime l'onglet inférieur jusqu'au vif des racines, avant de les remettre en terre. Mieux vaut, s'il le fallait, attendre une année de plus pour greffer ces jeunes sujets, que d'y insérer un écusson avant le déplacement. L'empoisonnement souterrain du sujet par l'onglet inférieur ne permet pas d'attendre.

Même avis pour les marcottes de cognassier, quand il est possible d'en établir soit dans le sol ordinaire, soit dans un vase placé sur un échafaudage à la hauteur voulue.

Ci-dessous différents marcottages figurés, au bénéfice de ceux qui ne connaissent pas l'opération :

La fosse où est placée la branche a 10 centimètres environ de profondeur. La branche y est maintenue par un crochet en bois

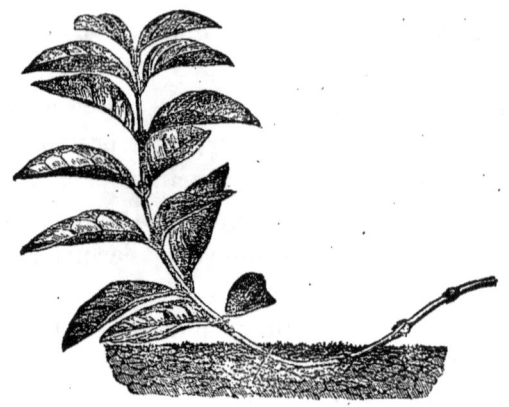

Couchage simple ou provignage,

fiché dans le sol. L'extrémité qui sort de la terre est rabattue à 15 centimètres sur deux ou trois yeux.

Couchage en serpenteau.

Ce moyen demande une longue tige avec laquelle on obtient autant d'individus avec racines qu'il y a de fosses.

Nous faisons ici toutes nos réserves en ce qui concerne les *boutures de poirier*. Nous n'en avons jamais fait, et nous croyons avec les bons praticiens qu'il n'est pas possible d'obtenir une bouture d'un poirier quelconque.

Ce que nous avons dit ci-dessus n'a donc trait qu'aux drageons et aux rameaux de cognassier, qui, moyennant les précautions indiquées, donnent en nombre d'excellentes marcottes pour sujets à greffer.

Notons aussi, pour ceux auxquels il resterait un doute sur

l'orthographe du nom de cet arbre, qu'on dit également : *cognassier, coignassier et coignier*.

Cependant les dictionnaires qui tiennent à se mettre à la mode ne donnent que la première de ces trois formes, en effet, la plus usitée.

Complétons ces notions de la reproduction du poirier, en disant qu'il se greffe bien aussi sur l'aubépine ou épine-blanche, ou noble-épine, comme disent les gourmés de la profession.

Le poirier, qui se plaît dans les terres légères et sablonneuses, trouve ainsi le moyen de vivre en belle santé dans les terrains froids et compactes, qui sont les terrains de prédilection pour l'aubépine.

On prétend qu'on peut aussi greffer le poirier sur le cormier ou sorbier sauvage, mais notre expérience personnelle est en défaut sur ce point.

CHAPITRE III.

CONSIDÉRATIONS PRATIQUES.

> *Indocti discant, et ament meminisse periti!*
> (Que ceux qui ne savent pas apprennent, et que les autres relisent avec plaisir ces choses qu'ils ont sues comme nous.)

Ce chapitre, l'un des plus importants de notre livre, arrive ici tout exprès pour les praticiens.

Et voici pourquoi nous l'avons écrit.

Dès qu'un livre spécial apparaît sur une matière quelconque, il se fait à l'entour un cliquetis de paroles au milieu desquelles dominent celles-ci :

Théoricien ! théoricien !

Et quand les gens du métier ont lancé ce cri en chœur, ils s'en retournent glorieusement à leur routine et croient avoir éreinté l'homme et tué la théorie.

A leur sens, un écrivain, c'est un parasite, un tigre sur leur bois, un puceron lanigère ou même quelque chose de pis. Ils savent tout, et nous autres de la plume, nous ne savons rien.

Qu'ils nous permettent de leur dire ceci : la théorie qu'ils bafouent s'est glissée chez eux-mêmes, la maladie les a gagnés. Ils ont appris des théoriciens ce qu'ils savent de la séve, des insectes, de la greffe, de la taille.

Et nous ajoutons, pour les convaincre, une petite histoire de théoriciens que les pommes et les poires voudront bien souffrir auprès d'elles.

Au moyen âge, il y avait dans notre pays des parasites, des mendiants sans feu ni lieu, qui s'en allaient chantant de castel en castel. On les appelait trouvères. Aux seigneurs qui vivaient d'une vie bestiale, ils apprenaient tout, l'histoire, la géographie, la philosophie, la morale et les belles choses de la création. Ils emportaient avec eux, dans un virelai joyeux ou dans une ballade épique, la science, les lettres, la poésie, la civilisation. Les belles dames leur donnaient le vivre et le coucher, comme à des chiens savants qui amuseraient une heure.

Ces mendiants, ces théoriciens, ces chanteurs de lais d'amour, ces inutiles qui vivaient du pain des autres, ont pourtant fait la France lettrée, ce qu'elle est.

Croyez-le bien, la parole est un flambeau, le précepte est un guide, le livre est une étincelle. Dans l'ombre, le travailleur tâtonne; il n'opère bien qu'à la lumière.

Et vous avez, ô cultivateurs, cet inappréciable avantage, c'est que généralement chez nous, quiconque nous donne le précepte, la règle, la théorie, est un praticien comme vous, et ne parle que de ce qu'il connaît bien.

Au surplus, c'est ici le lieu de s'entendre. Qu'est-ce que la théorie, en arboriculture comme en toutes choses?

Vous l'êtes-vous demandé?

La théorie ne vient ni avant la pratique, ni au-dessus, ni à côté; elle en découle. C'est la pratique raisonnée, expliquée, corrigée, éclairée. Ce que vous savez est un simple lumignon; le livre est un foyer qui vous apporte les rayons diffus, la lumière de tous. Chacun de vous ne connaît que sa petite pratique; le livre est la science de tout le monde, une gerbe de lumière intense.

La pratique et la théorie ne font qu'un. Un théoricien n'existe pas plus sans pratique qu'un oiseau sans ailes; un praticien sans théorie peut exister à la rigueur, mais il nous fait l'effet d'une voiture à une seule roue. Il marche cahin-caha quand il marche, seulement il verse souvent.

Néanmoins il convient de dire que la plupart de ceux qui bafouent la théorie, on pourrait dire presque tous, ont dans leur pratique une somme d'observations intelligentes qui les guident et qui constituent une théorie inconsciente, mais vraie.

Cela étant dit, nous allons accumuler dans ce chapitre une foule de notes dont les praticiens feront leur profit, et qui leur prouveront que la science de l'arboriculture sait descendre aux plus minces détails de la pratique proprement dite.

Le présent livre, qui doit intéresser l'arboriculteur intelligent, l'hiver, au coin du feu, peut donc l'accompagner aussi, l'été, dans ses jardins, pour lui montrer ce qu'il ne connaît pas, ou lui rappeler les principes qu'il a pu savoir.

Toutes ces notes, cela va sans dire, ne sortent de notre sujet par aucun côté.

I. — Le pommier vient bien dans toutes les bonnes terres où se trouvent surtout du calcaire et de la potasse en abondance. Sa floraison tardive le mettant à l'abri des gelées du printemps, on est à peu près sûr d'avoir une production régulière. La grande condition est de savoir conduire l'arbre. Il vient à haute tige, en cordons horizontaux et en buissons.

Le poirier se greffe sur franc quand il doit être mis en place dans une terre calcaire, pierreuse et de mauvaise qualité, parce qu'alors son pivot va chercher profondément la nourriture du sujet. Dans les bonnes terres on greffe sur cognassier.

II. Semis. — La raison pour laquelle on ne pratique pas le semis, quand il s'agit du poirier, était bien connue des anciens curieux. On l'ignore aujourd'hui généralement. Semez des pepins de poires en aussi bonne terre que vous voudrez; les sujets qui en viendront resteront de quinze à vingt ans à la même place sans fleurir, conséquemment sans donner aucun fruit.

Cela faisait dire aux anciens que greffer sur franc, c'est planter pour ses petits-enfants.

Et la théorie consultée nous dit que le poirier est un arbre naturellement doué d'une longévité remarquable. Or, tout végétal qui vit longtemps a la jeunesse durable et la vigueur très-grande. La jeunesse, dans le règne végétal, produit surtout du bois; la fructification n'est qu'un privilége de l'âge fait. Le poirier met de quinze à vingt ans pour se constituer, autant pour fructifier, et le même nombre d'années pour descendre, en donnant des fruits toujours, mais moins beaux, la pente de la vieillesse. C'est dire, en d'autres termes, que vous n'obtiendrez des fruits quelconques d'un arbre dans sa jeunesse qu'en le tourmentant par la greffe, en le mutilant par la taille, en le taquinant par le pincement.

Et c'est le cas de répéter l'axiome du père Vanière :

> Majores, moritura brevi quùm deficit, arbor
> Jactat opes.

(« L'arbre qui va mourir étale un plus grand luxe de fruits. »)

En effet, pour notre cas, l'arbre, même jeune, dont vous ébranlez l'existence par les procédés de la culture, est un malade qui tient à ne pas laisser mourir l'espèce avec lui, et qui, pour cette raison, se met à fruit de bonne heure.

Tout autrement se comporte le cognassier. Au bout de la quatrième année, il donne des fleurs à l'extrémité de chaque brindille, et souvent du fruit. La nature l'a doué d'une existence moins longue, et la fructification commence plus tôt que dans le poirier.

Tous les praticiens savent, en effet, que le semis du cognassier perd en quatre ou cinq ans ses racines plongeantes, c'est-à-dire son pivot, pour ne plus vivre qu'avec des racines traçantes dans le sol.

Disons pour ceux qui, par hasard, ne le sauraient pas suffisamment que les végétaux ont deux manières d'être quant à leurs racines : ou ils *pivotent*, ou ils *tracent*.

Ce sont des mots consacrés.

Le végétal qui pivote enfonce verticalement sa racine principale en terre, comme une carotte.

Celui qui trace fait rayonner ses racines autour de lui, presque à fleur du sol.

III. Physionomie de l'arbre. — Cela nous amène à dire que, par la seule inspection d'un arbre, on peut généralement juger de la manière d'être de sa racine.

Retenez bien ceci : tous les arbres qui poussent en hauteur, qui s'élèvent quand même, qui ont leurs jeunes branches droites, roides et verticales, pivotent certainement. Des deux côtés du mésophyte l'aspect est le même, la tige s'allonge dans l'air et la racine plonge dans le sol.

A ceux-là donc il faut des sols profonds.

Les arbres qui ne cherchent pas à s'élever, qui allongent leurs branches autour d'eux horizontalement, ont des racines traçantes. Le pommier est dans ce cas. Ceux-là ne demandent qu'un sol d'une médiocre profondeur. Le système radiculaire rayonne autour du tronc, parfois dans une étendue considérable, et trouve son alimentation, pour ainsi dire, à fleur de terre.

En général, la vie est plus longue dans les individus à branches redressées et verticales que dans ceux dont les branches s'étalent horizontalement en parapluie.

Ceux dont les branches se recourbent vers la terre à leur extrémité sont les plus caducs, les moins durables.

Donc, tout est en proportion : plus l'arbre doit vivre longtemps, plus il prend d'années pour se mettre à fruit.

La fructification se décide très-vite chez les individus à ramure étalée et retombante. Elle se fait longtemps attendre chez ceux qui lancent verticalement leurs pousses dans l'air.

Il y a des gens qui cherchent la petite bête en arboriculture comme ailleurs. Ne sachant rien, ils passent leur vie à jeter des objections dans le dos de ceux qui savent. Vous les entendez dire, par exemple, que ce qui précède n'est pas exact. Répondez-leur que, pour rencontrer des objections, une règle n'en est pas moins générale, et que c'est ici le cas pour la physionomie des arbres.

IV. Les arbustes de pépinière. — Si vous ne faites pas vos arbres vous-même, et que vous trouviez plus expéditif de vous approvisionner à la pépinière, ayez soin de prendre bonne note de ce qui suit :

N'attendez jamais que les feuilles soient tombées pour aller faire votre choix.

Tout jeune sujet qui perd ses feuilles par le sommet des branches, au lieu de commencer à les perdre par en bas, est mauvais.

Tout jeune sujet qui a la peau terne et rugueuse ne doit point vous tenter. Il est défectueux.

Une fois votre choix arrêté, marquez vos arbres et attendez le jour de la plantation.

Quand ce jour sera venu, surveillez l'arrachage, si c'est possible, car il est bien important qu'aucune déchirure ne se produise à l'insertion des racines. Une déchirure ou un simple écartement forcé, que le pépiniériste dissimule en rapprochant les parties, est mortel à l'arbre. Comme le médecin qui tue son malade, le pépiniériste a vingt raisons pour se disculper : vous avez mal préparé votre terrain, mal habillé l'arbre, mal planté, etc., etc. Mais ne cherchez pas si loin, la moindre ruptur edes fibres dans l'angle de deux racines suffit à tuer le jeune arbre.

V. Greffe. — Si vous faites vos arbres vous-même, souvenez-vous qu'on ne greffe jamais le pêcher que sur bois d'un an.

S'il s'agit du poirier, nous avons d'autres axiomes que la

pratique intelligente a rendus de la dernière évidence. Les voici un peu pêle-mêlés :

Puisque nous avons admis l'hypothèse que vous faites vos arbres, ayez soin de greffer sur cognassier si vous devez planter ensuite dans un terrain humide et frais. Les terrains secs et sablonneux demandent des arbres greffés sur franc.

La raison, vous la connaissez : les terrains humides et frais sont à sous-sol de glaise. Le poirier qui pivote y périrait. Le cognassier, qui perd son pivot en quelques années, ne tarde pas à tracer dans la couche supérieure, et les racines se trouvent toujours ainsi dans un sol favorable. Au contraire, le poirier vit bien dans un terrain sec, parce que le pivot, en s'enfonçant, trouve la fraîcheur et la vie dans les profondeurs du sol.

Greffez haut toujours, parce que vous empêchez ainsi la naissance des racines au-dessus de la greffe, et, par conséquent, l'affranchissement de l'arbre.

Ne prenez jamais vos écussons ni sur un gourmand, ni sur un arbre affranchi, ni sur un bourgeon adventice surtout, car vous courriez grand risque de ne jamais voir un fruit sur vos arbres.

En effet, le gourmand et l'arbre affranchi représentent la vie la plus active, la plus intense de l'arbre, c'est-à-dire la propriété de donner infiniment du bois. Et l'on sait que l'arbre ne se met à fruit qu'après l'apaisement de cette jeunesse exubérante et folle.

M. Gros, de Vervins, a trouvé un procédé de greffage auquel il a donné son nom.

C'est la greffe des gens pressés de jouir, c'est-à-dire de l'immense majorité des arboriculteurs de profession et autres. On l'applique surtout au poirier et au pommier.

Si vous ne la connaissez pas, nous allons vous dire en quoi elle consiste.

Elle est tout à la fois greffe par écusson et en fente.

Vous prenez un rameau convenable et pourvu de quatre yeux

bien développés. Un rameau de l'année, bien entendu, puisque nous opérons en août ou septembre. Sans le détacher du rameau, vous préparez l'œil d'en bas en écusson, lui enlevant le bois qui est derrière, et vous insérez cet œil qui forme l'extrémité du rameau dans la fente ordinaire faite en T sur le sujet à greffer. Vous avez donc une greffe à écusson comme à l'ordinaire, plus un rameau à trois yeux qui tient à l'œil inséré et le domine.

L'œil-écusson prend sur le sujet, et la vie se communique en même temps aux trois yeux du rameau. Ces quatre germes vivent à l'état latent pendant l'hiver, et, dès le printemps, vous avez une branche ramifiée portant quatre pousses au lieu d'une. De cette façon vous faites vite un arbre, et vous vous mettez en avance au moins d'une année.

Nous avons dit que cette opération se fait du 1er août à fin septembre, c'est-à-dire jusqu'à l'époque où l'écorce, se soulevant encore, est apte à recevoir un écusson.

Vous vous souvenez de la greffe à œil de pousse, faite au printemps sur le pêcher par M. Jean-Marie Guyot. Le même arboriculteur n'a pas manqué d'appliquer à ses poiriers et à ses pommiers le procédé Gros. Il prend en janvier des rameaux sur ses arbres et les met à la cave en bottillon, tout simplement debout dans un coin.

Peu après le réveil de la séve, au moment où la circulation prend de la vigueur, il tire ses rameaux de la cave et fait ses greffes sur ses poiriers. Généralement elles réussissent aussi bien que celles d'automne.

Tout ce que nous venons de dire s'appuie sur les plus saines données de la physiologie. La science n'est pas moins d'accord avec la pratique sur les choses qui vont suivre et que nous recommandons à la plus sérieuse attention des amateurs.

VI. INFLUENCE DU SUJET SUR L'ARBRE. — Nous appelons *sujet*, on le sait, le pied de l'arbre. Il est séparé de l'arbre lui-même par la greffe. Il forme comme le rez-de-chaussée de l'arbre surmonté d'un plancher qui est la greffe, au-dessus de laquelle sont les étages supérieurs ou l'arbre de rapport proprement dit.

Personne ne conteste plus aujourd'hui l'influence exercée sur les fruits par le pied ou support de l'arbre. On dit plus communément l'influence du sujet sur la greffe.

La preuve, du reste, qu'on a compris cette vérité physiologique, c'est que ceux mêmes qui, parmi les praticiens, ne croient pas à la théorie, savent choisir le sujet quand ils veulent faire une plantation. Si par hasard ils ont à garnir un mur de pêchers dans un terrain fort et frais, ils préféreront le semis de prunier même à l'amandier à coque dure.

Si vous placez au bas de vos gouttières, comme réservoir, un tonneau dans lequel il y ait eu longtemps du vin, vous aurez beau filtrer, avant de la boire, l'eau du ciel qui y passera, cette eau gardera le goût du vin, le fumet pris au passage. Au lieu du vin, supposez que la tonne ait contenu de l'anisette, du kirsch, du cidre, le résultat sera le même. L'arome du liquide primitif sera saisi et gardé par l'eau de pluie.

Le même phénomène se reproduit journellement dans le poirier, par exemple.

Vous savez que la langue arboricole a fait de nombreux emprunts à la langue grecque. Ainsi, l'on dit : *blet, blette*, pour *mou, molle* (de *blax,* mou, *blazó,* mollir). Le verbe blettir (mollir) est très-usité.

Le beurré gris ou doré, comme chacun sait, est une poire qui blettit facilement et promptement.

Le doyenné d'hiver, au contraire, ne blettit jamais, puisqu'il mûrit souvent avec peine.

Or, si vous greffez cette dernière variété sur un beurré gris, vous obtiendrez du doyenné d'hiver un tant soit peu plus précoce, mais qui ne tardera pas à blettir après sa maturité.

Il en sera de même du beurré d'Hardenpont, qui se conserve longtemps. Si vous le greffez sur du beurré gris, il mollira très-vite.

En thèse générale, les bons praticiens vous disent avec raison qu'il ne faut greffer sur franc :

Ni la Duchesse d'Angoulême,

Ni le Saint-Germain,

Ni la Crassane,

Ni la Louise-Bonne, etc....

A moins, toutefois, que le sujet qui reçoit l'écusson ne soit une poire solide. Ainsi, vous obtenez un excellent doyenné d'hiver si vous greffez sur Madeleine. Nous connaissons à Montreuil, entre autres, un cultivateur qui ne fait pas autrement ses doyennés, et qui s'en trouve très-bien.

Autre chose. Quand même, en greffant sur franc, vous obtiendriez une poire solide et durable, vous n'auriez jamais qu'une poire de deuxième qualité, manquant de ce nous ne savons quoi de suave et de fini qui place la poire au rang des fruits les meilleurs.

On n'obtient la poire de premier ordre que sur le cognassier, qui transmet à travers la greffe au fruit de l'arbre son arome généreux, ses parfums exquis. Le jus a passé dans le bois du cognassier, comme l'eau de pluie dans la tonne à vin, et s'y est embaumé.

On ne peut nier les faits, ceux surtout qu'on est à même de vérifier chaque jour, et vous pouvez regarder comme absolument vraie l'influence du sujet sur la greffe.

VII. LA SURGREFFE OU REGREFFE. — La surgreffe consiste à bâtir un arbre à plusieurs étages, c'est-à-dire à superposer par la greffe trois ou quatre variétés.

La surgreffe conserve aux arbres la même vigueur et de bons résultats quant aux fruits.

Voilà pour le principe. Seulement, il faut ajouter que chaque étage doit être fait d'une variété qui ne blettit pas; autrement votre arbre ainsi monté ressemblerait à la maison dont un étage inférieur serait bâti de terre crue ou de matériaux sans résistance.

La maison s'écroulerait ; vos fruits blettiraient.

Prenez pour base le cognassier, qui forme un excellent rez-de-chaussée avec des fondations solides. Greffez dessus de la crassane, qui blettit difficilement, et ensuite ce que vous voudrez obtenir.

Ou bien, faites ainsi votre arbre :

Un pied de cognassier ;

Une poire de Curé dessus (le Curé va jusqu'en février) ;

Un doyenné, ou toute autre variété au sommet, pour former l'arbre.

Le procédé de la regreffe ou de l'établissement d'un arbre au moyen de plusieurs greffes superposées n'est pas une nouveauté de ces derniers temps. Un ancien bouquin, daté de 1664, et que nous avons sous les yeux, conseille d'adopter partout la pratique heureuse de surgreffer ou de greffer deux fois les arbres à haute tige, afin d'avoir pour les fruits quantité et qualité.

L'expérience n'a jamais démenti, que nous sachions, les bons résultats de cette manière de traiter les arbres.

D'après un nombre de faits dont l'ensemble et l'identité sembleraient constituer une règle générale, la greffe renouvelée trois, quatre, cinq, six fois sur un poirier, mais chaque fois avec une variété différente, améliore sensiblement le fruit et empêche la formation des concrétions pierreuses ou, comme on dit, de la carrière dans la chair de la poire. Il va sans dire que les variétés à fruit blet doivent être bannies de ces séries de greffes étagées.

Il existe une autre façon d'agir que nous n'avons pas encore appliquée, mais dont quelques arboriculteurs compétents nous ont dit le plus grand bien. Nous ne la conseillons pas à la culture marchande ou pressée; les grands curieux seuls peuvent en essayer.

La voici tout simplement : quand on a posé une bonne greffe sur un excellent sujet, on regreffe au bout d'un an l'arbre obtenu avec des écussons pris sur l'arbre même, et l'opération se répète quatre, cinq ou six fois pendant autant d'années, en prenant toujours les écussons sur les rameaux supérieurs. L'arbre étagé de cette façon par ces greffes successives élève naturellement sa surface de production s'il est en espalier, ou porte plus haut la tête s'il est en plein vent; mais il prend une tenue solide, et le fruit s'améliore d'une façon notable.

N'ayant aucune expérience personnelle à cet égard, nous ne saurions affirmer que le jeu, comme on dit, vaut la chandelle; mais la physiologie du cas nous laisse croire que la séve, tamisée successivement par ces greffes échelonnées, donne au fruit une finesse de saveur inconnue dans les individus ordinaires.

VIII. La plantation. — Nous répétons le conseil d'arracher avec les plus grandes précautions le jeune arbre que vous allez mettre dans sa place définitive. La moindre déchirure à l'intersection des racines est mortelle.

Une fois l'arbre arraché, vous remarquerez ceci : le développement ne s'est jamais fait d'une manière égale. Du côté du midi, le jeune sujet a pris des racines et des branches plus fortes. Vous aurez donc soin de le replanter dans un sens contraire au sens qu'il avait dans votre pépinière, c'est-à-dire que vous placerez au nord le flanc qui se trouvait au midi. De cette façon, l'équilibre se rétablira.

Avant de déposer dans sa fosse votre petit poirier, vous l'habillez, vous lui faites ce qu'on appelle sa toilette. On sait que cette opération consiste à couper les racines inutiles, à ébarber les chevelus et à tailler en biseau les plus grosses racines.

Les arboriculteurs entendus ne craignent pas de jouer hardiment de la serpette dans le système radiculaire; mais en même temps ils rabattent très-bas au-dessus de la greffe la partie aérienne, afin d'établir une sorte d'harmonie entre les deux parties de l'arbre.

Votre sujet ne doit donc garder à la racine que des pousses très-saines, qui, coupées en biseau, ne tarderont pas à prendre des chevelus nouveaux avec les spongioles nourricières.

Donc, en règle générale, rabattez par en haut, rabattez par en bas. La replantation n'étant qu'une crise douloureuse à traverser pour l'arbre, moins il y aura de vieux bois et d'anciennes racines, plus la convalescence sera courte et la reprise facile.

Beaucoup de gens, et des plus soigneux, vous diront que l'arbre doit être assis dans son trou sur les biseaux des racines. Gardez-vous de les écouter.

Ils ont raison dans un sens et se trompent gravement dans un autre. Leur manière de tailler les grosses racines, de façon à placer les biseaux en dessous, a pour prétexte de faire reposer ces biseaux sur le sol remué de la fosse où ils prendront immédiatement du chevelu ; mais ils ne réfléchissent pas que le sol remué s'affaisse sous la racine, que l'arbre serré par la terre qui recouvre son système radiculaire reste comme suspendu, et que ces mêmes biseaux se trouvent dans le vide où le chevelu ne saurait se former.

Taillez donc les racines dans un sens contraire. Quand votre jeune arbre sera déposé dans sa petite fosse, il faut qu'on aperçoive d'en haut les biseaux, comme on aperçoit les ongles de vos doigts dont vous posez les extrémités sur une table. De cette façon, la terre friable supérieure s'affaissera toujours sur ces tailles vives et y provoquera la naissance du chevelu.

Puisqu'il s'agit ici du poirier surtout, n'oubliez pas de planter haut, au risque de butter votre sujet comme une touffe de pommes de terre. Le poirier pivote, et son pivot gagnera toujours assez vite le sous-sol, c'est-à-dire les milieux maigres où la nourriture n'abonde jamais autant que dans la couche supérieure.

Refermez la fosse de votre plantation, sans fouler la terre, avec les pieds surtout. Le terrain se tassera toujours suffisamment et assez tôt autour de votre jeune arbre.

IX. De la transplantation. — Les arbres fruitiers en plein rapport peuvent être transplantés jusqu'à un âge assez éloigné de leur première feuille. Nous avons vu des pêchers de dix à douze ans ne pas trop souffrir d'un déplacement. Le poirier sur cognassier se prête plus volontiers à cette opération violente. Il se trouve dans notre voisinage de beaux sujets de douze ans, même plus âgés, qui ont déménagé cinq fois, comme de vrais locataires parisiens, et qui, d'improductifs et légèrement chlorotiques qu'ils étaient, ont repris une allure vigoureuse et se sont remis résolûment à fruit. Le pommier sur paradis n'est pas plus sédentaire de sa nature.

Néanmoins, disons-nous que les jeunes sujets sont plus transportables que les vieux, et que l'automne convient mieux pour la transplantation que le printemps, surtout dans les terrains secs et dans les pays chauds. Dans les sols humides et dans le Nord, une saison vaut l'autre.

CHAPITRE IV.

DIVISION DES ARBRES EN TROIS CATÉGORIES.

Nous étudierons au chapitre suivant les sept différentes branches du poirier ; mais il est essentiel de bien définir dès à présent deux de ces branches qui vont nous servir à établir les catégories d'arbres.

Nous voulons parler de la brindille et du dard.

La brindille est une pousse de la première année, longue, vigoureuse, flexible, presque verticale. D'abord elle s'allonge peu la deuxième année et, sur certaines variétés, donne souvent un bouton à sa pointe. La troisième année l'allongement en est encore moindre que l'année précédente, mais alors elle porte des fleurs et des fruits certains à son extrémité, si elle n'a subi, bien entendu, ni taille ni pincement. La Duchesse d'Angoulême, entre autres, forme son bouton sur la brindille dès la première année de sa végétation, pourvu que cette brindille ne soit pas un bourgeon adventice.

Le dard est un rameau court, grêle, à angle presque droit sur le tronc, terminé par un œil très-pointu qui, au lieu de se développer en bourgeon, donne naissance à un verticille de feuilles appelé *rosette*. La deuxième ou la troisième année, le dard porte à sa pointe un bouton à fruit. Quand la bourse du bouton s'est tuméfiée et est devenue très-grosse, on dit vulgairement que c'est un dard couronné.

Nous pensons, à cet égard, que la dénomination lui vient,

non pas de la grosseur de la bourse, mais bien du verticille ou rosette de feuilles d'où semble sortir la pointe du dard. Et ce qui nous confirme dans cette opinion, c'est que, l'année suivante, quand le verticille sera tombé, vous remarquerez à la place où se trouvait la rosette des lignes circulaires qui gardent le nom de *couronne*. Nous y reviendrons dans le chapitre suivant.

Ces deux branches une fois définies, nous divisons les poiriers en trois catégories bien tranchées :

1° Les poiriers à coursons courts ;
2° Les poiriers mixtes ;
3° Les poiriers à brindilles.

Quand nous aurons établi, par leurs caractères particuliers, ces trois catégories d'arbres, de manière que personne ne puisse désormais les confondre, nous donnerons la nomenclature des variétés les plus communément cultivées dans le pays, avec l'indication de la catégorie à laquelle elles appartiennent.

Pour ce qui est du pommier, nous ne parlerons que de deux sortes, le calvil et l'api, les seules appelées à fournir au pays un élément certain de richesse arboricole.

1° Poiriers a coursons courts.

Les arbres appartenant à cette catégorie donnent la meilleure et la plus grande partie de leurs produits sur dards venus de coursons. Il est donc généralement inutile de laisser les brindilles qui ne fournissent qu'une petite quantité de fruits et de qualité inférieure. Les dards facilement obtenus et très-productifs suffisent à charger l'arbre.

Au surplus, comme il ne faut jamais négliger les moyens de récolter, on peut utiliser même la brindille dans les arbres de cette catégorie. Seulement, notez bien que dans ces arbres la brindille ne donne pas de bouton à son extrémité; elle n'en porte que sur les yeux espacés sur la longueur. On doit donc moucher ou pincer la brindille à quelques yeux de sa pointe pour mettre les boutons à fruit.

Et si votre arbre se charge de poires en excès, commencez à supprimer celles des brindilles, qui seront toujours, nous le répétons, les moins belles de la récolte.

Les arbres de cette catégories sont chez nous :

1° La *Louise-Bonne,* variété fertile, fruit moyen, de bonne qualité, peut aller jusqu'en février et mars.

2° Le *Beurré-Clairgeau,* variété peu vigoureuse, très-fertile, gros et très-gros, de bonne qualité. Va jusqu'en décembre.

3° Le *Doyenné d'hiver* ou *Bergamote de Pentecôte,* très-fertile, première qualité; variété estimable sous tous les rapports; fruit gros; va de janvier en mai pour la table. Demande une situation aérée.

4° Le *Saint-Germain d'hiver,* arbre d'espalier, demandant le levant ou le midi. Fruit de première qualité, gros, va en février et mars. Cette variété donne vite des poires pierreuses; nous conseillons de regreffer l'arbre cinq ou six fois pour l'établir solidement et obvier à l'inconvénient des pierres dans la chair.

2° Poiriers mixtes.

Nous appelons *mixtes* les poiriers de cette catégorie, parce qu'ils rapportent également bien et des fruits de même qualité sur dards fournis par le jeune bois et sur brindilles. Mais on peut ici faire les coursons plus courts, c'est-à-dire rabattre les brindilles autant qu'on veut, puisque ces brindilles donnent encore des boutons sur leur longueur, ce qui n'a pas lieu dans les sujets de la troisième catégorie.

Les mixtes produisent donc également bien sur brindilles; mais il est très-facile de provoquer la venue de dards nombreux dans toutes les parties de deux ans, en ayant soin, au moment de la taille, de couper en deux le bouton de l'extrémité de la brindille.

Ordre dans la conduite : faire produire les dards d'abord, puis les brindilles.

Les arbres de cette deuxième catégorie sont pour nous au nombre de dix :

1° Le *Passe-Colmar*, variété peu vigoureuse, surtout sur cognassier ; fruit de grosseur moyenne et de première qualité; chair fine, ferme, juteuse, sucrée et richement parfumée. Va jusqu'à fin février.

2° Le *Soldat-Laboureur*, arbre fertile, fruit de première qualité, de grosseur moyenne; va jusqu'à fin novembre, même assez loin en décembre, avec des soins de fruitier.

3° Le *Beurré d'Arenberg* ou *d'Hardenpont*. La première dénomination est usitée en France, la dernière en Belgique. Arbre très-vigoureux et fertile ; fruit de première qualité, assez gros et gros, de novembre à janvier. L'un des meilleurs fruits d'hiver.

4° Le *Messire-Jean*, arbre assez fertile; fruit de bonne qualité, assez gros, bon en novembre.

5° Le *Curé*, arbre très-vigoureux et fertile; fruit de deuxième qualité, très-bon en compote, gros et de belle forme; de novembre en février.

6° Le *Beurré d'Angleterre*, arbre très-vigoureux, spécialement pour haute tige, très-fertile, venant mal sur cognassier. Fruit de moyenne qualité; bon en septembre.

7° Le *Colmar d'Arenberg*, arbre très-fertile, fruit superbe de grosseur et de forme, à chair mi-fondante, mais de qualité médiocre à cause de son jus acerbe. Novembre-décembre.

8° Le *Beurré de l'Assomption*, arbre vigoureux et fertile, fruit de première qualité, gros; chair fine, fondante et juteuse; février-mars.

9° La *Nouvelle Fulvie*, arbre très-fertile ; fruit assez gros, très-bon ; novembre-janvier.

10° La *Jaminette* ou *Beurré d'Austrasie*, arbre très-vigoureux et assez fertile. Fruit de première qualité, se conservant longtemps au fruitier ; chair mi-fondante, sucrée, d'un parfum tout particulier et très-fin.

Il en existe d'autres variétés, mais celles-là sont les plus connues dans notre culture.

3° Poiriers a brindilles.

Dans les arbres de cette catégorie, la brindille est, par excellence, la branche fruitière. Non pas, cependant, que de temps en temps il ne s'y forme des dards, mais la majeure partie de la production se fait aux extrémités des brindilles, sinon à la deuxième année, au moins à la troisième.

On ne voit jamais de bouton sur la longueur de la brindille, souvenez-vous-en bien.

Ces arbres ont une telle disposition naturelle à donner des brindilles, que le pincement pratiqué sur les pousses dans une certaine proportion fait que les quelques dards qu'on y voit partent en branches immédiatement, et la production qui devait y être immédiate se trouve ainsi remise aux années suivantes, puisque la branchette ne se met à fruit qu'à la troisième année ordinairement.

Conséquence forcée : ni tailler ni pincer les brindilles. Ceux d'entre nous autres qui ont l'habitude de porter les doigts sur toute végétation luxuriante feront bien, passant devant les arbres de cette catégorie, de garder leurs mains dans leurs poches ou de les tenir derrière le dos. Chaque coup d'ongle ici coûte un fruit au moins, — un fruit que vous ne remplacerez pas cette année, puisque la brindille ne porte jamais de boutons sur sa longueur. Et de plus, vous supprimerez d'autres fruits, puisque vous ferez partir en branches les dards voisins.

Les poiriers à brindilles sont plus nombreux que les arbres des deux autres catégories.

En voici les plus communs :

1° Le *Beurré gris*, arbre fertile, appelé aussi *Beurré doré*; préférable en espalier. Fruit de première qualité, volumineux, l'une des meilleures poires connues jusqu'à présent ; va en septembre-octobre; blettit vite.

2° Le *Doyenné blanc* ou *crotté*. Le fruit tacheté comme par des éclaboussures lui a valu ce nom. Arbre fertile, fruit de grosseur moyenne et très-bon. Octobre-novembre.

3° Le *Beurré Diel*, ou *magnifique,* ou *incomparable*. Une des bonnes poires connues. Arbre très-vigoureux et fertile, fruit de première qualité, très-gros ou gros. Octobre-décembre.

4° La *Duchesse d'Angoulême,* arbre très-fertile ; fruit de première qualité, tient bien son rang parmi les meilleures poires connues ; gros et très-gros. Octobre-décembre.

5° La *Crassane*, arbre d'espalier, très-vigoureux et fertile; fruit très-délicat, assez gros ou moyen. Novembre-janvier.

6° L'*Épargne*, ou *Grosse-Madeleine,* ou *Cuisse-Madame,* ou *Gros-Roland :* la première poire de l'année digne des bonnes tables. Arbre très-vigoureux se formant difficilement en pyramide, très-fertile, s'épuisant vite sur cognassier ; fruit moyen. Juillet-août.

7° La *Bergamote-Espéren;* arbre fertile, fruit moyen, excellent; chair jaunâtre, fondante et parfumée. Mars-mai.

8° La *Bergamote-fortunée* ou la *Fortunée ;* arbre assez fertile; fruit moyen, assez bon. Février-avril.

9° Le *Beurré d'Amanlis ;* arbre très-vigoureux et très-fertile; fruit de première qualité et gros; chair fondante. Commencement de septembre.

10° La *Joséphine de Malines ;* arbre assez fertile; fruit petit ou moyen, de première qualité, relevé d'un parfum de rose. Novembre-janvier.

11° Le *Doyenné d'été* ou *de Juillet;* arbre très-fertile, s'épuisant vite sur cognassier; fruit petit et bon; la plus précoce des poires.

12° Le *Catillac;* arbre très-vigoureux et très-fertile; en espalier, préfère le levant ou le couchant; fruit de première qualité, très-gros, excellent à cuire. Tout l'hiver.

13° La *Passe-Crassane;* arbre très-fertile; fruit assez gros, très-bon. Janvier-mars.

14° La *Marie-Guisse;* arbre très-vigoureux et fertile; fruit assez gros, de première qualité; chair fine, fondante et parfumée. Tout l'hiver jusqu'en avril.

15° Le *Beurré Picquery* ou l'*Urbaniste;* arbre assez fertile et se formant bien en pyramide; fruit assez gros, excellent. Octobre-novembre.

16° La *Suzette de Bavay;* arbre pyramidal, très-fertile; fruit petit ou moyen, assez bon. De février en avril.

17° Le *Bon-chrétien d'été* ou *Gracioli;* arbre très-vigoureux, assez fertile; fruit assez gros, bon. Août-septembre.

18° Le *Bon-chrétien d'Espagne,* arbre fertile; fruit assez gros, assez bon cru, bon cuit. Novembre-décembre.

19° Le *Bon-chrétien d'hiver,* arbre pour espalier, ne réussissant guère qu'au midi, assez fertile; fruit assez gros, assez bon cru, bon cuit. Mars-mai.

20° Le *Bon chrétien de Rans,* arbre très-vigoureux et fertile; fruit assez gros, assez bon. De novembre à mars. Cette variété ne réussit pas sur cognassier.

21° Le *Bon chrétien William,* arbre très-fertile; fruit très-gros et très-bon. Commencement de septembre.

22° *Poire de Madeleine* ou *Citron des Carmes;* arbre très-vigoureux et très-fertile; fruit petit et assez bon. Juillet.

23° *Poire de l'Assomption;* arbre et fruit semblables au *Beurré-Diel.*

24° Le *Doyenné d'Alençon;* arbre fertile; fruit moyen et bon. Janvier-avril.

25° Le *Triomphe de Jodoigne;* arbre très-vigoureux et fertile; fruit gros et beau. Décembre et janvier.

Si l'on veut bien tenir compte de ce que nous avons dit au sujet des caractères particuliers qui divisent les poiriers en trois catégories, on pourra classer facilement les variétés dont il n'a pas été parlé dans les listes précédentes. Avec un peu d'expérience de l'arbre, on ne saurait éprouver aucun embarras sous ce rapport.

Une observation que tout le monde a pu faire et que nous consignons ici : Tout arbre à brindilles porte généralement des fruits à longue queue. Les poiriers mixtes ont des fruits à queue moyenne, et sur les poiriers à coursons courts vous ne trouvez que des poires à queue courte. Ceci peut servir de règle pour le classement.

Et nous invitons bien sérieusement les amateurs à regarder ce qu'ils viennent de lire en ce chapitre comme des notions fondamentales, indispensables pour la conduite du poirier. Autrement on s'exposerait à tailler en aveugle, et, croyant n'abattre que du bois, on abattrait du même coup la récolte de l'année.

POMMIERS.

Nous nous bornerons aux deux variétés cultivées à Montreuil presque à l'exclusion de toute autre : la pomme de calville et la pomme d'api.

Le sol assurément ne se refuse pas, de sa nature, à produire les autres variétés, mais l'intérêt est exclusif, et l'on comprend que la culture marchande ne garde que des fruits rémunérateurs. La calville et l'api se gardent jusqu'à l'hiver, c'est-à-dire jusque dans une saison où la province ne peut plus faire de concurrence sur le marché de Paris.

Il n'est pas rare de voir les calvilles atteindre alors le prix de 1 franc la pièce et les apis celui de 20 francs le cent.

Une remarque à consigner ici, c'est que la pomme d'api, quoi qu'on fasse, est bisannuelle, c'est-à-dire qu'un pommier de cette variété ne donne guère qu'une année sur deux.

Or, pour arriver à une récolte annuelle régulière, on s'est avisé de planter les sujets par moitié un automne, et pour l'autre moitié l'automne suivant, de manière à récolter ainsi tous les ans. Mais, et c'est la remarque singulière que nous voulons consigner, vous avez beau ne planter vos pommiers d'api que par moitié en deux années, au bout de quatre ou cinq ans de production alterne, vos arbres donneront tous la même année, comme s'ils eussent été plantés à la même époque. Il nous manque des observations suffisamment longues pour pouvoir tirer de ce fait les conséquences vraies que nous entrevoyons.

LE POMMIER DE CALVILLE.

Cette variété de pommier donne, en général, moins sur brindilles que le poirier de la dernière catégorie. Néanmoins il produit sur rameaux de deux ans, et ces rameaux ont parfois une longueur de 50 à 75 centimètres.

On peut dire que ce pommier fructifie *plus souvent* sur brindilles issues d'un pédoncule ou bourse que nous appelons lambourde et que nous examinerons au chapitre suivant.

Il donne aussi très-bien sur de gros dards trapus.

LE POMMIER D'API.

Le pommier d'api ne porte jamais de boutons à l'extrémité des brindilles, mais il n'est pas rare de voir cinq, six, sept, huit fleurs et fruits sur la longueur de chacune. Ce qui permet de moucher ou de pincer les rameaux, sans inconvénient pour le rapport.

Cette variété produit aussi facilement sur dards, et cela nous explique sa prodigieuse fécondité. Mais il convient de dire aussi qu'aucun autre pommier ne forme autant de dards imbriqués. En étudiant ce dard au chapitre suivant, nous verrons qu'il est toujours infécond de lui-même et qu'il faut des soins intelligents pour le mener à bien.

CHAPITRE V.

DEFINITION DE L'*INSERTION* ET DE LA *COURONNE*. — CONSTITUTION DES BRANCHES.

Nous avons dû jusqu'à présent nous occuper individuellement du poirier et du pommier, appliquant à chacun de ces arbres en particulier les notions qui lui conviennent.

Mais, dans ce qui va suivre, les notions sont communes. Comme deux ruisseaux qui ont eu chacun leur lit, ils vont se réunir et marcher confondus jusqu'à la fin. Ce que nous avons à dire des branches et de la taille est applicable à l'un comme à l'autre.

Avant tout, néanmoins, nous croyons qu'il est indispensable de définir bien nettement, bien exactement, deux choses que l'on confond souvent et qu'il faut savoir distinguer sans hésitation ; l'*insertion* et la *couronne*.

L'insertion d'une feuille sur un rameau, d'un rameau sur une branche, d'une branche sur une charpente, est l'endroit où cette feuille, ce rameau et cette branche prennent naissance.

Toute feuille insérée sur un rameau, toute branche insérée sur une autre, forme un angle quelconque avec la branche qui la porte. L'angle est plus ou moins ouvert ; il n'est jamais net. Vous remarquerez au point d'insertion une sorte d'empâtement, de dé, de bourrelet formé par les matériaux que charrie la séve et qui se sont arrêtés à la bifurcation des angles. Quand un courant se divise, il y a toujours accumulation de sable à la pointe de l'île. Le cas est identique au point d'insertion d'un rameau.

Ce bourrelet, toujours apparent à la naissance d'un rameau, quelques praticiens, quelques écrivains même lui donnent le nom de couronne, sans se rendre compte qu'une taille incorrecte et funeste peut résulter de cette confusion.

La couronne, proprement dite, la vraie couronne, c'est le point de départ d'une pousse prolongeant la pousse de l'année précédente, sans angle et directement.

Expliquons bien le cas.

Prenons sur le pommier, par exemple, un rameau de cette année, en pleine végétation de juillet. L'extrémité, qu'il ne faut pas appeler la cime, mais simplement le bout ou l'extrémité, reste à l'état herbacé pendant la période d'élongation. Tout au bout, les jeunes feuilles pourvues de stipules à la base sont insérées en verticille, en *couronne,* en plumes de volant autour de la pointe. Cette pointe, en s'allongeant, laissera chaque feuille à sa place définitive sur la jeune tige, et les feuilles s'espaceront à mesure que la tige herbacée passera à l'état ligneux, et grandiront en même temps.

Voilà bien le mécanisme du développement dans un rameau de l'année.

La fin de la saison survient; l'arrêt de la séve surprend la petite branche dans cet état d'activité; les feuilles jaunissent et tombent, le bois aoûté peut résister à l'hiver; il gagne l'extrémité du rameau sans laisser la moindre partie herbacée. La pointe devient une sorte de dard squammeux, écailleux et dur. Les dernières feuilles surprises par la fin de la saison sont restées en verticilles au pied de ce dard, comme pour en protéger la transformation, puis elles tombent à leur tour.

Comme tous les embryons de feuilles ont été arrêtés du même coup à ce sommet, il se forme des plis circulaires autour de l'extrémité de la tige et au bas du bourgeon terminal. Ces espèces de cercles proviennent donc des yeux éteints par manque de séve. Et voici pourquoi l'ensemble de ces plis s'appelle une *couronne*.

Quand vient le printemps, le bourgeon terminal s'allonge pour prolonger la branche de 10 à 15 centimètres, quelquefois moins, souvent un peu plus ; mais, à la base, au-dessus des plis circulaires, il apparaît un verticille de feuilles, quatre ou cinq, disposées comme les plumes d'un volant, formant ce qu'on appelle une *rosette* au pied de la pousse de la nouvelle année.

La jeune pousse s'assied donc sur la branche de l'année dernière, et l'on a deux tiges exactement bout à bout, soudées l'une à l'autre au-dessus des plis, sans nodosité, et la soudure, moins solide que le bois des tiges, est dissimulée sous les feuilles du verticille, qui sont la *vraie couronne*.

Notons encore que ces feuilles sont toujours moins développées que celles des branches. La nature prévoyante ne les met là que pour protéger le point faible de la soudure.

Ce rameau, quand viendra le deuxième automne, aura donc deux étages, et les choses se passeront à son extrémité, absolument comme à l'automne précédent. Il s'y formera une deuxième couronne. Puis, au-dessus, poussera le bois de la troisième année, qui généralement donne des fleurs et du fruit, à moins que l'arbre ne soit greffé sur franc. Dans tous les cas, les résultats de la végétation diminuent d'année en année. Sa première pousse est toujours beaucoup plus longue que celles des années suivantes.

Si nous nous sommes arrêté aussi longuement à décrire la couronne, c'est que, de la parfaite connaissance qu'il en faut avoir, dépend la conduite rationnelle de l'arbre. Un grand nombre de praticiens ne la connaissent que pour la voir s'étager d'année en année sur les rameaux, et, pourquoi ne pas le dire? ignorent profondément le parti qu'on en doit tirer au profit de la production.

La Quintinie, observateur patient et sagace, mais physiologiste sans valeur aucune, avait remarqué la couronne et savait s'en servir pour la tenue de ses arbres au palais de Versailles.

Depuis lors, on semble avoir négligé de prendre note des observations du jardinier de Louis XIV, et nous connaissons des gens chargés d'instruire les autres, qui n'ont pas la moindre notion de ce que nous venons d'exposer et de ce que nous avons à dire de la couronne sur les branches du poirier et du pommier.

Nous pensons, nous, que, pour avoir beaucoup de fruit, on doit se dispenser de toucher à un arbre. La nature agit suffisamment seule.

Mais, si vous voulez avoir des fruits hors ligne et des arbres à belles formes, il faut tailler. Nous disons *tailler*, et non *rogner*.

Or, on ne taillera bien qu'en suivant les principes qui vont être exposés.

Avant d'ouvrir le sécateur et de le porter sur un arbre, étudions les différentes branches que nous offrent le poirier et le pommier.

Sous ce rapport, ces deux espèces, nous l'avons dit, se ressemblent : qui dit l'une dit l'autre.

Simplifions donc le travail et prenons le poirier.

Le poirier porte sept sortes de branches :

1° La branche à bois ;
2° La branche adventice ;
3° La brindille ;
4° La lambourde ;
5° La fausse lambourde ;
6° Le dard ;
7° Le dard imbriqué.

Quand nous aurons étudié séparément ces sept parties constitutives de l'arbre, la taille, ainsi que nous l'enseignerons, n'offrira plus aucune difficulté dans la pratique. L'essentiel est d'apprendre à distinguer les branches du premier coup.

1° — LA BRANCHE A BOIS.

La branche à bois est spécialement celle qui sert à dessiner la charpente de l'arbre. Elle constitue l'unique élément de la forme, et nous ne nous en occuperons utilement qu'au chapitre de la taille, alors que nous aurons à dire comment il faut s'y prendre pour établir un arbre suivant une forme donnée.

2° — LA BRANCHE ADVENTICE.

Les uns disent *adventif, adventive;* les autres, *adventice,* et nous sommes de ces derniers.

Adventice, du latin *adventicius* ou *adventitius,* veut dire qui vient, qui arrive, qui survient *par hasard,* casuel, accidentel, inattendu.

Adventif vient bien, comme l'autre, du latin *venire,* mais c'est un mot d'affaires forgé par la basoche et voulant dire, chez les notaires et chez les avoués, *arrivant par succession collatérale ou par la libéralité d'un étranger.*

Quelque forte serpette, aussi fantaisiste que celle qui a mis *cochonet* et *cochonnais* pour cochonnet, aura vraisemblablement trouvé le mot *adventif* sur son contrat de mariage, et, n'en sachant pas davantage, aura, sans broncher, adopté ce mot pour son usage particulier de jardinier savant.

Si ce grammairien de côtière est encore vivant, nous nous gardons bien, Dieu merci, de demander qu'on le pende à quelque branche adventice, car, pour être équitable, il faudrait pendre un trop grand nombre de ses co-grammairiens. Nous nous contentons de souhaiter que la théorie, entrant dans la pratique afin de l'éclairer et de la guider, ne soit pas écorchée dans sa langue si précise et si nette.

Donc c'est bien la branche adventice. Elle est ainsi nommée

parce qu'elle arrive sur le vieux bois où elle n'était pas attendue, sans que rien ait annoncé son apparition d'avance, provoquée par des causes inaperçues. Un petit volcan végétal à la surface d'une vieille écorce.

Nous avons dit précédemment que la cause probable de sa naissance devait être une étincelle de vie restée dans la moelle atrophiée, comme pour le cochonnet.

Quoi qu'il en soit, la branche adventice n'apporte avec elle aucune propriété fructifère, aucune fécondité. Vous pouvez la laisser dix ans et plus sur le poirier sans la voir fleurir. Nous avons suivi pendant six années dans son développement une de ces pousses paresseuses avec l'espoir de la voir donner un verticille, et nous n'avons rien vu. Point de ramifications secondaires non plus. Elle était fille d'un bois d'au moins quinze ans. Alors, lassé d'attendre, nous nous mîmes à la traiter pour la mettre à fruit, et nous perdîmes nos soins avec notre espoir.

Cependant nous avons vu dans les jardins du professeur Éloi Trouillet, sur du bois peut-être un peu moins vieux, il est vrai, des rameaux adventices arrivés à la fructification par la taille à la couronne, et se comportant comme des branches ordinaires, mais seulement après au moins huit années de stérilité.

Dans tous les cas, cette branche est d'une pauvre ressource.

Son insertion sur le vieux bois la rend facilement reconnaissable. D'ailleurs elle n'a jamais bien l'aspect des bonnes branches.

Un caractère qui la distingue essentiellement dans toutes les variétés de pommiers, de poiriers et de pruniers, c'est qu'elle a la feuille beaucoup plus mince que les feuilles des branches à fruit.

Et ces feuilles plus minces n'ont même pas la forme des autres feuilles.

Dans le pommier calvil, elles sont minces, à denture serrée et fine, à forme plus ronde.

Dans le Saint-Germain, comme dans le prunier de Reine-Claude, denture imperceptible.

Dans la Crassane, mince, plus ronde, denture oblique, tandis que la feuille des bonnes branches est ourlée de blanc, sans denture.

Dans le Doyenné d'hiver, la feuille est, au contraire, plus étroite, et la denture très-fine.

Dans le Beurré Diel ou Beurré magnifique, feuille mince, ronde, à denture fine.

Dans la Bergamote Espéren, feuille plus ronde, ou du moins plus obtuse, avec une denture plus forte.

Dans le Beurré d'Arenberg ou d'Hardenpont, feuille plus obtuse et denture plus prononcée.

Ces quelques observations nous paraissent suffisantes pour appeler l'attention de l'arboriculteur sur cette branche très-commune dans le poirier et pleine de promesses au premier aspect. Dès que sur une pousse il y aura des feuilles différentes des autres feuilles, vous pouvez remarquer que l'insertion repose sur le vieux bois, et que vous avez devant vous une branche adventice, c'est-à-dire un rameau sans valeur.

3° — LA BRINDILLE.

En général, la brindille est une pousse de l'année, fluette et atteignant dans cette première saison une longueur variant de 25 à 75 centimètres. La moyenne est de 40 à 50. La deuxième année, comme nous l'avons dit en commençant ce chapitre, elle porte une couronne à son extrémité, puis, au-dessus de la couronne, se développe un prolongement.

Troisième année, nouvelle couronne à l'extrémité de la dernière pousse, et nouveau prolongement. Alors la fleur et le fruit arrivent au bout de cette troisième pousse, et nous verrons plus tard comment les choses se comportent après la chute de la fleur et du fruit.

Figurez-vous bien ceci : une longue-vue fermée, repliée sur elle-même, les trois tubes les uns dans les autres. La lunette a 50 centimètres de long. Vous tirez l'oculaire, et vous avez un prolongement ; vous tirez de nouveau, le troisième coulant vient s'allonger au bout des deux autres.

La branche de l'arbre qui nous occupe en ce moment est exactement cela, sauf que chaque nouvelle pousse qui prolonge la précédente laisse au-dessous de son point de départ une couronne due au verticille de feuilles extrêmes tombé à l'automne.

La brindille est plus spécialement l'élongation de la deuxième ou de la troisième année, l'ensemble de la pousse de trois ans formant une vraie branche de l'arbre.

A première vue, les novices du métier peuvent être tentés de confondre les deux pousses : la branche à bois et la brindille. Mais à la moindre comparaison l'erreur s'en ira. Comparons-les donc :

Quand la branche à bois commence à pousser, elle est ordinairement velue et cotonneuse. Un duvet blanchâtre la recouvre sur son étendue.

La brindille, au contraire, pendant sa première évolution, porte une écorce lisse, sans duvet.

A la base de la branche à bois, on ne remarque absolument que deux feuilles insérées à la même hauteur, tandis que la brindille porte à sa base un verticille ou couronne de quatre, cinq et même six feuilles. Dans les deux cas, ces feuilles en faisceau sont toujours plus rondes et ont moins de surface que les autres feuilles. Elles paraissent avoir aussi le parenchyme plus épais et d'un vert plus terne.

La branche à bois porte à l'aisselle de chaque pétiole ou queue de feuille deux petites oreilles que l'on appelle stipules ou feuilles stipulaires, qui sont la protection de l'œil axillaire. Dans les brindilles, les stipules n'apparaissent qu'à la quatrième ou à la cinquième feuille alterne, à partir de la base.

Voilà pour les détails établissant une différence entre les deux pousses.

Voici maintenant les différences dans la physionomie générale :

La branche comprend trois régions bien accusées, et nous ne parlons que de la branche non taillée, telle que la donne la nature.

Première région : à la base jusqu'au tiers de la hauteur, région des yeux latents. C'est le tronc d'un petit arbre qui commence.

Deuxième région : l'autre tiers au-dessus est la région des dards, des pousses à rosette, des branches sans longueur.

Troisième région : le tiers supérieur forme la région des brindilles qui sont le cortége de la cyme de l'arbre, de cette cyme qui maintenant va fleurir et fructifier.

Cymes et brindilles constituent la *sommité fleurie*.

Quand il sera question de la taille, on verra comment ce travail désorganise les dispositions de la nature au profit de la domestication de l'arbre.

Comme dernier trait de physionomie générale, c'est que la branche à bois a plus de vigueur, plus de diamètre, plus d'opulence que la brindille.

Cette dernière, assise sur son bois de deux années, sortant de son verticille comme une bougie de sa bobèche, pendant la période de la foliaison ; surmontant sa double couronne pendant la défoliaison, ne saurait donner lieu à la méprise, et ce que nous venons d'en dire la fera reconnaître même de ceux qui n'ont pas de longue main l'habitude de l'arbre.

4° — LA LAMBOURDE.

Ici nous tombons en plein gâchis. Chaque livre, chaque amateur presque a sa lambourde, et les novices ne sauraient se reconnaître. De là, pour nous, la nécessité d'une définition rigoureuse.

Qu'est-ce qu'une lambourde?

Les uns disent que c'est un rameau gros et court, terminé par un bouton.

Les autres : un dard qui se prépare à devenir bouton à fleur.

Ceux-ci : un bouton quelconque à fleur et formé;

Ceux-là : une succession de pédoncules ou bourses.

Disons franchement que les mots ne font rien à la chose, et que chacun peut donner le nom de lambourde à la partie qui lui convient, pourvu que le traitement de cette partie ainsi baptisée soit rationnel et donne des résultats. Dieu nous garde du moindre pédantisme, en tout, et surtout en matière de définitions.

Mais nous avons, nous, notre lambourde, une branche à fruit par excellence, et que nous allons faire connaître en peu de mots.

Nous avons dit *branche*; peut-être eussions-nous dû dire simplement *pousse* ou *végétation*. N'importe.

Allez au premier calvil venu, dans le courant de l'été, par exemple en août, et regardez bien les fruits les uns après les autres. La pomme est attachée à la branche par un pédoncule inséré sur une bourse, ou renflement assez considérable. Sur cette bourse on aperçoit deux boutons, rarement un seul.

Assez souvent, pendant la période de maturation du fruit et dès le commencement, ces deux boutons s'allongent en pousses fluettes, qui sont les vraies lambourdes. Bien plus souvent il n'y en a qu'un qui part plus ou moins, brindille ou simple dard, que la Quintinie appelle la branche nourricière du fruit. Elle porte à sa base un verticille de feuilles. Quelle que soit la longueur de ces *nourrices,* on peut s'attendre à voir au bout de deux ans un bouton à fleur à leur extrémité.

Ce sont par excellence des branches à fruit. Et, qu'on ne l'oublie pas, afin de mieux comprendre nos principes de taille, nous leur réservons le nom de lambourdes.

Nous définissons donc ainsi la lambourde : une pousse plus ou moins développée, dépassant rarement 20 centimètres, mais allant quelquefois au delà ; ayant à son pied un verticille de feuilles, et partant de la bourse d'où part lui-même le pédoncule du fruit. Elle sera donc comme la continuation de la branche au bout de laquelle est venue la pomme, quand celle-ci aura disparu.

Ne vous étonnez pas d'en voir parfois trois ou quatre au lieu d'une, sur les arbres vigoureux surtout. Le cas se présente assez souvent sur certaines espèces. Ce sont autant de branches fructifères parmi lesquelles vous aurez le choix, car nous vous dirons à la taille ce que vous devez faire de ces pousses implantées sur la même bourse.

5° — LA FAUSSE LAMBOURDE.

Il y a dans la lambourde, telle que nous venons de la définir, une disposition si grande à fructifier, que parfois elle fleurit l'année même de sa végétation à son extrémité. Ainsi, dès que le fruit normal commence à nouer, la lambourde nourricière, qui a déjà pris une certaine longueur, s'arrête dans sa croissance et montre une gentille fleur double, en retard de cinq à six semaines sur les autres fleurs du même arbre.

Cette lambourde, dont le rôle naturel semble être de nourrir le fruit avec lequel elle a comme une insertion commune sur la même bourse, et qui va travailler maintenant pour son propre compte, savez-vous à quoi nous devons la comparer? A la nourrice qui doit son lait au nourrisson qu'elle a pris en faisant les plus belles promesses, et qui devient enceinte au bout de quelque temps.

Vous trouverez cette coquette prolifique sur le Passe-Colmar, sur le Bon-Chrétien-Napoléon, sur le Doyenné d'Alençon, sur la Duchesse d'Angoulême, sur la Crassane, etc., etc., plutôt que sur les autres variétés.

Cette nourrice, qui déserte ses devoirs naturels pour s'abandonner au plaisir de la reproduction, ne mène que rarement à bien sa fleur double; néanmoins ces fruits hâtifs de l'amour végétal vivent quelquefois jusqu'à maturité parfaite, et prennent ordinairement la forme d'un bonnet turc, ce qui arrive dans la Crassane surtout.

Ceci, disons-le bien, c'est l'exception rare, très-rare. La règle générale est que les deux enfants ne survivent pas à l'escapade de la nourrice. A peine aperçoit-on la fleurette de la fausse lambourde, que le fruit inséré sur la bourse meurt d'inanition. Et bientôt aussi la fleurette tombe sans rien laisser à la pointe qu'elle vient de quitter.

Ajoutons que la fausse lambourde, ayant perdu son nourrisson, puis son propre fruit, reste pour toujours frappée de stérilité.

Un autre phénomène de ces floraisons attardées se rencontre particulièrement dans le Beurré Diel; c'est, du moins, sur cette variété que nous avons été personnellement à même de le constater neuf fois sur dix.

Il consiste en ceci : le pédoncule du fruit, qui s'allonge vite comme on sait, donne naissance sur sa peau lisse à une pousse perpendiculaire qui prend rapidement une croissance de 10 centimètres, et qui se met à fleurir vers les premiers jours de juin.

Nous avons remarqué que les pédoncules horizontaux ayant le dos au grand soleil donnent seuls naissance à ces pousses exceptionnelles; que ces dernières, à cheval sur la queue de la poire, ont une ténuité que n'ont pas les autres pousses, que la feuille est petite et d'un vert plus tendre que celui des autres feuilles, et que la fleur, toute simple et toute mignonne, n'est jamais complète. A la fin du mois de juin, le pédoncule qui a porté ces petites pousses n'en garde pour trace qu'un point noir.

C'est tout bonnement une variété de fausse lambourde qui s'est trompée d'endroit pour apparaître à la lumière. Si jamais elle n'amène un fruit, c'est qu'elle est sevrée de la séve vivifiante par le fruit qui fait office de pompe aspirante et qui la prive ainsi de nourriture.

Il arrive plus souvent qu'au lieu d'une pousse fleurie à son extrémité, c'est une simple feuille qui s'implante sur le pédoncule de la poire, et s'y comporte comme sur une branche ordinaire.

6° — LE DARD.

Le dard est une branche qui s'allonge de 8 à 10 centimètres la première année. Il pousse ordinairement rigide et perpendiculaire sur la branche d'insertion. Dès cette première année, il porte un bouton déjà très-gros. Quelques personnes l'appellent *dard couronné*, parce qu'il porte un verticille de feuilles pendant l'été, ou, pendant l'hiver, la couronne de rides à l'insertion des feuilles tombées.

La deuxième année, le dard s'allonge de 1 ou de 2 centimètres, forme un nouveau verticille qui deviendra la deuxième couronne, et quand le bouton terminal ne fleurit pas, il grossit encore pour donner du fruit la troisième année. Ce qu'on vient de dire le fera suffisamment reconnaître. On le trouve généralement dans les parties basses.

7° LE DARD IMBRIQUÉ.

Le dard imbriqué est au vrai dard ce que la fausse lambourde est à la lambourde. Son extrémité est très-aiguë et ne présente aucun bouton. Cette extrémité est recouverte de squammes ou écailles serrées et disposées comme celles d'un poisson. Le dard imbriqué prend à chaque saison trois ou quatre feuilles, et s'allonge à peine de 3 millimètres tous les ans. Il irait ainsi lent et infécond jusqu'à la fin de l'arbre, si on l'abandonnait à lui-même.

CHAPITRE VI.

DE LA TAILLE ET DES TAILLEURS D'ARBRES. — LES ARBRES AU VENT.

Ce livre soulèvera-t-il des polémiques dans le monde arboricole?

Nous ne le demandons pas, mais cela peut arriver, et nous tâcherons d'en profiter, si la contradiction vient à nous avec de bons arguments, avec des observations et des faits.

Si, par aventure, elle nous arrivait des brouillards de l'ignorance, elle est d'avance comme nulle et non avenue. On ne discute pas avec les ténèbres, pas plus qu'en mathématiques on n'opère avec de simples zéros.

Avant tout, courons au-devant des malentendus pour les rendre impossibles. Nous n'avons jamais eu la prétention de nous poser en inventeur. En arboriculture on invente peu de chose ou rien. Il suffit d'observer, de suivre la nature dans ses agissements intimes, d'étudier les diverses évolutions de l'arbre et de conduire à mieux ce travail qui se fait bien sans nous.

Nous avons donc observé longuement, patiemment, et ce livre est le fruit de ces observations.

Afin d'aller plus vite et plus sûrement, nous avons eu tout d'abord la pensée de chercher un guide parmi les nombreux et savants écrivains qui ont traité de l'arboriculture avant nous.

Pour le pêcher, ce fils de Montreuil, nous ne pouvions songer à recourir à qui que ce fût au monde, car nulle part ailleurs on ne connaît cet arbre comme ici ; nous parlons seulement des espèces à pepins, poiriers et pommiers surtout.

Or, notre surprise a été grande de ne trouver dans aucun livre ce que nous cherchions. La Quintinie, l'illustre jardinier de Louis XIV, nous a laissé, dans son grand ouvrage, la preuve irrécusable qu'il avait sur les espèces à pepins des notions à peu près justes, mais ses observations ne paraissent avoir profité à personne. Personne, au moins, ne s'en est emparé pour les compléter. Depuis deux siècles, on compterait à peine les livres d'arboriculture que nous avons mis des années à parcourir, et vainement on parviendrait, en les rapprochant, à se faire une doctrine vraie, fondée sur les lois de la nature.

Et cependant la matière est en-deçà des brumes de la métaphysique, en pleine clarté, sous la main du premier venu. Elle éblouit quiconque prend la peine d'observer un arbre.

A Dieu ne plaise que nous ayons même l'air de taxer d'ignorance ceux qui nous ont précédé. Nous voulons croire qu'ils ont à dessein négligé l'étude anatomique du poirier et du pommier, la regardant comme chose indifférente et de nulle utilité dans la pratique.

Néanmoins le simple praticien doit savoir distinguer les diverses sortes d'arbres, et les différentes branches sur le même arbre avant d'ouvrir le sécateur pour procéder à la taille, et c'est par suite d'une conviction profonde à cet égard, que ce livre a été conçu.

Est-ce étroitesse de vues? Est-ce défaut de conception? Serait-ce plutôt effet d'une préoccupation constante? Le savant M. Dubreuil, entre autres, pourrait nous le dire; mais il n'a jamais pu nous entrer dans l'esprit, mais jamais! qu'on ne fît aucune différence entre la taille d'un poirier crassane, arbre à brindilles, et celle d'un poirier de Louise-bonne, arbre à coursons courts, ou même celle d'un messire-Jean, classé dans la catégorie des poiriers mixtes.

Pour nous, la différence est essentielle; la nature qu'on peut interroger est de notre avis; les faits crèvent les yeux; le moindre garçon jardinier peut s'en rendre compte. Mais, s'il en est ainsi pour tout le monde, pourquoi les maîtres ont-ils négligé de nous le dire? Le pierrot et le rossignol sont deux oiseaux, frères par les ailes et par le même amour de la liberté; mais les élève-t-on de la même manière? Le doyenné d'hiver et le bon-chrétien d'hiver sont des poiriers frères, s'il en est, et cependant, si quelque jardinier venait nous dire qu'il traite de la même façon ces deux arbres à la taille, nous ne pourrions nous défendre de la pensée qu'il n'a jamais eu la moindre notion du poirier.

Nous avons trop le respect du savoir et des situations conquises pour jamais confondre nos maîtres avec ce simple jardinier, mais, encore une fois, pourquoi n'ont-ils pas daigné noter cette différence dans le traitement des diverses variétés? N'auraient-ils pas songé que le vulgaire, ignorant et malin, pouvait les soupçonner d'élever le pierrot comme le rossignol?

Quoi qu'il en soit, nous ne soulevons aucune polémique au sujet de ces omissions probablement volontaires. Nos professeurs, voyant sans doute de plus haut, n'ont pas cru devoir descendre à des détails regardés par eux comme inutiles, et que, malgré tout, sauf le respect que nous devons à leur savoir, nous tiendrons ici comme essentiels et indispensables dans le traitement des arbres à pepins.

Donc, à défaut des maîtres qui n'ont rien dit, nous ne prendrons pour guide que nous-même, et nous nous hasarderons à marcher à la lumière de nos propres observations.

Les arbres à pepins, poiriers et pommiers, se présentent à nous sous trois formes différentes :

Arbres au vent,

Arbres de plein vent,

Arbres en espalier.

Les premiers sont ceux qui viennent partout, ne demandant à l'homme que le travail initial de la plantation et de la greffe.

On les rencontre en bordures le long des chemins, épars dans les vignes ou dans les plaines de la Normandie, comme dans tous les pays, soit à fruit, soit à cidre.

Les arbres de plein vent, vivant dans une liberté plus restreinte, mais en pleine terre encore, reçoivent une forme quelconque et y restent comme emprisonnés. Tels sont nos poiriers en fuseaux, en quenouilles, en pyramides, etc., etc.

Enfin les arbres en espalier reçoivent leur forme définitive le long d'un mur, et ne produisent généralement que sur les côtés des branches, rarement en avant, mais jamais en arrière de la charpente.

Ceux-là sont de véritables prisonniers, ne gardant aucun mouvement libre sous leur rigoureux palissage.

Nous ne nous occuperons dans ce chapitre que des arbres au vent, des sujets absolument libres.

Les arbres de cette catégorie ne subissent jamais l'opération de la taille, et le tranchant d'acier ne passe dans leur ramure que pour abattre le bois mort. La nature, une fois le sujet donné, se passe volontiers des soins de l'homme et nous retrouvons ici le grand principe déjà formulé ci-dessus :

Taillez, vous aurez du bois; ne taillez pas, vous aurez du fruit.

La production spontanée place ce principe au nombre des axiomes les plus lumineux de l'arboriculture.

A propos de la production libre, il nous revient en mémoire une singulière chose. Un amateur, dont le nom nous échappe, écrivit un jour à l'Académie des sciences qu'il avait trouvé, pour les arbres au vent, un traitement d'une puissance inconnue. La science, l'observation, le coup d'œil n'étaient absolument pour rien dans la méthode. Il suffisait, pour l'appliquer utilement, d'avoir de la poigne. Notre amateur prenait une gaule à la fin de l'automne, et parcourait ses propriétés en frappant comme un sourd les ramures de ses arbres, à droite, à gauche, en haut, en bas, partout.

Au dire de ce gauleur effréné, les arbres des champs, mis

au régime des nègres, ne manquaient jamais de donner la plus riche récolte.

Nous ne saurions l'affirmer expressément, mais il nous semble bien que l'Académie des sciences, où se trouvent pourtant quelques spécialistes du métier, accueillit avec faveur la communication de ce père fouetteur d'arbres. Et si les Normands, garantis de l'exemple par une prudence proverbiale, avaient prêté l'oreille à ce conseil violent, on les aurait vus sortir en masse de leurs villages et gauler, gauler, gauler avec frénésie du matin au soir.

Ils s'en dispensèrent et firent bien. Le seul bien qui puisse résulter d'un pareil traitement, ce serait de débarrasser les pommiers des brindilles mortes, mais aux dépens des bourgeons, espoir de l'année suivante.

Au fond de toute extravagance, il existe toujours une lueur de vérité. Dans le cas présent, on peut dire que le gaulage, s'il n'abattait pas les boutons, aurait pour excellent résultat de fatiguer l'arbre. Et nous avons dit précédemment qu'un arbre tourmenté se met à fruit avant son heure.

Malgré tout, nous déconseillons la violence envers les poiriers et les pommiers au vent. L'adage : *pousse comme tu veux*, des pays à cidre nous paraît être le dernier mot du savoir-faire en ce qui concerne la grande majorité de ces arbres.

On rencontre néanmoins des arbres qui ne veulent point vieillir, qui restent éternellement jeunes, comme certains hommes qui ne songent point à se ranger, et qui donnent du bois, toujours du bois.

Ceux-là, il faut leur donner une sagesse forcée, en les traitant violemment. Nous avons vu, dans de grandes cultures, employer un moyen qui ne manquait jamais de réussir. A l'hiver, on déchaussait assez profondément le sujet rebelle, et, parmi ses racines, on choisissait l'une des plus grosses que l'on enlevait à la scie.

L'ablation se faisait au plus près de l'insertion, de manière à ne laisser qu'un moignon de quelques centimètres, que l'on recouvrait de cire à greffer, ou simplement d'onguent de Saint-Fiacre.

Il va sans dire que ces opérations chirurgicales ne veulent pas être faites à tort et à travers. Les gens qui raisonnent n'abattront jamais ces racines du côté du nord ou de l'est, afin de ne pas enlever à l'arbre ses arcs-boutants naturels qui le protégent contre l'effort des grands vents de l'ouest ou du midi.

Cependant, si le système radiculaire est fortement constitué dans ces deux dernières directions, comme cela se présente ordinairement, on n'hésitera pas à scier une racine à l'ouest ou au midi, puisque la solidité du sujet ne court aucun risque.

On rechausse l'amputé sans plus de cérémonie, en battant légèrement la terre rapportée.

Tels sont les traitements par en bas. Ils ont l'avantage de laisser la tête de l'arbre dans son ampleur et de la mettre à fruit dès l'année suivante. Or, une fois la mise à fruit provoquée, l'arbre ne cesse plus d'être fertile.

Nous connaissons à Montreuil même des terrains où les poiriers mêlent pour ainsi dire leurs branchages, tant on les a rapprochés dans la plantation. Quoique ces arbres soient au vent, on les taille néanmoins au croissant chaque année. Cette taille n'a rien de régulier; elle consiste à rabattre tous les dessus, c'est-à-dire à couper toutes les pousses verticales, et à ne laisser que les dessous à chaque étage, c'est-à-dire les branches horizontales ou retombantes.

Élaguer ainsi toutes les pousses verticales, pour ne laisser que les branches formant table, c'est supprimer la jeunesse sans cesse renaissante et forcer l'arbre à produire.

Et nous pouvons affirmer que ce procédé bien simple et rigoureusement appliqué donne aux poiriers au vent une miraculeuse fécondité. Notre expérience, à cet égard, porte sur un assez grand nombre d'années, pour qu'il soit permis de dire que le hasard n'entre pour rien dans la réussite du procédé.

En ce qui concerne les arbres libres, nous croyons devoir nous borner à ces quelques notions essentielles. Au-delà de ce qui vient d'être dit, la pratique trouverait peu de chose à prendre, et, si nous avons parfois visé les curieux et les théoriciens, nous n'avons jamais oublié que notre livre est fait surtout pour ceux qui veulent avoir du fruit.

Résumons-nous donc brièvement :

1° Le poirier, le pommier, tous les arbres fruitiers, en un mot, se passent volontiers des soins de l'homme pour fleurir et fructifier.

2° La taille n'a pour but que de domestiquer l'arbre et de le maintenir dans des dimensions voulues ou dans une forme déterminée.

3° La taille, une fois admise, oblige le praticien à savoir distinguer les variétés dans une famille. Tailler de la même manière un arbre à brindilles et un arbre à coursons courts, c'est, nous l'avons dit, mettre un pierrot au régime d'un rossignol.

4° L'arbre au vent qui s'emporte et ne donne que du bois est facilement mis à la raison par l'amputation d'une racine ou par l'élagage annuel des pousses de dessus. Nous ne conseillons pas d'opérer sur le tronc, par fentes, par sections partielles ou autrement, car le tronc, support de l'arbre, doit être, selon nous, respecté.

CHAPITRE VII.

DE LA FORME.

Ici nous n'aurons que peu de chose à dire. Il serait, en effet, puéril de vouloir enseigner longuement une pratique familière à tous les jardiniers comme aux amateurs. Nous sommes heureux de citer comme maître en cette matière M. le professeur Dubreuil, qui fait de si beaux arbres et qui a suscité depuis longtemps une foule d'émules pouvant avec raison se mirer dans leurs œuvres.

Nous aimons les belles formes de tous les genres, aussi bien les plus géométriques et les plus rigides que les plus fantaisistes et les plus originales. En ce genre, on peut aller voir les plus jolis spécimens dans les jardins du Luxembourg où l'habile M. Rivière fait ce qu'il veut des arbres à pepins.

Nous ne parlerons donc ici de la forme que pour ne rien omettre d'important, et nous diviserons en deux sections ce chapitre d'une minime étendue, pour être aussi clair que possible.

Section 1re. — ARBRES DE PLEIN VENT.

Nous avons déjà défini les arbres de plein vent. Ce sont ceux qui viennent en pleine terre dans les enclos et que l'on conduit sous une forme déterminée.

La Pyramide.

La pyramide est une des formes les plus vulgaires et se laisse facilement pénétrer par l'air et par la lumière, conditions indispensables à la bonne maturité des fruits. On l'appelle pyramide parce qu'elle est un cône, mais les jardiniers ne sont pas tenus à l'exactitude, et, dans les dessins qu'ils exécutent en établissant un parterre, nous les laissons volontiers appeler *ovales* les *ellipses* qu'ils décrivent au cordeau.

Souvent la pyramide est pleine de la base au sommet ; parfois elle comporte cinq ou six tables laissant entre elles un intervalle de 20 à 25 centimètres. Dans ce dernier cas, les branches de chaque table forment un verticille autour de la tige de l'arbre. Le tables ne doivent pas être horizontales, car, si vous essayez de les mettre dans cette position, leur propre poids, augmenté du poids des fruits, des feuilles et des jeunes pousses, les abaissera en parapluie, tandis qu'elles doivent se relever en entonnoir.

Même note à prendre quand même l'arbre est plein. Toutes les branches convenablement espacées doivent toujours se relever par les extrémités extérieures. Nous voulons d'ailleurs qu'aucune des branches ne fourche, puisque tout l'arbre se compose de branches à fruit et qu'il est facile d'empêcher les ramifications par la taille annuelle.

Certains amateurs, voulant justifier le nom de pyramide, ont essayé de faire quatre faces à l'arbre et d'en maintenir rigoureusement les vives arêtes ; mais, à tous les points de vue, ce sont des enfantillages pour lesquels on sacrifie le caprice à l'utile.

Les proportions dans la forme pyramidale varient suivant le goût de chacun. M. Dubreuil, qu'il est bon de consulter en ce détail, veut que le poirier, une fois établi, c'est-à-dire de la dixième à la douzième année, ait une hauteur égale à la circonférence de la plus large base. Il est vrai qu'à la cinquième taille, page 50 de son petit Manuel, il corrige ces données et que la hauteur de son arbre n'a plus que la dimension du grand diamètre d'en bas, se rapprochant ainsi des proportions adoptées par le professeur Trouillet.

Comme il faut maintenir la surface conique de l'arbre dans sa régularité, nous indiquerons pour cela un moyen manuel très-simple. Mesurez la longueur des branches inférieures qui sont les plus grandes, depuis la tige du poirier jusqu'à l'endroit où vous devez tailler ces branches. Prenez une corde que vous attacherez par un nœud à cet endroit; donnez à cette corde une fois et demie la longueur de ces branches de la base, et attachez l'autre bout sur la tige aussi haut que le permettra la corde tendue, et vous aurez ainsi la ligne à suivre pour tailler l'extrémité de toutes les pousses de la dernière année. Le cordeau changé de place quatre ou cinq fois sucessivement guidera la main la moins habituée à ce travail.

Nous n'insistons pas davantage sur l'établissement de la forme dite pyramidale, attendu que c'est le secret de tout le monde; mais nous voulons qu'on mette au premier rang les préceptes de la taille des branches fruitières, aussi bien dans la pyramide que dans les autres formes. Un arbre doit, si l'on veut, être fait pour le plaisir des yeux, mais sa fonction naturelle est de donner du fruit.

Une question plus sérieuse que celle qui touche aux proportions de l'arbre, consiste à savoir quelles sont les variétés à mettre en pyramide.

Prenez donc au choix celles des variétés qui ne se tachent point en plein air. Voici les principales :

Le Beurré d'Angleterre ;
Le Curé ;
Le William ;
Le Beurré d'Arenberg ;
Le Beurré Diel ;

Le Beurré Napoléon ;
La Duchesse d'Angoulême ;
L'Assomption ;
Le Joseph de Malines ;
La Louise-Bonne de Printemps ;
La Marie-Guisse ;
La Passe-Crassane, etc., etc.

La Quenouille.

Cette forme est tombée en désuétude. Son nom seul la fait suffisamment connaître. La quenouille a son plus grand diamètre à peu près au milieu de l'arbre. On comprend que pour l'obtenir on soit obligé de rogner impitoyablement les branches du bas qui sont les premières en date et qui sont naturellement les plus grosses. On les transforme donc à la longue en chicots disgracieux, quand on ne les tue pas tout à fait.

Les arbres ci-dessus qu'on met en pyramides peuvent se mettre en quenouilles également.

Dans les deux formes qui précèdent, on devine les embarras que donnent à l'amateur les branches faibles qui ne s'allongent pas autant que les autres et qui détruisent la régularité de l'arbre. Mais on a trouvé certains moyens d'obvier à ces inconvénients, celui, par exemple, qui consiste à faire pratiquer une entaille sur le tronc au-dessus de l'insertion d'une branche faible, ce qui force l'afflux de la séve à s'y porter vigoureusement. De même, si l'on a quelque branche de charpente qui prenne une vigueur trop prononcée, on entaille la tige au-dessous de cette branche afin d'en détourner la séve qu'elle absorbait avec excès aux dépens des branches voisines.

Ces entailles d'équilibre au-dessus des branches trop fortes sont du domaine de la pratique générale, et tous les jardiniers habiles les emploient avec avantage dans un grand nombre de cas.

Le Fuseau.

Le fuseau s'appele aussi chandelier. Cette forme consiste en une tige qui s'élève à quelques mètres de hauteur, n'ayant autour d'elle, de bas en haut, que des branches latérales extrêmement courtes et d'une longueur égale. On ne peut guère mettre en fuseau que des arbres à coursons courts, ceux qui ne produisent que sur dards. Le fuseau est l'arbre de prédilection des gens qui taillent à outrance et qui trouvent plus de plaisir à jouer du sécateur qu'à cueillir du fruit. Nous aimons d'autant moins ces arbres tondus à la Titus qu'ils sont moins susceptibles d'admettre une taille raisonnée. Un amateur engoué de cette forme rabougrie nous semble plus un perruquier qu'un physiologiste.

Le Gobelet.

L'arbre conduit en gobelet a bien la forme d'une vaste coupe. Ce sont surtout les pommiers que l'on conduit de cette façon. Au moyen de trois ou quatre cerceaux de bois superposés à l'intérieur de la coupe, on obtient facilement cette forme d'ailleurs peu productive.

La Haie.

Ceci sera plus neuf et nous nous étendrons un peu davantage.
Il y a quelque trente ans, un fleuriste de Fontenay-aux-Roses, ayant besoin de brise-vents pour ses azalées, ses camélias et ses autres plantes délicates, imagina de faire d'une pierre deux coups. Au lieu de l'aubépine qui ne rapporte rien ou de la palissade en planches qui devient très-coûteuse, il eut l'idée de planter des haies de poiriers.

Au bout de huit à dix ans, ces haies d'un nouveau genre lui procurèrent un revenu considérable.

Le professeur Trouillet vit la chose et la reproduisit chez lui dans des proportions moins grandes. Des événements de force majeure détruisirent son œuvre, mais l'habile professeur n'avait pas manqué de préconiser les haies de poiriers et de pommiers chez les nombreux propriétaires dont il dirigeait les jardins.

M. Delaporte père, route de Solesmes, à Cambrai, est peut-être celui qui appliqua l'idée le plus en grand. Nous prîmes tout récemment des informations, et cet habile curieux nous transmit avec un gracieux empressement les détails qui suivent, dans une lettre en date du 31 octobre 1875 :

« Monsieur,

« ... Effectivement, sur le conseil de M. Trouillet, j'ai établi dans mon jardin, il y a environ huit ans, une petite haie de poiriers dans le but de faire un brise-vent abritant des bâches à primeurs. Me trouvant bien du produit de cette haie, je continuai à faire des haies de toutes les diverses pyramides de mon jardin, qui déjà étaient gênantes par leur étendue, tant pour le passage dans les allées que pour la culture des plates-bandes. Enfin mon potager, divisé en trois parallélogrammes longs de cent mètres sur quinze de largeur, est entièrement garni de haies, sauf le parallélogramme du milieu. Ces haies sont placées à cinq mètres du mur de clôture, de sorte que les deux faces sont très-bien aérées. Les haies anciennes me donnent un produit très-satisfaisant par une culture bien moins longue que celle des pyramides. On taille les deux faces et le sommet à la cisaille ; on coupe les bourses en hiver et l'on retranche quelques-uns des rameaux qui poussent trop abondamment au sommet, et causeraient de l'étouffement au moment de la pousse des feuilles.

« Toutes les variétés dont les fruits supportent le plein-air y produisent convenablement. En raison de leur étendue, les arbres sont plantés à un mètre de distance, tenus par la taille à deux mètres de hauteur et à soixante-dix centimètres d'épaisseur, soit trente-cinq pour chaque face à compter du tronc.

« Cet encadrement de longues plates-bandes fait un très-bon effet et abrite les plantes qui y sont cultivées. »

Cette lettre dit bien et avec autorité ce que nous avions à dire des haies d'arbres à pepins. M. Delaporte ne parle qu'en termes généraux de sa récolte, mais il nous a été affirmé qu'il avait eu dans ces derniers temps une trentaine de milliers de poires par année ; ce qui, dans le voisinage de Paris, représenterait un revenu considérable.

Les pommiers se prêtent bien à la culture en haies moins hautes et moins épaisses. On peut planter les pieds à un mètre de distance, monter la haie à une hauteur de soixante centimètres seulement, et ne lui donner que de trente à trente-cinq centimètres d'épaisseur.

Cette manière remplace avec un grand avantage les cordons qui donnent plus de moitié moins. Elle admet la taille rationnelle et peut encadrer les carrés de jardin dans nos cultures de Montreuil où les pommiers en cordons sont généralement taillés à la malcontent, ressemblant vaguement d'ordinaire à des ronces gigantesques.

Il nous paraît superflu de mentionner les autres formes qu'on donne encore aux poiriers et aux pommiers. Assurément nous admirons, comme tout le monde, les tours de force qu'on accomplit sur les arbres, mais nous avons eu surtout en vue de vulgariser la méthode naturelle de la taille des branches à fruit et la saine physiologie de nos arbres à pepins.

Voilà pourquoi nous n'insistons pas davantage sur la forme proprement dite. Néanmoins il nous reste à dire quelques mots sur les arbres d'espalier.

Section 2e. — **ARBRES D'ESPALIER.**

Ce que nous avons dit des arbres en espalier dans la partie relative au pêcher ferait ici double emploi si nous le répétions. Aussi nous bornerons-nous à donner les principales variétés qu'on peut cultiver le long des murailles.

Quelques-unes de ces variétés ne peuvent même pas être cultivées autrement. Ce sont :

La Crassane, en espalier seulement, midi ou levant ;
Le Saint-Germain, » » »
Le Doyenné d'hiver, » » à toute exposition ;
Le Beurré doré, » » »
Le Bon-chrétien d'hiver, » » au midi.

Les variétés suivantes peuvent être mises en espalier, soit en contre-espalier, soit en pyramide ou quenouille :

La Bergamote-Espéren ;
Le Beurré d'Angleterre ;
Le Beurré d'Arenberg ;
La Duchesse d'Angoulême ;
La Joséphine de Malines ;
La Louise-Bonne d'Avranches ;
Le Martin-sec ;
Le Soldat-Laboureur ;
La Virgouleuse.

Nous aurions pu augmenter cette liste, mais les praticiens suppléeront à ce qui manque, et nous avons indiqué les meilleures variétés pour les amateurs qui éprouveraient de l'embarras dans le choix des arbres à mettre en espalier.

CHAPITRE VIII.

DE LA TAILLE DES BRANCHES A FRUIT.

Nous avons divisé les branches du poirier ou du pommier en sept catégories bien distinctes :
1° La branche à bois ;
2° La branche adventice ;
3° La brindille ;
4° La lambourde ;
5° La fausse-lambourde ;
6° Le dard ;
7° Et le dard imbriqué.

Ce que nous en avons dit ne permet pas de confondre ces branches d'une nature si différente, et, maintenant qu'elles sont bien définies, nous allons dire comment il les faut traiter à la taille.

Avant tout, néanmoins, il nous paraît indispensable de donner quelques définitions et de poser quelques principes.

Ce chapitre tout entier est le plus pratique et le plus essentiel de cette partie consacrée aux espèces à pepins. Ce que nous y enseignons ne comporte ni système, ni méthode personnelle, ni rien d'aventuré. Nous avons pour nous de longues et patientes observations comparées, et nous avons une telle conviction d'être avec la nature elle-même que nous défions toute objection sérieuse de s'élever contre nos prescriptions. Les curieux, les savants, les observateurs de bonne foi peuvent encadrer ce court chapitre et l'appendre à l'un des murs de leur jardin. Si le moindre des préceptes qui y sont contenus est démenti par l'expérience, nous consentons d'avance à voir reléguer ce livre parmi les œuvres de fantaisie les moins sérieuses.

Commençons donc.

1° Une fois la taille d'hiver faite suivant nos indications, nous voulons qu'on s'interdise absolument tout pincement des branches, toute taille en vert, toute suppression dans l'économie de l'arbre jusqu'à la chute des feuilles.

2° Néanmoins, dans les cultures de luxe ou de simples amateurs, on peut tondre les surfaces des poiriers à forme en plein vent, pyramide, quenouille, fuseau, massif ou haie, parce que cette tonte, unique ou même répétée, n'intéresse que la charpente de l'arbre, sans presque toucher aux branches fructifères.

3° En Espagne, l'étiquette, exagérée jusqu'au fétichisme, a fait dire : *Ne touchez pas à la Reine!* Une fois la taille faite en hiver sur vos poiriers et sur vos pommiers, nous vous disons avec la même religieuse conviction : Ne touchez plus à vos arbres ! Généralement on pince, on rabat, on rogne, on tourmente les branches sous prétexte de les mettre à fruit. Mais la méthode naturelle que nous allons indiquer pour la taille vous donnera des branches fructifères en plus grand nombre que vous n'en sauriez conserver. Donc il est inutile d'en provoquer d'autres.

4° Pour ne rien omettre cependant, nous devons dire qu'il existe un puissant moyen mécanique pour la mise à fruit d'une branche rebelle. Ce moyen, tous les praticiens le connaissent. Il consiste à courber une branche, à la maintenir dans une position horizontale, la pointe même plus basse que l'insertion. Du moment que la circulation de la séve aura moins de vivacité, des boutons se formeront sur le cours de la branche.

Nous avons déjà dit que la formation du bois tenait à un excès de vitalité. Partout où la séve ralentit sa marche et se trouve gênée, embarrassée, stagnante, il y a tendance rapide à fructification. La gêne met un terme à la jeunesse, et l'âge de la fécondité survient, artificiellement amené par la main de l'homme, avant l'heure.

Concluez de là que tout autre moyen qui ralentira la circulation de la séve amènera du fruit. La fente en plein bois d'une branche, une demi-rupture, un éclat à la base ont ce résultat. Mais retenons bien que ces pratiques, aussi bien connues que le pincement, et que nous devions mentionner ici, n'ont pour nous qu'un simple intérêt de curiosité. Notre manière de tailler les rend inutiles.

5° Ceux qui ont l'habitude de l'arbre reconnaissent à première vue les *boutons formés*, c'est-à-dire les boutons qui doivent fleurir au prochain printemps. Voici pour les autres des signes auxquels on peut juger avec certitude qu'un bouton quelconque est formé : il est, dès l'automne, *conique*, *obtus*, c'est-à-dire en pain de sucre, et couleur acajou avec un cercle rose à la base. Ces caractères appartiennent aux boutons du poirier en général. Dans le pommier et aussi dans le poirier de Duchesse, le rose est remplacé par un duvet blond.

6° Complétons la notion du bouton formé. Un maître illustre, mort en septembre 1793, l'abbé François Rozier, a écrit ceci : « L'abondance des fleurs suppose l'abondance des fruits, mais elle ne la garantit pas. Lorsque ces arbres si couverts de boutons à fruit n'en donnent pas, les jardiniers vous disent : Ah ! c'est bien dommage ! Rappelez-vous comme c'était beau en fleur ; c'est la faute de la saison ! — Eh ! non, ce n'est pas sa faute, puisque l'arbre voisin, moins couvert de boutons alors, est cependant chargé de fruit. » (T. IX, p. 145.)

Le maître que nous venons de citer prétend que cette différence tient à ce que ce dernier n'avait que la quantité de boutons qu'il pouvait nourrir. Il conseillait de supprimer annuellement la moitié des boutons, même davantage, certaines années.

L'observation nous a fait faire respectueusement un pas en avant du maître, et voici notre explication : Quand l'arbre a été malmené, surmené, ravagé par une taille inintelligente, les dards entassent chaque année leurs squammes, les bourses ont des boutons sans donner une lambourde; alors dards et bourses fleurissent à outrance, mais aucune fleur ne tient. Lisez, comprenez et relisez ce principe : *Tout bouton formé qui n'est pas inséré sur bois lisse ou bois nouveau, est condamné d'avance à la stérilité*. Or, la généralité des boutons formés n'est insérée sur bois lisse que dans les arbres bien tenus ou se portant bien.

Ceci bien compris, passons à la taille proprement dite, à celle qui doit nous donner des fruits de première qualité dans chaque variété, tout en ménageant la santé de l'arbre.

1° LA BRANCHE A BOIS.

La branche à bois est l'élément principal de la charpente de l'arbre. La taille à laquelle on la soumet n'a d'autre but que de faire arriver l'arbre à la forme voulue. Nous rentrons donc dans ce qui a été dit au chapitre précédent; mais, en négligeant les principes généraux précédemment exposés, nous insisterons sur quelques détails importants.

Pour avoir du bois et de belles élongations de branches charpentières, on doit ne pas craindre de descendre la taille. On ne taille long que sur des arbres lents qui ont atteint ou qui vont atteindre leur développement total.

Il faut toujours tailler sur un œil de devant. La raison de ce conseil saute aux yeux. L'œil ainsi placé, qui va prolonger la branche, masquera peu à peu l'insertion en se développant.

Nous regardons comme inutile, dans la grande culture surtout, de recouvrir la surface de la coupe d'un enduit quelconque afin de protéger la plaie contre les injures de l'air ; mais il se présente ici deux opinions différentes : les uns veulent que le plan de la coupe soit perpendiculaire à l'axe de la branche taillée ; les autres haussent la main et font la taille un peu en biseau, de manière que la face de la plaie regarde un peu la muraille.

S'il s'agit d'un arbre en espalier, ces derniers ont raison ; dans un arbre en plein vent, la coupe perpendiculaire à la branche nous paraît la meilleure, attendu que les branches se trouvant toutes inclinées naturellement, le plan de section s'incline de même et donne un écoulement facile à l'eau de pluie.

La question de l'onglet revient ici d'elle-même. En taillant sur un œil, nous laissons entre cet œil et le coup de sécateur une distance d'au moins deux centimètres, et l'on sait que ce bois laissé au-dessus de l'œil forme ce qu'on appelle l'onglet.

Les deux centimètres d'onglet sont de nécessité absolue, ici comme dans le pêcher, comme à peu près partout. Dans l'année qui suit la taille, la blessure se referme en cône au moyen du cambium ou de la séve. Mais on retrouve toujours à l'extrémité, sous le durillon qui s'est formé sur la plaie, du bois mortifié, jaunâtre, un peu décomposé déjà. Cette pointe morte a toujours de six à huit millimètres de longueur.

Donc, si vous aviez taillé sur l'œil même ou tout près, la mortification n'eût pas manqué d'atteindre cet œil, et vous auriez vainement attendu votre jeune pousse de prolongation.

Vous ne trouverez pas deux onglets sur cent se comportant d'une autre façon. Vous n'abattrez vos onglets au ras de la branche que l'année suivante, à la taille d'hiver, et vous aurez soin de faire une section bien nette et bien lisse au moyen d'une bonne serpette. Le sécateur, qui mâche toujours un peu le bois, offre quelque danger dans cette occasion.

Les insertions successives des pousses annuelles finissent,

sous une main exercée, par donner des branches charpentières très-régulières et très-droites.

2° LA BRANCHE ADVENTICE.

C'est, nous l'avons dit, la fille rachitique d'une vieille mère exténuée, le résultat d'un effort qui succombe et d'une ardeur qui s'éteint.

Elle ne vient que sur le vieux bois, quelquefois sur le très-vieux. Nous savons qu'elle a l'écorce lisse, la feuille mince et différente des autres feuilles du sujet. Au bout de dix à douze ans, elle finit quelquefois par se mettre à fruit, mais pas toujours. Nous conseillons de l'abattre radicalement, à moins qu'elle ne bouche un nu sur une muraille ou ne remplisse un vide dans une forme d'arbre en plein vent.

En somme, à bas la branche inféconde!

Nous disons la branche et pas l'œil, entendons-nous bien. L'œil adventice qui apparaît sur le vieux bois, comme un furoncle sur un bras, doit être respecté. Si nous le supprimons à son apparition ou dans les premiers mois, il fera partir en bois les boutons formés de son voisinage. Nous le laissons donc vivre et se développer pendant toute la saison pour le raser, devenu branche, à la taille suivante.

3° LA BRINDILLE.

On sait comment nous avons défini la brindille et nous n'y reviendrons pas. Qu'on veuille bien aussi se souvenir que les arbres dont il est ici question forment trois catégories bien distinctes :

1° Arbres à coursons courts, *Louise-Bonne, Doyenné d'hiver, Saint-Germain d'hiver* et quelques autres.

2° Arbres mixtes rapportant également bien sur dards, et sur la longueur des brindilles : le *Passe-Colmar*, le *Soldat-Laboureur*, le *Messire-Jean*, le *Curé*, le *Beurré d'Arenberg*, etc.

3° Arbres à brindilles, produisant peu sur dards, et ne donnant les beaux fruits qu'à l'extrémité des branchettes à la troisième année. Soixante-quinze pour cent variétés de poiriers appartiennent à cette catégorie : *Beurré gris, Beurré-Diel, Duchesse d'Angoulême, Crassane, Bergamote-Espéren, Épargne, Beurré d'Amanlis, Catillac*, les *Bons-chrétiens*, etc., etc.

Nous avons dit aussi que, ne connaissant pas le nom d'une variété, on pouvait, par la seule inspection de la queue du fruit, classer l'arbre dans l'une ou l'autre de ces trois catégories. Les queues effilées et longues annoncent généralement un arbre à brindilles.

Un autre moyen de reconnaître les catégories dans lesquelles on doit classer les arbres, se trouve encore à la portée des amateurs. Dans les arbres à coursons courts, cinq feuilles font un spire sur la branche ; dans les mixtes, les spires comptent 5, 6, rarement 7 feuilles ; dans les arbres à brindilles, les spires en comptent de 7 à 9. La Crassane, l'Amanlis, le Triomphe de Jodoigne, en ont toujours 8 ou 9.

Or, il est essentiel de faire ce classement, car la brindille ne peut être traitée de la même façon dans tous les arbres.

Dans les poiriers à coursons courts, nous vous abandonnons la brindille. Si vous la taillez à quatre ou cinq feuilles de la base, vous y aurez encore quelques fruits. Néanmoins sachez la ménager, car, en la rabattant à l'excès, vous feriez partir en branchettes des dards qui vous auraient donné du fruit.

Dans les poiriers mixtes, la brindille qui donne du fruit sur toute sa longueur, peut être taillée de cinq à dix feuilles suivant la vigueur de l'arbre. Plus vous taillerez long, d'ailleurs, moins vous risquerez de faire partir vos dards en branchettes. Les boutons à fruit ne se maintiennent bien comme tels qu'à la condition de ne pas recevoir un excès de séve, et la séve s'y portererait naturellement avec exagération, si l'on interceptait les autres canaux par une taille à outrance.

Si vous avez affaire aux poiriers de la troisième catégorie, et nous avons dit qu'ils sont de beaucoup plus nombreux que les autres, ne touchez pas aux brindilles pendant leur évolution qui dure trois années. Chacune est une lunette d'approche qui s'allonge à trois coulants. Elle n'aura de fécondité qu'à sa pointe et à la troisième année. Palissez donc soigneusement le fouillis de jeunes bois, attendez l'évolution complète, et vous aurez à la fin de cette troisième année les plus beaux fruits que l'arbre puisse donner.

On a compris sans doute que, de ce fouillis de branches, il faut retrancher totalement celles de l'avant et de l'arrière, pour ne garder que les coursonnes latérales; autrement on aurait un poirier surchargé qui s'épuiserait vite en perdant toute régularité.

Dès que le bouton terminal apparaît au bout de la brindille, promettant enfin fleur et fruit, cette brindille change de nature et donnera désormais sur sa longueur des dards fructifères. Elle devient branche à fruit purement et simplement et produira sans arrêt jusqu'à la fin de l'arbre, ou du moins pendant un grand nombre d'années.

Si la fleur attendue avorte, si le fruit tombe aux premiers jours, si le bouton lui-même disparaît par suite d'un accident, on a la ressource de rabattre la brindille, étêtée sur la plus haute couronne, à trois ou quatre millimètres, comme il a été dit, et, du pied de cette couronne en verticille autour de la branche, partiront trois nouvelles brindilles qui se mettront à fruit l'année suivante.

Un accident plus grave casserait votre brindille au-dessous de la plus haute couronne, vous taillerez au-dessus de la première, comme vous l'avez fait ci-dessus, au-dessous de la couronne supérieure.

Dans les deux cas de taille à la couronne, la brindille devient branche à fruit et rapporte sur toute sa longueur.

Les couronnes sont donc des ressources assurées qui ne font jamais défaut aux intelligents; mais ces ressources, on doit se garder de les gaspiller. Si, par exemple, et cela se rencontre dans certaines variétés, vous avez un gros bouton sur une branche à rabattre, vous taillez sur ce bouton, sans tenir compte des couronnes qui vous resteront; le fruit qui viendra du bouton vous donnera une lambourde ou deux, c'est-à-dire une ressource nouvelle pour l'avenir.

Ajoutons ceci : vous pouvez obtenir une couronne par anticipation en coupant en deux le bouton terminal d'une brindille, mais seulement sur les arbres à coursons courts et à coursons mixtes.

Puisque la brindille, après avoir donné un point à son extrémité, devient féconde sur toute sa longueur, nous en prenons occasion d'avertir que l'arboriculteur est toujours maître de la maintenir dans telle longueur qui lui conviendra, puisqu'il peut toujours la rabattre soit sur un bouton formé, soit sur une couronne. En sorte que, selon le plus ou moins de place dont on dispose, on étend ou l'on restreint la surface d'un arbre sans mettre en péril son existence et même sa fécondité.

Résumons-nous. La brindille ne reste brindille que pendant deux, trois ou quatre ans au plus, c'est-à-dire depuis sa naissance sur la charpente jusqu'à l'époque où elle vous donne un fruit ou simplement une fleur à son extrémité. Et nous savons qu'il n'y faut pas toucher pendant son évolution.

La brindille a donc trois bois bout à bout : un de la première année, un de la deuxième, un de la troisième. Elle a aussi trois couronnes : une à l'extrémité des bois de chaque année. La plus haute se trouve sous la bourse à fruit. Nous insistons sur ces détails, parce que les couronnes offrent, pour la taille et la conduite de l'arbre, des ressources précieuses à l'arboriculteur intelligent.

La brindille est une vierge qui se développe en trois années. Elle devient mère ensuite, et mère féconde sur toute sa longueur.

Vous pouvez la marier plus tôt, en la rabattant à sa première couronne dès la deuxième année. C'est une fillette dont vous avancez ainsi par la taille l'âge de la puberté.

Ces cas-là nous arrivent quand l'arbre n'est pas vigoureux et que nous sommes pressés d'y voir du fruit.

La brindille qui se traite différemment, comme on l'a vu, suivant les diverses variétés de poiriers, se comporte néanmoins de la même façon dans les trois catégories. Elle s'allonge partout en trois ans en formant ses trois couronnes.

Néanmoins il faut dire que, dans les arbres âgés des trois catégories et dans les arbres à coursons courts, elle arrive à fruit la deuxième année.

Si vous nous demandez ce qu'il faut attendre de certain d'une taille à la couronne, nous vous dirons ceci : au-dessus de la couronne, vous laissez un onglet de l'épaisseur d'un écu, comme disait la Quintinie ; dès que la séve montera, vous verrez poindre au-dessous de cette couronne *trois* yeux qui ne tarderont pas à devenir *trois* brindilles. Nous soulignons le nombre *trois*, parce que la pousse est triple autour et au-dessous de la couronne. Nous avons souvenir d'une expérience faite par nous dans le jardin d'un incrédule et qui sur cent tailles à la couronne nous a donné *quatre-vingt-dix-neuf* fois, pour résultat, les trois brindilles. Des insectes avaient mangé les pousses de la centième taille. Essayez, s'il vous plaît.

Ces trois branchettes sont rarement de force égale. On en a presque toujours une grande et une moyenne. La troisième reste un dard.

Allons jusqu'au bout : les trois pousses, brindilles ou lambourdes, comme il vous plaira de les appeler, se mettront à fruit bien souvent l'année suivante, au moins la deuxième. Il n'est pas rare d'y voir, dès l'automne, un bouton formé. Dans le pommier de calvil, qui est un arbre à brindilles, ce bouton se montre presque toujours au premier automne.

Voici maintenant, pour oublier le moins possible, un cas qui se présente quelquefois dans le poirier et dans le pommier. L'évolution d'une brindille ne demande pas toujours les trois années. Elle produit parfois à la fin de la deuxième, mais il peut arriver que le bouton formé ne fleurisse pas et s'allonge en brindilles. On a donc des rameaux où l'on comptait avoir des fruits. En écrivant ces lignes, nous tenons sous la main trois spécimens de ce cas particulier : une bourse de calvil qui a donné cinq brindilles de 20 à 30 centimètres ; une bourse de poirier Bon-Chrétien d'hiver qui en a donné huit, cinq grandes et trois petites, très-reconnaissables à la teinte gris-cendré de son bois ; une troisième enfin de Doyenné d'hiver avec trois grandes brindilles, trois petites et une très-petite, ayant toutes la teinte rougeâtre du bois jeune dans cette variété.

Une de ces dernières années, nous avons eu la curiosité de ménager ces fusées parties sur la bourse et de les palisser au nombre de cinq. L'année suivante, vingt-une belles poires s'y trouvaient suspendues au moment de la cueillette.

4° LA LAMBOURDE.

La Lambourde est la branche féconde par excellence. On sait qu'elle part d'une bourse où sont également insérés les pédoncules des fruits. Avec la Quintinie, nous l'avons appelée la branche *nourricière*. Elle forme, en effet, sur la bourse une sorte de cheminée d'appel pour la séve au profit des fruits qui y sont implantés comme elle.

Elle est rarement unique. Chaque bourse en porte généralement deux, quelquefois trois.

Insistons comme pour la brindille. On ne connaîtra jamais trop ces branches souverainement fructifères. La lambourde a de plus que la brindille qu'elle se trouve partout, dans toutes les variétés, à l'insertion de chaque fruit, aussi bien sur les dards qu'ailleurs.

Jetez les yeux en été, sur une poire ou sur une pomme. Le fruit, peu importe sa place, est assis ou planté par sa queue sur une grosseur, sur un renflement qui s'appelle la bourse. Or, avec le fruit ou les fruits, sont insérées sur la même grosseur généralement deux petites branches nées en même temps que les fruits et qui atteignent une longueur de vingt à trente centimètres. Ce sont nos cheminées d'appel pour la séve nourricière.

La taille du mois de décembre présente deux cas. Au-dessous de la bourse existe naturellement une couronne sur laquelle vous pouvez tailler à l'épaisseur d'un écu. Et vous aurez trois brindilles au printemps. Le deuxième cas consiste à garder une des deux lambourdes pour avoir avec certitude du fruit l'année suivante.

Mais, après la récolte, examinons une de ces bourses. Nous y trouverons, à l'endroit où étaient insérés les pédoncules des fruits, une concrétion pierreuse, une carrière très-dure qui ne tardera pas à pourrir et à communiquer sa pourriture à la bourse, et conséquemment aux lambourdes. Le cas contraire est si rare qu'il n'y faut jamais compter, surtout dans la Duchesse d'Angoulême.

Si donc vous tenez à conserver les lambourdes, n'en gardez qu'une sur chaque bourse, et enlevez sa sœur jumelle en emportant en même temps une partie de la bourse et la concrétion pierreuse. La lambourde épargnée vous donnera l'année suivante des fruits excellents. Dans le Saint-Germain, le Beurré-Diel, le Doyenné, dans quelques autres arbres des trois catégories, la lambourde montre dès le premier automne un bouton formé, fruit de l'an prochain.

Terminons par un conseil dont on devra tenir le plus grand compte.

On se rappelle avec quelle énergique conviction nous avons prié les connaisseurs de ne jamais toucher à leurs arbres qu'une fois l'an, le jour de la taille d'hiver. Il y a pourtant une exception. Voici le cas. Il arrive assez souvent, même dans les poiriers les mieux tenus, qu'une fleur avorte, qu'un fruit tombe à peine formé, fin mai par exemple. La bourse, veuve de ses fleurs et de ses fruits, montre alors deux petites cornes qui sont les pointes des deux lambourdes nourricières qui eussent accompagné les poires. En juin, nous conseillons de visiter ces bourses veuves et de les couper diagonalement comme ci-dessus, avec une des deux petites lambourdes. L'autre partira vigoureusement en appelant à elle la séve destinée aux deux lambourdes jumelles et aux fruits.

5° LA FAUSSE LAMBOURDE.

La nature a fait de la lambourde une nourrice au profit du fruit inséré sur la même bourse.

Mais parfois la folâtre oublie ses graves devoirs, néglige ses nourrissons et se met à fleurir cinq ou six semaines après l'arbre et veut faire des enfants pour son compte. Nourrice infidèle que l'amour a mal conseillée. Généralement les nourrissons de la bourse meurent de faim, sans pourtant que ses propres enfants puissent vivre. L'escapade amoureuse de la mère coûte la vie aux uns et aux autres. Néanmoins les fruits attardés qui viennent et restent parfois à l'extrémité de la fausse lambourde, atteignent leur maturité, mais jamais sous une forme correcte. Ils ressemblent à des bonnets turcs.

Dans tous les cas, à moins de vouloir expérimenter, nous abattons la fausse lambourde avec une partie de sa bourse d'insertion, car cette petite branche, mère avant son heure, est pour toujours frappée de stérilité. C'est une fille de mœurs dépravées et de mauvaise vie, que vous devez chasser de la maison sans aucune pitié. L'autre lambourde jumelle n'en poussera que mieux sur sa moitié de bourse.

Nous avons constaté cette année même, sur un vieux poirier

de Beurré-Diel, un autre phénomène de végétation excentrique. Sur une demi-douzaine de poires isolées, nous avons vu surgir, juste au milieu du pédoncule, un petit jet gros comme un jonc à palisser, qui s'allongea d'environ trois à quatre centimètres, avec un petit bouton à son extrémité. En deux jours, le petit bouton s'ouvrit, donnant une fleur à cinq pétales, sans étamines ni pistil. Une sorte de petit drapeau planté sur la queue des six poires, et fièrement rigide. Nous en avons abattu trois, laissant, pour expérience, vivre les trois autres qui durèrent une bonne quinzaine, et tombèrent d'eux-mêmes. Aucune différence appréciable ne se montra dans les six poires qui arrivèrent grosses et belles à maturité.

6° LE DARD.

Tout le monde connaît les dards du poirier et les respecte. Ils ont cet avantage sur la brindille et sur la lambourde, d'être assez petits pour ne point tenter le sécateur ou la serpette des ignorants. Leur modestie les sauve.

Au reste, le vrai dard ne manque jamais de payer cette bienveillance par du fruit. Il met, comme la brindille, trois ans à faire son évolution. Il portera également trois couronnes. Son bouton terminal sera formé, c'est-à-dire à fruit pour la saison suivante, quand sa rosette ou verticille portera de cinq à huit feuilles, suivant les variétés. Au-dessous de cinq feuilles à la rosette, le bouton n'est pas formé.

A l'automne, quand la récolte est faite et que l'arbre n'est pas encore dépouillé, un connaisseur, à quinze, à vingt pas de distance, pourrait presque vous dire combien le sujet aura de fruits l'année prochaine, supposé qu'il ait affaire à un poirier d'espalier. En effet, les feuilles sont plus grandes, plus vives et plus rapprochées qu'ailleurs. On sent qu'il y a là comme un foyer de vie.

Quand le fruit viendra, simple ou multiple, à l'extrémité d'un dard, il aura son insertion sur une bourse d'où partiront également deux lambourdes aussi belles qu'aux brindilles.

En somme, on ne touche pas aux dards jusqu'à fructification. Quand le fruit est venu, vous retombez dans les cas de la brindille pour les tailles ultérieures des lambourdes sur dards.

7° LE DARD IMBRIQUÉ.

Le vrai dard à fruit porte trois couronnes, c'est-à-dire trois pousses au bout l'une de l'autre. Entre deux couronnes successives existe un peu de bois lisse, ne fût-ce que d'un millimètre. Voilà pourquoi l'on pourrait, à la rigueur, traiter le dard comme la brindille en le taillant à la couronne.

Le dard imbriqué n'en est pas là. Chaque nouvelle année ne fait qu'accumuler squammes sur squammes, écailles sur écailles, sans que jamais son bouton pointu s'arrondisse. On ne le reconnaît bien qu'après la troisième année, car jusque-là il est difficile de le distinguer du dard fécond. Une fois ce temps dépassé, le dard imbriqué continuera pendant un grand nombre d'années à ne rien produire. Aucune végétation ne percera la dure enveloppe de sa pointe terminale. Le pommier d'api vous en offre de nombreux exemples, le Passe-Colmar aussi.

On le traite de deux manières, en le rasant s'il ne doit pas laisser un vide sur la branche; en coupant sa pointe par une section nette, si l'on veut le conserver.

La section se fait en même temps que la taille de l'arbre. Cette coupe donne une issue à la multitude d'yeux latents contenus dans les squammes ou écailles, et vous aurez à la saison un fouillis de petites branches fructifères dont vous garderez les meilleures. Ce sont des lambourdes comme les autres, qui vous donneront des fleurs et des fruits dès la deuxième feuille.

CHAPITRE IX.

NOTIONS PHYSIOLOGIQUES SUR LESQUELLES EST FONDÉE LA METHODE QUI PRÉCÈDE.

Nous avons essayé de rendre aussi simple, aussi claire que possible, l'étude des arbres à pepins. Nos leçons orales si bien comprises des intelligents amateurs qui les ont entendues, nous font croire que les explications qui précèdent ont eu le même résultat.

Qu'est-ce donc que notre méthode?

La simple nature observée;

L'arbre aidé dans son évolution naturelle;

L'application rigoureuse des lois de la végétation.

C'est tout cela, mais rien de plus. La science qui apporterait dans la conduite des arbres, de la fantaisie, des combinaisons vraisemblables, de la personnalité, des systèmes, serait un viol. L'arbre consent à être mené, mais pas à être surmené. Encore moins veut-il être violé.

Ce que nous venons d'exposer avec tant de détails et de soins méticuleux constitue ce que nous devons appeler la *méthode naturelle;* et nous le disons avec la plus profonde conviction, nous ne craignons pas qu'on élève jamais autel contre autel, c'est-à-dire qu'on nous oppose jamais une manière de traiter les arbres à pepins, aussi rationnelle, aussi armée contre les objections. La nature en sait plus que les gens à systèmes, et nous sommes avec elle, dans ses moindres agissements.

Nous sommes d'autant plus à l'aise pour l'affirmer que nous songeons moins à poser en inventeur, à baptiser de notre nom la méthode que nous préconisons ici. Tous les procédés qui la composent, et la plupart des principes qui les étayent, ont eu pour promoteur depuis trente ans le professeur Éloi Trouillet, notre initiateur et notre ami. Il a formé dans Montreuil quelques élèves qui traduisent annuellement et silencieusement les préceptes du maître en bons et beaux écus.

Quand nous en étions aux pêches et que nous avons parlé de l'éclat des branches, si admirablement utile et fécond, nous avons eu à cœur de reporter sur M. Chevalier aîné tout le mérite de ce procédé. Nous ne marchandons pas davantage nos remercîments à M. Trouillet pour sa belle pratique des arbres à pepins. Et si quelqu'un nous reprochait de nous répéter à cet égard, nous aimerions assez à répondre que notre sincérité peut servir d'exemple aux geais qui se parent des plumes du paon.

Notre part, à nous, tout orgueil mis de côté, nous paraît assez belle. Nous avons pendant des années vérifié les faits, étudié l'arbre à la loupe et au scalpel, comme un médecin le cadavre, comme un physiologiste le sujet vivant. Et quand est venue la fin de ces longues et curieuses études, nous avons rapproché, comparé, coordonné les faits; nous avons réuni le tout en un corps de doctrine et nous avons mis au travail notre vieille plume d'homme de lettres.

Telle est l'histoire du présent livre de Montreuil.

Si, par hasard, notre amour-propre d'auteur se mettait, à notre insu, de la partie, nous achèverions de le déconcerter, en disant que nous n'avons pas la prétention d'avoir dit le dernier mot de la méthode que nous croyons la seule vraie, puisqu'elle est de tous points conforme aux lois de la physiologie végétale. D'autres savants, n'ayant plus à faire le chemin que nous avons tracé, partiront du point où nous nous arrêtons, et fourniront une nouvelle étape sur la même route. La science n'a pas de limites, et chaque pionnier n'y a que sa tâche bornée. Le mérite vrai pour lui est de la bien faire.

Et maintenant, que faut-il penser des gens de bonne foi qui taillent, qui rognent, qui rabattent à trois feuilles, qui tondent leurs arbres à la Titus, qui ont une quantité de petits secrets pour mettre à fruit des branches rebelles?

Et de ceux qui mouchent les brindilles, qui pincent les lambourdes, et qui taquinent journellement leurs arbres à pepins du printemps à l'automne?

Nous ne voulons désobliger personne, et nous ne répondrons pas.

Mais, nous a-t-on souvent objecté, pourquoi ceux qui ne connaissent pas les arbres à pepins récoltent-ils, comme vous, des poires et des pommes?

Supposons que ce *comme vous* soit exact, nous nous contenterons de répondre que ces arbres sont si généreux, surtout si les poiriers ont de la silice et les pommiers de la potasse, qu'ils donnent des fruits non *parce que*, mais *quoique* taillés.

Il y a du reste un moyen bien simple d'avoir le maximum de la récolte annuelle, c'est de ne prendre conseil ni de nous ni de personne, de laisser le sécateur dans un tiroir et la serpette dans sa poche, de ne jamais toucher du bout de l'ongle à ses arbres, et de laisser agir la nature à son gré. Elle en sait plus que vous et nous.

Mais s'il vous arrivait un neveu des pays sauvages, votre premier soin serait de le civiliser. Or, votre arbre est ce neveu, enfant de la nature, qu'il faut mettre à la mode des pyramides, des quenouilles, des fuseaux ou des formes d'espalier. Vous n'avez pas une place indéfinie à la disposition de son envergure. Il s'agit de le civiliser, de le domestiquer, en un mot de le conduire par la taille.

Or, pour faire un soulier, la première chose est de savoir poisser son fil. Pourquoi voulez-vous tailler un poirier sans connaître le sujet?

Nous le connaissons maintenant. Les personnes qui auraient cru devoir tourner sans les lire les premières pages de ce chapitre, feront bien de reprendre ici leur lecture et de ne rien perdre de ces dernières lignes qui résument toute la taille.

L'arbre à pepins, avec les sept branches que nous avons étudiées et qu'on pourrait réduire à cinq, puisque la fausse-lambourde est une lambourde, et le dard imbriqué un dard paresseux, l'arbre à pepins, disons-nous, est une famille où chacun a son rôle.

La branche à bois est le soutien de la maison; elle a pour devoir d'en maintenir la forme, d'en agrandir les proportions, de travailler à la protéger contre les intempéries. Elle est plus que cela encore; elle est la maison elle-même. Sans elle la famille ne serait pas.

L'adventice a la prétention de l'aider dans sa fonction, mais c'est un membre qui ne sert de rien et qui même déshonore la famille en offrant un type de feuilles différent. En voyant cette branche, on songe à nous ne savons quoi de vicieux et d'adultérin. C'est, du reste, un fait certain, elle est stérile. La branche à bois est l'arbre, l'adventice n'en est que le parasite. Nous la supprimons.

Dans cette famille, il reste pour la production naturelle la brindille, la lambourde et le dard. La fonction de ces branches consiste à produire. Elles produisent naturellement, normalement et bien. Elles ne sont dans l'arbre que pour cela. Elles suffisent à dépenser la vie active du sujet. Elles se passent volontiers du concours de l'homme pour amener l'abondance dans la maison.

Parfois la lambourde s'oublie et court les aventures. Elle fait l'amour trop tôt, et l'on fait bien de chasser de la maison cette godelurette de mauvaise vie. Elle ne rapporterait jamais plus après son équipée. Parfois aussi le dard, assis comme un bonze sur son bois, où il se trouve heureux de vivre sans rien faire, devient le dard imbriqué que vous savez; mais en le mouchant vous le rappelez à son devoir et le mettez à fruit.

Ceci, c'est bien la nature où nous nous tenons comme en une citadelle. Aucun système Krupp ne nous en débusquera.

Que si maintenant vous désirez savoir ce que nous pensons de la propension naturelle de ces dernières branches à fructifier, nous allons demander à la physiologie de vous répondre pour nous.

La brindille et le dard, on le sait, possèdent des couronnes qui forment obstacle à la circulation. Étant obstacles, elles sont filtres. La meilleure preuve qu'elles étranglent la route devant la séve qui monte aux extrémités, c'est que la végétation de la deuxième année, sur les brindilles surtout, est moindre que celle de la première, et celle de la troisième moindre encore que celle de la deuxième.

Or, on sait aussi qu'où la séve stationne, elle tourne à fruit ; elle est filtrée dans les couronnes et n'a plus assez de vivacité pour s'emporter en bois. Voilà pourquoi dards et brindilles sont essentiellement fructifères.

Quand à la lambourde, c'est encore mieux. La séve qu'elle reçoit passe dans la bourse qui est formée de matériaux pierreux et qui la filtre en arrêtant sa fougue. Aussi n'atteint-elle jamais plus de 25 à 30 centimètres la première année.

Donc, comme les autres, elle doit fructifier.

Maintenant, puisque vous avez, pour la fructification, la brindille, la lambourde et le dard, pourquoi ne penseriez-vous pas que les secrets si vantés de mettre à fruit une branche à bois sont de vains enfantillages ? La nature vous prodigue les branches fécondes, c'est à vous de les laisser agir.

Toute notre méthode est là. Nous pouvons la résumer d'un mot : ceux qui se font gloire de mettre à fruit une branche rebelle nous semblent aussi intelligents que l'individu qui porterait cinquante centimes à Rothschild pour l'enrichir ou cracherait dans un fleuve afin de le rendre navigable.

Gardez vos secrets, l'arbre est assez riche sans vous.

CONSÉQUENCE IMPORTANTE.

Formation d'un arbre par une lambourde.

Relisez, s'il vous plaît, ce que nous avons dit de la greffe-Gros, qui consiste à prendre une branchette portant quatre yeux, dont le plus bas est greffé à œil dormant sur un sujet.

Prenez pour branchette une lambourde, et vous aurez tout de suite un arbre d'une fécondité miraculeuse. C'est le secret du boulanger qui fait d'excellent pain avec de la farine de première marque.

Autrement, si votre petit arbre est déjà greffé et qu'il vous donne un bouton formé au-dessus de la greffe, ce qui vous arrive souvent, le bouton amènera une bourse, la bourse même inféconde donnera une lambourde. Rabattez la tige et refaites-la avec la lambourde, et, comme dans le cas ci-dessus, vous obtiendrez un arbre d'un rapport extraordinaire. Toujours le secret du boulanger.

NOTE ESSENTIELLE SUR LA TAILLE AU-DESSUS D'UN BOUTON.

Si nous avons été bien compris quand nous avons dit que généralement il ne faut pas, dans le pêcher, tailler une petite branche immédiatement au-dessus d'un bouton à fruit, les praticiens auront pris notre conseil plutôt pour une précaution que pour une prescription. Les exceptions sont trop nombreuses pour que la règle posée prenne un caractère absolu.

Quoi qu'il en soit, il existe, sous ce rapport, une différence essentielle entre le bouton du pêcher et le bouton des arbres à pepins qui nous occupent. Dans le pêcher, la fleur solitaire n'a pas d'appel de séve ; elle avorte presque toujours au bout de sa branche où le fluide séveux n'arrive que péniblement.

Le contraire a lieu dans le poirier et le pommier dont chaque bouton contient non-seulement une fleur, mais encore des rudiments de feuilles et les embryons des lambourdes, c'est-à-dire des organes appelant des flots de séve dont le fruit profite.

D'où il résulte qu'on peut, dans ces espèces, tailler à volonté sur un bouton, pourvu qu'on ait soin d'y laisser un onglet, pour écarter le danger déjà signalé d'une mortification pour ainsi dire inévitable.

Autre note sur la qualité diverse des fruits sur un même arbre.

Celui qui connaît bien son arbre doit savoir que le même arbre donne des fruits de grosseur et de qualité différentes, suivant la place où viennent ces fruits.

Ce serait peut-être aller un peu loin que de poser, à cet égard, des principes absolus; mais on peut dire en général :

1° Qu'une taille sur un gros bouton, en pleine branche, dans le pommier surtout, donne des fruits de première grosseur et d'une qualité supérieure;

2° Que dans les poiriers à coursons courts, les beaux fruits viennent aux dards;

3° Que dans les variétés à brindilles, les belles poires mûrissent au bout des petites branches, et que plus il y a de couronnes sur un courson, plus le fruit a de finesse et de saveur. Les couronnes et les bourses coupées diagonalement, comme on l'a dit, tamisent la séve et en arrêtent les scories au passage.

Nous concluons de là que l'arbre à pepins ayant toujours un excès de branches fructifères, s'il est conduit suivant nos indications, nous restons libres de choisir d'avance et à coup sûr les meilleurs et les plus gros fruits à laisser sur les différentes variétés.

Nous sommes pour les récoltes moyennes, mais annuelles et de belle qualité. Après avoir fait la part des accidents météorologiques et autres, nous conseillons vivement de débarrasser l'arbre de l'excès de sa production, en commençant par la suppression des fruits qui n'ont pas d'apparence ou qui sont mal placés. L'arbre auquel on laisse sa charge entière ne donne bien que tous les deux ans et n'a pas la robustesse d'un sujet auquel on ne demande qu'une récolte annuelle, nous dirions presque une demi-récolte. En somme, cela revient au même résultat quant à la quantité, tout en ne donnant que des fruits d'élite.

L'arbre y gagne, l'arboriculteur aussi.

Procédé pour donner du coloris aux pommes calvilles.

Les pommes calvilles sont, nous l'avons dit ci-dessus, à peu près les seules, avec les pommes d'api, qui soient restées dans la culture de Montreuil.

Cette variété, très-reconnaissable aux cinq côtes caractéristiques de son sommet, a la peau vert tendre, très-fine et très-sensible à la lumière.

Ce beau fruit, d'une délicatesse extrême, se cotit aux moindres chocs, et la cotissure amène une décomposition rapide.

En raison de la difficulté qu'on éprouve à la transporter au loin, cette pomme est cotée en hiver, à Paris, à des prix exorbitants. Aussi nos cultivateurs, pour lesquels elle forme un élément de richesse, ont-ils cherché à l'améliorer sans cesse.

D'autres ont eu l'idée de la parer, de lui donner le coup d'œil, un vif et beau coloris rouge qui ajoute à son propre prix le prix d'un luxe inattendu.

Un de nos plus habiles horticulteurs, aussi patient qu'intelligent, M. Noël Vitry, a eu longtemps le monopole des calvilles à joue rose, et M. Couturier père, chercheur non moins intelligent, n'a pas tardé non plus à trouver le moyen de donner du coloris à ses pommes.

Les deux procédés, à tout prendre, n'en font qu'un seul, et voici celui que M. Noël Vitry a bien voulu nous communiquer, nous autorisant à le vulgariser.

Nous venons de dire que la pelure de la calville est extrêmement sensible à la lumière. Les parties qui restent longtemps découvertes perdent cette sensibilité sans changer de teinte. Les grands soleils de juillet et d'août déterminent souvent à la face du fruit non protégé des insolations qui le rubéfient et lui ôtent toute sa valeur marchande. Ces coups de soleil n'amènent pas toujours la décomposition, car nous avons gardé jusqu'en janvier des calvilles qui en avaient été frappées. Seulement la rubéfaction tournait à la teinte de bistre.

M. Noël Vitry prend donc le plus grand soin de ramener les feuilles voisines sur ses pommes afin de les couvrir le plus possible, et cela jusque vers le 8 ou le 10 septembre.

Malgré cette précaution, la face antérieure n'a plus assez de sensibilité pour la réussite de l'opération. M. Vitry fait faire au fruit un demi-tour sur le pédoncule et amène en devant la face postérieure qu'il laisse découverte au moyen de l'effeuillement. La pomme est maintenue dans sa position nouvelle au moyen d'un fragment de liège qui n'en blesse pas l'épiderme. Cette face qui s'est développée le long du mur et à l'ombre, étant restée très-sensible, se colore à la lumière en huit jours, sans même avoir besoin d'un soleil continu.

Si quelques pommes se détachent de la branche en tournant sur le pédoncule, elles ne sont pas perdues; elles s'en vont seulement au fruitier deux semaines avant les autres.

Mais il existe un danger plus grave. Si, comme en 1875, les soleils de septembre sont trop vifs et trop continus, les insolations sont fréquentes et presque toujours suivies d'une rapide décomposition du fruit.

Un temps couvert, ensoleillé par intervalle, est une condition beaucoup meilleure pour un succès complet. La pluie qui tombe souvent à cette époque n'empêche pas la pomme de prendre un beau coloris. C'est donc une simple opération de photographie qui se fait sur la pelure au moyen de la lumière diffuse et qui peut se passer du soleil.

Le fruit n'en retire d'ailleurs aucune autre qualité qu'une plus-value d'un bon tiers, grâce à sa belle joue colorée.

DE L'HYBRIDATION.

En arboriculture nous ne voulons pas faire à ce mot d'*hybridation* la guerre qu'on lui suscite en certains livres.

Et nous allons dire pourquoi.

Hybride est un mot grec : *ubris, ubridos*, qui signifie en français *métis, métisse*, lequel, à son tour, vient du latin *mixtus*, mélangé, ou de l'espagnol *mestizo* qui a le même sens.

On a, dans le principe, appelé du nom de *métis* l'enfant d'un Américain et d'une Européenne, ou d'un Européen et d'une Américaine.

Dans les animaux, un métis est le produit de deux espèces voisines, mais distinctes. L'âne et la jument font le mulet; le bardeau vient du cheval et de l'ânesse.

Par analogie, on a dû baptiser du même nom le produit de deux végétaux de variétés différentes, que la fécondation se soit faite avec ou sans le concours de l'homme.

Ce mot de *fécondation* qu'on veut substituer à celui d'hybridation ne dit donc pas ce qu'on prétend lui faire dire.

Et nous gardons comme exclusivement propre le mot d'hybridation.

En arboriculture, hybrider, c'est obtenir deux variétés différentes, ou féconder une fleur de Saint-Germain, par exemple, avec le pollen d'une fleur de Duchesse d'Angoulême.

On ne s'est point mis d'accord, parmi les savants et les praticiens, sur la limite où s'arrête la possibilité de l'hybridation. On marie avec succès deux variétés de la même espèce, poire avec poire, pomme avec pomme. Mais il est moins certain qu'on puisse, en principe, croiser les espèces, les genres ou les tribus de la même famille.

Nous n'entrerons pas dans cette discussion, d'ailleurs fort inutile dans notre pratique, et nous nous contenterons d'indiquer le procédé.

L'hybridation s'opère, nous l'avons dit, *avec* ou *sans* l'intervention de l'arboriculteur. Il arrive parfois qu'on obtient sur un sujet des produits qui ont des qualités de forme, de taille et de saveur différentes des qualités fixes de la même variété. Vous attendiez des grosses-mignonnes sur un pêcher qui vous en donne toujours; vous en avez encore, mais dans le nombre il se rencontre des pêches, une, deux, quelques-unes enfin, qui s'écartent notablement de la manière d'être des autres fruits du même arbre.

La mouche a passé par là, dit-on.

Cela veut dire qu'une abeille, ayant butiné sur une grosse-noire ou sur une autre espèce, en a rapporté, aux ailes ou aux pattes, de la poussière fécondante, du pollen, qu'elle a déposé sur le pistil d'une grosse-mignonne.

Ces croisements n'ont lieu, bien entendu, qu'à l'heure fugitive de la fécondation naturelle.

Si ce n'est l'abeille, c'est un autre insecte; mais, dans ce fait, la main de l'homme n'est pour rien.

Pour arriver à l'hybridation artificielle, il n'y eut qu'un pas à faire : prendre du pollen d'une variété et le déposer sur l'ovaire ou simplement sur le pistil d'une autre variété. La seule condition du succès est de savoir choisir une journée sèche, une atmosphère calme et l'heure où les étamines qui contiennent le pollen le projettent vivement autour d'elles.

Quand on a côte à côte, sur un espalier ou d'une autre façon; deux arbres de variétés différentes, on en peut rapprocher les branches fleuries et couper avec des ciseaux les organes mâles, c'est-à-dire les étamines de la fleur ou des fleurs qu'on veut féconder avec le pollen de l'autre ou des autres. Une fois les fleurs rapprochées avec soin, nous conseillons de les couvrir d'une gaze transparente, afin de les soustraire au contact des mouches, et l'hybridation s'accomplira d'elle-même à l'heure de la projection naturelle du pollen.

Si les variétés qu'on veut croiser sont éloignées l'une de l'autre, on pratique avec un succès ordinairement certain l'hybridation voulue, en apportant avec une barbe de plume le pollen de la première variété sur les fleurs de la seconde, ayant enlevé préalablement les étamines de ces dernières.

Les soins et l'habileté des opérateurs suppléeront naturellement à ce que nous jugeons inutile d'ajouter à cette pratique toute de simple curiosité pour le plus grand nombre.

Disons pour conclure que l'hybridation, toujours facile entre deux variétés différentes, devient seulement probable entre deux espèces, très-difficile entre les genres, et très-problématique entre les familles.

Maintenant, qu'est-ce qu'un hybride comme individu? Est-il une variété *fixe*, c'est-à-dire a-t-il des caractères ineffaçables et permanents?

Les uns disent oui; les autres non. Les noyaux de nos pêches ne donnent déjà plus la variété de l'arbre qui les a portés. Ceux des hybrides auraient-ils plus de fixité? Blanchard prétend que les caractères de ces métis restent permanents pendant plusieurs générations, et quelquefois indéfiniment. N'ayant aucun fait d'expérience personnelle à introduire dans le débat, nous nous contentons de rapporter les opinions opposées, et d'appeler sur ces faits d'hybridation l'attention des curieux.

TROISIÈME PARTIE.

(*Suite.*)

LE CERISIER ET LE PRUNIER.

CHAPITRE PREMIER.

LE CERISIER.

Le cerisier, de la grande famille des *rosacées*, comme presque tous nos arbres à fruits, appartient à la tribu des *amygdalées*.

Les grandes divisions du cerisier s'établissent généralement de la manière suivante :

1° Le Merisier, ou cerisier sauvage (*cerasus avium*, cerisier des oiseaux), qui paraît être une espèce européenne. On en obtient par la fermentation et la distillation le *kirsch-wasser* et le vin de cerise, objets d'un grand commerce, le kirsch surtout, dans la Forêt-Noire, en Alsace et dans les Vosges. Drupe peu comestible. Les ébénistes tirent un grand parti de son bois jaune rougeâtre à grain fin et serré.

2° Le Bigarreautier (*cerasus duracina*), qui est très-ancien sous nos latitudes et dont la patrie primitive nous est inconnue. Il a beaucoup de ressemblance avec le Merisier. Le drupe est comestible et la chair est adhérente au noyau.

3° Le Guignier (*cerasus Juliana*), de patrie également inconnue. Drupe comestible aussi, mais chair ne tenant pas au noyau.

4° Le Griottier (*cerasus caproniana*), chef de famille de tous nos cerisiers proprement dits. La culture en a fait des variétés nombreuses, attendu que ce fruit très-comestible, à chair aigrelette et rafraîchissante, en valait la peine.

La Griotte a sa légende. On rapporte que Lucullus, général romain, gourmet illustre, avait conçu pour ce fruit une sorte de passion pendant ses longues et glorieuses campagnes en Asie, contre Mithridate VI Eupator, roi de Pont. La fortune et l'envie ayant mis un terme à ses succès, Lucullus, remplacé dans son commandement en chef, ne voulut pas rentrer à Rome sans rapporter avec lui son arbre de prédilection. Le cerisier viendrait donc de Cérasonte, ville asiatique qui lui a donné son nom, et n'aurait été connu en Italie qu'au retour de Lucullus, 65 ou 66 ans avant J.-C.

5° Le Mahaleb (*cerasus Mahaleb*), vulgairement appelé chez nous *Sainte-Lucie*. Espèce très-connue chez les Arabes, qui attribuent à sa graine douce et parfumée une grande vertu diurétique et l'emploient contre la gravelle et la pierre. Le bois de Saint-Lucie est très-recherché des ébénistes. De son côté, la parfumerie emploie l'huile fixe qu'on obtient du mahaleb.

PLANTATION. — On obtient le cerisier de deux manières, de semis et de bouture. Le semis ne diffère en rien de ce que nous avons dit pour les amygdalées, pour les semis de pêcher, sauf une particularité dont il faut prendre bonne note. On sait que les amandes amères ou les noyaux de pêcher ne se mettent en stratification qu'à l'hiver, ce qui veut dire qu'on peut sans danger les laisser sécher à l'air libre pendant les mois qui s'écoulent entre la maturité du fruit et le mois de janvier. Ils ne perdraient même que très-peu de leurs qualités végétatives si l'on retardait davantage leur mise en terre. Le même avantage n'a pas lieu pour le noyau de cerise. On a remarqué qu'il demande à être semé tout de suite et tout frais, sans quoi vous le verrez rarement pousser. On le met donc en terre en plein été, lui donnant ainsi le temps de développer sa jeune pousse avant l'hiver.

Pour avoir un sujet solide et propre à recevoir la greffe l'année suivante, on choisit de préférence les noyaux de Sainte-Lucie ou Cerasus Mahaleb. Aucune autre variété ne vaut celle-là.

Quant à la bouture, il faut la prendre sur le merisier ou cerisier commun, *cerasus avium*, et l'on opère absolument comme on le fait avec le drageon ou stolon de cognassier quand on commence un poirier.

Les Variétés de Montreuil. — Nous cultivons à Montreuil à peu près exclusivement les variétés suivantes :

1° L'*Anglaise hâtive*, très-avantageuse à la vente et presque aussi rémunératrice que la pêche elle-même chez certains cultivateurs.

2° La *Royale*, moins répandue que la précédente.

3° La *Belle magnifique*, qu'il ne faut pas confondre avec la Royale. On l'appelle aussi la *Belle de Châtenay* et *Belle de Sceaux*.

4° L'*Impératrice Eugénie*, qui sans doute a dû valoir la croix à son obtenteur, car, chez nous autres, on a la passion du ruban rouge. Cette cerise a beaucoup de ressemblance avec l'Anglaise hâtive, par la forme, par la teinte, par le pédoncule, etc. Elle mûrit un peu plus tard que cette dernière. L'arbre est d'une culture plus facile et se dégarnit beaucoup moins que l'autre.

Il ne faut pas venir à Montreuil pour trouver en nos jardins, dans nos champs ou dans nos vignes, des quantités de cerisiers au vent donnant ailleurs des masses de fruits. Nos cultivateurs avisés ont fait de cette culture une science qui leur donne en quantité moyenne des cerises de premier choix pour les grandes tables, et la proximité de Paris leur permet de présenter leur récolte aux halles dans toute sa fraîcheur. La cerise en vrac, ayant à subir la concurrence des pays de grande production, ne rapporte pas assez de bénéfices.

Néanmoins, bien que le nombre des cerisiers de haut vent ou à haute tige ait beaucoup diminué dans le pays, il en reste assez pour qu'il nous paraisse utile de nous en occuper.

CERISIER DE HAUT VENT. — On trouve en liberté les arbres appartenant à l'Anglaise hâtive, à l'Impératrice Eugénie et à la Royale. Une fois le sujet planté, ce qu'il y a de mieux à faire, c'est de le laisser pousser à sa guise en le surveillant néanmoins un peu ; car il peut survenir dans l'ensemble de l'arbre certaines irrégularités choquantes, certains écarts dont le sécateur ou la scie doit avoir raison.

En outre, ces espèces étant à pousses verticales, il arrive toujours, dans les sujets vigoureux, que, s'il se trouve par hasard une branche charpentière inclinée, on ne tarde pas à voir s'y former des pousses droites qui forment des dessus ou des empâtements. Comme dans le pêcher, ces dessus sont mortels aux branches inclinées qui les portent. Or, ces dernières en mourant emportent le reste et l'arbre se trouve déformé, souvent même défiguré.

Donc aucune charpente verticale sur une branche charpentière inclinée.

NETTOYAGE. — Voici ce qui se passe généralement dans les cerisiers abandonnés à eux-mêmes. Les fruits viennent en nombre sur un pédoncule commun d'où partent les pédicelles ou queues. Au bas des jeunes queues naissent des feuilles florales ou bractées qui se dessèchent en peu de jours, mais sans se détacher entièrement ou du moins sans tomber, retenues qu'elles sont le plus souvent par les queues réunies en verticille sur le pédoncule commun (Voir la gravure à la page 72). Elles forment donc naturellement un amas de feuilles mortes où se logent de petites chenilles à tête noire et à corps lisse, insectes rongeurs qui vivent de la substance du jeune pédoncule. Alors la séve n'arrivant plus qu'avec peine, les cerises, à peine grosses comme des petits pois, rougissent et tombent.

Dans les arbres qu'on a sous la main, comme les arbres d'espalier ou les gobelets, il est facile d'enlever du bout du doigt ces bractées sèches qui forment des nids de chenilles, mais on a l'habitude de négliger les sujets de haut vent.

Autrefois, dans Montreuil, on nettoyait ces derniers avec beaucoup de soin sans grands frais de main-d'œuvre. Avec une trique entourée de chiffons, on frappait à coups secs toutes les branches de l'arbre, et ces secousses réitérées faisaient pleuvoir une averse de chenilles qui s'échappaient des pédoncules en se suspendant à un fil, comme des araignées, cassaient en route cette suspension frêle et tombaient à terre. A quelques centimètres du sol, on badigeonnait l'arbre avec du goudron végétal, d'un travers de main seulement sur le pourtour du tronc. Chassés violemment de leurs repaires, les insectes, un moment éperdus, revenaient instinctivement au pied de l'arbre pour y remonter, mais la couche agglutinante de goudron les arrêtait au départ et les réunissait pour un massacre général.

On sauvait ainsi la meilleure part de la récolte. Cette chasse aux chenilles paraît être abandonnée dans Montreuil où les cerisiers de haut vent n'ont, d'ailleurs, plus la même importance. Mais nous avons cru rendre service à quelques-uns de nos lecteurs en indiquant le nettoyage en faveur chez nos anciens.

Rétablissement des vieux arbres. — Il s'agit toujours des quatre variétés voisines dont il a été parlé ci-dessus : Anglaise hâtive, Anglaise tardive, Impératrice Eugénie et Royale. Quand les sujets vieillissent et ne donnent plus de végétation, bourgeons et boutons, qu'à leurs extrémités, on leur rend une vie nouvelle par un moyen fort simple qui leur assure encore une longue durée.

Ce moyen consiste à couper une partie des vieilles branches par une section bien nette, à 50 centimètres au-dessus de la greffe. Arrêtée brusquement dans ces canaux supprimés, la séve se porte dans les vieilles branches épargnées et leur amène un regain d'activité pour une couple d'années.

Pendant ce temps-là, les moignons se couvrent de bois nouveau qu'on laisse pousser en charpente et qui se mettent à fruit à la façon des jeunes arbres. Alors vous traitez de la même manière les vieilles branches que vous aviez laissées, et la seconde série de moignons refait à son tour de nouvelles branches.

Si l'arbre est considérable et peut attendre, au lieu de le couper en deux fois, vous le coupez en trois, ce qui ne fait baisser qu'insensiblement la récolte annuelle. Et, dans ce cas comme dans l'autre, pour ne pas déranger la symétrie du sujet et ne pas violenter la séve, on choisit çà et là, parmi les autres, les branches à supprimer. De cette façon, vous dégarnissez simplement le cerisier sans lui rien ôter de son aspect ordinaire.

Les Formes. — Le cerisier peut se cultiver en pyramide, en gobelet et surtout en espalier. Ce dernier cas est, nous l'avons dit, celui de Montreuil. En plein vent, nous préférons à la pyramide, qui se nettoie moins facilement, le gobelet plus aéré, plus ensoleillé, surtout plus abordable pour le nettoyage et la taille. Un gobelet conduit avec soin peut donner des fruits presque aussi beaux que les fruits de muraille.

Les différentes charpentes s'établissent comme dans le pêcher. On taille long les branches faibles et court les branches fortes. Au reste l'arbre se prête volontiers aux exigences de l'arboriculteur.

Quant à ce qui est de l'espalier, nous avons ici des palmettes, soit simples, soit doubles, d'une belle envergure et d'une rectitude admirable ; mais nous dirons du cerisier ce que nous avons dit du pêcher, il faut se défier des formes régulières et géométriques dans les arbres à noyaux. En quelques jours, un coup de gomme détruit sans retour un travail patient de huit à dix années, et l'aile qui périt vous laisse pour longtemps un vilain arbre avec une surface nue. Passe encore pour la laideur de l'arbre, mais les murs dégarnis n'envoient pas le propriétaire à la halle, et le danger est là.

Nous sommes donc pour l'éventail, la forme de produit par excellence, toujours comme pour le pêcher, et, tout autant que pour ce dernier arbre, nous condamnons les empâtements ou les dessus. S'il arrive qu'une branche de l'éventail périsse, nous relevons celles qui sont au-dessous, et nous trouvons toujours assez de pousses en bas pour regarnir le mur, attendu qu'on peut avoir des cerises jusqu'au ras du sol, ce qui n'a pas lieu pour les pêchers, comme on l'a dit.

Ce que nous allons dire de la taille des branches à fruit s'applique à toutes les formes, soit de plein vent, soit en espalier.

Taille des branches a fruit. — Avant d'en venir à la taille proprement dite, posons ce principe dont on ne tient pas généralement compte, à savoir que les cerisiers se divisent naturellement en deux grandes catégories :

1° Arbres à bois vertical et rigide, ceux dont les pousses ne fléchissent point ;

2° Arbres à pousses flexibles, appelés avec quelque raison par certains arboriculteurs cerisiers à bois pleureur. Dans ces variétés, les branches fruitières se soutiennent mal et retombent comme des branches de saule.

Les arbres de la première catégorie donnent exclusivement le fruit sur bouquets de mai d'un an venus sur bois de deux ans. Sur les cerisiers à branches rigides on ne trouve point de fruit ailleurs, à moins qu'il ne s'agisse de vieux sujets épuisés sur lesquels on obtient des cerises ou des boutons à l'extrémité des branches.

Pour les arbres à bois vertical et rigide, il y a dans Montreuil trois modes de culture bien distincts en faveur dans les jardins les mieux conduits. Nous entendons par mode de culture, cela va de soi, la manière dont les cerisiers sont taillés dans leur ramure à fruit.

Voici les trois tailles :

1° Supposons la charpente faite, puisque nous n'avons pas à nous en occuper ici. On taille le bois de l'année à 8 ou 10 centimètres de sa base, et l'année suivante on pince court, et à l'état herbacé toujours, les jeunes pousses qui viennent au bout de ces bois taillés. Ainsi s'établissent sur ces derniers, qui ont deux ans, de nombreux bouquets de mai qui donneront le fruit.

Comme ce moyen concentre la production du fruit et des bourgeons sur de petites surfaces, il donne des devants ou toques, ou têtes de chats. La nature de l'arbre palissé se prête à l'établissement de ces têtes; les branches cherchent l'air et le soleil ; mais c'est un inconvénient grave, puisque les fruits trop couverts mûrissent mal.

2° On opère par une taille très-courte sur les bourgeons de l'année. On fait le pincement réitéré sur le jeune bois pendant la saison, ou bien on le coupe d'une seule fois au sécateur dès que la récolte est faite. On provoque ainsi l'apparition des bouquets de mai sur les bases. On a moins de têtes de chats, mais aussi moins de fruits que dans le cas précédent.

3° Le troisième moyen nous paraît de beaucoup préférable aux deux autres. Il consiste à palisser tous les jets de l'année qui donneront des bouquets de mai l'année suivante. A cette époque, on rabat les branches sur tel nombre qu'on veut de ces bouquets obtenus.

La Belle magnifique et les sortes à bois flexible doivent se traiter de cette façon en espalier.

Mais il faut bien se rendre compte de la différence qui existe entre ces dernières sortes et les variétés à bois vertical. Dans les Anglaises et leurs similaires, on a jusqu'au bas des cochonnets ou bouquets de mai qui possèdent tous un œil à bois et donnent par conséquent une brindille avec le fruit. De là, comme dans le pêcher, le moyen de rapprocher constamment la fructification des branches-mères et de maintenir l'arbre dans un développement moyen et de le garder sous la main, pour ainsi dire.

Dans les arbres à bois flexible, qui donnent du fruit le long des pousses de l'année précédente, il n'est pas aussi facile de maintenir la fructification auprès des bases ou de la faire descendre quand elle s'en écarte, à moins d'avoir sur une branche deux ou plusieurs brindilles dont on garde la plus basse sur laquelle on rabat.

Le bois qui a fructifié ne donnant plus de fruit la seconde année, la végétation utile monte toujours et les bases se dégarnissent vite. Ces bases nues fournissent heureusement un grand nombre de branches adventices qui se mettent à fruit et renouvellent les facultés productives du bas.

Si donc on n'y veille pas de très-près, les variétés à bois flexible échappent facilement à la main inexpérimentée. Elles sont fuyardes et ne produisent bientôt plus qu'à l'extrémité des jeunes pousses, ce qui fait prendre à l'arbre des proportions qu'on ne saurait toujours lui donner sans nuire aux arbres voisins.

Certains arboriculteurs, auxquels les moyens de maintenir ces fuyards ne sont pas familiers, ont imaginé de laisser s'allonger les cerisiers voisins les uns des autres sur le même mur et d'en entre-croiser les branches. Cet enchevêtrement, qui décrit des losanges assez réguliers, n'a rien de disgracieux et ne paraît pas nuire aux arbres.

Disons, à ce propos, qu'il règne à Montreuil un préjugé séculaire auquel l'ignorance, en fait de physiologie végétale, a servi de marraine. On prétend que le cerisier et le pêcher sont des arbres jaloux l'un de l'autre, et qu'ils ne peuvent vivre côte à côte sans que l'un des deux périsse. La victime est toujours le pêcher, le moins robuste, dit-on.

Nous avons bien des fois donné la raison de ce fait, sans peut-être convaincre personne, et nous la consignons ici pour les intelligents. Chaque fois qu'on placera deux espèces d'arbres côte à côte, celle qui a les feuilles plus grandes tuera l'autre, ou du moins lui portera préjudice. C'est l'histoire de deux nourrissons vivant au même sein. Le plus fort et le plus gourmand affamera l'autre. Les larges feuilles épuiseront, au détriment de l'arbre à petites feuilles, les ressources nutritives qui se trouvent dans l'air, et voilà pourquoi le cerisier tue le pêcher voisin.

Complétons ces notions en prévenant les amateurs qu'il fait bon ne tailler le cerisier, comme en général tous les arbres à noyaux, qu'au moment où la végétation commence à partir, afin d'avoir sur chaque coursonne un œil à bois certain qui appellera la séve. Or, les plus expérimentés ne peuvent compter sur cet œil d'appel qu'à l'heure où il commence à partir. On taille donc alors à coup sûr.

Pour le reste, on peut se reporter à ce que nous avons dit du pêcher, type de l'arbre à noyau.

CHAPITRE II.

LE PRUNIER.

Le prunier, de la famille des *rosacées*, fait partie de la tribu des *amygdalées*.

La souche de tous les pruniers que la culture a obtenus paraît être l'*épine noire*, dite prunier épineux (prunus spinosa), arbrisseau de nos climats, à fleur purgative. Le fruit, connu sous le nom de *prunelle*, est extrêmement acerbe, mais il devient comestible quand la gelée en a macéré le parenchyme. Ainsi se passent les choses pour la prunelle, quand on la laisse arriver sur l'arbuste jusqu'à l'hiver. Nous l'avons personnellement utilisée d'une autre manière et avec avantage. Ayant fait cueillir une trentaine de litres de prunelles dans le mois d'août, nous exposâmes dans un van cette récolte au soleil pendant deux ou trois semaines. Le parenchyme mollit et devint extrêmement suave et sucré. Nous le mîmes en cet état dans un baril avec une même quantité d'eau chaude, et nous obtînmes à la fin de l'hiver un vin généreux et parfumé qui dérouta bien des connaisseurs.

L'écorce de l'épine noire est astringente, amère et fébrifuge. Le *raki*, boisson spiritueuse bien connue dans les provinces du bas Danube, vient d'un mélange de prunes et de pommes qu'on laisse fermenter et qu'on distille ensuite.

Dans l'est de la France, en Suisse et dans le duché de Bade, on retire aussi du vin de prune une liqueur alcoolique appelée *zwetschenwasser*.

OBTENTION DES JEUNES SUJETS. — On obtient les jeunes pruniers par semis et par bouture.

Comme pour les cerisiers, il ne faut pas attendre que les noyaux de prunes se dessèchent, si l'on veut en faire un semis. Nous connaissons un arboriculteur intelligent qui prend les noyaux chez lui au moment où l'on fait la confiture de prune, et les jette, lavés ou non lavés, dans un petit sillon profond de cinq centimètres où ils tombent au hasard. La terre est replacée sur le semis de façon à former un bourrelet qui protégera les noyaux contre les rigueurs de l'hiver.

Ces jeunes sujets lèveront en avril.

On gagne un peu de temps à faire venir ses arbres de bouture, mais tout le monde a pu remarquer que les pruniers venus de boutures donnent constamment un grand nombre de drageons, ce qui constitue toujours un embarras et une malpropreté.

Le semis n'a pas le même inconvénient. On n'y voit jamais poindre un drageon, si ce n'est sur les racines que le fer des outils aura par hasard coupées dans les façons données au sol.

On ne cultive guère à Montreuil, à présent, que deux variétés : la Reine-Claude et la prune de Monsieur. La première même a perdu de son importance depuis que les chemins de fer en peuvent amener de loin à Paris des quantités considérables. La Reine-Claude, assez rustique, supporte sans trop de désavantage les plus longs trajets. La prune de Monsieur, au contraire, gagne à passer vite de l'arbre natal au marché. La buée qui la recouvre ne persiste que peu de temps après la cueillette, et le fruit, avec cette buée, perd sa belle fraîcheur et son prix à la vente. Aussi, quoique moins bonne et moins sucrée que la Reine-Claude, elle a le premier rang dans Montreuil, précisément à cause de la proximité de Paris.

La Reine-Claude compte ici trois variétés : la *dorée*, la *diaphane* et la *bavay*, cette dernière un peu plus tardive que les deux autres.

Il y a peu de choses à dire en particulier du prunier. Pour la plantation, la taille, la charpente, on le traite à peu près comme le pêcher. Il est plus rustique de beaucoup et ne connaît guère ces coups de gomme mortels qui sont le plus redoutable fléau de nos pêchers. La gomme en excès s'écoule toujours par quelque cicatrice de l'écorce sans que le sujet en souffre.

On doit néanmoins noter que la charpente doit s'établir par des tailles annuelles très-courtes, attendu que dans le prunier les yeux du talon s'éteignent facilement dès que la végétation s'allonge.

Point d'empâtements non plus.

Il faudra rompre ou pincer les coursonnes à trois, quatre ou cinq feuilles au plus, y compris les feuilles de la base, car, si l'on pinçait plus haut, on aurait des fleurs sur toute la longueur de la coursonne avec un ou deux yeux à bois à l'extrémité, ce qui la forcerait à s'allonger énormément chaque année.

Le pincement ou rupture se fait à l'état absolument herbacé. Ce qui reste du courson se couvre de boutons à fruit et donne toujours un œil à bois à son extrémité.

Vous remarquerez, dans le prunier de Monsieur, qu'à l'extrémité du pincement il se forme un groupe de six, sept, huit, dix, jusqu'à douze boutons et bourgeons, bien que le courson produise de haut en bas.

Dans les arbres libres, on ne taille jamais les coursons, et le travail est le même que dans les cerisiers, puisque les boutons sont fournis par des bouquets de mai d'un an venus sur bois de deux ans.

Avec un peu d'observation, l'homme intelligent fera le reste.

FIN DE LA TROISIÈME PARTIE.

QUATRIÈME PARTIE

PATHOLOGIE VÉGÉTALE

Le mot *pathologie,* qui forme le titre de cette quatrième partie, vient de deux mots grecs : *pathos,* maladie, et *logos,* discours ou traité.

La pathologie est donc une science qui traite de tous les désordres (ou maladies) qui atteignent la disposition naturelle des organes ou les fonctions qu'ils sont appelés à remplir. Elle entre ainsi dans le double domaine de l'anatomie et de la physiologie.

Nous avons dit en commençant que le degré de civilisation chez l'homme se mesure au nombre des maladies qui lui font cortége. Il en est de même des végétaux. A l'état de nature, ils sont sujets à très-peu de désordres et se guérissent presque toujours seuls. Mais l'arbre domestiqué par la main de l'homme, incessamment opéré, tracassé par la transplantation, tourmenté, taquiné par nos bons soins, emprisonné dans nos jardins, surmené dans la marche naturelle de sa production, compte au moins autant de maladies ou de chances de mort que l'homme lui-même.

On comprend alors qu'un traité d'arboriculture, même restreint à quelques espèces, comme le présent livre, serait incomplet, s'il omettait d'indiquer toutes ces maladies et tous ces dangers, avec les moyens de les prévenir ou de les traiter.

Nous avions eu d'abord l'intention de nous en tenir aux cas spéciaux qui affectent les arbres dont il est ici parlé, mais, outre qu'il serait difficile de faire exclusivement le relevé de ces cas particuliers, nous avons pensé qu'il serait utile d'étendre nos études, afin que le jardinier pût être renseigné dans toutes les occasions.

Avant tout pourtant, il nous convient de dire notre avis sur une question depuis longtemps débattue entre les hommes qui s'occupent de la pathologie végétale.

Certains d'entre eux, écrivains de mérite et bons observateurs, se sont acharnés à prouver que l'arbre n'est malade que parce qu'il est taillé. M. Le Roy-Mabille, par exemple, invoque à l'appui de son opinion l'autorité de l'abbé Rozier et de Bosc; il aurait cité les Écritures, les Pères et la Tradition, s'il y eût trouvé l'ombre d'un argument favorable à sa thèse.

La science comme l'observation, le bon sens comme la logique, lui donnent raison contre ses adversaires. Nier l'influence morbifique de la culture intensive sur la santé des arbres, c'est montrer qu'on a l'esprit large comme une lame de serpette et haut comme un manche de bêche. Le travail de l'arboriculteur est une série de dérogations aux lois de la nature, et la taille, opération chirurgicale qui entame le sujet en pleine vie, constitue la plus grave de ces dérogations.

La nature ne saurait jamais perdre ses droits. Vous la poussez, vous la contraignez, vous la surmenez, et de temps en temps elle a des réactions terribles aussi bien chez la bête que dans le végétal, et ces réactions se résument en affections mortelles.

Mais où la discussion nous paraît oiseuse, c'est quand elle s'apaise de part et d'autre sans conclure.

Ici tout est dans la conclusion.

Qu'est-ce, en effet, que cela peut nous faire que la taille soit conforme ou contraire aux lois de la nature? Toute théorie sans application vaut une fusée dans la nuit. Cela pétille, éclate, jette une étincelle brillante d'une seconde, et tout retombe dans l'obscurité. Nous ne garnissons pas le fruitier avec des arguments.

Il fallait donc dire ceci pour couronner la discussion :

La culture forme une dérogation plus ou moins complète aux lois de la nature, soit chez l'homme, soit chez le végétal. Or, toute la question consiste à savoir si cette culture, suivie de part et d'autre d'un cortége de maladies, vaut plus ou moins que l'état sauvage.

La vraie question n'est-elle pas seulement là?

Un arbre, magnifique de robustesse et d'aspect, est-il préférable au sujet surmené couvert de beaux fruits?

La réponse vient d'elle-même.

Si l'on nous dit que la culture tue l'arbre, nous disons que c'est vrai; mais nous ajoutons qu'on remplace l'arbre éreinté.

Il y a des choses si simples, si vraies, si semblables aux axiomes de M. de la Palice, qu'on a lieu de s'étonner de voir des hommes de valeur s'escrimer à les nier ou à les défendre.

La taille tue l'arbre; eh bien! oui. Et après? Vous mangez de bons fruits, vous vendez des fruits splendides, et l'un des soins de votre culture est de remplacer les malades et les morts, voilà tout.

Si vous gardez dans la basse-cour vos belles volailles sans jamais leur demander autre chose que des œufs, vous ne mangerez jamais ni un poulet, ni une poularde, ni un chapon. Est-ce que vous vous dispensez de tuer une volaille pour manger un succulent rôti? Tuez donc un arbre, taillez, retaillez, pincez, rabattez-le, puisque vous voulez avoir des pêches ou des poires. Y a-t-il moyen de mettre un poulet à la broche sans le plumer? Avez-vous le secret de faire produire des fruits à votre arbre sans le mutiler?

Alors, dans ce cas, ce serait autre chose, et nous comprendrions mieux la discussion ; mais nous ne connaissons à personne le pouvoir de magnétiser un arbre et de lui demander, sans même un attouchement, les plus beaux fruits du monde.

Le magnétiseur se fera désirer longtemps encore.

Dans la Genèse, Dieu ne défend pas à l'homme de toucher à l'arbre, il lui dit au contraire : « Mange le fruit de tout bois. Tout a été créé pour ton usage ; tu es le roi des animaux et des végétaux. »

Et nous taillons, et nous ébourgeonnons, et nous pinçons, parce que c'est le secret de domestiquer nos arbres.

On les tue, c'est vrai ; mais on les remplace.

Nous mettons volontiers dos à dos ceux qui veulent que les diverses opérations pratiquées sur les arbres soient un progrès réel, conforme aux lois de la nature, et ceux qui répondent que ces mêmes opérations sont attentatoires aux lois de la physiologie. La querelle nous importe peu. Nous nous contentons de dégager du débat ces deux vérités, indiscutables comme des faits :

1° La domestication de l'arbre n'a lieu qu'au profit de la qualité de la récolte ;

2° Mais l'arbre paye de sa santé et de sa vie les beaux et bons fruits que nous le forçons à donner.

Tout notre livre est dans ces deux choses.

Depuis le commencement, nous avons essayé de mettre à la portée de tout le monde les secrets de l'arboriculture ; il nous reste à dire ce qui nous paraît le plus sûr et le plus efficace pour combattre les affections morbides si nombreuses auxquelles sont sujets les arbres cultivés.

Notre pathologie végétale, que nous voulons faire complète, comprendra trois parties distinctes. En effet, les causes qui influent sur la santé des arbres ont trois origines différentes :

1° Elles viennent du climat ;

2° Elles dépendent des insectes ou des rongeurs qui vivent aux dépens de nos plantations ;

3° Enfin, elles sont intérieures et particulières à chaque espèce d'arbres.

Les conditions plus ou moins favorables de terrain, pour les espèces différentes, seront plus nettement traitées dans la dernière partie de ce livre.

CHAPITRE PREMIER.

DE LA CLIMATOLOGIE.

La superficie de la France comprend environ cinq cent trente mille kilomètres carrés. M. Martins, dans son livre spécial intitulé *Patria*, divise cette surface totale en cinq grands climats auxquels les mers et les chaînes de montagnes servent naturellement de limites, et qu'on peut diviser en un certain nombre de climats locaux assez différents entre eux.

Les grandes divisions sont :

1° Le climat vosgien ou du nord-est ;
2° Le climat séquanien ou du nord-ouest ;
3° Le climat girondin, au sud-ouest ;
4° Le climat rhodanien, à l'est ;
5° Le climat méditerranéen, au sud-est.

En général, les régions éloignées de la mer possèdent ce qu'on appelle un climat continental ou excessif, rigoureux en hiver et chaud en été.

Les régions maritimes, celles qui avoisinent chez nous l'Océan Atlantique et la Manche, jouissent d'un climat plus doux en hiver et moins chaud en été.

Donc deux climats distincts : le climat continental et le climat maritime.

L'uniformité relative de ce dernier tient à ce que le Gulf Stream ou courant d'eaux chaudes qui part des Antilles, et va gagner le pôle-nord en affleurant nos côtes et traversant le Pas-de-

Calais, projette au loin sur notre pays une partie de son calorique et neutralise les rigueurs de l'hiver. En été, la masse océanique, avec les évaporations et son calorique latent, moins élevé que celui de la terre ferme, tempère les excès du thermomètre au-dessus de zéro.

1° CLIMAT VOSGIEN. — Il comprend l'Alsace, la Lorraine, les Ardennes, l'est de la Champagne et la haute Bourgogne. Climat continental par excellence chez nous. Température moyenne : 9 degrés 1/2. Les extrêmes ont entre eux un écart de 65 degrés.

Pluie annuelle : 670 millimètres ; 137 jours de pluie par an. L'été fournit à lui seul les 31/100, presque le tiers de la masse d'eau qui tombe, et il compte 35 jours pluvieux.

Comme les froids persévèrent souvent jusqu'en mai, la culture du pêcher, possible là comme ailleurs en France, exige des soins et une parfaite connaissance de l'arbre. La plus essentielle des conditions est d'abriter absolument et de choisir les bonnes expositions. Dans les Vosges, il faut surtout garantir au printemps le pêcher contre les vents du nord-est, secs et glacés. En hiver, en prévision des extravagances du thermomètre, on fera bien de couvrir le sol autour des arbres d'un lit de paille hachée ou de fumier consommé, de protéger le bas des tiges au moyen d'un paillasson et d'étendre une toile d'espalier sur toute la surface du pêcher, au moins pendant les plus rigoureux jours. L'inconvénient qu'il en peut résulter pour le sujet sera largement compensé par la certitude de le soustraire aux effets de la gelée.

La pêche est un fruit assez précieux pour payer la peine qu'on prendra de protéger l'arbre. Ajoutons que les différents abris que nous recommandons, sauf le paillis, doivent disparaître dès que le thermomètre remonte à zéro.

2° CLIMAT SÉQUANIEN. — Il est compris entre les Ardennes, la

Champagne montagneuse, la haute Bourgogne, la Loire l'Océan et la Manche. Climat marin, caractérisé par une douceur relative, des hivers moins rudes et des étés moins brûlants.

La chaleur moyenne est entre 10 et 11 degrés, avec des écarts moins grands aux extrêmes que dans le climat précédent. On y compte environ 140 jours de pluie par an, également partagés entre les quatre saisons. La somme d'eau qui tombe en été dépasse un peu la moyenne des autres saisons de l'année, de l'hiver surtout. Le voisinage de la mer fait que le ciel est couvert ou presque couvert pendant environ 35 jours d'été, ce qui paralyse pendant 70 jours l'action de l'irradiation solaire sur les végétaux. De là des inconvénients. Le pollen ne se forme pas toujours dans les étamines des fleurs ; les fruits nouent mal et ne se développent guère.

Aussi, même chez nous, terrain providentiel du pêcher, sommes-nous obligés de prendre des précautions pour le garantir et le conduire à bonne fructification. En revanche, l'égalité de la température est favorable au développement de la végétation.

3° CLIMAT GIRONDIN. — Il comprend toute la région qui s'étend entre la Loire et les Pyrénées. Les moyennes de température sont de deux à trois degrés au-dessus de celles du climat précédent.

Il pleut autant qu'en deçà de la Loire, mais en moins de jours. De là des pluies plus fortes. L'automne en fournit le tiers. Les deux autres tiers se partagent entre les trois autres saisons.

Mais, outre que la première moitié de l'automne est moins pluvieuse que le reste, l'irradiation solaire compte beaucoup plus de jours et les fruits mûrissent avec une avance sensible. Nous n'osons pas dire que la culture marchande de la pêche serait fort rémunératrice ; l'éloignement du grand marché parisien et la fragilité du fruit s'y opposent également ; mais les amateurs, en adoptant nos procédés, y récolteraient au moins pour eux des pêches incomparables depuis la fin de juin jusque dans le courant d'octobre.

Néanmoins, n'oublions pas de noter, à ce propos, que nos variétés les plus tardives, bien exposées et sous un ciel clément, prendraient vite une grande avance.

Le climat girondin, comme le précédent, est maritime.

4° CLIMAT RHODANIEN. — Climat continental ou excessif qui comprend le bassin du Rhône et celui de la Saône. Entre ce climat et celui des Vosges il existe la différence qu'on remarque entre le climat girondin et celui de Paris. La grêle y est le fléau des végétaux, de la vigne et des arbres fruitiers particulièrement. La moyenne de l'hiver est plus basse qu'à Paris, et la moyenne de l'été plus haute. C'est par excellence la patrie du poirier. La culture du pêcher demande des soins spéciaux aussi bien dans les grandes chaleurs que dans l'hiver.

Il tombe ici 900 millimètres d'eau en 98 jours seulement dont une vingtaine appartiennent à l'été.

5° CLIMAT MÉDITERRANÉEN. — Cette région, la plus petite des cinq, possède une température extrêmement irrégulière. La moyenne s'élève de deux à trois degrés au-dessus de celle du climat girondin. En général, on trouve sous ces latitudes des différences énormes dans la constitution de la température, mais les arbres, les grands végétaux y viennent mieux que les plantes fourragères, les végétaux herbacés y sont brûlés par des vents violents et des excès de chaleur. Le pêcher y trouverait des oasis favorables à côté d'endroits où les meilleurs soins ne sauraient l'élever.

Terminons ces notions sommaires mais utiles en disant que ces grandes divisions peuvent à leur tour être subdivisées en un grand nombre de climats partiels, et que sur tout le territoire de la France, depuis Dunkerque jusqu'à Bayonne, de Brest à

Belfort, l'amateur peut élever le pêcher, ce roi des arbres fruitiers, et manger des pêches, ces reines des fruits.

Répétons-le bien haut, la pêche peut venir partout; et partout on peut la faire aussi belle qu'à Montreuil.

Il suffit pour cela de joindre à nos procédés les précautions qui doivent protéger l'arbre contre les intempéries. Le mal, chaleur, froid ou pluie de printemps, indique lui-même le remède.

CHAPITRE II.

DE LA MORT NATURELLE DES ARBRES.

Ces notions de pathologie, si restreintes qu'elles doivent être, seraient tronquées, si nous ne disions quelques mots de la mort naturelle des végétaux. La vieillesse, elle aussi, constitue une maladie, une décomposition, un mal inexorable, contre lequel on ne peut rien. Il ne s'agit donc ici que de savoir comment meurt un végétal.

Cette fin ressemble à celle de l'homme. Chez nous l'ossification marche progressivement, les fonctions se ralentissent, l'assimilation des aliments devient plus difficile, la rigidité prend une à une toutes les parties du corps, et le vieillard finit sans secousse et sans souffrance.

Ainsi meurt l'arbre. Chaque espèce de végétal a sa durée propre. Quelques-unes comptent moins d'un jour, tandis que d'autres, les baobabs du Sénégal, par exemple, parcourent un cycle de cinq à six mille ans.

La longévité d'un végétal ne change rien aux conditions de la terminaison suprême. La plante annuelle meurt de la même façon que le chêne séculaire, de la même façon que l'homme lui-même.

Nos arbres, dans leur complète évolution, comptent trois périodes, comme les animaux : l'enfance, l'âge fait et la vieillesse. Dans la première ils se développent, fleurissent peu et donnent de rares fruits. La nourriture qu'ils demandent à la terre a pour but de soutenir leur vie et de fournir aux besoins de leur croissance.

Dans l'âge fait, qui est celui de la pleine virilité chez l'homme, la part de nourriture, absorbée au profit de la croissance dans la première période, se dépense en faveur de la fructification. C'est la période des fruits en grande abondance, de la plus intense fécondité.

Puis vient la vieillesse, la décadence. Chez l'homme les tissus perdent leur élasticité, leur souplesse. Ils s'emplissent de sels qui rendent les membres si fragiles chez les vieillards et qui déterminent des hémorragies au cerveau. L'assimilation des aliments ne s'accomplit qu'avec lenteur, la chaleur vitale diminue et... la machine s'arrête.

L'éminent botaniste français, Charles-François Brisseau-Mirbel, né à Paris en 1776 et mort en 1854, a parfaitement décrit les mêmes symptômes dans l'arbre.

« A mesure qu'un arbre grossit, dit-il, les vaisseaux de ses couches ligneuses s'obstruent et la séve circule avec plus de difficulté ; par cette raison la succion et la transpiration ne sont plus aussi considérables que dans la jeunesse, en raison du volume de l'individu. Le liber est moins vigoureux ; les boutons et les racines qu'il produit sont faibles et en petit nombre ; les branches se dessèchent, le tronc se couronne, l'eau séjourne dans les plaies qui se forment, le bois tombe en pourriture. Dès lors, le nouveau liber, l'herbe annuelle des végétaux ligneux, n'a plus la force de se régénérer ; tout développement cesse et l'arbre meurt.

« L'arbre mort se couvre de puccinia, de mucor et autres plantes cryptogames ; il attire l'humidité et s'en pénètre, non plus comme autrefois par la force de succion de ses organes, mais par la propriété hygrométrique qu'il doit à sa substance ; de l'eau se forme, du gaz acide carbonique se dégage. Le reste se réduit en humus, substance pulvérulente, brune, onctueuse, éminemment fertile, où se retrouvent, en des proportions différentes; les mêmes principes que dans les végétaux, et qui est douée de la propriété de décomposer l'air et de se combiner avec l'oxygène. »

Nous avons dit et répété que l'arbre, par des ressemblances frappantes, est le frère cadet de l'homme. S'il lui ressemble à peu près pendant la vie, c'est encore mieux après la mort. Les deux cadavres, qui furent l'homme et l'arbre, sont chimiquement les mêmes. L'humus de l'un vaut l'humus de l'autre.

Mais tout homme a-t-il valu, dans la vie, son frère cadet l'arbre ?

CHAPITRE III.

LES ANIMAUX, LES OISEAUX, LES INSECTES.

Parmi les animaux, les oiseaux et les insectes, nous avons des ennemis acharnés et des auxiliaires précieux. Nous allons les passer brièvement en revue, afin d'empêcher qu'on ne les confonde dans la même proscription. Autant la chasse doit être persévérante contre les ravageurs, autant les auxiliaires utiles ont droit à notre intelligente bienveillance. Il faut bien se garder de tuer ses amis.

Section 1re. — NOS ENNEMIS.

Les animaux. — Les *lapins* sont les ennemis jurés du jardinage, mais nous ne les citons que pour mémoire, attendu qu'ils ne sauraient pénétrer dans nos jardins clos.

Les taupes. — Ce mammifère appartient à la famille des insectivores et nous est d'une certaine utilité sous ce rapport; il cause dans nos jardins des dégâts bien connus en soulevant la terre pour établir ses galeries souterraines. Cependant le bien et le mal se balancent. On a remarqué que dans les clôtures où, grâce à des chasses incessantes, la taupe est devenue rare, on trouve en plus grande quantité des lombrics ou vers de terre, des vers blancs et des larves dont elle fait sa nourriture exclusive. Les arbres périssent ou languissent sous les morsures des vers blancs aux racines. Quand on se sera rendu plus amplement raison de ces faits, la taupe a toutes les chances de trouver grâce devant nos préjugés vaincus.

Les mulots et autres. — Les mulots, les loirs, les lérots, les souris, les rats, les campagnols et les autres rongeurs occasionnent des dégâts sans compensation. Les gros mulots rongent en hiver les racines des arbres, celles des pommiers surtout. Au printemps ils mangent les jeunes pousses et s'attaquent aux fruits à l'automne, en choisissant toujours les plus beaux. Les loirs et les lérots ne touchent pas aux feuilles, mais ils entament une quantité de fruits qu'ils laissent aux branches et font ainsi dans une seule nuit des ravages considérables.

On se débarrasse bien de ces coûteux pensionnaires au moyen de piéges en fer qu'on amorce avec du pain dont ils sont très-friands. Chaque jardinier, pour détruire ces rongeurs, a ses moyens particuliers : des trappes, des pots de terre vernissés à l'intérieur et à demi remplis d'eau, des pâtes empoisonnées.

2° Les oiseaux. — Les moineaux et les diverses sortes de friquets sont à peu près exclusivement les seuls oiseaux qui hantent nos jardins et mangent nos fruits. Nous pensons qu'il est plus nuisible qu'avantageux de les tuer, car ils font au printemps une guerre acharnée aux insectes et payent ainsi leur écot. Néanmoins, comme nos fruits ont une grande valeur, il faut en éloigner les oiseaux qu'on épouvante assez facilement avec des émouchets artificiels faits d'un bouchon de liége garni de plumes et qu'on suspend sur la façade des arbres.

3° Les insectes. — Distinguons ceux qui n'ont pas absolument leur domicile sur l'arbre de ceux qui y sont pour ainsi dire adhérents.

Ceux qui ne vivent pas constamment sur l'arbre sont :

Les guêpes. — Elles font beaucoup de mal aux fruits qui mûrissent. Rarement elles construisent leurs repaires dans nos clos, mais le cas n'est pas absolument inconnu. Un guêpier est un fléau gênant qu'on ne détruit qu'avec des dangers sérieux, si l'on ne prend de grandes précautions contre les colères de la guêpe. Quand le nid ne possède qu'une ouverture, on y insère une mèche soufrée en bouchant presque entièrement l'orifice. La colonie est bientôt asphyxiée. Si les guêpes ne viennent chez nous qu'en visiteuses, tendez-leur des piéges. Emplissez d'eau miellée jusqu'à mi-hauteur de longues fioles que vous suspendez çà et là dans vos arbres. Les gourmandes s'y introduiront et s'y noieront.

Les fourmis. — Hôtes incommodes que nous ne voyons jamais avec plaisir arriver dans nos jardins. Cependant elles fournissent à l'observateur des indications précieuses. Où va la fourmi se trouvent des insectes nuisibles, kermès, punaises, pucerons, etc. Mais cette travailleuse n'en fait pas moins de grands dégâts en établissant ses magasins au pied des arbres et sous les racines. Quant à celles qui viennent d'ailleurs sur vos arbres, on peut dire qu'il suffit bien souvent de détruire les insectes qu'elles y recherchent pour les empêcher de revenir.

M. Éloi Trouillet emploie avec succès depuis plusieurs années la poudre de naphtate qu'il répand sur les fourmilières ou sur les endroits où ces insectes se réunissent. Le pétrole, qui est de la même nature que la naphte, étendue d'eau, rend les mêmes services.

Au printemps, surveillez bien les boutons à fleur de vos poiriers qui ont le malheureux don d'attirer les fourmis.

Les perce-oreilles ou forficules. — Tout le monde connaît ces insectes sans pouvoir dire d'où vient leur nom vulgaire de *perce-oreilles*. L'autre nom vient du latin et signifie *petites tenailles* ou *petits ciseaux*. La forficule est un ennemi redoutable qui pique nos fruits et s'attaque de préférence aux meilleurs. Elle ne ravage que la nuit. Ses légions se dissimulent partout pendant le jour. On a trouvé un moyen efficace de la détruire. Faites des tubes en papier, ouverts aux deux bouts. Insérez-y le soir des salades fraîches, et placez ces tubes sur les branches de vos arbres, le plus en arrière que vous pourrez. Le lendemain, dans la matinée, secouez toutes les salades dans un grand sac, et, si vous avez des poules, servez-leur votre chasse à déjeuner. Autrement noyez les prisonnières en plongeant le sac dans l'eau. Nous en avons vu prendre ainsi des légions formidables.

Si vous vous apercevez que la forficule se réfugie dans le sol, ce qui arrive quand il est frais et ameubli, plantez de distance en distance des piquets en haut desquels vous disposerez les tubes à salade, et opérez pour la récolte comme il a été dit plus haut.

Comme cet insecte mange les feuilles tendres de nos pêchers en attendant les fruits, on doit toujours trouver le temps de lui faire la guerre.

La loche. — Ce mollusque a pris le nom d'un poisson à ossature articulée. Il est mou et non gras, comme on le croit généralement. La loche est noire, visqueuse et pourvue d'une tête hors de proportion avec le corps. Elle a quelque vague ressemblance avec la grenouille et les petites limaces. On la trouve sur la face supérieure des feuilles de poirier, de pommier, de prunier, de cerisier, de cognassier. Elle ronge en peu de temps tout le parenchyme de la feuille et n'y laisse que les nervures. Il n'est pas rare d'en trouver une sur chaque feuille, même dans de grands poiriers. Quelques arboriculteurs écrasent cet animal avec le pouce. Le tabac en poudre offre le moyen le plus simple et le plus sûr de le tuer. Il suffit qu'un simple grain lui tombe sur le corps pour en avoir raison. Avec quelques bonnes prises on peut ainsi nettoyer un arbre.

Les limaçons. — Les limaces et les escargots comptent au nombre des déprédateurs. Un arboriculteur vigilant ne passe jamais le long de ses côtières sans fouiller du regard les derrières des arbres où se réfugient les escargots qu'il retire et qu'il écrase sous le pied. C'est le meilleur moyen de les détruire. En semant de la sciure de bois au pied des murs par un temps sec, les escargots, sortant de leurs repaires, ne franchissent jamais cet obstacle dont il a une sorte d'épouvante instinctive.

Le ver blanc. — C'est la larve du hanneton. Il ronge les racines de tous arbres, celles du poirier de préférence. On ne connaît guère qu'un moyen de s'en défaire, celui de planter dans le voisinage des arbres de la salade ou des fraisiers qu'on arrose assez souvent. Les larves y sont attirées et l'on reconnaît leur présence quand ces plants mordus à la racine commencent à se faner. On lève alors à la bêche la salade ou le fraisier, et l'on trouve l'ennemi.

Les chenilles. — Elles dépouillent les arbres de leurs feuilles et y causent de graves désordres. On sait que des règlements sévères nous obligent à l'échenillage. Une fois les nids abattus, ayons soin de les brûler. On combat les chenilles isolément, dans la saison, avec de l'eau de savon noir.

Tous les moyens que nous venons de donner pour combattre les ennemis de nos arbres sont employés à Montreuil; il est probable que les praticiens d'ailleurs en connaissent quelques autres aussi efficaces.

Section 2ᵉ. — NOS AUXILIAIRES.

1° LES ANIMAUX. — Les petits mammifères qui appartiennent aux insectivores sont les hérissons, les chauves-souris et les musaraignes.

Le hérisson, qu'on peut apprivoiser jusqu'à un certain point, est un travailleur nocturne. Rien n'est cruellement stupide comme la chasse faite à cet utile mangeur d'insectes.

La chauve-souris fait, en été, la guerre aux papillons crépusculaires et nocturnes qui ne volent qu'avant l'accouplement. Elle diminue donc ainsi le nombre des chenilles à venir.

La musaraigne ou petit mulot, vulgairement appelée *musette*, est aussi victime d'un préjugé. On lui fait la chasse comme aux mangeurs de fruit, et cependant elle vit exclusivement de petits insectes.

2° LES OISEAUX. — En général, les oiseaux qui vivent parmi nous, même ceux qui ne respectent pas toujours nos récoltes et nos fruits, sont des auxiliaires précieux. Plus vous respecterez les oiseaux, moins vous aurez d'insectes. Au reste, le plus grand nombre d'entre eux ne sont qu'insectivores.

Citons les chouettes, les chats-huants, les hirondelles, les engoulevents appelés *tette-chèvre* ou crapauds-volants, les mésanges, les hoche-queue, les fauvettes, les chardonnerets, les rossignols, les pinsons, etc.

3° LES REPTILES. — Ceux qui nous débarrassent le mieux des limaces et des autres mollusques sont les crapauds, les lézards gris, les lézards verts, les orvets ou anveaux.

Les lézards ou les orvets sont absolument inoffensifs, quoi qu'en disent les ignorants. Il n'y a donc pas à s'en garantir. Quant au crapaud, c'est autre chose. Il est ordinairement sans danger, mais, au printemps et dans la colère, sa peau laisse suinter une humeur très-venimeuse. Il suffit de mettre un peu de prudence avec cet utile reptile.

4° LES INSECTES. — Comptons parmi nos auxiliaires les nombreuses tribus de *carabiques* (scarabées, coléoptères), ces insectes brillants qui ont les ailes renfermées dans des espèces d'étui. Nous en connaissons beaucoup de sortes : le carabe doré, le carabe pourpré, la jardinière, etc. Citons encore les staphylins à corps allongé, les coccinelles ou *bêtes à bon Dieu*.

On voit que la nature qui nous a donné pour hôtes des oiseaux, des animaux et des insectes qui mangent nos fruits, rongent les feuilles et souvent tuent les arbres, n'a pas manqué de placer le remède à côté du mal. Chaque espèce nuisible a son ennemi qui lui fait une guerre incessante. Et disons-le, si bien souvent le mal l'emporte sur le bien, c'est que notre ignorance aveugle n'épargne pas plus nos auxiliaires que les autres. Laissons donc de côté des préjugés funestes, et si ce n'est pas par bienveillance, laissons vivre pour nos propres intérêts les bestioles qui sont nos bienfaitrices et qui ne nous demandent que le droit de vivre chez nous sans rien nous coûter.

CHAPITRE IV.

DES PARASITES.

Nous continuons à coordonner les différentes parties de la matière en faisant de ce chapitre deux sections bien distinctes, l'une consacrée aux parasites végétaux ou cryptogamiques, l'autre aux parasites de l'ordre animal.

Section 1re. — PARASITES CRYPTOGAMIQUES.

On appelle *parasite* un être qui vit aux dépens d'un autre. Chez nous le mot est souvent synonyme de *pique-assiette*. Il vient de deux mots grecs : *para,* proche, et *sitos,* blé. Dans les temples de la Grèce, il y avait un employé, le bedeau de ce temps-là, qui avait l'intendance des blés destinés aux volailles sacrées et qui, bien entendu, vivait de l'autel en recevant une belle part des viandes provenant des sacrifices.

On voit que le casuel, sous des formes diverses, vient de bien loin.

Parasite, qui fut d'abord un nom de profession, ne tarda pas à désigner un écornifleur vivant de la substance des autres.

En arboriculture, nous appelons de ce nom les plantes qui végètent ou les animalcules qui vivent sur nos arbres et à leurs dépens.

Voici les principaux et les plus communs parasites cryptogamiques dont nous avons à combattre les effets délétères sur nos arbres fruitiers :

1° *Taches de rouille.* — On les remarque particulièrement sur les feuilles du poirier. C'est, dit le professeur Éloi Trouillet, un petit point jaune qui apparaît sur le côté lisse de la feuille et devient une tache large comme une grosse lentille. Cette tache, vue à la loupe, laisse apercevoir une dizaine de petits points formant aspérité; ces points se développent, puis s'ouvrent, et il en sort un cryptogame velu qui acquiert le volume d'une noisette. Alors la feuille se dessèche et tombe avant l'époque ordinaire. Cette tache jaune se trouve aussi sur les branches où elle forme une véritable plante parasite et produit une sorte de chancre.

Les taches de rouille qui se montrent sur le fruit quand l'arbre est fortement attaqué, résistent à tous les traitements. On assure néanmoins que le procédé suivant est presque toujours heureux.

Mettre doucement dans un baquet de l'eau et de la chaux, dans la proportion de dix litres d'eau pour un demi-kilo de chaux vive en pierres. Couvrir le récipient pendant vingt-quatre heures, et, sans remuer la masse, se servir de l'eau pour arroser l'arbre attaqué.

2° *Lèpre ou Blanc-meunier* du pêcher. Que la cause en réside dans la malpropreté du mur ou dans la nature du sol, les jeunes bois du pêcher sont quelquefois envahis par des végétations cryptogamiques d'un blanc laiteux qui leur a valu le nom de meunier. On dirait l'arbre saupoudré de farine. Cette lèpre gagne aussi les feuilles et les fruits. Deux ou trois fois en plein soleil, avec un soufflet de jardin, l'on projette de la fleur de soufre sur les parties attaquées et le mal disparaît sans retour. C'est, on le voit, le traitement que nous employons contre l'oïdium de la vigne.

3° *Mousse et lichen.* — Ces parasites viennent toujours sur les arbres à pepins dont l'écorce est plus raboteuse. Ils naissent et se développent dans les rugosités, et leur action pernicieuse sur le poirier et le pommier consiste surtout à intercepter la transpiration de l'arbre.

On emploie divers traitements dont la chaux vive est toujours la base. Généralement pour les arbres à pepins on mêle deux parties de chaux et une partie de soufre ; avec de l'eau qu'on y mêle peu à peu, vous faites du tout une bouillie claire avec laquelle vous badigeonnez vos sujets atteints dès que les feuilles sont tombées, ou du moins avant les premiers mouvements de la séve.

Pour les arbres à noyaux, M. Trouillet remplace le soufre par le blanc d'Espagne.

On fait ainsi d'une pierre plusieurs coups. Les autres parasites, s'il en existe, résistent rarement à ce badigeonnage, et dans tous les cas, le pinceau nettoie l'arbre dans tous ses angles.

4° *Cloque.* — C'est un désordre qui se produit plus souvent dans le pêcher que dans les autres arbres. La cloque est une boursouflure des feuilles. Elle s'annonce par des points bruns et rouges sur les feuilles naissantes. En peu de temps les taches s'élargissent, les feuilles boursouflées, puis crispées, deviennent jaunes, rougeâtres et galleuses.

De ce que les arbres bien abrités des pluies de février en mai, le pêcher surtout, n'ont jamais la cloque, il a été facile de conclure que ce désordre, qui est bien une maladie, est dû aux pluies froides du printemps et aux brusques variations de température de cette saison.

Le remède unique est d'enlever les bourgeons et les feuilles malades.

5° *Mycélium.* — Ce mot vient du grec *mukès* qui veut dire champignon.

Le mycélium qu'il ne faut pas écrire *mycilium,* comme certains auteurs, représente le plus redoutable fléau de nos jardins fruitiers. Les persévérants l'ont combattu dix, douze, quinze années et ont fini par déposer les armes.

Nous allons nous y arrêter un peu plus de temps, afin de mieux l'expliquer.

Dans certains jardins, ceux qui avoisinent les maisons surtout, on s'obstine souvent à remplacer des arbres qui ne vivent guère que deux ou trois années, et qui meurent d'une façon toute particulière. Quand le jeune sujet, subitement arrêté dans sa marche, languit et s'affaisse, on prend le tronc dans une main et, sous le moindre effort, l'arbre ainsi qu'un poireau, sort de terre où il semble ne tenir par aucune racine.

Une forte odeur de champignon pourri s'exhale du sol et l'arbre mort est imprégné de cette odeur nauséabonde.

On dit à Montreuil que toute côtière envahie par le blanc de champignon est une côtière perdue pour les arbres.

C'est malheureusement vrai pour le pêcher surtout, très-accessible aux atteintes du terrible parasite. Le pommier n'y résiste guère davantage; mais le poirier s'en défend mieux, ou du moins plus longtemps que les autres arbres. Aussi, quand le champignon s'est emparé du sol d'un jardin, remplace-t-on le pêcher par le poirier.

Vu la gravité du mal qu'on regardait ici comme irréparable, il nous paraît utile de décrire le parasite afin de le faire mieux reconnaître.

On appelle *spores* les corps reproducteurs des cryptogames. Elles sont très-nombreuses sur chaque individu et renfermées dans des vésicules distinctes et séparables qu'on nomme *sporange* ou thèque. Le sporange contient un grand nombre de spores, quatre, huit, dix, etc. Les spores, généralement ovoïdales ou rondes, ont une consistance très-grande, ce qui leur donne une force énorme de pénétration dans les corps organisés.

On appelle *mycélium* un assemblage de filaments d'abord simples, puis plus ou moins ramifiés, qui sont le produit de la végétation des spores et qui servent de support ou de racine aux champignons. Ces filaments qui s'emparent du sol en tous sens forment ce qu'on nomme le *blanc de champignon* ou *blanc des jardiniers*. Le mycélium possède une existence propre. Vous aurez beau couper ou hacher son réseau, chaque parcelle peut produire le champignon qui donnera de nouveaux sporanges, de nouvelles spores, conséquemment du mycélium nouveau.

D'où la difficulté presque insurmontable de se débarrasser de ce dangereux cryptogame. Si vous amenez des terres neuves aux places empoisonnées et que vous les enfermiez dans des caisses en briques, le mycélium qui est resté dans les alentours ne tardera pas à s'introduire dans vos caisses pour y tuer les jeunes arbres.

Voici maintenant comment il agit sur les sujets. Les filaments mucilagineux rencontrent les racines, s'y attachent, s'y feutrent et forment une couche de blanc moisi. Agissant alors à la façon des mousses sur les branches, le mycélium enrobe la racine sous une cuirasse impénétrable, mais une cuirasse vivante qui intercepte les sucs venus des spongioles et s'approprie les principes destinés à nourrir l'arbre. Le poirier ne résiste sans doute mieux à l'action meurtrière du parasite que par une raison mal définie jusqu'à présent, et qui nous paraît résulter du grain plus fin, plus serré, plus impénétrable du bois de cette essence.

On sait que le fumier de cheval est extrêmement favorable au développement des spores. Il faut donc s'abstenir de fumer les côtières et les endroits où il y a des arbres avec du fumier de cheval non entièrement consommé. En général point de fumier frais d'aucune sorte sur vos côtières. Mieux vaut pécher par excès de prudence que de se prêter à l'éclosion du mycélium.

Comme il s'agit ici d'un intérêt majeur et d'un ennemi implacable contre lequel on n'a pas d'arme certaine, on peut essayer de tuer le mycélium en mélangeant la terre de poudre de naphtate ou en l'arrosant de pétrole convenablement étendu d'eau. Ce mélange ou cet arrosage se répétera deux ou trois fois pendant l'année de repos qu'on donnera au sol. Puis, avant de replanter le jeune arbre dans la place ainsi purifiée, vous l'entourerez d'une tranchée aussi étroite que possible, à un mètre en avant et de chaque côté du sujet ; puis vous reboucherez immédiatement cette tranchée avec la terre qui en provient et que vous aurez préalablement additionnée d'une bonne dose de naphtate ou arrosée d'eau pétrolée. Plus la tranchée aura été profonde, plus le traitement aura de succès.

Section 2º. — PARASITES DE L'ORDRE ANIMAL.

1º *Les Gallinsectes*. — Les Gallinsectes comprennent un grand nombre de parasites, parmi lesquels nous comptons le *tigre sur bois* ou *kermès*, la *punaise* courante et la *punaise kermès* du pêcher, soit ronde, soit aplatie.

Tigre sur bois. — En fait d'insectes, c'est pour nous le plus redoutable. On distingue le *tigre long* ou *teigne* dont on reconnaît facilement la présence, et le *petit tigre* qui se soustrait presque à l'œil nu. C'est, dit le professeur Trouillet qui a parfaitement observé et décrit les insectes de nos arbres, un petit point rond, tantôt de couleur blanche, tantôt brun de plomb, d'autres fois jaunâtre cendré, presque semblable aux petits points que l'on remarque sur l'épiderme de la Reinette-Canada. Ces deux sortes de parasites attaquent les arbres à pepins et à noyaux, le vieux, le jeune bois et même le fruit.

Nous avons heureusement un remède infaillible contre ce fléau destructeur, et comme ce remède a fait surgir une foule de réclamations de la part de gens qui veulent en être les inventeurs, nous allons raconter l'histoire de cette trouvaille heureuse.

D'abord la recette date de 1844 ;

Ensuite elle appartient à Montreuil.

A la récolte de 1844, Mme Lauriau, épouse de M. Lauriau-Girard, étant tombée malade, se fit remplacer dans ses courses à la halle de Paris par une journalière qui surmena le cheval de la maison et le laissa bientôt fourbu.

A peine rétablie, Mme Lauriau s'en alla voir ses côtières de la ruelle du Clos-Allemand et s'aperçut que les arbres étaient couverts de gallinsectes, de cet odieux tigre sur bois qui commençait à gagner les cultures de Montreuil.

Le vétérinaire de ce temps-là n'avait guère qu'une recette pour soigner les chevaux malades. La panacée consistait à laver à la brosse les chevaux atteints de n'importe quoi, avec du savon noir dissous dans l'eau. Dans le moment il restait à la maison un baquet à moitié plein de cette eau de savon qui avait guéri la bête et qui pouvait bien guérir les arbres. Les panacées ont de ces vertus. Mme Lauriau fit badigeonner les arbres avec cette solution et les pêchers furent radicalement débarrassés des parasites.

Il y a de cela quarante-un ans. Le professeur Trouillet, s'étant avec intelligence emparé de la recette, imagina de la compléter en y ajoutant du soufre.

Après divers tâtonnements, il s'en tint aux proportions suivantes :

Deux parties de soufre en poudre ;
Une partie de savon noir.

Broyer le tout en y jetant de l'eau chaude jusqu'à la consistance de bouillie claire ; puis avec cette préparation badigeonner l'arbre avec un pinceau.

Le savon détruit les insectes et le soufre attaque plus particulièrement les végétations parasites.

Si parfois la mixture était trop claire, on peut l'amener à la consistance voulue au moyen de blanc d'Espagne en poudre.

Punaise ronde et plate du pêcher. — Empruntons au même habile praticien sa description de la punaise kermès. Cet insecte n'est réellement visible que le 15 mai, à l'automne et pendant l'hiver. C'est la punaise plate, qui lors de son développement représente la forme d'une petite nacelle renversée. On aperçoit comme une petite pellicule couleur acajou pâle, qui se trouve sur le vieux bois et surtout sur le jeune, dans l'insertion des boutons. Ce parasite et quelques-uns de ses similaires n'ont de moyens de locomotion que dans le jeune âge. La brosse de chiendent ne suffit pas pour le détacher. Mieux vaut enrober l'arbre avec la mixture de soufre et de savon donnée ci-dessus, qu'il s'agisse du poirier, du prunier ou de la vigne.

Punaise courante. — Les punaises courantes, particulières au poirier et au pommier, y forment des anneaux ou bagues pendant le jour, et se répandent sur les branches pendant la nuit. Un peu plus tard en saison, ces insectes se réfugient pendant le jour dans les angles des branches où il est facile de les tuer en les couvrant d'une mousse épaisse faite avec du savon noir battu.

Puceron vert du pommier. — Cet insecte, qui ne se montre guère sur les jeunes rameaux et les feuilles que vers la fin de juin, résiste à l'eau de tabac et l'on n'en a raison qu'avec une brosse de chiendent.

Puceron gris cendré du prunier. — Ces parasites ne tardent pas à s'emparer de toutes les jeunes pousses et des feuilles de l'arbre envahi. La récolte est perdue complètement non-seulement pour l'année, mais encore pour l'année suivante. On a beaucoup préconisé, comme moyen de destruction, les fumigations de tabac, mais, outre qu'il est toujours difficile de couvrir l'arbre d'une toile pour y retenir la fumée, nous ne croyons pas à l'efficacité complète du traitement. S'il s'agit d'un gros prunier, la réussite ne payerait pas le temps qu'il y faudrait sacrifier.

Puceron du pêcher et du cerisier. — Il est souvent vert et quelquefois noir. On le détruit facilement avec de l'eau de tabac dont on lave les branches avec un pinceau. Le jus de tabac que nous étendons d'eau nous est fourni à Montreuil par la manufacture du Gros-Caillou. Autrement on peut faire infuser ou bouillir cent grammes de tabac à fumer dans cinq litres d'eau, ce qui donnera de quoi laver un certain nombre de pêchers ou de cerisiers.

On a récemment indiqué comme une recette certaine de l'eau qu'on a fait bouillir avec des poireaux et qu'on emploie comme l'eau de tabac.

Larve sous-épidermique. — Les cerisiers et plus encore les pommiers et les poiriers reçoivent au renouveau la visite d'une toute petite mouche au corps azuré qui volète de feuille en feuille et pique la face supérieure, en déposant dans chaque piqûre une larve qui grandit sous l'épiderme lisse et ronge le parenchyme. La tache, dit M. Trouillet, très-expert en cette matière, devient noire et s'élargit suivant le besoin de l'insecte. Alors le parasite sort et se transforme en petite chenille zébrée qui, à son tour, attaque les feuilles restées saines en les ramenant les unes contre les autres avec un petit fil qui lui sert en outre à se laisser tomber à terre lorsqu'on remue l'arbre.

Puceron lanigère ou blanc de pommier. — Le puceron lanigère est le plus grand ennemi du pommier. Il est intermittent comme tous les insectes, et l'on voit assez souvent des sujets occupés par ce parasite pendant une ou plusieurs années, s'en débarrasser sans qu'on ait rien fait pour cela.

Il est surtout fréquent dans les terrains frais et se porte de préférence sur les jeunes pousses. Il est armé d'une trompe avec laquelle il perce l'épiderme des branches pour aspirer la sève. Comme ces insectes se réunissent en couches serrées, ils présentent une surface blanche faite d'une sorte de mucus gluant. En peu de temps, la sève appelée par ces innombrables suçoirs, s'arrête en excès par places, dilate l'écorce et produit des calus, des glandes, des boursouflures qui rendent l'arbre hideux. Toutes ces aspérités sont des nids pleins d'œufs et l'évolution successive des générations nouvelles met à nu l'intérieur de la branche et détermine des chancres mortels.

L'humidité du sol doit être pour beaucoup dans l'éclosion inattendue du puceron lanigère, car le plus souvent il semble venir de la racine, sortir de terre et monter insensiblement jusque dans le haut de l'arbre.

Autre raison qui vient à l'appui de cette opinion, c'est que les pommiers bas sont les plus attaqués et que les sujets en espalier, à certaine hauteur, s'ils sont bien exposés, ont rarement le puceron.

On emploie contre ce parasite un grand nombre de moyens de destruction parmi lesquels nous indiquons ceux que nous avons vus réussir.

1° Déchausser l'arbre et lui rendre sa terre mêlée d'un quart de suie et d'une bonne poignée de sel de cuisine. Puis frotter les branches atteintes avec un tampon de ouate ou mieux avec un pinceau doux trempé dans une bouillie de suie et de sel fondu.

La suie de charbon de terre ne diffère pas notablement de la suie de bois et l'on emploie indifféremment l'une ou l'autre.

2° Après avoir traité le pied de ce sujet, comme ci-dessus, par la suie et le sel, passer sur toutes les branches attaquées un chiffon chargé de soufre en poudre. Cette poudre forme, avec le mucus de l'insecte écrasé, une sorte de mortier gras qu'on laisse sur l'arbre.

3° Dans les deux cas précédents, on peut opérer avec de la cendre de bois seule au lieu de suie et de soufre. Nous préférons la mêler avec l'une et l'autre.

4° La suie contenant entre autres choses de l'acide acétique, on peut encore essayer du vinaigre.

Au surplus, il nous paraît impossible qu'avec ces quatre choses au choix : suie, sel, soufre et vinaigre, on ne vienne pas à bout de tuer le puceron lanigère.

Note importante. — Dans la guerre qu'on fait aux parasites, un grand nombre de personnes emploient les corps gras et l'huile en particulier.

Si l'on a bien retenu ce que nous avons dit, en commençant

ce livre, de la respiration et de la transpiration des végétaux, on comprendra que tous les corps gras ferment exactement les pores de l'arbre, c'est-à-dire les voies par où s'exécutent ces deux fonctions essentielles. Le remède tue l'insecte, mais il tue aussi le végétal. Certains cultivateurs, en répandant l'huile sur les branches, se gardent d'en mettre sur les boutons et sur les yeux; mais il doit arriver souvent que c'est laisser aux parasites de petits camps retranchés, d'où ils se jettent tôt ou tard sur les endroits d'où l'huile les a chassés.

Quant à l'enduit de soufre et de savon, les pluies, les dégels et l'action de l'hiver ne lui laissent que le temps de détruire les insectes, sans nuire à la transpiration qui ne fonctionne guère qu'à la séve.

Or, à l'époque où la séve repart, l'arbre est nettoyé de tous les parasites.

CHAPITRE V.

ACCIDENTS ET MALADIES INTERNES.

Les accidents, quels qu'ils soient et d'où qu'ils viennent, déchirent violemment l'écorce et rompent le bois des branches.

Dans nos arbres fruitiers, on remédie aux déchirures de l'écorce en rendant la plaie bien lisse au moyen de la serpette et en la recouvrant d'une couche d'onguent de Saint-Fiacre. Bien des gens nous disent que cette dernière précaution n'a pas d'importance; mais nous leur répondrons que toute blessure qui met en contact avec l'air extérieur des parties ordinairement cachées occasionne des désordres pathologiques. Chez nous, c'est toujours le premier danger dans les plaies; pourquoi n'en serait-il pas ainsi chez le végétal?

S'il y a fracture dans une branche déjà vieille, le mieux est de pratiquer l'amputation au-dessous de l'accident, de rendre la section bien lisse et de la couvrir de cire à greffer ou d'onguent de Saint-Fiacre.

Nous avons dit dès le principe que la culture intensive ou la domestication des arbres amène chez eux une foule d'altérations, comme la civilisation provoque chez l'homme l'éclosion d'un grand nombre de maladies inconnues à l'homme de la nature. La taille, les pincements, le palissage, l'excès de chaleur le long des murs, l'excès de fumure ou la mauvaise qualité des engrais sont autant de causes de désordres plus ou moins graves.

N'oublions pas non plus que nos arbres n'ont pas toujours

une origine irréprochable. Comme nous ne faisons que rarement nos arbres, et que nous sommes un peu forcés de les prendre de toute main, nous plantons souvent des sujets atteints de maladies originaires dont nous ne connaissons pas la provenance.

Il nous paraît inutile de nous étendre davantage sur les accidents de toute nature qui amènent dans la santé de nos arbres des altérations souvent mortelles.

Nous arrivons donc sans plus tarder aux maladies les plus communes dans les différentes espèces.

La Chlorose. — C'est chez l'homme l'appauvrissement du sang, les pâles couleurs. Dans l'arbre, c'est bien aussi : l'appauvrissement de la séve, le manque de sucs nourriciers, l'état maladif d'un sujet planté dans un sol qui ne lui fournit qu'une incomplète alimentation. La chlorose peut tenir à d'autres causes encore, mais c'est toujours un affaiblissement successif.

Si le malade est dans un terrain frais, on met à sa base, et *sur le sol*, du fumier chaud, fumier de poules ou de pigeons. Dans les terrains ordinaires, on forme cette couche de cendre et de suie. L'excès de cette fumure serait nuisible. De temps en temps on jette sur cette fumure, pour en dissoudre les sels, un arrosoir d'eau dans laquelle on a fait fondre de 15 à 20 grammes de sulfate de fer.

Si le temps se maintient au sec, on arrose le soir les feuilles de l'arbre avec cette même eau sulfatée qui, lancée en poussière avec un arrosoir très-fin, retombera sur le sol qu'elle rafraîchira, tout en maintenant une sorte d'équilibre hygrométrique entre toutes les parties du sujet.

Quand l'affection n'est pas mortelle, ce traitement agit vite et bien.

La Pourriture. — La pourriture est une décomposition du bois qui provient du séjour prolongé de l'eau de pluie dans des blessures, des déchirures faites à l'arbre. Aussi demandons-nous que toutes les sections des membres présentent une face lisse et toujours inclinée, pour que l'eau ne séjourne pas. On doit savoir prévenir la pourriture; on ne la guérit que par l'amputation de la branche attaquée ou même de la tige.

La Carie-Moisissure. — Elle monte généralement des racines et provient de la fraîcheur exagérée du sol, ou de blessures faites aux racines par le fer de la bêche ou par tout autre outil. Toutes les blessures souterraines ont des suites fâcheuses. La séve qui monte des spongioles y trouve un obstacle qui l'arrête. Alors il se forme une carie qui monte et gagne de proche en proche. On peut couper une racine; mais coupez-la toujours complétement. La séve n'y montera plus et n'y pourra provoquer aucun désordre.

Si la carie a pour cause la trop grande humidité du sol, on y remédie en drainant les alentours du sujet.

Les Suintements sanieux. — Il en est de différentes natures, mais tous ont le même aspect. Il existe plus ou moins profondément, dans le bois, un ulcère d'où découle une sanie qui ronge l'arbre.

Le remède unique, dans tous ces cas d'extravasions sanieuses, consiste à faire au vif l'ablation de toute la partie malade, en ayant soin de ne laisser aucun levain, si petit qu'il soit, et de recouvrir la plaie de cire à greffer.

Les Coups de Gomme. — La gomme est un suc particulier aux amygdalées, c'est-à-dire à nos arbres à noyaux. Dans le prunier, elle ne tourne jamais à mal; mais elle est, dans notre Montreuil, le plus redoutable fléau du pêcher.

Cela s'appelle le *coup de gomme* ou la *glu*.

Cette gomme, ce suc propre qui circule et fonctionne dans une indépendance probablement absolue de la séve, s'arrête parfois sur une branche, souvent dans un angle d'insertion. L'écorce s'enflamme, se fendille et se carie. En peu de temps le dépôt grandit, contourne la branche et la tue sans remède.

Nous avons étudié de très-près ce cas pathologique, et voici ce que l'analyse nous a démontré : le bois attaqué perd sa constitution ; les vaisseaux et les cellules se décomposent, et, si ce bois envahi est débarrassé de la gomme coagulée, il tombe en poussière.

Les arbres formés, qu'on plante à deux ou trois ans, ont plus que tous les jeunes sujets la chance d'être frappés du coup de gomme.

D'où vient ce mal ?

Nous avons assisté jadis à des expériences très-curieuses, faites par l'éminent docteur Heurteloup, pour constater l'action des petits courants d'air froid sur le corps. Il déterminait sur un bras une inflammation locale très-accentuée en y dirigeant, au moyen d'un tube, un courant d'air glacé.

Ces expériences du savant médecin avaient pour but d'établir un nouveau système de ventilation hygiénique dans les appartements.

La mort vint prendre le beau grand vieillard au milieu de ces suprêmes études ; mais la leçon des courants d'air ne fut pas perdue pour tout le monde. Il nous vint un jour l'idée de renouveler l'expérience sur le pêcher, et nos lecteurs peuvent la faire eux-mêmes.

Attendez une journée d'été bien chaude. L'arbre en espalier se trouve dans une température ambiante de 35 degrés au moins, de 40 souvent. Prenez un long tube de verre dans lequel vous introduirez une dizaine de morceaux de glace concassée ; puis au moyen de ce tube, par lequel l'air pourra passer encore, soufflez pendant deux ou trois minutes sur une branche et au même point, et vous y déterminerez un coup de gomme, une véritable inflammation.

Le coup de gomme provient donc indubitablement d'un refroidissement subit, par l'air ou par la pluie, sur une branche de pêcher. Il est plus fréquent dans les saisons variables, et les pluies froides du printemps en provoquent un grand nombre de cas.

Les moyens préventifs consistent surtout à garantir les pêchers des pluies de mars, d'avril et même de mai. Si par hasard un arbre était mouillé, nous conseillons à ceux qui n'ont pas les occupations de la grande culture de couvrir le tronc et les branches principales de lisières de drap enroulées, dont la chaleur moite rétablirait la circulation de la gomme. C'est traiter rationellement l'arbre comme la personne qui vous arrive trempée par une averse.

Une fois le coup de gomme déclaré, tout moyen thérapeutique devient nul. La chirurgie doit agir. Enlevez donc jusqu'au vif, plus avant dans le bois que moins, la partie atteinte, et mettez sur la blessure de l'ablation un bon emplâtre de cire à greffer. Le coup de gomme pris à temps n'a pas de suites fâcheuses; mais, s'il fait le tour de la branche, c'est une branche irrévocablement perdue.

Le badigeonnage ou enrobement de l'arbre en hiver avec la mixture de soufre et de savon (voyez ci-dessus, page 465) prévient les coups de gomme en protégeant le bois.

FIN DE LA QUATRIÈME PARTIE.

CINQUIÈME PARTIE

LE SOL

Nous resterons dans les limites imposées à ce livre par sa nature même, en donnant sur le sol, sur les engrais, sur le terrain propre à chacun de nos arbres et sur la nourriture des végétaux, les notions élémentaires que l'arboriculture doit posséder.

Cette cinquième partie sera donc non pas un traité de chimie agricole, mais un simple appendice servant de complément à notre œuvre.

CHAPITRE PREMIER.

COMPOSITION DU SOL.

Ce qu'on appelle le *sol* est la couche supérieure du globe. Cette couche est formée des débris de roches que les siècles ont pulvérisées.

Le sol où poussent nos arbres n'est pas entièrement cultivé.

Dans son ensemble il est appelé *sol végétal* ; mais le dessus formant cette partie qu'atteignent nos instruments de culture est dit seul le *sol arable*. Et ce dessus, cela se comprend, doit être généralement plus riche que la couche végétale inférieure, puisqu'il reçoit le premier les matières animales et les matières végétales qui donnent à la terre sa fertilité.

L'analyse chimique trouve dans une poignée de terre des substances minérales et de l'*humus*.

Les substances minérales sont fixes. On ne saurait ni les volatiliser ni les brûler. Elles résistent à tout.

L'humus ou terreau, terre noirâtre, légère et sans liaison entre ses molécules, provenant des matières végétales et des matières animales décomposées, est combustible et volatil. Si vous en mettiez quelques poignées bien pures dans une poêle sur un fourneau ardent, vous ne tarderiez pas à voir la poêle se vider : toute votre cuisine s'en irait en vapeur.

Les substances minérales ou fixes du sol sont :

La *chaux*,

La *silice*,

Et l'*argile* ou *alumine*.

A ces trois minéraux, il faut ajouter le fer, le manganèse et la magnésie qui s'y trouvent en proportions bien moindres et sans importance pour la qualité du terrain.

1° LA CHAUX. — La chaux ou le calcaire se trouve dans le sol à l'état de chaux carbonatée ou de carbonate de chaux. Le moellon, la pierre à bâtir, la pierre qu'on fait cuire dans les fours à chaux, la craie, le marbre, l'albâtre, etc., sont du carbonate de chaux, c'est-à-dire de la chaux combinée avec du gaz acide carbonique, l'un et l'autre très-abondants partout dans la nature.

Ce gaz acide carbonique pèse presque le double de l'air atmosphérique dont il forme à peu près une centième partie. Ne pas le confondre surtout avec le gaz hydrogène carboné. Ces deux gaz existent dans le charbon de bois. Quand vous allumez un réchaud, le premier gaz à flamme bleue qui s'en dégage est du gaz hydrogène carboné, treize fois plus léger que l'air et inflammable. C'est notre gaz d'éclairage. Celui-ci nous asphyxie bel et bien.

Quand le réchaud cesse de donner la flamme bleue et qu'il est en grand feu, il ne donne plus que du gaz acide carbonique, mais en grande quantité. Celui-là seul se trouve dans la braise de boulanger. Il est irrespirable aussi, asphyxiant comme l'autre, mais, comme il est plus pesant que l'air, il est moins immédiatement dangereux, puisqu'il forme la couche inférieure de l'air dans un appartement, quand il ne se dégage qu'en moyenne quantité.

C'est ce gaz acide carbonique qui se trouve mêlé à la chaux dans la pierre à bâtir, dans le marbre, etc.

De là le *carbonate de chaux*, l'un des trois minéraux constitutifs du sol végétal.

La chaux fait encore partie du sol végétal sous une autre forme, c'est-à-dire combinée à l'acide sulfurique. C'est le gypse, la sélénite ou le plâtre. On l'appelle alors *sulfate de chaux*. A l'état cru, c'est le gypse ou la sélénite; calciné, il donne le plâtre. C'est le gypse mêlé aux eaux de sources, de rivières et de puits, qui leur donne une odeur fade et empêche les légumes d'y cuire et le savon de s'y dissoudre. Ces eaux sont dites séléniteuses.

Donc la chaux existe dans le sol sous deux formes :

Le carbonate de chaux,
Et le sulfate de chaux.

2° LA SILICE. — La silice, c'est la pierre à briquet, le grès de nos routes, les meules de nos moulins, le cristal de roche, les agates du commerce. Broyée par le temps, la silice devient le sable qu'on trouve en masse au bord des mers, dans les rivières et dans les terrains granitiques des pays montagneux. La silice ne fond pas dans l'eau.

C'est le plus insoluble des trois minéraux du sol.

3° L'ALUMINE. — A l'état de pureté on ne le rencontre que rarement; ce minéral est blanc, doux au toucher, sans saveur, ne fondant pas dans l'eau, adhérent à la langue. Il forme pâte avec l'eau sans presque s'y dissoudre. Il est généralement combiné dans la nature avec de la silice et du carbonate de chaux. Ce mélange forme ce qu'on appelle l'*argile* ou la *glaise,* quand l'alumine s'y trouve en quantité dominante.

Si nous ne tenons compte ni du carbonate de magnésie, ni de l'oxyde de fer, ni de l'oxyde de manganèse qui se trouvent dans nos terrains, mais en trop petites proportions pour y exercer une action marquée, nous pouvons poser en principe que le sol végétal se compose de deux parties bien distinctes, à savoir :

1° De substances organisées,

2° Et de substances inorganiques.

Les substances organisées proviennent des débris des animaux et des végétaux. Ces débris décomposés s'appellent l'*humus*.

Les substances inorganiques ou minérales sont : la chaux, la silice et l'argile.

L'humus qui fournit la nourriture à tous nos végétaux, étant sans cohésion, ne pourrait maintenir les arbres dans leur position verticale. Le propre poids d'une plante l'en arracherait.

Les substances inorganiques plus serrées, plus compactes, ont pour fonction d'attacher fortement l'arbre au sol, mais dans des conditions variables et déterminées par les proportions où chacune des trois substances inorganiques figure dans la combinaison ou le mélange.

Les terrains où la chaux domine s'appellent *calcaires*. Ils sont d'une culture facile, absorbent vite l'eau qu'ils reçoivent et se dessèchent promptement.

Les terres fortes sont celles où domine l'argile. Elles sont humides et froides à cause de l'eau qu'elles gardent longtemps. En se desséchant, elles se fendent et se sillonnent de crevasses. Il est toujours difficile de les cultiver ; n'en attendez jamais que des produits tardifs et de qualité secondaire.

La silice ou sable formerait à elle seule une terre sans liaison qui ne retiendrait pas plus les plantes que l'humus. Une terre sableuse n'offre aucune résistance aux outils de labour.

La chaux, la silice et l'argile, stériles par elles-mêmes, étant mélangées en proportions convenables, constituent la *terre franche,* c'est-à-dire le sol le plus propre à recevoir l'humus et à favoriser l'action des engrais.

Sous-sol. — On nomme *sous-sol* la couche de terre ou de pierre qui s'étend immédiatement au-dessous de la couche végétale. Le sous-sol n'est pas, tant s'en faut, indifférent à la qualité du terrain supérieur.

La couche végétale ne possède pas une profondeur uniforme. Dans les fonds elle est extrêmement épaisse ; un mètre, deux, trois et parfois davantage. En moyenne elle varie de 15 à 50 centimètres.

Le sous-sol est perméable ou imperméable ; c'est-à-dire que l'eau peut ou ne peut pas le traverser.

Comme le sol, il est calcaire, argileux ou sableux.

Posons en principe essentiel que tout est dans les meilleures conditions quand la nature du sous-sol est juste contraire à celle du sol.

Au sol calcaire et léger qui laisse passer l'eau trop facilement, il faut un sous-sol argileux qui la retienne.

Au sol argileux qui garde l'eau facilement, il faut un sous-sol calcaire qui l'attire et en débarrasse le dessus.

Mais on comprend qu'il est impossible de changer complètement les conditions de la nature et que le drainage est à peu près le seul moyen que nous ayons de corriger en ce sens les défectuosités du terrain.

Les bancs de pierre ou de rochers imperméables offrent pour un sous-sol les conditions les plus désavantageuses.

Disons, pour en finir, que dans les terrains désignés par deux adjectifs, comme *sablo-argileux, argilo-siliceux,* etc., le premier adjectif désigne le minéral qui domine. Ainsi, dans une terre argilo-calcaire, c'est l'argile qui s'y trouve en excès; dans une terre sablo-argileuse, c'est le sable ou la silice.

Ajoutons ce dernier mot, que, dans les sols ordinaires où n'existe pas la culture intensive, l'humus entre environ pour un dixième. Ainsi 9 dixièmes de substances inorganiques et un dixième de substances organiques.

Au-dessous de cette proportion d'humus, le sol est maigre et appauvri.

Il est facile de reconnaître la quantité de substances organiques contenues dans un terrain, puisque ces substances sont volatiles et combustibles.

Prenez, par exemple, un litre de terre en plein sol de culture et faites entièrement sécher cette terre soit dans un vase sur le feu, soit au soleil, en l'étendant sur une planche en une couche très-mince.

Puis pesez. La différence en moins vous donnera le volume de l'eau contenue dans la terre.

Faites chauffer ensuite dans un vase en fer, marmite ou casserole, cette terre desséchée. Le vase chauffé au rouge ardent consumera et volatilisera l'humus, ne gardant que les substances inorganiques, chaux, silice et alumine.

Après refroidissement, vous pèserez et la nouvelle différence vous donnera juste la quantité d'humus contenue dans la terre.

On trouvera dans tous les livres élémentaires de chimie agricole le moyen de déterminer par une analyse facile en quelle proportion chacun des trois minéraux entre dans la composition du sol. Mais, si précise qu'elle soit, une analyse quantitative apprendra peu de chose aux gens du métier. Il ne faut pas grand temps en effet au praticien qui connaît la terre pour savoir si tel sol est sableux, argileux ou calcaire. Les petites fractions en plus ou en moins n'ont pour ainsi dire aucune importance dans la culture.

CHAPITRE II.

DES AMENDEMENTS ET DES ENGRAIS.

Ce titre soulèverait facilement des questions brûlantes et nous placerait en un champ clos où nous nous trouverions en face de plusieurs écoles.

Nous sommes infiniment plus modeste. Nous ne voulons pas sortir de nos jardins, et nous nous en tiendrons à quelques conseils utiles à propos des amendements et des engrais usités communément.

Nous avons dit qu'une terre en bon état contient un dixième d'humus. Si les trois substances inorganiques se divisent en parties égales les 9 dixièmes restants, on a ce qu'on appelle une terre *franche*.

Amender un sol, c'est en ramener à de justes proportions les minéraux qui la composent. Amender n'est donc pas fumer.

Mais certaines cultures demandent qu'il y ait des écarts dans les proportions de ces substances inorganiques. Le blé viendra bien dans la terre franche, mais la Bourgogne et la Champagne n'auraient pas leurs vins célèbres si le sol ne contenait du calcaire en excès, 40 pour 100 au moins, aux dépens de l'alumine.

A Montreuil, le sol est ce qu'il restera pour l'éternité. Dieu nous l'a donné pour la culture des arbres fruitiers, du pêcher surtout.

Les amendements n'ont donc qu'un intérêt très-secondaire et

ce qu'il nous paraît utile d'en dire se mêle naturellement à la question des engrais.

Il y a trois siècles qu'on cultive ici le pêcher, coude à coude avec quelques essences d'arbres fruitiers. Aussi n'entendez-vous d'un bout à l'autre du pays que ce refrain : « La terre est usée ! »

Mais quand une douzaine de convives apportent à la même table un bel appétit, les plats se vident comme par miracle. Est-ce à dire que les convives du lendemain, se servant de la même vaisselle, n'auront plus rien à manger ?

On fera le lendemain ce qu'on a fait la veille, on emplira copieusement les plats, et, tant que la vaisselle n'aura pas été brisée, on recommencera le même manége du renouvellement des mets.

Est-ce que la terre s'use ?

Non pas, elle s'appauvrit, voilà tout. Or, vous avez vos engrais, vos gadoues, vos fumiers de cour, vos débris, toutes les ressources imaginables sous la main.

Seulement retenez bien ceci : Dans un grand nombre de fumures successives, il s'en trouve indubitablement qui sont sujettes à caution. Vous empoisonnez parfois votre côtière, croyant la fumer. Ainsi, ce parasite abominable qui vous tuerait jusqu'à votre dernier arbre, si vous n'y preniez garde, croyez-vous, là, sincèrement, qu'il vienne de l'usure de la terre ? Et le puceron lanigère ? Et le reste ?

Pas de préjugés. Les questions d'amendements et d'engrais chez nous sont à la portée de toutes les intelligences.

En ce qui concerne les fumiers proprement dits, les boues de Paris consommées, la gadoue enfin, nous pensons qu'on peut employer cet engrais les yeux fermés, et suivant le mode actuel. Mais nous avons peur de tous les fumiers de maison, formés en majeure partie de fumier de cheval. On sait qu'il est un nid à champignons et nous croirons jusqu'à preuve du contraire qu'il provoque la naissance du mycélium, le plus redoutable fléau de nos jardins.

Doit-on pour cela ne pas employer le fumier de cheval, cette ressource qu'on a sous la main? Pas le moins du monde, seulement il faut le laisser mûrir et activer sa décomposition au moyen d'un léger mélange de chaux.

A défaut de chaux vive, employez le plâtre cuit ou cru; si le plâtre vous manque, employez la cendre de bois, et votre fumier consommé vous fournira le meilleur engrais.

Les cultivateurs ont presque tous dans un coin de leurs jardins une réserve de fumier, formée de feuilles, d'herbes, de ratissures, de gazons, de débris de toutes sortes, et cette réserve est une ressource précieuse qu'on a toujours à sa disposition. Nous appellerions volontiers cet humus en formation, le pain sur la planche de nos arbres.

Étant donnés les besoins de chaque espèce, nous pourrions en tenir le plus grand compte pour préparer cette terre à l'avance et en faire une cuisine excellente.

Chez nous, les terres profondes sont rares, et le poirier qui pivote quand il est sur franc, ne demande qu'une couche de moyenne épaisseur quand il est sur cognassier.

Mais nous savons que le terrain propre au poirier est l'argilo-siliceux; en conséquence, quand nous aurons soit à le fumer, soit à lui préparer une fosse de plantation, nous aurons soin de mêler, avec le terreau consommé, du sable sous sa meilleure forme, c'est-à-dire des balayures de voie publique. Le macadam vous fournit du sable excellent pour vos poiriers. L'expérience bien des fois répétée nous a démontré que des poiriers de différentes variétés devenus rugueux et vieillis, donnant des fruits difformes et pierreux, reprennent une écorce lisse, un beau bois et fournissent de beaux fruits quand on en refait le terrain avec du macadam.

Quand le pommier languit, nous conseillons de le fumer avec du terreau mêlé d'une forte partie de cendre. C'est le moyen le plus expéditif de lui donner de la potasse qui nous paraît être son aliment favori. Si le sol où il végète a trop de fraîcheur et menace de l'empoisonner de pucerons lanigères, nous ajoutons à la cendre une certaine quantité de chaux qui lui prendra son excès d'humidité.

On sait que nous devons au sulfate de chaux, c'est-à-dire au plâtre dont notre sol est saturé, les pêches incomparables que nous portons à Paris. La culture intelligente doit bien compter pour quelque chose dans les résultats que nous obtenons, mais il nous est démontré que le sol de Montreuil est pour le pêcher un terrain de bénédiction.

Si donc le sol des jardins s'use; si, malgré la fumure la plus large, on s'aperçoit que la côtière appauvrie ne fournit plus qu'à regret leur nourriture aux arbres, changeons la vieille méthode routinière d'y porter la gadoue traditionnelle, additionnons l'engrais de sulfate de chaux, assaisonnons de plâtre le terreau que nous servons à nos pêchers, et nous referons le sol vigoureux et bon. Quand il s'agit de nos pêchers, du plâtre, du plâtre encore, du plâtre dans tous nos fumiers!

Maintenant il s'agit de savoir quand et comment il faut fumer.

Quand un bataillon doit fournir une longue étape, il part de grand matin pour arriver au gîte à une heure convenable. Si vous avez à fumer des arbres qui pivotent au lieu de tracer, comme le poirier par exemple, qui pivote toujours un peu, fumez de bonne heure, dès la fin de l'automne, afin que les pluies d'octobre et de novembre entraînent profondément les sels de la fumure dans la terre où se cachent les racines. Mettez l'engrais un peu plus tard autour des arbres qui tracent comme les vieux pommiers.

Ces quelques mots suffiront pour mettre sur la voie de la bonne pratique les arboriculteurs intelligents.

Tout le monde sait comment il faut fumer les arbres. On répand l'engrais sur le sol sans l'enfouir, à moins d'avoir à renouveler le terrain du poirier ou du pêcher.

Dans ce cas, on lève la terre jusqu'au niveau des racines qu'il faut prendre garde d'érailler ou de blesser en aucune façon; puis on remplace cette terre par un terreau mélangé de sable pour le poirier, et de plâtre pour le pêcher.

Les fortes fumures donnent du bois dans le poirier et déterminent des coups de gomme dans le pêcher. Le trop ne vaut pas mieux que le trop peu.

Si l'on nous dit que toutes ces cuisines de fumier sont incompatibles avec les travaux de la grande culture, nous répondrons que, même dans les cultures les plus étendues, il n'y a jamais à la fois beaucoup d'arbres souffrants qui réclament les soins indiqués ci-dessus, et qu'on perd moins de temps à remettre des arbres en vigueur, qu'à replanter des sujets nouveaux qui ne fructifieront pas de longtemps.

En principe, ne fumez jamais et ne cherchez à reconstituer le terrain qu'à l'époque où l'arbre est au repos. Dès que la vie végétale à repris son activité, vous devez vous abstenir de toucher au sol, à moins de cas pressants. Et ces cas annoncent presque toujours dans les sujets une situation désespérée.

Et, pour conclure, nous donnons comme un axiome en arboriculture ce mot d'un grand praticien :

« Aux fumures abondantes et rares préférez les fumures minimes et fréquentes. »

CHAPITRE III.

DE QUOI SE NOURRISSENT LES ARBRES.

A ceux qui n'auraient eu le temps ni la patience de lire la première partie toute scientifique de ce livre, il faut apprendre une chose essentielle, à savoir comment et de quoi se nourrissent les arbres, ceux de nos jardins comme les autres.

Cette notice complétera ce que nous avons dit des engrais et des amendements.

Un arbre est un individu qui grossit, grandit et s'engraisse absolument comme nous.

Il mange à deux râteliers, prenant de la nourriture dans le sol par ses racines et dans l'air par ses feuilles.

Que peut lui fournir l'air libre dans lequel il s'élève? Évidemment l'air ne peut lui donner que ce qu'il a.

Or nous savons, avec certitude, de quels éléments l'air est composé : 19 parties d'oxygène, 80 parties d'azote et 1 partie d'acide carbonique. Ajoutez un peu de vapeur d'eau, et quelques corps étrangers, vous aurez à peu près tout ce qui compose notre air respirable.

Nourriture bien légère, mais réelle, efficace de l'arbre.

Et par en bas?

Par en bas, les mets recueillis par les spongioles ne sont guère plus indigestes, si l'on n'en juge que par le poids, et diffèrent peu d'ailleurs de ceux que fournit l'air : du gaz acide carbonique, de l'ammoniaque et des sels terreux dissous dans l'eau du sol.

Or, le gaz acide carbonique est fait d'oxygène et de carbone; l'ammoniaque est un composé d'azote et d'hydrogène. Les sels ou sulfates représentent un poids bien minime, eu égard à l'estomac de ce gargantua du règne végétal qu'on appelle un grand arbre.

Or, nous voyons bien les plats se succéder devant ce mangeur qui grossit à vue d'œil, mais c'est du gaz après du gaz, du gaz encore, du gaz toujours avec un peu de sel pour mettre dessus.

Combien pèse cette cuisine? Et par son poids est-elle en rapport avec le volume et le poids de l'arbre?

Plantez un gland dans une caisse de terreau cubant un mètre et pesant, contenant et contenu, 1250 kilogrammes, par exemple.

Au bout de vingt-cinq ans, vous arracherez votre pensionnaire, et vous lui trouverez un poids de 200 kilog. et le volume d'un quart de stère.

Or, vous n'avez jamais fumé la caisse, le terreau cube encore un mètre à peu de chose près, et ne pèse pas 10 kilogrammes de moins qu'autrefois.

D'où viennent le volume et le poids de l'arbre, quand le sol nourricier n'a diminué sensiblement ni comme volume ni comme poids.

Disons cela tout de suite pour qu'on le retienne bien : Si vous brûlez votre chêne de vingt-cinq ans, il vous restera un décalitre de cendre, représentant en volume ce qui manque au volume de la terre de la caisse, et en poids aussi ce qui manque au poids de ce même terreau.

Mais le reste, poids et volume du chêne, où cela peut-il bien être passé?

L'arbre était fait de gaz solidifié, le feu a rendu les gaz à l'air libre et voilà le miracle expliqué.

Donc les végétaux vivent surtout aux dépens des différents gaz répandus dans la nature, ne demandant que peu de chose aux matières solides dans lesquelles ils végètent. Un arbre séculaire abattu vous donnera deux, trois, quatre stères ou mètres cubes de bois à brûler. Si vous le faites passer dans votre foyer pour vous chauffer pendant l'hiver, le résidu de la combustion que nous appelons la cendre vous donnera le centième à peine en poids et en volume du poids et du volume de l'arbre desséché, du bois sec. La totalité du végétal est donc, à peu de chose près, retournée à l'atmosphère et aux gaz de la terre.

Analysez la cendre, et vous y trouvez les matériaux qui composent le sol : de la silice, de l'alumine, des oxydes de fer et de manganèse, des carbonates et des phosphates de chaux, de soude, de potasse, de magnésie, etc., qui forment, avec l'humus, la couche végétale de nos champs et de nos jardins.

Cela revient à dire que nos arbres sont du carbone emmagasiné, de la chaleur condensée sous un mince volume, refroidie, en réserve, que nous pouvons raviver au moyen d'une étincelle dans l'oxygène de l'air.

Nous nous chauffons donc avec du gaz solidifié, mis en bûches, en copeaux, en planches, en beaux rondins parés. Et, pour aller jusqu'au bout dans cette voie, rappelons aussi que nos meilleurs fruits, nos poires, nos pommes, nos pêches incomparables, viennent des gaz atmosphériques, comme les arbres qui les portent.

Le résidu d'une douzaine de grosses reinettes brûlées dans un creuset, tiendrait dans un dé d'enfant!

Le surplus n'est point allé au néant, car rien de ce qui est ne saurait s'anéantir. Il est retourné dans l'air, la source vive qui l'a produit.

Finissons par où nous avons commencé. L'arbre est l'homme végétal; c'est notre frère cadet. Dans la vie active ou suspendue, il a quelques-unes de nos fonctions principales; il nous ressemble sous une foule de rapports. Chimiquement il est de notre famille.

La cendre d'un pêcher tiendrait dans les mains d'une fillette. Et celles de l'homme ?

Nous le savons et nous le saurons bientôt mieux que jamais, dès que la crémation des morts pénétrera dans nos habitudes, en passant au travers de nos préjugés stupides.

Un mort donnera moyennement un litre de cendre. Et ce résidu ne différera pas sensiblement de la cendre des végétaux.

Il restera de nous à la lettre une poignée de terre : *Memento quia pulvis es et in pulverem reverteris.* « N'oublie pas que tu es poussière et que tu retourneras en poussière. »

Le végétal est un composé de gaz et de boue, et l'homme est de la boue et du gaz. Est-ce le dernier mot de la science positive?

Nous avons dit que la vie des êtres organisés, animaux et végétaux, est autre chose que le fonctionnement des organes, et qu'elle réside dans l'individu, comme une flamme réelle que la chimie ne saurait analyser.

Au-dessus de nos os, de nos muscles, de nos nerfs, de nos humeurs, de notre sang, de notre orgueil, de nos petitesses et de nos vanités, ou plutôt parmi tout cela court la flamme de la vie, l'intelligence, la pensée, l'inconnu, l'âme enfin !

Et nous croyons à cet axiome, à cette lumière, à cette âme, parce que l'homme doit être plus qu'un artichaut et valoir mieux qu'une pêche, même de Montreuil.

FIN.

TABLE DES MATIÈRES.

	Pages.
Qu'est-ce que ce Livre?...	1
La Légende des Pêches....	7

Montreuil. — Maisons historiques. — Introduction de la Pêche à Montreuil. — Nicolas Pépin. — Pierre Pépin. — Beausse-la-Brette. — Les premiers jardins à la Croix-de-Bois. — Les jardins en damiers. — René-Claude Girardot. — Son Damier et ses Guédons. — Pour le dessert du Roy. — Le beau Savart. — Beausse-Pipi. — Félix Malot. — Alexis Lepère. — Lebour. — Pesnon. — Les Chevreau, Émile et Amable. — Augustin Préaux. — Étienne Vitry. — Noël Vitry, — Gustave Vitry. — Éloi Trouillet. — Couturier.

PREMIÈRE PARTIE.

PHYSIQUE VÉGÉTALE.

Anatomie et Physiologie.

Chapitre Iᵉʳ. — Définitions et Notions générales.	35
Chapitre II. — L'arbre.	47
Section 1ʳᵉ. — Le fruit.	48
Section 2ᵉ. — La racine.	54
Section 3ᵉ. — La tige.	58
Section 4ᵉ. — Le bourgeon.	63
Section 5ᵉ. — La feuille.	65
Section 6ᵉ. — Les bractées, les pédoncules et les inflorescences.	71
Section 7ᵉ. — La fleur.	73
Chapitre II. — Trois questions importantes.	80
Section 1ʳᵉ. — La séve.	80
Cellules.	83
Fibres.	84
Vaisseaux.	84
Section 2ᵉ. — La greffe.	88
Section 3ᵉ. — La taille.	90

DEUXIÈME PARTIE.

CULTURE PRATIQUE DES PÊCHES.

Méthodes et Procédés.

Chapitre Ier. — Considérations générales........................... 93
    Ce livre n'est point une œuvre de polémique. — Montreuil ne cultive pas en amateur. — La méthode de l'ingratitude. — Nos deux points faibles. — Régénération du sol. — Aspect général de Montreuil. — Les murs et les côtières. — Contenance totale des jardins bâtis. — Produit total des jardins. — Les beaux arbres et la production. — Deux fraudes à signaler.

Chapitre II. — Les pêchers et les pêches........................... 107
    Section 1re — Les Early........................... 108
    Section 2e. — La grosse Mignonne hâtive........................... 109
    Section 3e. — La grosse Mignonne ordinaire........................... 111
    Section 4^e. — Grosse noire de Montreuil, Galande, Bellegarde........................... 113
    Section 5^e. — Madeleine de Courson, Madeleine rouge........................... 114
    Section 6e. — La Belle Beausse........................... 115
    Section 7e. — La Belle de Vitry........................... 116
    Section 8e. — La Bourdine........................... 116
    Section 9e. — La Bonouvrier........................... 117
    Section 10e. — Le Téton de Vénus........................... 118
    Section 11e. — La Belle Impériale........................... 119
    Section 12e. — La pêche Blondeau........................... 123
    Section 13e. — Caractères généraux des Pêches........................... 127
    Section 14e. — De deux ou plusieurs variétés de Pêches imposées par la greffe au même pied d'arbre ou aux mêmes branches........................... 132

Chapitre III. — Les semis........................... 135
    La stratification ;
    Résumé pour la pratique des semis........................... 140

Chapitre IV. — La Greffe........................... 142
    Section 1re. — Définitions........................... 142
        Greffe Vitry........................... 143
        Greffe de printemps........................... 144
    Section 2e. — Pratique de la greffe........................... 145
        Greffe-Écusson........................... 145
        Ente, greffe par approche........................... 148
        Onguent et cire à greffer........................... 149
        Greffe en fente simple........................... 152
        Greffe en fente double........................... 154
        Greffe en couronne........................... 154
        Greffe en flûte........................... 155

Chapitre V. — La Plantation........................... 158
Chapitre VI. — La Forme........................... 162
    Les amateurs de la forme à Montreuil........................... 166

Observations préalables.
    1ʳᵉ Observation. 169
    2ᵉ Observation. 169
    3ᵉ Observation. Empâtements 171
    4ᵉ Observation. 172
    5ᵒ Observation. 173
    La Forme carrée. 173
    La Palmette simple. 176
    La Palmette double. 178
    Le Candélabre. 179
    Le Candélabre Trouillet. 180
    L'Éventail ou Forme à la Montreuil. 182
    Le Coup de Vent ou Forme oblique. 185
    Les Formes de fantaisie. 187

CHAPITRE VII. — La Taille. 188
  Section 1ʳᵉ. — Observations préliminaires 188
    1ʳᵉ Observation. 188
    2ᵉ Observation. 190
    3ᵉ Observation. 191
    4ᵉ Observation. 192
    5ᵒ Observation. 192
    6ᵒ Observation. 193
    7ᵒ Observation. 194
    8ᵉ Observation 194
  Section 2ᵉ. — La Taille à bois. 195
    Établissement de la Forme carrée. 197
        — de la Palmette simple 202
        — de la Palmette double. 204
        — de l'Éventail. 206
        — du Candélabre Trouillet. 209
        — des Formes de fantaisie. 210
    Remarque sur la coupe du bois. 210
  Section 3ᵉ. — De la Statique dans l'arbre. 212
    Moyens d'équilibrer un arbre.
  Section 4ᵉ. — Instruments employés pour la taille. — Comment on doit
    tailler. — En quel temps il faut tailler 221
  Section 5ᵉ. — Constitution des branches à fruit 227
    Le Cochonnet. 232
    La Chiffonne 234
    Les bonnes branches. 234
  Section 6ᵉ. — De la Taille des branches à fruit. 236
    Taille du Cochonnet. 237
    Taille de la Chiffonne. 241
    Taille des bonnes branches. 242
    Taille en crochet 244
    Taille courte et taille longue 244
    Les Gourmands. 246

La Taille en vert	246
Procédé pour provoquer la venue d'un œil au talon d'une coursonne	247
Section 7e. — De l'Éclat ou fracture incomplète ; — son historique ; — son application ; — conséquences ; — théorie de la fructification.	249
Emploi de l'Éclat dans la taille des branches à bois.	253
Comment se fait la fracture.	256
Emploi de l'Éclat dans la taille des branches à fruit.	256
Traitement du Cochonnet par l'éclat	256
Traitement de la Chiffonne par l'éclat	259
Traitement du Bourgeon adventice.	260
Traitement du Gourmand.	260
Traitement de la bonne branche.	261
Les conséquences de la fracture incomplète	262
Supplément au procédé des Éclats par la greffe	270
Chapitre VIII. — Des opérations qui suivent la taille	271
Section 1re. — Le Dressage	273
Section 2e. — Le Palissage en sec.	274
Section 3e. — L'Éborgnage	277
Section 4e. — Le Palissage en vert et le Palissage partiel.	278
Section 5e. — La Suppression partielle des fruits	280
Section 6e. — L'Ébourgeonnement	282
Section 7e. — Le Pincement.	285
Section 8e. — La Taille en vert	288
Section 9e. — L'Effeuillement	288
Section 10e. — La Cueillette	290
Erratum	291
Résumé pratique de la culture des Pêches à Montreuil, de la page 292 à.	311
Un mot sur l'avenir de la culture de Montreuil.	311

TROISIÈME PARTIE.

LE POIRIER ET LE POMMIER.

A M. Éloi Trouillet.	321
Chapitre Ier. — De la dégénérescence des arbres.	323
Chapitre II. — Constitution de l'arbre.	331
Caractères généraux des Pommiers	333
Géographie des Pommiers	333
Analyse et forme du fruit du Pommier.	333
Établissement du Pommier.	336
— du Poirier	338
Semis, boutures, etc.	340
Couchage simple.	340
Serpenteaux.	343
Chapitre III. — Considérations pratiques.	345

Chapitre IV. —	Division des arbres en trois catégories	359
	Poiriers à coursons courts	360
	Poiriers à coursons mixtes	361
	Poiriers à brindilles	363
	Pommier de Calville	366
	Pommier d'api	367
Chapitre V. —	Définition de l'Insertion et de la Couronne. — Constitution des branches	369
	La branche à bois	373
	La branche adventice	373
	La brindille	375
	La lambourde	377
	La fausse lambourde	379
	Le dard	381
	Le dard imbriqué	381
Chapitre VI. —	De la taille et des tailleurs d'arbres	383
	Les arbres au vent	385
Chapitre VII. —	De la forme	390
Section 1re. —	Arbres de plein vent	390
	La Pyramide	391
	La Quenouille	393
	Le Fuseau	394
	Le Gobelet	394
	La Haie	394
Section 2e. —	Arbres d'espalier	397
Chapitre VIII. —	De la taille des branches à fruit	398
	Taille de la branche à bois	401
	— de la branche adventice	403
	— de la brindille	403
	— de la lambourde	408
	— de la fausse lambourde	410
	— du dard	411
	— du dard imbriqué	412
Chapitre IX. —	Notions physiologiques sur lesquelles est fondée la méthode qui précède	413
	Formation d'un arbre par une lambourde	418
	Taille d'une branche au-dessus d'un bouton	418
	Qualité diverse des fruits sur un même arbre	419
	Procédé Noël Vitry pour donner du coloris aux pommes	420
	De l'hybridation	422

TROISIÈME PARTIE (Suite).

LE CERISIER ET LE PRUNIER.

Chapitre 1er. —	Le Cerisier	425
	Les sortes	425

Plantation	426
Les variétés de Montreuil	427
Nettoyage	428
Rétablissement des vieux arbres	429
Les Formes	430
Taille des branches à fruit	431
Chapitre II. — Le Prunier	435
Obtention des jeunes sujets	436

QUATRIÈME PARTIE.

PATHOLOGIE VÉGÉTALE 439

Chapitre Ier. — De la Climatologie	444
Climat vosgien	445
Climat séquanien	445
Climat girondin	446
Climat rhodanien	447
Climat méditerranéen	447
Chapitre II. — De la mort naturelle des arbres	449
Chapitre III. — Les animaux, les oiseaux, les insectes	452
Section 1re. — Nos ennemis	452
Les lapins	452
Les taupes	452
Les mulots	453
Les oiseaux	453
Les insectes	453
Les guêpes,	
Les fourmis.	
Les perce-oreilles ou forficules	454
La loche	455
Les limaçons	455
Le ver blanc	456
Les chenilles	456
Section 2e. — Nos auxiliaires	456
Les animaux :	
Les hérissons.	
Les chauves-souris,	
Les musaraignes.	
Les oiseaux	457
Les reptiles	457
Les insectes	457
Chapitre IV. — Des Parasites	459
Section 1re. — Parasites cryptogamiques.	
Tache de rouille	460
Lèpre ou blanc-meunier	460

Mousse et lichen	460
Cloque	461
Mycélium	461
Section 2ᵉ. — Parasites de l'ordre animal	464
Les gallinsectes	464
Tigre sur bois	464
Punaise courante	466
Puceron vert du pommier	466
Puceron gris cendré du prunier	466
Puceron du pêcher et du cerisier	466
Larve sous-épidermique	467
Puceron lanigère ou blanc de pommier	467
Note sur les corps gras employés contre les parasites	468
Chapitre V. — Accidents et maladies internes	470
La chlorose	471
La pourriture	472
La carie-moisissure	473
Les suintements sanieux	473
Les coups de gomme	473

CINQUIÈME PARTIE.

LE SOL.

Chapitre 1ᵉʳ. — Composition du sol	475
La chaux	476
La silice	477
L'alumine	478
L'humus	479
Le sous-sol	479
Chapitre II. — Des amendements et des engrais	482
Chapitre III. — De quoi se nourrissent les arbres	487

FIN DE LA TABLE DES MATIÈRES.

ERRATA

Pages 42, ligne 9, lisez *nerfs* au lieu de muscles.
— 115, ligne 10, lisez *verticille* au lieu de verticelle..
— 252, ligne 15, lisez *autres pêches* au lieu de pêchers.
— 264. La lettre G, absente de la figure, doit être mise entre C et D, en face du bourgeon intérieur.
— 288, ligne 28, lisez *circonférence* au lieu de diamètre.
— 332, ligne 33, lisez *prunier* au lieu de pommier.

A LA MÊME LIBRAIRIE :

ENCYCLOPÉDIE PRATIQUE DE L'AGRICULTEUR

Par MM. **MOLL**, professeur d'agriculture au Conservatoire des arts et métiers,
et **EUG. GAYOT**, ancien directeur de l'administration des Haras,

AVEC LA COLLABORATION D'UN GRAND NOMBRE DE SAVANTS

13 vol. in-8° à 2 col., contenant de nombreuses gravures insérées dans le texte.

Prix : 99 francs.

NOMS DES PRINCIPAUX COLLABORATEURS :

MM. Alcan, Baudement, Becquerel (Ed.), Boussingault, Burat, Dehérain, Dubreuil, le général Morin, Payen, Péligot, Persoz, Trélat, Tresca, Wolowski, *professeurs au Conservatoire des arts et métiers;* Allibert, Bella fils, Caillat, Dupuis, Grandvoinnet, Heuzé, *professeurs à Grignon;* Delafond, Magne, *professeurs à Alfort;* Allier, Bouscasse, Dupeyrat, Lœuillet, Pichat, Rieffel, *directeurs de fermes-écoles et d'écoles nationales;* Duchartre, Focillon, Léonce de Lavergne, Lecouteux, Muller, Naudin, Robinet, Jacques Valserres, *professeurs spéciaux;* Lefèvre de Sainte-Marie, L. Lefour, *inspecteurs généraux de l'agriculture;* Hardy, *directeur du potager de Versailles,* et M. Pepin, *jardinier en chef au Muséum d'histoire naturelle;* Barbier, Labrosse, Larminat, Mangon, Millet, Nadault de Buffon, Tassy, Antoine et Jules Vachon, Vicaire, *ingénieurs civils des ponts et chaussées, des eaux et forêts, etc.;* Ayrault, Yvart, *inspecteurs des écoles vétérinaires;* Combes, Berthelot, Brame, Dailly, Dubrunfault, Saint-Germain Leduc, Guérin-Méneville, Husson, l'abbé Lalanne, Mercier, Mme Millet, Montagne, Nivière, Antoine, Hippolyte et Isidore Passy, Pepin le Halleur, Pommier, comte de Saint-Priest, baron de Rivière, comte de Tracy, Tourret, M. et Mme Vilmorin, *agriculteurs ou membres des Sociétés d'agriculture et d'horticulture.*

MANUEL DE L'AMATEUR DES JARDINS

TRAITÉ GÉNÉRAL D'HORTICULTURE

Contenant les principes de botanique et de physiologie végétale les plus nécessaires au cultivateur, ainsi que l'exposé théorique et pratique des opérations dans la culture des plantes d'utilité et d'agrément sous les différents climats de la France,

Par J. DECAISNE et CH. NAUDIN,
membres de l'Institut.

Ouvrage accompagné de figures dessinées par A. Riocreux, gravées par F. Leblanc.

4 VOL. PETIT IN-8°, **30 FR.**

TRAITÉ GÉNÉRAL DE BOTANIQUE DESCRIPTIVE ET ANALYTIQUE

Par Emm. LE MAOUT et J. DECAISNE.

Contenant 5,500 figures dessinées par MM. L. Steinheil et A. Riocreux.

1 VOL. IN-4°. — BROCHÉ, **30** FR.; RELIÉ DOS EN CHAGRIN, **35** FR.

Cet ouvrage est divisé en deux parties. La première comprend l'organographie, l'anatomie et la physiologie. La seconde comprend l'iconographie, la description et l'histoire des familles. Les familles indigènes et exotiques sont décrites et illustrées par des figures analytiques. Aux caractères des familles les auteurs ont ajouté l'indication de leurs affinités, de leur distribution géographique et de leurs diverses applications aux besoins de l'homme.

Paris. — Typographie de Firmin-Didot et Cie, rue Jacob, 56.

www.ingramcontent.com/pod-product-compliance
Lightning Source LLC
Chambersburg PA
CBHW072212240426
43670CB00038B/823